航空发动机基础与教学丛书

爆震燃烧与爆震推进

邱 华 熊 姹 编著

科学出版社

北 京

内 容 简 介

相比传统航空涡轮发动机燃烧室内的燃烧,爆震燃烧具有燃烧速度快、自增压及相同燃烧前条件下熵增低的特点,这意味着当动力装置采用爆震燃烧时具有潜在的性能提升优势,当前也出现了各种爆震推进形式。本书从爆震燃烧和爆震推进两个方面,围绕爆震推进增推原理、爆震结构、边界条件影响下的爆震传播、爆燃向爆震转变、脉冲爆震发动机、连续爆震发动机及驻定爆震发动机等进行了论述,对采用爆震燃烧的动力装置所涉及的基础及应用问题、各种爆震推进发动机发展现状进行了总结归纳。

本书较系统地介绍了爆震燃烧及爆震推进相关的基础知识和理论,可作为从事爆震燃烧基础研究、爆震推进关键技术突破的科研人员的参考用书,也可作为航空宇航推进理论与工程专业、工程热物理专业的本科高年级学生或研究生的教学用书。

图书在版编目(CIP)数据

爆震燃烧与爆震推进 / 邱华,熊姹编著. —北京:
科学出版社,2024.6

(航空发动机基础与教学丛书)
ISBN 978 - 7 - 03 - 077955 - 7

Ⅰ. ①爆… Ⅱ. ①邱… ②熊… Ⅲ. ①爆震—应用—航空发动机—研究 Ⅳ. ①V23

中国国家版本馆 CIP 数据核字(2024)第 031498 号

责任编辑:胡文治 / 责任校对:谭宏宇
责任印制:黄晓鸣 / 封面设计:殷 靓

科学出版社 出版
北京东黄城根北街 16 号
邮政编码:100717
http://www.sciencep.com
南京展望文化发展有限公司排版
上海锦佳印刷有限公司印刷
科学出版社发行 各地新华书店经销

*

2024 年 6 月第 一 版 开本:B5(720×1000)
2024 年 6 月第一次印刷 印张:24 3/4
字数:485 000
定价:180.00 元
(如有印装质量问题,我社负责调换)

丛 书 序

航空发动机是"飞机的心脏",被誉为现代工业"皇冠上的明珠"。航空发动机技术涉及现代科技和工程的许多专业领域,集流体力学、固体力学、热力学、燃烧学、材料学、控制理论、电子技术、计算机技术等学科最新成果的应用为一体,对促进一国装备制造业发展和提升综合国力起着引领作用。

喷气式航空发动机诞生以来的 80 多年时间里,航空发动机技术经历了多次更新换代,航空发动机的技术指标实现了很大幅度的提高。随着航空发动机各种参数趋于当前所掌握技术的能力极限,为满足推力或功率更大、体积更小、质量更轻、寿命更长、排放更低、经济性更好等诸多严酷的要求,对现代航空发动机发展所需的基础理论及新兴技术又提出了更高的要求。

目前,航空发动机技术正在从传统的依赖经验较多、试后修改较多、学科分离较明显向仿真试验互补、多学科综合优化、智能化引领"三化融合"的方向转变,我们应当敢于面对由此带来的挑战,充分利用这一创新超越的机遇。航空发动机领域的学生、工程师及研究人员都必须具备更坚实的理论基础,并将其与航空发动机的工程实践紧密结合。

西北工业大学动力与能源学院设有"航空宇航科学与技术"(一级学科)和"航空宇航推进理论与工程"(二级学科)国家级重点学科,长期致力于我国航空发动机专业人才培养工作,以及航空发动机基础理论和工程技术的研究工作。这些年来,通过国家自然科学基金重点项目、国家重大研究计划项目和国家航空发动机领域重大专项等相关基础研究计划支持,并与国内外研究机构开展深入广泛合作研究,在航空发动机的基础理论和工程技术等方面取得了一系列重要研究成果。

正是在这种背景下,学院整合师资力量、凝练航空发动机教学经验和科学研究成果,组织编写了这套"航空发动机基础与教学丛书"。丛书的组织和撰写是一项具有挑战性的系统工程,需要创新和传承的辩证统一,研究与教学的有机结合,发展趋势同科研进展的协调论述。按此原则,该丛书围绕现代高性能航空发动机所涉及的空气动力学、固体力学、热力学、传热学、燃烧学、控制理论等诸多学科,系统介绍航空发动机基础理论、专业知识和前沿技术,以期更好地服务于航空发动机领域的关键技术攻关和创新超越。

丛书包括专著和教材两部分,前者主要面向航空发动机领域的科技工作者,后者则面向研究生和本科生,将两者结合在一个系列中,既是对航空发动机科研成果的及时总结,也是面向新工科建设的迫切需要。

丛书主事者嘱我作序,西北工业大学是我的母校,敢不从命。希望这套丛书的出版,能为推动我国航空发动机基础研究提供助力,为实现我国航空发动机领域的创新超越贡献力量。

2020 年 7 月

前　言

　　爆震燃烧相比于传统航空涡轮发动机燃烧室内的燃烧,具有燃烧速度快、自增压特点,同时在相同燃烧前条件下,爆震燃烧产生的熵增更低,这意味着当发动机燃烧室采用爆震燃烧组织方式进而形成爆震推进系统,可以大大提升现有航空发动机的推进性能。国内在爆震推进领域的研究起步较晚,最早西北工业大学严传俊教授在1993年带领团队开展脉冲爆震发动机研究工作,随着越来越多的研究机构及科研人员的涉入,所研究的爆震推进系统也进一步拓展为连续旋转爆震发动机及驻定爆震发动机,推进系统结构形式也由最初面向航天的火箭式爆震发动机,拓展为冲压式爆震发动机、爆震涡轮发动机及爆震组合推进发动机。

　　经过几十年的研究发展,尽管各种爆震推进形式都已实现原理性验证,一些结构形式的爆震发动机也进行了飞行演示验证,但实现爆震发动机工程应用还有大量研究工作需要开展,其中涉及很多基础性科学问题和关键技术需要解决突破。为便于准备从事该领域研究的读者或科研人员掌握与爆震燃烧、爆震推进相关的基础知识和理论,了解当前爆震推进发展现状,作者通过对大量参考文献进行整理,同时结合多年在该领域的认识及研究积累,编写了本书,以期为有关技术领域的科研人员提供一本有价值的教材和参考书,有助于开展本学科前沿问题的研究。

　　本书内容共包括7章。第1章基于喷气发动机通用分析模型,分析了三种提升发动机性能的方式,应用一维燃烧波理论,对比了等压燃烧、等容燃烧及爆震燃烧的理论燃烧特性,并基于理想循环性能模型,分析了爆震推进增推原理及关键影响参数。第2章介绍了爆震波的一维ZND结构,论述了判定ZND结构不稳定性的基本方法,分析了爆震波传播不稳定性导致的爆震波三维非定常结构特征及胞格结构的形成原因,总结归纳了胞格尺寸的影响因素及变化规律。第3章介绍了各种边界条件下对爆震波传播特性及传播机制的影响,包括边界层、粗糙管壁、变截面管道、斜/曲楔面、弯曲段、多孔壁面及半受限通道等。第4章介绍了实现爆震波的直接和间接起爆两种方式,并重点对间接起爆方式下爆燃向爆震转变特性及机制进行了分析,涉及光管、粗糙管及弯管内的火焰加速及爆震触发。第5章介绍了脉冲爆震发动机工作原理,论述了脉冲爆震火箭发动机、冲压式脉冲爆震发动机、涡轮及组合式脉冲爆震发动机的发展脉络及研究现状,介绍了各种脉冲爆震发动机性能模型,并进行了性能分析。第6章介绍了连续爆震发动机工作原理,论述了连续爆震火箭发动机、冲压式连续爆震发动机、连续爆震涡轮发动机的发展脉络及研究现状,介绍了各种连续爆震发动机性能模型,并进行了性能分析。第7章介绍了两种驻定爆震发动机的推进方案及工作原理,分析了爆震波驻定准则及影响因素,分析、总结归纳了驻定爆震发动机推进性能及优势。

本书第2~4章爆震燃烧部分论述的内容都源自书后参考文献,限于篇幅,所介绍内容仅涉及气相爆震;第1章、第5~7章爆震推进部分论述的内容,如果源自书后参考文献,正文中会进行索引说明,如果未说明处则为新添加内容。

本书中的部分工作得到了国家自然科学基金(U2241272,51676164)和陕西省自然科学基础研究计划(2020JZ-09)的支持,在此表示感谢。

受限于作者掌握和查阅的文献材料及作者的知识体系,书中难免有不足之处,欢迎读者批评指正,联系邮箱 qiuhua@ nwpu. edu. cn。

编著者

2023 年 11 月

目　录

第 3 章　边界条件对爆震的影响

第 4 章　爆燃向爆震转变

第 5 章 脉冲爆震发动机

第 6 章　连续爆震发动机

第 7 章　驻定爆震发动机

第 1 章
爆震推进增推原理

1.1 引　　言

通常意义上,航空发动机是以空气为氧化剂,将燃料的化学能转变为机械能的动力装置。作为飞机的心脏,其为飞机飞行提供动力,发动机的技术水平直接决定了飞机航行性能所能达到的高度,故人类航空史上的每一次重要变革都与航空发动机的技术进步密不可分。

航空发动机最先使用的是活塞发动机,它是利用活塞在气缸内的往复运动来实现能量的转化和输出。20 世纪初,莱特兄弟将活塞式发动机用在了世界上第一架飞机"飞行者一号"上,实现了人类历史上第一次依靠自身动力、机身比空气重、完全受控、持续滞空的载人飞行。随后为进一步提升飞机飞行性能,特别是在第二次世界大战中,活塞式发动机不断得到技术革新,发动机的工作时间、输出功率及耗油率等技术指标得到了进一步优化。在第二次世界大战后期,另一种大量装备的动力装置就是冲压型脉动喷气发动机,德国以其为动力推动 V−1 巡航导弹空袭英国伦敦。虽然这两种发动机结构存在很大不同,但相同的是燃烧时燃烧室内的压力都会升高。

第二次世界大战结束后,涡轮喷气发动机逐渐登上历史舞台,并成为飞机的主要动力装置,它与活塞发动机的最大区别是,涡轮喷气发动机利用压气机及涡轮转动部件实现气流连续流动,可以实现能量的连续释放,进而获得更大的输出功率或推力。随着技术发展及应用需求拓展,涡轮发动机也演化出各种结构形式,如涡扇发动机、涡轴发动机、涡桨发动机等。然而涡轮发动机工作马赫数存在上限(小于 4),为实现飞行器的更高马赫数飞行,此时需要采用无转动部件的亚燃冲压发动机(马赫数上限小于 5)和超燃冲压发动机(马赫数 5 以上)。虽然涡轮发动机与冲压发动机结构存在很大不同,但相同的是气流经过燃烧室后的总压都会降低。

1.2　发动机通用分析模型及循环分析

1.2.1　发动机通用分析模型

尽管当前航空发动机存在各种结构形式,但作为热机,其工作原理是相同的。来流空气流过动力装置都要经过进气、压缩、燃烧放热、膨胀排气过程,将燃料的化学能转变为排出燃气的动能产生喷气推力,或者通过功率提取装置转变为输出功。

对于四冲程活塞发动机,当活塞向下运动时,气缸内形成的低压使气体通过开启的进气活门进入气缸;活塞运动到下止点后开始向上运动,此时进气活门已关闭,气缸内的气体不断被压缩;当活塞运动到上止点附近时,火花放电点燃可燃混气,由于是在封闭空间燃烧(等容燃烧),压力瞬间升高,进而推动活塞向下运动,此时气体膨胀对外做功;当活塞再次运动到下止点后开始向上运动时,燃烧产物将通过开启的放气活门排出气缸。

对于 V-1 导弹使用的脉动喷气发动机,燃烧室内脉动燃烧放热将产生压力振荡,压力的升高将使燃烧室进气阀门(压差控制的簧片阀)关闭,燃烧产物由喷管膨胀排出发动机;燃烧室内压力逐渐降低,当压力低于进气阀门上游总压时,进气阀门重新开启,由进气道流入经速度冲压的空气重新流入燃烧室,同时燃油也喷入掺混;由于流体流动惯性,燃烧室内压力会低于环境压力,并最终导致燃烧产物回流入燃烧室,进而重新点燃燃烧室内填充的可燃混合物。

对于涡轮发动机,来流空气通过进气道进入发动机,经风扇、压气机压缩后连续流入燃烧室,燃烧室内喷油等压燃烧放热,形成的燃烧产物通过涡轮膨胀做功(驱动风扇、压气机及附件装置),并最终通过喷管膨胀排气产生喷气推力。对于冲压发动机,来流直接经进气道压缩后流入燃烧室,在燃烧室内连续喷油燃烧;对于亚燃冲压燃烧室,燃烧组织在亚声速流中进行,燃烧放热为近等压过程;对于超燃冲压燃烧室,燃烧组织在超声速流中进行,通过燃烧室型面设计,可以实现等压放热规律,也可以实现等面积放热规律(静压将升高);燃烧产物最终通过喷管膨胀排出并产生喷气推力。

由上可见,对于任意形式的航空发动机,从工质的热力过程角度,可以建立如图 1.1 所示的发动机通用分析模型,其由压缩过程 0-3(经进气道/压气机)、燃烧过程 3-4(经燃烧室)及膨胀过程 4-9(经涡轮/喷管)组成,通常假定存在等压放热过程 9-0,工质重新回到初始热力学状态 0,进而构成发动机热力循环过程,其 $p-v$ 图和 $T-s$ 图如图 1.2 所示。当将整个发动机作为控制体时,从能量守恒角度,单位质量工质流经该控制体满足能量守恒关系,即

$$E_0 + h_0 + q_u = W + E_9 + h_9 \tag{1.1}$$

其中，E 代表工质所具有的动能；h 代表工质所具有的静焓；q_u 代表燃烧过程单位质量工质的放热量；W 代表工质对外输出功。

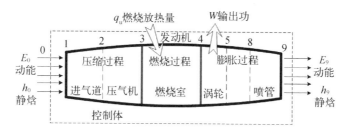

图 1.1　发动机通用分析模型

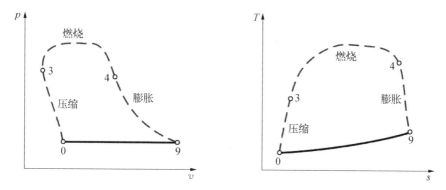

图 1.2　发动机循环过程 $p-v$ 图（左）和 $T-s$ 图（右）

航空发动机作为能量转化装置，最需要关注的是给定热量 q_u 转化为有效功（输出功 W 和动能增量 E_9-E_0）的能力，可以用循环热效率 η_{th} 来评估，即

$$\eta_{th} = \frac{W + (E_9 - E_0)}{q_u} \tag{1.2}$$

当发动机排出的气流速度非常低、只用于功率输出时，如涡轴发动机、地面燃气涡轮发动机等，则可以忽略排气动能的增量，仅考虑输出功 W，则有

$$W = \eta_{th} q_u \tag{1.3}$$

当发动机没有输出功 W 时，则有

$$E_9 - E_0 = \frac{1}{2}u_9^2 - \frac{1}{2}u_0^2 = \eta_{th} q_u \tag{1.4}$$

其中，u 为图 1.1 中各标注截面的气流速度。若发动机进出口压力相同，则根据单位推力 F_s 的定义，有

$$F_s = u_9 - u_0 = \sqrt{2\eta_{th}q_u + u_0^2} - u_0 \tag{1.5}$$

当热量 q_u 是由燃料喷注燃烧放热引起时,针对式(1.1)~式(1.5)需考虑燃料静焓及质量添加影响,这里不作推导。

当已知单位推力,进一步可得耗油率 sfc 和燃料比冲 I_{spf} 表达式,即

$$\text{sfc} = \frac{3\,600f}{F_s}; \quad I_{spf} = \frac{F_s}{fg} \tag{1.6}$$

其中,f 为发动机总油气比;g 为重力加速度。

需要指出的是,式(1.1)~式(1.5)假设发动机排气流为定常流,当发动机排气存在固有脉动特性,如前面介绍的脉动发动机,以及本书重点介绍的非定常爆震推进,此时发动机排气气流参数需用质量加权时均参数表达,引入算子$\langle \cdot \rangle$,即

$$\langle X \rangle = \frac{\int_0^{t_{cyc}} m(t)X\mathrm{d}t}{\int_0^{t_{cyc}} m(t)\mathrm{d}t} \tag{1.7}$$

其中,t_{cyc} 为排气气流参数的脉动周期;$m(t)$ 为瞬时质量流量。则由式(1.4)只能获得

$$\langle u_9^2 \rangle = 2\langle \eta_{th} \rangle\langle q_u \rangle + u_0^2 \tag{1.8}$$

对于非定常排气,可以引入不均匀系数 η_v 来评定排气的不均匀性,即

$$\eta_v = \frac{\langle u \rangle^2}{\langle u^2 \rangle} \tag{1.9}$$

则式(1.5)转变为

$$F_s = \sqrt{\eta_v\left[2\langle \eta_{th} \rangle\langle q_u \rangle + u_0^2\right]} - u_0 \tag{1.10}$$

排气脉动频率越高、脉动幅度越小,则不均匀系数 η_v 越接近 1,对于实际高频工作的非定常爆震推进发动机,η_v 都要在 0.9 以上。当不均匀系数为 1 时,对应的就是发动机所能达到的最大性能,此时发动机为定常排气。

1.2.2　发动机热力循环分析

从发动机性能指标定义式(1.5)、式(1.6)和式(1.10)可以看到,其都与发动机循环热效率直接相关,循环热效率越高对应的发动机性能水平越好,而循环热效率与实际热力过程有关,以下讨论假定 $\eta_v = 1$。

由式(1.1)和式(1.2)可以得到循环热效率另一种表达形式,即

$$\eta_{th} = 1 - \frac{h_9 - h_0}{q_u} \tag{1.11}$$

若假定工质热力过程中比热比不变,则有

$$\eta_{th} = 1 - \frac{c_p(T_9 - T_0)}{q_u} \tag{1.12}$$

考虑到状态 0 和状态 9 压力相等,进而可以将式(1.12)表示成熵的形式,即

$$\eta_{th} = 1 - \frac{c_p T_0 \left[\exp\left(\dfrac{s_9 - s_0}{c_p} \right) - 1 \right]}{q_u} \tag{1.13}$$

式(1.13)表明当循环加热量 q_u 不变时,发动机循环热效率仅仅取决于工质流过发动机熵增 $\Delta s_{9-0}(=s_9-s_0)$ 的大小,熵增越大对应热效率越低。由图 1.2 中 T - s 图可以看到,熵增 Δs_{9-0} 满足以下关系:

$$\Delta s_{9-0} = \Delta s_{3-0} + \Delta s_{4-3} + \Delta s_{9-4} \tag{1.14}$$

即工质流过发动机的总熵增等于压缩过程熵增 Δs_{3-0}、燃烧过程熵增 Δs_{4-3} 和膨胀过程熵增 Δs_{9-4} 之和。因此对于图 1.2 中发动机采用的简单热力循环过程来说,提升发动机推进性能的关键,就是降低热力循环中的各热力过程产生的熵增,图 1.3 给出了提升发动机循环热效率的三种方式。

第一种提升热效率的方式就是减小工质压缩和膨胀过程产生的熵增,如图 1.3(a)所示。如果实际压缩过程 0 - 3′ 和膨胀过程 4′ - 9′ 转变为等熵压缩过程 0 - 3 和等熵膨胀过程 4 - 9,即 $\Delta s_{3-0} = \Delta s_{9-4} = 0$,此时将达到最大收益。实际发动机的压缩过程由进气道和风扇/压气机实现,膨胀过程由涡轮和尾喷管实现,要提高热效率就是要提升各部件的工作效率。

第二种提升热效率的方式就是提高压缩过程的压缩比,如图 1.3(b)所示,对于原压缩终止点 3′,若维持终止点熵不变($s_{3'} = s_3$)下将终止点改为点 3,点 3 温度和压力都高于原状态点 3′。当工质在燃烧过程吸热量 q_u 相同时,即燃烧室内喷油量相同,有

$$\int_3^4 T \mathrm{d}s = \int_{3'}^{4'} T \mathrm{d}s = q_u \tag{1.15}$$

则燃烧过程终止点 4 将落在终止点 4′ 左侧,即 $s_4 < s_{4'}$,这意味着高压缩比会导致燃烧过程产生的熵增 Δs_{4-3} 减小,进而获得更高的循环热效率。

第三种提升热效率的方式就是减小燃烧过程产生的熵增,如图 1.3(c)所示,

其同样可以使燃烧过程终止点 4 落在终止点 4′ 左侧。对于前面提及的涡轮喷气发动机、火箭发动机、亚燃冲压发动机，其采用降压燃烧过程，减小燃烧室进口气流速度进而使燃烧过程接近等压过程，可以使燃烧过程产生的熵增减小。当前涡轮发动机燃烧室技术水平已可实现主燃烧室总压恢复系数 0.95 以上的近似等压过程，进一步提升空间有限。另一种方法就是改变燃烧模式，采用增压燃烧方式，如前面提及的活塞发动机采用的等容燃烧，以及本书关注的爆震燃烧，都可以实现比等压燃烧过程更低的燃烧熵增，进而大大提升循环热效率及发动机推进性能水平。

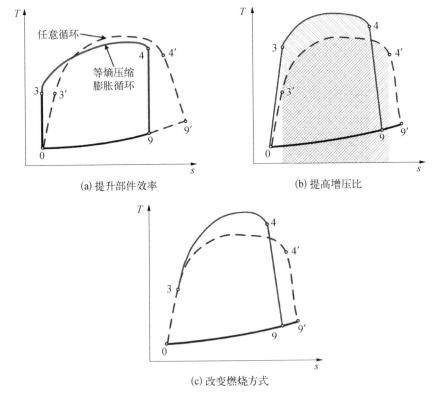

(a) 提升部件效率　　　　　　(b) 提高增压比

(c) 改变燃烧方式

图 1.3　提升发动机循环热效率的三种方式

1.3　燃烧过程的热力学分析

燃烧是人类最古老的技术，100 多万年前人们就已经开始利用燃烧技术。如今，燃烧在工程中应用十分广泛，人类所需的动力生产几乎都牵涉到固体、液体或气体燃料的燃烧，如电站锅炉、各种交通工具(如汽车、飞机、船舶)发动机的燃料燃烧，大约 90% 的世界能量供应都是由燃烧生成的。燃烧一般指燃料和氧化剂间的快速放热、发光化学反应过程;燃烧常伴随火焰,其是燃料燃烧时,所生成的发光、发热的气体区域。

在自然界和工程中,燃烧表现形式是十分丰富、多样的。燃烧按是否有火焰可分为有火焰和无火焰两种燃烧方式;根据燃料和氧化剂是否预先混合,燃烧可分为预混燃烧和非预混燃烧;根据燃烧发生时流体流动类型,燃烧又可分为层流燃烧和湍流燃烧;根据预混可燃混合物中点燃后,化学反应或燃烧在整个物质内部的传播特性和方式,燃烧又可分为爆燃(也称缓燃,deflagration)和爆震(也称爆轰,detonation)。传播到预混可燃气体混合物中去的运动波后面的化学反应现象是燃烧学中的一个经典课题,这种波驱动的化学反应称为燃烧波(combustion wave)。对于在管内传播的燃烧波,无论是爆震波还是爆燃波,当取燃烧波前后区域为控制体时,通过坐标变换,都可以采用一维稳态守恒方程来描述燃烧波。当给定初始条件时,进一步可以获得燃烧波后产物的可能状态。Mikhelson、Chapman 及 Jouguet 分别于 1890 年、1899 年及 1904 年给出了此时燃烧波特性的分析方法。

1.3.1 一维燃烧波分析

1.3.1.1 基本方程

对于传播中的燃烧波,若忽略燃烧波的结构细节及化学反应过程,将其看作强间断平面波,则可以得到图 1.4 所示的一维燃烧波。对于这一非定常过程,可以将参考坐标系由地面转移固定在燃烧波上,则非定常问题转变为定常问题,燃烧波传播速度也由静止坐标系中的 u_w 变为 0。

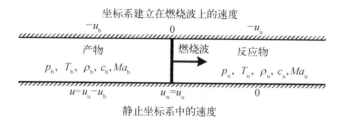

图 1.4 一维燃烧波及前后状态

假设未燃气体和已燃气体是均匀分布的,并忽略所有输运(热传导、黏性应力及质量扩散)的影响,由燃烧波前后关系可以建立质量、动量及能量守恒方程,即

$$\text{质量守恒：} \rho_u u_u = \rho_b u_b \tag{1.16}$$

$$\text{动量守恒：} p_u + \rho_u u_u^2 = p_b + \rho_b u_b^2 \tag{1.17}$$

$$\text{能量守恒：} H_u + u_u^2/2 = H_b + u_b^2/2 \tag{1.18}$$

其中,下标 u 和 b 分别代表燃烧波上游未燃反应物和下游已燃产物;ρ、p、u、H 分别为气体的密度、压力、速度及绝对焓。

组分的绝对焓等于该组分在某一参考温度 T_{ref} 下的生成焓 $h^\circ_{f, T_{ref}}$ 与由此参考温度开始的显焓之和,对于包含多组分的气体,则有

$$H = \sum_i^N x_i \left(\int_{T_{ref}}^T c_{p, i} dT + h^\circ_{f, T_{ref}} \right)$$

其中,x_i 代表第 i 种组分的质量分数[1]。

进一步,式(1.18)可以用显焓 h_{sens} 的形式表示,即

$$h_{u, sens} + q_u + u_u^2/2 = h_{b, sens} + u_b^2/2 \tag{1.19}$$

其中,q_u 为标准反应焓或反应放热量,即

$$q_u = \sum_i^{反应物} x_i h^\circ_{f, T_{ref}} - \sum_j^{产物} x_j h^\circ_{f, T_{ref}}$$

多组分气体的显焓满足如下关系:

$$h_{sens} = \sum_i^N x_i \int_{T_{ref}}^T c_{p, i} dT = \int_{T_{ref}}^T c_p dT$$

若假定气体比热 c_p 为常值,则 $h_{sens} = c_p T - c_p T_{ref}$,将其代入式(1.19),最终可以得到以气体焓 ($h = c_p T$) 的形式表达的能量守恒方程,即

$$h_u + q_u + u_u^2/2 = h_b + u_b^2/2 \tag{1.20}$$

燃烧产物还要满足理想气体状态方程:

$$p_b = \rho_b R_b T_b \tag{1.21}$$

当初始反应物状态(如 ρ_u、p_u、T_u 等)给定时,式(1.16)~式(1.21),有五个未知数,分别为反应物相对速度 u_u、产物相对速度 u_b,以及燃烧产物热力学状态参数 ρ_b、p_b、T_b。为了求解该方程组,必须补充一个额外条件以使方程组封闭。

1.3.1.2 Rayleigh 线

联立质量守恒方程(1.16)和动量守恒方程(1.17)可得

$$\rho_u^2 u_u^2 = \frac{p_b - p_u}{v_u - v_b} = \rho_b^2 u_b^2 = \dot{m}^2 \tag{1.22}$$

其中,$v = 1/\rho$ 为比容;$\dot{m} = \rho u$ 为单位面积流量。此公式是 Rayleigh 线的一种形式,注意到 Rayleigh 线不包含状态方程。这个公式确定了初始状态和最终状态的压力和比容的线性关系,其斜率为 $-\dot{m}^2$。

由于式(1.22)中压力与比容之比必须是正实数的质量通量,这表明燃烧波不能同时使压力和比容升高或降低。因此,在压力与比容关系图上,Rayleigh 线只能存在于以初始状态为中心的四个象限中的两个,如图 1.5 所示。左上象限属于压缩波,由于最终的压力是升高的,比容是下降的,这类燃烧波称为爆震波;右下象限属于膨胀波,称为爆燃波。

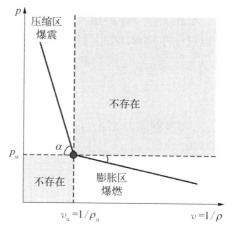

图 1.5　$p-v$ 图中一维燃烧波可能存在区域

将方程(1.22)重新整理,可以得到燃烧波的传播速度,即

$$u_u = u_w = v_u \sqrt{\frac{p_b - p_u}{v_u - v_b}} \qquad (1.23)$$

式(1.23)给出了 $p-v$ 图中燃烧波速度有用的几何尺度,如图 1.5 所示,在式(1.23)平方根内的值等于 Rayleigh 线夹角 α 的正切,因此有

$$u_w = v_u \cdot \sqrt{\tan \alpha} \qquad (1.24)$$

这个关系式可用于有物理解的两个象限内。

将式(1.23)与质量守恒方程(1.16)联立,得

$$u_b = v_b \cdot \sqrt{\tan \alpha} \qquad (1.25)$$

因此,燃烧产物相对于管壁的速度 u 可表示为

$$u = u_u - u_b = \sqrt{(v_u - v_b)(p_b - p_u)} \qquad (1.26)$$

将式(1.26)除以燃烧波速度 u_w,可以得到在物理意义上更直观的形式:

$$\frac{u}{u_w} = 1 - \frac{\rho_u}{\rho_b} \qquad (1.27)$$

由于爆震波是压缩波,$\rho_b > \rho_u$,因此式(1.27)等号左侧项为正数,故燃烧产物向着波传播的方向运动;而在爆燃波中已燃气体是膨胀的,$\rho_b < \rho_u$,因此式(1.27)等号左侧项为负数,故燃烧产物向着与燃烧波相反的方向运动。

Rayleigh 线也可以写成无因次形式,式(1.22)可改写为

$$\rho_u^2 u_u^2 = \frac{p_u}{v_u} \cdot \frac{p_b/p_u - 1}{1 - v_b/v_u} \qquad (1.28)$$

根据未燃气体声速 $c_u = \sqrt{\gamma_u p_u v_u}$ 和燃烧波马赫数 $Ma_u = u_u / c_u$，基于式(1.28)可以进一步推导出如下形式无量纲 Rayleigh 关系式：

$$\gamma_u Ma_u^2 = \frac{(p-1)}{1-v} \tag{1.29}$$

其中，无量纲压力比 $p = p_b / p_u$；无量纲比容比 $v = v_b / v_u$，相应地，此时 Rayleigh 线的斜率为

$$\left(\frac{\mathrm{d}p}{\mathrm{d}v}\right)_R = -\frac{p-1}{1-v} \tag{1.30}$$

1.3.1.3　Hugoniot 曲线

将式(1.23)和式(1.25)代入能量守恒方程(1.20)消去速度项可得

$$h_b - (h_u + q_u) = \frac{1}{2}(p_b - p_u)(v_u + v_b) \tag{1.31}$$

这是 Hugoniot 曲线的一种形式，它反映了燃烧波前后焓的变化。由于介质的焓 h 与内能 e 满足 $h = e + pv$，则可以得到 Hugoniot 曲线的内能表达形式：

$$e_b - (e_u + q_u) = \frac{1}{2}(p_b + p_u)(v_u - v_b) \tag{1.32}$$

由于在推导式(1.31)和式(1.32)时并未涉及介质的状态方程，因此这两种 Hugoniot 关系式适合于气体、液体及固体介质。

对于气体，当假设比热比 γ 及气体常数 R 不变时，考虑到比热 $c_p = \gamma R / (\gamma - 1)$，则式(1.31)进一步变为

$$\frac{\gamma R}{\gamma - 1}T_b - \left(\frac{\gamma R}{\gamma - 1}T_u + q_u\right) = \frac{1}{2}(p_b - p_u)(v_u + v_b) \tag{1.33}$$

用理想气体状态方程削去式(1.33)中的温度项并整理，可得 Hugoniot 曲线的另一种表达形式：

$$\frac{\gamma}{\gamma - 1}(p_b v_b - p_u v_u) - \frac{1}{2}(p_b - p_u)(v_u + v_b) = q_u \tag{1.34}$$

式(1.34)在 $p-v$ 平面上是一条双曲线，其在 $p-v$ 平面的位置取决于反应放热量 q_u 的值。相应地，对式(1.34)两边同时除以 $(p_u v_u)$，可以得到 Hugoniot 曲线的无量纲表达形式，即

$$\frac{\gamma}{\gamma - 1}(pv - 1) - \frac{1}{2}(p - 1)(v + 1) = q \tag{1.35}$$

其中，$p = p_b/p_u$；$v = v_b/v_u$；$q = q_u/(p_u v_u)$。进一步地，该曲线上任一点的斜率为

$$\left(\frac{\mathrm{d}p}{\mathrm{d}v}\right)_H = -\frac{[(\gamma + 1)/(\gamma - 1)]p + 1}{[(\gamma + 1)/(\gamma - 1)]v - 1} \tag{1.36}$$

基于式(1.35)，进一步可得

$$p = \frac{[2q + (\gamma + 1)/(\gamma - 1)] - v}{[(\gamma + 1)/(\gamma - 1)]v - 1} \tag{1.37}$$

由式(1.37)可见，曲线无限渐进地趋近于 $v = (\gamma - 1)/(\gamma + 1)$ 和 $p = -(\gamma - 1)/(\gamma + 1)$ 这两条线，因而整个压力比范围（$0 \leqslant p \leqslant \infty$）都可能发生。比容比上限限制在 $2q + (\gamma + 1)/(\gamma - 1)$ 以下，上限相当于 p 趋近于 0。由于 γ 大于 1，因此式(1.36)中分子和分母始终大于零，故 Hugoniot 曲线斜率始终小于 0。

图 1.6 给出了满足式(1.35)的 Hugoniot 曲线基本变化特征。对于无化学反应的混合物，$q = 0$，Hugoniot 曲线通过初始状态点；对于有反应的混合物，$q > 0$，Hugoniot 曲线向右上方移动。

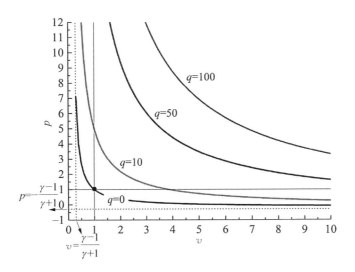

图 1.6　式(1.35)所表示的 Hugoniot 曲线($\gamma = 1.4$)

1.3.1.4　一维燃烧波特征

通过以上变换，描述一维燃烧波的守恒方程组已变为两个关系式，即 Rayleigh 关系式和 Hugoniot 关系式。Rayleigh 关系式是质量守恒和动量守恒的结合，与释

热无关,可以用于任何气体;而 Hugoniot 关系式是基于能量守恒方程的,它在 $p-v$ 平面的位置取决于 q 的值,方程组的解也必须满足这两个关系式。若将 Rayleigh 线与 Hugoniot 曲线画在一张图中,如图 1.7 所示,则解必是两线的交点,可以相切或相交,相切时切点就是 Chapman – Jouguet 点(CJ 点),位于压缩区的切点称为上 CJ 点,位于膨胀区的切点称为下 CJ 点。

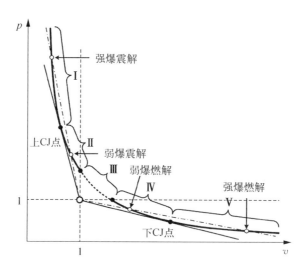

图 1.7　$p-v$ 图中的 Rayleigh 线与 Hugoniot 曲线

在 CJ 点处,基于 Rayleigh 线的斜率与 Hugoniot 曲线的斜率相等,联立式(1.30)和式(1.36)可以求得 CJ 点处满足

$$p = \frac{-v}{\gamma - (\gamma + 1)v}\bigg|_{\mathrm{CJ}} \tag{1.38}$$

将式(1.38)代入式(1.30)得

$$\left(\frac{\mathrm{d}p}{\mathrm{d}v}\right)_{\mathrm{R}}^{\mathrm{CJ}} = -\frac{p-1}{1-v} = \frac{\gamma}{\gamma - (\gamma + 1)v} \tag{1.39}$$

对比式(1.38)和式(1.39),可以进一步推导得

$$\left(\frac{\mathrm{d}p}{\mathrm{d}v}\right)_{\mathrm{R}}^{\mathrm{CJ}} = -\frac{\gamma p}{v} = \left(\frac{\mathrm{d}p}{\mathrm{d}v}\right)_{\mathrm{H}}^{\mathrm{CJ}} \tag{1.40}$$

根据燃烧前气体的等熵关系 $p_{\mathrm{u}}v_{\mathrm{u}}^{\gamma} =$ 常数和燃烧后气体的等熵关系 $p_{\mathrm{b}}v_{\mathrm{b}}^{\gamma} =$ 常数,则有 $pv^{\gamma} =$ 常数,该等熵线斜率为

$$\left(\frac{\mathrm{d}p}{\mathrm{d}v}\right)_{\mathrm{S}} = -\frac{\gamma p}{v} \tag{1.41}$$

对比式(1.40)和式(1.41)可以看到,在 CJ 点处,Rayleigh 线、Hugoniot 曲线及等熵线的斜率都相等,即

$$\left(\frac{\mathrm{d}p}{\mathrm{d}v}\right)_R^{CJ} = \left(\frac{\mathrm{d}p}{\mathrm{d}v}\right)_H^{CJ} = \left(\frac{\mathrm{d}p}{\mathrm{d}v}\right)_S^{CJ} \tag{1.42}$$

对于燃烧产物,等熵曲线(p_b/ρ_b^γ = 常数)的斜率与当地声速相关,即

$$c_b^2 = \left(\frac{\mathrm{d}p_b}{\mathrm{d}\rho_b}\right)_S = -v_b^2\left(\frac{\mathrm{d}p_b}{\mathrm{d}v_b}\right)_S = -p_u v_u v^2\left(\frac{\mathrm{d}p}{\mathrm{d}v}\right)_S \tag{1.43}$$

进一步可得

$$\left(\frac{\mathrm{d}p}{\mathrm{d}v}\right)_S = -\frac{c_b^2}{p_u v_u v^2} \tag{1.44}$$

对于 Rayleigh 线关系式(1.22),通过变换可得

$$u_b^2 = \frac{1}{\rho_b^2}\frac{p_b - p_u}{v_u - v_b} = v_b^2\frac{p_b - p_u}{v_u - v_b} = p_u v_u v^2\frac{p - 1}{1 - v} \tag{1.45}$$

结合式(1.30)Rayleigh 线斜率表达式,进一步可得

$$\left(\frac{\mathrm{d}p}{\mathrm{d}v}\right)_R = -\frac{u_b^2}{p_u v_u v^2} \tag{1.46}$$

由于 Rayleigh 线与等熵线在 CJ 点处斜率相等,故联立式(1.44)和式(1.46)可得

$$\left(\frac{u_b^2}{c_b^2}\right)^{CJ} = (Ma_b^2)^{CJ} = 1 \tag{1.47}$$

这表明,对于图 1.7 中的上下 CJ 点,其燃烧波下游气流相对于燃烧波的马赫数为1,气流流速达到声速临界状态。

基于 CJ 点和图 1.5 中 Rayleigh 线的分区,图 1.7 中的 Hugoniot 曲线可以分成了强爆震区(Ⅰ)、弱爆震区(Ⅱ)、不存在区(Ⅲ)、弱爆燃区(Ⅳ)及强爆燃区(Ⅴ)。

在爆震区(Ⅰ和Ⅱ),上 CJ 点给定了最小的爆震波速度,因为斜率更低的Rayleigh 线将不会与 Hugoniot 曲线相交。比上 CJ 点更高的速度值,Rayleigh 线将会与 Hugoniot 曲线相交于两个交点,即强爆震(或过驱动爆震)和弱爆震。强爆震波后气流的压力、温度及密度都高于上 CJ 点状态,可以证明燃烧波下游气流相对于燃烧波的马赫数小于 1,为亚声速流。与此相反,弱爆震波后气流的压力、温度及密度都低于上 CJ 点状态,燃烧波下游气流相对于燃烧波的马赫数大于 1,为超声速流[1]。

在爆燃区(也称缓燃区),下 CJ 点给定了最大的爆燃波速度,因为斜率更高的 Rayleigh 线将不会与 Hugoniot 曲线相交。比下 CJ 点更低的速度值,Rayleigh 线将会与 Hugoniot 曲线相交于两个交点,即弱爆燃和强爆燃。弱爆燃后气流的压力、温度及密度都高于下 CJ 点状态,燃烧波下游气流相对于燃烧波的马赫数小于 1,为亚声速流。与此相反,强爆燃波后气流的压力、温度及密度都低于上 CJ 点状态,燃烧波下游气流相对于燃烧波的马赫数大于 1,为超声速流。

1.3.1.5 沿 Hugoniot 曲线熵的变化

对于 Hugoniot 曲线的内能表达形式(1.32),可以改写成如下的无量纲形式:

$$\bar{e}_b - (\bar{e}_u + \bar{q}) = \frac{1}{2}(p+1)(1-v) \tag{1.48}$$

其中,$\bar{e}_b = e_b/p_u v_u$; $\bar{e}_u = e_u/p_u v_u$; $\bar{q} = q/p_u v_u$。

对式(1.48)求导,可以得到沿 Hugoniot 曲线内能的变化,即

$$\left(\frac{d\bar{e}_b}{dv}\right)_H = \frac{1}{2}(1-v)\left(\frac{dp}{dv}\right)_H - \frac{1}{2}(p+1) \tag{1.49}$$

由热力学可知

$$de_b = T_b ds_b - p_b dv_b \tag{1.50}$$

对式(1.50)无量纲化可得

$$d\bar{e}_b = pv d\bar{s}_b - pdv \tag{1.51}$$

其中,$\bar{s}_b = s_b/R$,将式(1.51)用于 Hugoniot 曲线可得

$$\left(\frac{d\bar{e}_b}{dv}\right)_H = pv\left(\frac{d\bar{s}_b}{dv}\right)_H - p \tag{1.52}$$

联立式(1.49)和式(1.52)可得

$$\left(\frac{d\bar{s}_b}{dv}\right)_H = \frac{1-v}{2pv}\left[\left(\frac{dp}{dv}\right)_H + \frac{p-1}{1-v}\right] \tag{1.53}$$

将 Rayleigh 线斜率关系式(1.30)代入式(1.53)可得

$$\left(\frac{d\bar{s}_b}{dv}\right)_H = \frac{1-v}{2pv}\left[\left(\frac{dp}{dv}\right)_H - \left(\frac{dp}{dv}\right)_R\right] \tag{1.54}$$

式(1.42)表明 Rayleigh 线和 Hugoniot 曲线的斜率在 CJ 点处相等,故由式(1.54)可知,在 CJ 点处有

$$\left(\frac{\mathrm{d}\bar{s}_{\mathrm{b}}}{\mathrm{d}v}\right)_{\mathrm{H}}^{\mathrm{CJ}} = 0 \tag{1.55}$$

可见燃烧产物的熵在 CJ 点处达到极值。

根据状态参数熵 s 的定义,燃烧前后熵的变化为

$$\frac{s_{\mathrm{b}} - s_{\mathrm{u}}}{R} = \frac{1}{\gamma - 1}(\gamma \ln v + \ln p) \tag{1.56}$$

基于图 1.6 给出的 p-v 计算曲线,图 1.8 给出了两种 q 值下沿 Hugoniot 曲线燃烧熵增的变化,可以看到,熵增存在极大和极小两个极值点。

对式(1.53)再求导,可以得到沿 Hugoniot 曲线燃烧熵增变化的曲率,即

$$\left(\frac{\mathrm{d}^2 \bar{s}_{\mathrm{b}}}{\mathrm{d}v^2}\right)_{\mathrm{H}} = -\left[\frac{1}{2pv^2} + \frac{1-v}{2p^2 v}\left(\frac{\mathrm{d}p}{\mathrm{d}v}\right)\right]_{\mathrm{H}}\left[\left(\frac{\mathrm{d}p}{\mathrm{d}v}\right)_{\mathrm{H}}\right.$$
$$+\frac{p-1}{1-v}\right] + \frac{1-v}{2pv}\left[\left(\frac{\mathrm{d}^2 p}{\mathrm{d}v^2}\right)_{\mathrm{H}}\right.$$
$$+\frac{1}{1-v}\left(\frac{\mathrm{d}p}{\mathrm{d}v}\right)_{\mathrm{H}} + \frac{p-1}{(1-v)^2}\right] \tag{1.57}$$

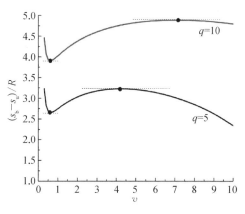

图 1.8　燃烧熵增沿 Hugoniot 曲线的变化($\gamma = 1.4$)

基于 Rayleigh 线斜率公式(1.30)及 Rayleigh 线和 Hugoniot 曲线的斜率在 CJ 点处相等,式(1.57)可化简为

$$\left(\frac{\mathrm{d}^2 \bar{s}_{\mathrm{b}}}{\mathrm{d}v^2}\right)_{\mathrm{H}}^{\mathrm{CJ}} = \frac{1-v_{\mathrm{CJ}}}{2p_{\mathrm{CJ}} v_{\mathrm{CJ}}}\left(\frac{\mathrm{d}^2 p}{\mathrm{d}v^2}\right)_{\mathrm{H}}^{\mathrm{CJ}} \tag{1.58}$$

由于 Hugoniot 曲线的曲率始终为正,故式(1.58)中熵增曲线 CJ 点处曲率的正负由($1-v_{\mathrm{CJ}}$)决定。对于 Hugoniot 曲线的爆震分支,$v_{\mathrm{CJ}} < 1$,熵增曲线曲率为正,故 CJ 爆震对应熵增的极小点。对于 Hugoniot 曲线的爆燃分支,$v_{\mathrm{CJ}} > 1$,熵增曲线曲率为负,故 CJ 爆燃对应熵增的极大点。由熵增曲线斜率与 Rayleigh 线和 Hugoniot 曲线的斜率关系式(1.54)可知:对于强爆震,$(\mathrm{d}\bar{s}_{\mathrm{b}}/\mathrm{d}v)_{\mathrm{H}} < 0$;对于弱爆震,$(\mathrm{d}\bar{s}_{\mathrm{b}}/\mathrm{d}v)_{\mathrm{H}} > 0$;对于弱爆燃,$(\mathrm{d}\bar{s}_{\mathrm{b}}/\mathrm{d}v)_{\mathrm{H}} > 0$;对于强爆燃,$(\mathrm{d}\bar{s}_{\mathrm{b}}/\mathrm{d}v)_{\mathrm{H}} < 0$。

更进一步也可以得到熵增曲线斜率与燃烧波后已燃气体相对于燃烧波马赫数之间的关系,即

$$\frac{\gamma + 1}{\gamma}\left(\frac{\mathrm{d}\bar{s}_{\mathrm{b}}}{\mathrm{d}v}\right)_{\mathrm{H}}\left(\frac{\dfrac{\gamma - 1}{\gamma + 1} - v}{1 - v}\right)v = 1 - Ma_{\mathrm{b}}^2 \quad\quad (1.59)$$

对于爆震波来说,$(\gamma - 1)/(\gamma + 1) < v < 1$,故沿 Hugoniot 曲线熵变化曲线的斜率正负号与式(1.59)等式右侧项符号相反。因此,对于强爆震,因为 $(\mathrm{d}\bar{s}_{\mathrm{b}}/\mathrm{d}v)_{\mathrm{H}} < 0$,所以 $Ma_{\mathrm{b}}<1$,即其燃烧波下游气流相对燃烧波是亚声速的;对于弱爆震,因为 $(\mathrm{d}\bar{s}_{\mathrm{b}}/\mathrm{d}v)_{\mathrm{H}} > 0$,所以 $Ma_{\mathrm{b}}>1$,即其燃烧波下游气流相对燃烧波是超声速的。对于爆燃波来说,$v>1$,故沿 Hugoniot 曲线熵变化曲线的斜率正负号与式(1.59)等式右侧项符号相同,因此对于弱爆燃,因为 $(\mathrm{d}\bar{s}_{\mathrm{b}}/\mathrm{d}v)_{\mathrm{H}} > 0$,所以 $Ma_{\mathrm{b}}<1$,即其燃烧波下游气流相对燃烧波是亚声速的;对于弱爆震,因为 $(\mathrm{d}\bar{s}_{\mathrm{b}}/\mathrm{d}v)_{\mathrm{H}} < 0$,所以 $Ma_{\mathrm{b}}>1$,即其燃烧波下游气流相对燃烧波是超声速的[2]。

当燃烧波下游气流为亚声速时,则下游任何扰动都能逆流而上影响燃烧波的状态。对于强爆震波,下游边界条件产生的影响将延伸到燃烧波前锋,由于爆震波是超声速传播的,这种影响不会越过波前锋,因此当给定边界条件,强爆震的解可以通过求解守恒方程组求得。对于弱爆燃,下游边界条件产生的影响将越过燃烧波,延伸到来流反应物,因此即使给定边界条件,弱爆燃波传播速度是无法通过求解守恒方程组求得的,必须给定传播机制才能确定其燃烧波相对波前运动反应物的波速,如层流火焰传播速度和湍流火焰传播速度。

对于弱爆震和强爆燃,由于燃烧波下游气流为超声速流,因此下游边界条件不会影响燃烧波的传播,其存在与否需要考虑其他物理因素。

1.3.1.6 Chapman – Jouguet 准则

前面已提及,描述一维燃烧波的方程组[式(1.16)~式(1.21)]是不封闭的,必须补充一个额外条件以使方程组封闭,进而求解爆震波速度。Chapman 和 Jouguet 的研究工作分别给出了这一额外条件,现在通常称为 Chapman – Jouguet 准则,相应的由该准则确定的爆震解为 CJ 爆震。

Chapman 在其最初的研究中发现,当 Rayleigh 线与 Hugoniot 曲线相切时,爆震波速度最小,若爆震波速度高于该最小值,则 Rayleigh 线将与 Hugoniot 曲线相交于具有相同爆震波速度两点。然而试验发现,对于给定条件下的可爆混合物,只能观察到唯一一种爆震波状态,因此 Chapman 推定方程组的正确解必定是最小速度解或切线解,该解与试验结果符合较好,这也验证了 Chapman 的选择。

Jouguet 选择燃烧波下游气流达到声速状态作为方程组解。他进一步指出,声速解对应的也是爆震波燃烧熵增的最小值,声速流或最小熵为方程组的求解提供了额外的条件。Crussard 随后证明,最小速度解、声速解及产物最小熵解是等效的。需指出的是,除了计算 CJ 爆震波速度与实验测量值比较吻合外(即使在接近爆震极限时），Chapman 和 Jouguet 都没给出爆震波是以 CJ 状态传播的任何理论证明，随后很多研究人员试图为 CJ 准则提供严谨的证明。

当爆震波速度高于最小值或 CJ 值时，相应的存在强爆震解和弱爆震解。研究人员一般都认为，对于自由传播的爆震波，强爆震波的解是可排除的不稳定解，因为强爆震波后燃烧产物是亚声速流（相对于燃烧波），波后膨胀波可以进入反应区，从而衰减燃烧波强度，使其转变为 CJ 爆震。

然而，弱爆震的解并不是那么容易被排除。早期研究人员试图从热力学角度，通过对燃烧熵的变化研究来排除弱爆震解，从而最终论证 CJ 准则。如 Becker 认为，对于同样的爆震波速，强爆震引起的熵要高于弱爆震的熵（图 1.8），故流体更容易表现为强爆震解。由于强爆震解不稳定，故最终解只能是 CJ 爆震。Scorah 认为由于 CJ 速度最小，故其可用能（与熵有关）下降速率也最小，是最可能的解。Duffey 提出了稳态不可逆热力过程的最小熵增原理，并认为稳定传播的爆震波必然也遵守这一原理。Zeldovich 不认同以上任何基于热力学的观点，其指出气流流过激波引起的熵的变化并不意味着激波将发生，必然存在其他机制以实现激波能够稳定传播[2]。

von Neumann 对弱爆震解存在的可能性给出了最有说服力的说明。他首先假设存在发生部分化学反应的 Hugoniot 曲线，定义化学反应进程变量 λ：当 $\lambda = 0$ 时，对应初始反应物；当 $\lambda = 1$ 时，对应最终产物。部分反应的 Hugoniot 曲线对应的就是 λ 在 0~1 的某一状态。对于稳定传播的爆震波，其前导激波后化学反应刚准备开始，此时 $\lambda = 0$；此后反应物经过燃烧后最终转变成产物，$\lambda = 1$。在这个过程中，化学反应进程变量 λ 不同，化学反应所放出的热量也将不同，故存在一系列的 Hugoniot 曲线，如图 1.9 中的 $H_1 \sim H_5$。由于爆震波稳定传播，故由初始状态发出的 Rayleigh 线（图 1.9 中 R_1）将穿过所有的 Hugoniot 曲线。当 Hugoniot 曲线不互相相交时，反应物必然顺着 Rayleigh 线 R_1 沿着图 1.9 中 a（von Neumann 点）、b、c、d 转变为产物，最终先到达强爆震点。若此时由强爆震点跃迁到弱爆震点，由于同一 Rayleigh 线上强爆震后产物的熵要高于弱爆震后产物的熵，则这一热力过程是熵减的，这违反了热力学第二定律，故弱爆震解可以排除。

如果部分反应的 Hugoniot 曲线互相相交，如图 1.10 所示，则在这些 Hugoniot 曲线右侧必然存在一包线，所有部分反应的 Hugoniot 曲线都与该包线相切于某点。

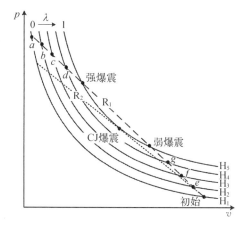

图 1.9　部分反应 Hugoniot 曲线

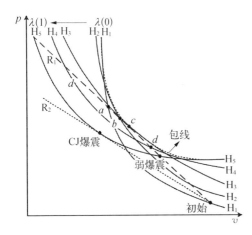

图 1.10 相交的部分反应 Hugoniot 曲线

对于稳定传播的爆震波,由初始状态发出的 Rayleigh 线必须穿过所有部分反应的 Hugoniot 曲线,故 Rayleigh 线 R_1 必然与图 1.10 中的包线相切,因此 R_1 也与某一部分反应的 Hugoniot 曲线相切(图 1.10 中 R_1 与 H_3 相切于 c 点),此时部分反应的反应物相对于燃烧波前锋达到声速。爆震波前反应物将顺着 Rayleigh 线 R_1 沿着图 1.10 中 a、b、c(H_3 曲线 CJ 点)、d 转变为产物,最终到达弱爆震点。这种由于不同化学反应进程 Hugoniot 曲线相互相交而导致的弱爆震通常称为病态爆震

(pathological detonation)。当体系的化学反应过程初始是快速的放热反应(温度将出现过冲),随后通过缓慢的吸热过程达到平衡状态时,病态爆震将发生。

图 1.9 中排除弱爆震解的讨论是基于化学反应必须经前导激波的绝热压缩来触发的假设。弱爆震解也可能直接由初始态顺着 Rayleigh 线沿着图 1.9 中 e、f、g 到达。由于此时没有激波的加热过程,所以必须存在另外一种点火机制以触发化学反应过程。Zeldovich 讨论过各种不同的方式,例如通过沿直管施加一系列的电火花来实现,此时波速由人工控制的电火花序列决定,而与可爆混合物的物理特性无关。

1.3.2 几种燃烧模式后热力学状态

由前述可知,航空发动机推进性能与燃烧室内燃烧引起的熵增 Δs_{4-3} 大小有直接关系,燃烧室采用不同的燃烧模式必然对发动机性能产生影响。当燃烧前状态给定后,对于图 1.4 所示的一维燃烧模型,由前面推导可知,所有可能的燃烧波后状态都落在 Hugoniot 曲线上的爆震分支和爆燃分支上,如图 1.11 所示。沿着 Hugoniot 曲线,燃烧波传播速度不同,其燃烧波后的压力及燃烧熵增也会有所不同。

1. 等压燃烧

当前燃气涡轮发动机及亚声速冲压发动机燃烧室采用的是在亚声速流中组织的降压燃烧方式,其通过火焰稳定器或旋流器实现驻定燃烧放热,燃烧放热前状态对应图 1.11 中的状态 3,燃烧放热终了对应燃烧后状态 4。若不考虑化学反应过程而仅考虑燃烧放热引起的热力学状态变化,则燃烧后状态对应的就是 Hugoniot 曲线弱爆燃分支。由于此时火焰驻定,燃烧前气流速度与火焰传播速度相等,而火焰传播速度又与 Rayleigh 线的斜率相关,Rayleigh 线与 Hugoniot 曲线弱爆燃分支交点即为燃烧后状态点。

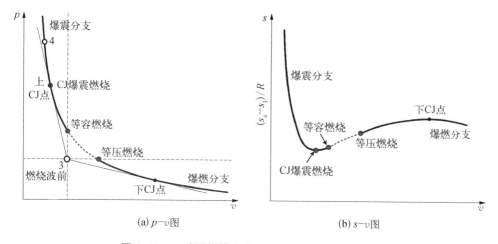

图 1.11　三种燃烧模式在 Hugoniot 曲线上的位置

当来流速度为零时, Rayleigh 线斜率为 0, 此时为等压燃烧方式(燃烧后状态对应图 1.11 中的等压燃烧点), 燃烧后压力 p_{CP} 和温度 T_{CP} 满足如下关系:

$$p_{CP} = p_u \tag{1.60}$$

$$T_{CP} = \frac{c_{pu}T_u + q_u}{c_{pb}} \tag{1.61}$$

其中, c_{pu} 和 c_{pb} 分别为燃烧前后比定压热容; q_u 为单位混合物放热量。

随着来流速度的增加, 燃烧后状态点将逐渐向下 CJ 点移动, 由图 1.11(b) $s-v$ 图可知, 燃烧产生的熵增也在逐渐增大, 当达到下 CJ 点时, 燃烧后气流速度达到当地声速, 燃烧熵增达到最大值。因此从燃烧熵增角度考虑, 对于采用驻定爆燃燃烧的航空发动机, 为提升其循环热效率, 应尽量减小燃烧前气流速度, 其极限就是来流速度为零, 此时对应的就是等压爆燃燃烧状态。然而实际所能达到的最低来流速度还受限于其他约束条件, 如流量、燃烧室几何约束等。

2. 等容燃烧

活塞发动机及脉动发动机燃烧室燃烧后都存在压力突然升高, 因此属于增压燃烧方式。理想情况下, 其燃烧后状态对应的就是图 1.11 中等容燃烧点, 即 Hugoniot 曲线爆震分支压力最低点, 此时 Rayleigh 线的斜率无穷大, 燃烧后压力 p_{CV} 和温度 T_{CV} 满足

$$p_{CV} = \left(\frac{c_{vu}}{c_{vb}} + \frac{q_u}{c_{vb}T_u}\right)p_u \tag{1.62}$$

$$T_{CV} = \frac{c_{vu}T_u + q_u}{c_{vb}} \tag{1.63}$$

其中，c_{vu} 和 c_{vb} 分别为燃烧前后比定容热容。

从图 1.11(b) $s-v$ 图可以看到，同样燃烧放热量下等容燃烧产生的熵增要低于等压燃烧产生的熵增，这意味着采用等容燃烧对提升发动机循环热效率是有利的。

3. CJ 爆震燃烧

从图 1.11(b) $s-v$ 图可知，在燃烧前初始条件相同的情况下，CJ 爆震燃烧对应燃烧熵增曲线的最低点。由于 CJ 爆震燃烧产生的熵增要远低于等压燃烧的熵增（也低于等容燃烧熵增），这意味着以爆震燃烧为基础的推进系统在循环热效率上将非常具有优势，并进而提升发动机的推进性能。

基于 Rayleigh 线关系式［式(1.22)、式(1.29)］、Hugoniot 曲线关系式［式(1.31)、式(1.34)、式(1.35)］及相切关系式(1.38) 或式(1.47)，可以推导出 CJ 爆震的相关特性参数，CJ 爆震传播马赫数 Ma_{CJ}（即 CJ 爆震点处的 Ma_u，此时 $Ma_b = 1$）满足

$$Ma_{CJ} = \sqrt{\left(\frac{\gamma_b^2 - 1}{\gamma_u - 1}\frac{q_u}{c_{pu}T_u} + \frac{\gamma_b^2 - \gamma_u}{\gamma_u^2 - \gamma_u}\right) + \sqrt{\left(\frac{\gamma_b^2 - 1}{\gamma_u - 1}\frac{q_u}{c_{pu}T_u} + \frac{\gamma_b^2 - \gamma_u}{\gamma_u^2 - \gamma_u}\right)^2 - \left(\frac{\gamma_b}{\gamma_u}\right)^2}}$$

$$(1.64)$$

或者

$$Ma_{CJ} = \sqrt{\frac{\gamma_b - 1}{2(\gamma_u - 1)}\left[(\gamma_b + 1)\frac{q_u}{c_{pu}T_u} + \frac{(\gamma_b + \gamma_u)}{\gamma_u}\right]} \\ + \sqrt{\frac{\gamma_b + 1}{2(\gamma_u - 1)}\left[(\gamma_b - 1)\frac{q_u}{c_{pu}T_u} + \frac{(\gamma_b - \gamma_u)}{\gamma_u}\right]} \quad (1.65)$$

其中，γ_u 和 γ_b 分别为反应物和产物的绝热指数。进一步，CJ 爆震波压力、密度及温度可以用 Ma_{CJ} 表示：

$$\frac{p_{CJ}}{p_u} = \frac{\gamma_u Ma_{CJ}^2 + 1}{\gamma_b + 1} \quad (1.66)$$

$$\frac{\rho_{CJ}}{\rho_u} = \frac{\gamma_u Ma_{CJ}^2(\gamma_b + 1)}{\gamma_b(\gamma_u Ma_{CJ}^2 + 1)} \quad (1.67)$$

$$\frac{T_{CJ}}{T_u} = \frac{\gamma_b R_u(1 + \gamma_u Ma_{CJ}^2)^2}{\gamma_u R_b(1 + \gamma_b)^2 Ma_{CJ}^2} \quad (1.68)$$

对于管中稳定传播的 CJ 爆震波，则在地面静止坐标系下（图 1.4），爆震波的传播速度为

$$u_w = u_{CJ} = Ma_{CJ}\sqrt{\gamma_u p_u / \rho_u} \tag{1.69}$$

静止坐标系下 CJ 爆震波后燃烧产物马赫数为

$$\frac{u}{c_b} = \frac{u_{CJ} - u_b}{c_b} = \frac{u_{CJ}}{u_b} - 1 = \frac{\rho_{CJ}}{\rho_u} - 1$$

$$= \frac{\gamma_u Ma_{CJ}^2 - \gamma_b}{\gamma_b(\gamma_u Ma_{CJ}^2 + 1)} \tag{1.70}$$

式(1.70)表明静止坐标系下燃烧产物速度为亚声速。

当已知反应放热量 q_u、反应物状态及假定反应前后热物性参数,式(1.64)~式(1.68)给出了基本的 CJ 爆震计算公式,可以大致分析相关因素对爆震波参数的影响。由于实际工质的热物性参数与其状态及组分有关,当要考虑这些因素时,则必须采用迭代方法进行计算。目前已有计算机程序可以使用,如 Gordon 和 McBride 发展的 CEA(Chemical Equilibrium with Applications)程序[3]和 Reynolds 发展的 STANJAN 程序[4],两者都是基于 Newton – Raphson 迭代法求解爆震波特性参数,但在计算化学平衡成分时(即反应后组分)有所不同。CEA 程序采用了最小 Gibbs 自由能法,而 STANJAN 程序采用了元素势法。表 1.1 给出了 Lewis 和 Friauf 在 $p_u = 1$ atm①、$T_u = 298$ K 条件下测量的氢氧混合物的爆震波速度与依据 Chapman – Jouguet 理论所得计算值的比较。除了当氮气极过量情况外,计算的爆震波速度与试验值符合良好。

表 1.1　测量爆震波速度与依据 Chapman – Jouguet 理论所得计算值的比较

可爆混合物	p_{CJ}/atm	T_{CJ}/K	u_{CJ}(计算)/(m/s)	u_D(实验)/(m/s)	离解/%
$(2H_2+O_2)$	18.0	3 853	2 806	2 819	32
$(2H_2+O_2)+O_2$	17.4	3 390	2 302	2 314	30
$(2H_2+O_2)+N_2$	17.4	3 367	2 378	2 407	18
$(2H_2+O_2)+5N_2$	14.4	2 685	1 850	1 822	2
$(2H_2+O_2)+6N_2$	14.2	2 650	3 749	3 532	1

表1.2 给出了恰当比下不同可爆混合物在 1 atm、298 K 条件下,应用 CEA 程序所计算的爆震波特性参数,可以看到除了 H_2,燃料与纯氧的爆震参数值要高于其与空气的,这是因为恰当比燃料/氧气与恰当比燃料/空气可爆混合物所对应的油

---

① 　1 atm = 1.013 25×10⁵ Pa。

气比是不一样的,即单位可爆混合物的放热量不同,由式(1.64)、式(1.65)可知,爆震波马赫数也将不同,其他爆震参数也将随之不同。

表 1.2　不同恰当比混合物在 **1 atm**、**298 K** 条件下 CEA 程序计算的爆震参数

可爆混合物	p_{CJ}/atm	T_{CJ}/K	u_{CJ}/(m/s)	Ma_{CJ}	γ_u	γ_b
H_2+O_2	18.8	3 677	2 836	5.273	1.402	1.129
$C_2H_2+O_2$	33.9	4 215	2 426	7.355	1.329	1.153
$C_2H_4+O_2$	33.4	3 934	2 374	7.253	1.34	1.139
$C_3H_8+O_2$	36.2	3 824	2 357	7.68	1.292	1.134
$C_8H_{18}+O_2$	39.8	3 899	2 338	8.183	1.257	1.137
H_2+空气	15.6	2 944	1 965	4.832	1.402	1.164
C_2H_2+空气	19.1	3 114	1 864	5.405	1.379	1.158
C_2H_4+空气	18.3	2 925	1 821	5.287	1.383	1.161
C_3H_8+空气	18.2	2 821	1 797	5.306	1.368	1.166
$C_8H_{18}+$空气	18.7	2 857	1 797	5.402	1.357	1.164

1.4　爆震推进的理论推进性能

1.4.1　爆震推进基本形式及热循环过程

对于前面所述的等压燃烧、等容燃烧及 CJ 爆震燃烧,当发动机燃烧室采用其中不同的燃烧模式时将形成不同的发动机热力循环过程。若假设工质压缩及膨胀过程为等熵过程,则图 1.12 给出了发动机采用不同燃烧方式后工质的理想热力循环过程。

对于航空涡轮发动机采用的理想等压循环(Brayton 循环),其包括等熵压缩过程 $0-3$、等压燃烧吸热过程 $3-4_{CP}$、等熵膨胀过程 $4_{CP}-9_{CP}$ 及等压放热过程 $9_{CP}-0$,由于气流连续流经发动机各个部件,因此工质的各热力学状态与部件进出口气流状态是一致的。对于活塞发动机采用的理想等容循环(Humphrey 循环),其包括等熵压缩过程 $0-3$、等容燃烧吸热过程 $3-4_{CV}$、等熵膨胀过程 $4_{CV}-9_{CV}$ 及等压放热过程 $9_{CV}-0$,气流间歇地进入和流出气缸,工质的各热力学状态与活塞的行程位置相关。

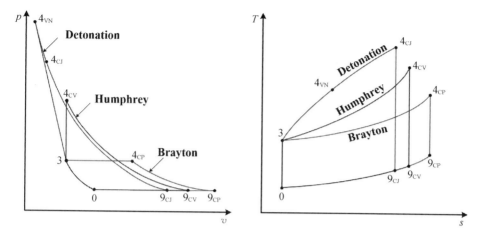

图 1.12　三种发动机工质的热力循环 $p-v$ 图和 $T-s$ 图

图 1.12 中也给出了爆震推进采用的理想爆震循环(Detonation 循环),需要指出的是图 1.12 仅仅描述的是工质所经历的热力学过程,即等熵压缩过程 0－3、CJ爆震燃烧吸热过程 3－4_{CJ}(其中包含激波压缩过程 3－4_{VN})、等熵膨胀过程 4_{CJ}－9_{CJ}及等压放热过程 9_{CJ}－0。从表 1.2 中可以看到,CJ 爆震燃烧波的传播速度都在千米量级,同时伴随燃烧自增压过程,为实现燃烧室内爆震燃烧模式的组织(即爆震燃烧室),爆震推进系统将具有不同的结构形式。

1.4.1.1　驻定爆震推进

一种爆震燃烧组织方式就是使爆震燃烧波驻定在燃烧室内的某个位置,理论上驻定的条件必然是爆震燃烧波法向来流速度与爆震波传播速度相等。由于爆震燃烧波是超声速传播,因此来流也必定是超声速来流。根据爆震波驻定的不同方式,其包括驻定正爆震发动机(normal detonation wave engine, NDWE)和驻定斜爆震发动机(oblique detonation wave engine, ODWE)两种形式,两者都可以作为高超声速飞行器动力。

对于驻定爆震推进,气流连续流经发动机各部件,发动机内工质将经历如图1.12 所示爆震循环过程,工质的各热力学状态与部件进出口气流状态是一致的。但需要指出的是:此时图 1.12 中循环过程反映的是工质或气流静参数的变化,爆震燃烧增压仅表明燃烧前后静压参数的变化,实际气流总压经爆震燃烧后将衰减;燃烧室出口总压低于进口总压,即爆震燃烧室部件并不是增压部件;同时边界条件的改变很容易使驻定 CJ 爆震转变为强爆震(过驱动爆震)。第 7 章将对以上问题专门展开论述。

1.4.1.2　非驻定爆震推进

对于非驻定爆震推进,爆震燃烧波前气流速度远低于爆震波传播速度,稳定传播的爆震燃烧波一般也都为 CJ 爆震燃烧。根据爆震燃烧的具体组织方式,非驻定爆震推进发动机包括脉冲爆震发动机(pulse detonation engine, PDE)、连续爆震发动机(continuous detonation engine, CDE)、脉冲正爆震发动机(pulse normal detonation engine, PNDE)及激波聚焦爆震发动机等。尽管发动机具体结构形式存在差异,但从发动机工质状态变化角度,都将经历如图 1.12 所示的爆震循环过程。由于此时爆震室进口气流是脉冲或间歇流动,而爆震室出口气流为非定常连续流动,因此图 1.12 工质热循环状态变化与部件进出口气流状态并不一致。

为回避非驻定爆震推进所涉及的非定常流动问题,获得爆震循环输出功的上限,基于气缸活塞的 Fickett – Jacobs 循环模型被提出以描述工质所经历的爆震循环过程,如图 1.13 所示。气缸内初始填充有状态为 0 的工质,经活塞压缩后达到状态 3;左侧活塞突然以速度 u_p 向右运动,同时在活塞右端面形成以速度 u_{CJ} 向右传播的爆震波,均匀分布的爆震燃烧后产物以速度 u_p 向右运动;当爆震波传播到右侧活塞端面时,所有工质完全燃烧并达到状态 4_{CJ},右侧活塞瞬时以速度 u_p 向右运动,此时活塞及燃烧产物都以速度 u_p 运动;随后活塞及燃烧产物开始减速并达到静止状态,所具有的动能转变为输出功;静止后的燃烧产物开始膨胀到初始压力状态 9_{CJ};最后工质经放热过程重新回到初始状态 0。对该循环模型涉及的详细功热转化过程可参见 Fickett 等撰写的著作[5],最终得到的循环热效率仍具有公式(1.11)的形式。

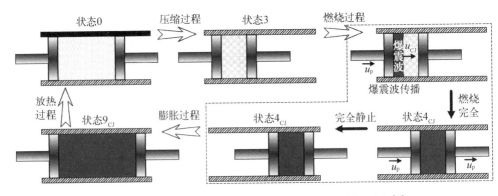

图 1.13　基于 Fickett – Jacobs 模型的工质爆震循环过程[6]

对于实际非驻定爆震推进,由于流动的非定常特性,图 1.12 中爆震循环的膨胀过程 4_{CJ} – 9_{CJ} 并不会都发生在涡轮或喷管中。在爆震燃烧室内,反应物经爆震燃烧后立即开始膨胀,即使不考虑黏性作用,燃烧产物间也将存在功热交换进而导致气体状态的变化。膨胀后的燃烧产物流出爆震燃烧室时,其气动状态都是与时间相关,进而使得气流经发动机喷管排出时一般都不会与环境大气压相等。为评估爆震循环的极限性能,可以假设膨胀过程为等熵过程,同时假设气流流出发动机时都膨胀到环境状态,此时可以获得循环功的极限及热效率最大值。

1.4.2 爆震推进理论推进性能

正如 1.4.1 节所描述的,当爆震发动机中排出的燃烧产物都完全等熵膨胀到环境状态时,循环热效率达到极限值。由于燃烧产物的熵都等于 CJ 爆震产物熵,所以排出气流具有相同的热力学状态。对于产生喷气推力的发动机,循环功将转化为气流动能并产生推力。然而,由于燃烧产物离开非驻定爆震发动机爆震燃烧室时具有不同的机械能,排出气流的速度具有脉动性,由式(1.10)可知,其将带来发动机推进性能损失。若假设存在某种排气装置可以实现非驻定爆震发动机等速排气(驻定爆震发动机为定常排气,不需要这种假设),即排气不均匀系数 $\eta_v = 1$,则非驻定爆震发动机推进性能达到理论最大值。由于此时为定常排气,则排气速度 u_9 也可以表达为

$$u_9 = \sqrt{c_{pb} T_{t9} \left(1 - \frac{T_9}{T_{t9}} \right)} \tag{1.71}$$

其中,T_9 和 T_{t9} 分别为排气的静温和总温。若将定常排气的假设进一步拓展为从爆震室出口开始,则式(1.71)可以进一步转化为

$$u_9 = \sqrt{c_{pb} T_{t4} \left[1 - \left(\frac{1}{\pi_{cb}} \cdot \frac{p_9}{p_{t3}} \right)^{\frac{\gamma_b - 1}{\gamma_b}} \right]} \tag{1.72}$$

其中,p_{t3} 为压缩终了或爆震室进口总压;T_{t4} 为爆震室出口定常总温;$\pi_{cb} = p_{t4}/p_{t3}$ 为燃烧室部件等效增压比,其定义形式与燃烧室总压恢复系数 σ_{cb} 相同。发动机单位推力与排气速度 u_9 直接相关[式(1.5)],由式(1.72)可以看到,为提高发动机性能,除了常规的提高压缩过程压缩比及燃烧室出口温度外,另一种方式就是实现燃烧室部件的增压。

1.4.2.1 燃烧室部件理论增压特性

为确定燃烧室部件理论增压特性,需要确定燃烧室出口等效定常状态。从发动机热循环角度考虑,这种等效应满足能量守恒及循环输出功相等。尽管非驻定爆震燃烧室出口气流是脉动的,但仍具有周期性特点。基于能量守恒,周期平均燃烧室出口总能满足如下关系:

$$\langle c_{pb} T_{t4} \rangle = c_{pu} T_{t3} + q_u \tag{1.73}$$

其中,$\langle \cdot \rangle$ 为质量加权平均算子,若比定压热容为定值,则有

$$\langle T_{t4} \rangle = \frac{c_{pu} T_{t3} + q_u}{c_{pb}} \tag{1.74}$$

可以看到这一形式与等压燃烧出口温度计算公式(1.61)类似,这表明从能量守恒角度,当喷油量及进口条件固定后,不同类型燃烧室的出口总温是相当的,后面将用 T_{t4_av} 代表 $\langle T_{t4} \rangle$。

为保证等效前后发动机循环输出功或循环热效率相同,则燃烧室出口等效状态的熵应等于燃烧后的熵,即燃烧室出口等效定常压力 p_{t4_av} 满足等熵关系:

$$\frac{p_{t4\_av}}{p_{comb}} = \left(\frac{T_{t4\_av}}{T_{comb}}\right)^{\frac{\gamma_b}{\gamma_b - 1}} \tag{1.75}$$

其中,p_{comb} 和 T_{comb} 分别为燃烧波后静压和静温。

进一步可以推导出燃烧室出口状态等效后的燃烧室部件增压比 $\pi_{cb} = p_{t4\_av}/p_{t3}$ 满足如下关系:

$$\pi_{cb} = \frac{p_{3a}}{p_{t3}}\left(\frac{T_{t3}}{T_{3a}}\right)^{\frac{\gamma_b}{\gamma_b - 1}} \cdot \left(\frac{c_{pu}}{c_{pb}}\right)^{\frac{\gamma_b}{\gamma_b - 1}} \frac{p_{comb}}{p_{3a}}\left(\frac{T_{3a}}{T_{comb}}\right)^{\frac{\gamma_b}{\gamma_b - 1}}\left(1 + \frac{q_u}{c_{pu}T_{t3}}\right)^{\frac{\gamma_b}{\gamma_b - 1}} \tag{1.76}$$

其中,p_{3a} 和 T_{3a} 分别为燃烧波前静压和静温。

若将燃烧波前总压 p_{t3a} 和总温 T_{t3a} 引入式(1.76),同时考虑到气流由燃烧室进口流入到燃烧波前为绝热过程 ($T_{t3a} = T_{t3}$),则等式右边第一项可以表达成另一种形式,即

$$\sigma_{cb\_i} = \frac{p_{3a}}{p_{t3}}\left(\frac{T_{t3}}{T_{3a}}\right)^{\frac{\gamma_b}{\gamma_b - 1}} = \frac{p_{t3a}}{p_{t3}} \cdot \left(\frac{T_{3a}}{T_{t3}}\right)^{\frac{\gamma_u}{\gamma_u - 1}}\left(\frac{T_{t3}}{T_{3a}}\right)^{\frac{\gamma_b}{\gamma_b - 1}} \tag{1.77}$$

可以看到,式(1.77)代表燃烧波前气流的进气总压恢复系数,反映了气流流入燃烧室达到燃烧波前状态时进气带来的流动损失大小。

对于航空涡轮发动机/亚燃冲压发动机燃烧室,由于不存在燃烧增压,所以实际上以燃烧室总压恢复系数 σ_{cb} 来评定部件特性,其大小满足 $\sigma_{cb} = \pi_{cb}$。对于等截面等压燃烧室,根据 Hugoniot 关系,燃烧波前气流速度为零(即 $p_{3a} = p_{t3a}$、$T_{3a} = T_{t3a}$),等压燃烧室部件总压恢复系数满足 $\sigma_{cb\_CP} = \sigma_{cb\_i}$,当进气损失为零时(即 $\sigma_{cb\_i} = 1$),即燃烧室出口总压等于进口总压。当燃烧波前气流速度不为零,则燃烧后状态点必然由等压燃烧点沿 Hugoniot 曲线爆燃分支向下 CJ 爆燃点移动,燃烧后压力下降($p_{comb} < p_{3a}$),最终带来额外的总压损失,这种由于向流动气流加热而导致的总压下降,一般称为热损失,其反映在式(1.76)右端第二项,加热前后的总压恢复系数 σ_{cb_h},即

$$\sigma_{cb\_h} = \left(\frac{c_{pu}}{c_{pb}}\right)^{\frac{\gamma_b}{\gamma_b-1}} \frac{p_{comb}}{p_{3a}}\left(\frac{T_{3a}}{T_{comb}}\right)^{\frac{\gamma_b}{\gamma_b-1}}\left(1 + \frac{q_u}{c_{pu}T_{t3}}\right)^{\frac{\gamma_b}{\gamma_b-1}} \tag{1.78}$$

对于等截面燃烧室,加热前后的总压恢复系数 σ_{cb_h} 除了可以采用公式(1.78)求得外,也可以根据燃烧前后流量守恒获得,即

$$\sigma_{cb\_h} = \frac{K_3}{K_4} \frac{q(Ma_3)}{q(Ma_4)}\sqrt{\frac{T_{t4}}{T_{t3}}} \tag{1.79}$$

其中,$K = \sqrt{\gamma/R \cdot [2/(\gamma+1)]^{(\gamma+1)/(\gamma-1)}}$;函数 $q(Ma)$ 为流量函数;T_{t4}/T_{t3} 为燃烧室加热比,用符号 θ 表示。当加热比不变时,从式(1.79)可以看到 σ_{cb_h} 与燃烧室进口总温无关。

对于活塞发动机的等容燃烧室,将式(1.62)、式(1.63)代入式(1.76)可得等容燃烧室部件增压比为

$$\pi_{cb\_CV} = \sigma_{cb\_i} \cdot \left(\frac{\gamma_u}{\gamma_b}\right)^{\frac{\gamma_b}{\gamma_b-1}} \frac{c_{vu}}{c_{vb}}\left[\frac{(1 + q_u/c_{pu}T_{t3})^{\gamma_b}}{1 + q_u/c_{vu}T_{3a}}\right]^{\frac{1}{\gamma_b-1}} \tag{1.80}$$

从式(1.80)可以看到,等容燃烧室部件理论增压比与初压没有关系。当反应放热量 q_u 一定时,随着波前总温的增高,部件增压比将降低。当波前马赫数增加时,燃烧波前静温 T_{3a} 降低,进而导致部件增压比降低,存在临界波前马赫数,使得 π_{cb_CV} 小于 1。

对于爆震推进的爆震燃烧室,将式(1.66)、式(1.68)代入式(1.76)可得爆震燃烧室部件增压比为

$$\pi_{cb\_Det} = \sigma_{cb\_i} \cdot \left[\frac{\gamma_u^2(\gamma_b-1)Ma_{CJ}^2}{\gamma_b^2(\gamma_u-1)}\right]^{\frac{\gamma_b}{\gamma_b-1}}\left(\frac{1+\gamma_b}{1+\gamma_u Ma_{CJ}^2}\right)^{\frac{\gamma_b+1}{\gamma_b-1}}\left(1 + \frac{q_u}{c_{pu}T_{t3}}\right)^{\frac{\gamma_b}{\gamma_b-1}}$$
$$\tag{1.81}$$

从式(1.81)可以看到,爆震燃烧室部件理论增压比与初压没有关系。当反应放热量 q_u 一定时,随着燃烧室进气总温的增高,部件增压比将降低。当爆震波波前马赫数 Ma_{3a} 增加时,燃烧波前静温 T_{3a} 降低,从爆震波马赫数 Ma_{CJ} 计算公式[式(1.64)、式(1.65)]可以看到,Ma_{CJ} 将增大,进而导致部件增压比降低,存在临界波前马赫数使得 π_{cb_Det} 小于 1。

对于增压燃烧室,也可以定义燃烧室等效加热比 $\theta = T_{t4\_av}/T_{t3}$,那么反应放热量 q_u 与加热比 θ 间满足 $q_u = T_{t3}(c_{pb}\theta - c_{pu})$,将其代入公式(1.80)和公式(1.81)后可以推得,当加热比 θ 固定时,等容燃烧室和爆震燃烧室的理论部件增压比也将与燃烧室进口总温无关。

图 1.14 给出了不同加热比 θ 及不同燃烧波前马赫数 Ma_{3a} 对燃烧室部件特性影响的变化曲线。从图 1.14(a) 可以看到：对于常规亚燃燃烧室，随着燃烧波前马赫数 Ma_{3a} 的增大，燃烧室总压恢复系数 σ_{cb} 降低；加热比 θ 越大，σ_{cb} 降低的幅度越大；同时存在最大 Ma_{3a}，使得燃烧产物达到当地声速，气流流动处于壅塞状态。对于增压燃烧室，同工况下，爆震燃烧室的理论增压比比等容燃烧室高；加热比 θ 越大，部件增压比 π_{cb} 越高；随着燃烧波前马赫数 Ma_{3a} 的增大，燃烧室增压比越低，存在临界波前马赫数 Ma_{3a_cr}，当 Ma_{3a} 高于此值时，虽然燃烧波前后存在增压过程，但燃烧室部件的增压比将小于 1。因此对于给定的燃烧室部件特性需求，其对加热比 θ 及波前马赫数 Ma_{3a} 的选择提出了约束范围。

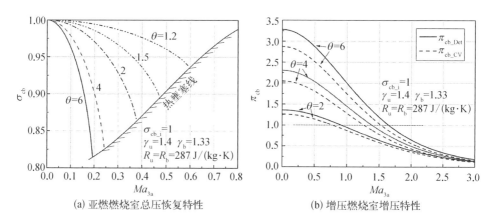

(a) 亚燃燃烧室总压恢复特性　　　　　(b) 增压燃烧室增压特性

图 1.14　不同燃烧室部件特性

1.4.2.2　理论推进性能

当发动机循环考虑燃料添加影响时，发动机热效率公式(1.12)具有如下形式：

$$\eta_{th} = 1 - \frac{h_9 - (h_0 + f \cdot h_f)/(1 + f)}{q_u} \tag{1.82}$$

其中，f 为燃烧油气比；q_u 与燃料热值 H_f 之间满足 $q_u = f \cdot H_f/(1 + f)$；$h_f$ 为喷射燃料的焓。

若假设在压缩终了燃料与空气掺混前后总温不变，则燃料焓 h_f 满足如下关系：

$$h_f = \frac{(H_f c_{pu} - c_{pa})T_{t3}}{f} \tag{1.83}$$

其中，c_{pa} 为空气的比定压热容。

进一步，若假设发动机循环的膨胀过程为等熵过程，则可以推导出以燃烧室部件增压比表示的发动机循环热效率，即

$$\eta_{\mathrm{th}} = 1 - \frac{1}{q_u / (c_{pa} t_0)} \left[\frac{c_{pu}}{c_{pa}} \frac{T_{t3}}{T_0} (\pi_c \pi_{\mathrm{cb}})^{\frac{1-\gamma_b}{\gamma_b}} \left(1 + \frac{q_u}{c_{pu} T_{t3}} \right) - h_{\mathrm{sp}} \right] \tag{1.84}$$

其中，π_c 代表压缩过程的增压比；T_{t3} / T_0 代表压缩过程的增温比，它们之间的关系满足

$$\frac{T_{t3}}{T_0} = \frac{\pi_c^{(\gamma_a - 1)/\gamma_a} - 1}{\eta_c} + 1 \tag{1.85}$$

其中，η_c 为压缩效率，当 $\eta_c = 1$ 时为等熵压缩过程；γ_a 为空气的绝热指数；h_{sp} 为由于燃料添加而引起的附加项，满足

$$h_{\mathrm{sp}} = \frac{1}{1 + f} \left\{ 1 + \frac{T_{t3}}{T_0} \left[(1 + f) \frac{c_{pu}}{c_{pa}} - 1 \right] \right\} \tag{1.86}$$

从公式（1.84）可以看到，提高燃烧室部件增压比 π_{cb} 可以提升发动机的循环热效率。当将爆震燃烧室部件理论增压比公式（1.81）代入公式（1.84）可得到爆震循环热效率表达式，即

$$\eta_{\mathrm{th\_Det}} = 1 - \frac{\dfrac{R_u \gamma_b^2 (\gamma_a - 1)}{R_a \gamma_a \gamma_u (\gamma_b - 1)} \cdot \dfrac{1}{Ma_{\mathrm{CJ}}^2} \left(\dfrac{1 + \gamma_u Ma_{\mathrm{CJ}}^2}{1 + \gamma_b} \right)^{\frac{\gamma_b + 1}{\gamma_b}} \cdot \dfrac{T_{t3}}{T_0} (\pi_c \sigma_{\mathrm{cb\_i}})^{\frac{1 - \gamma_b}{\gamma_b}} - h_{\mathrm{sp}}}{q_u / (c_{pa} T_0)} \tag{1.87}$$

其中，γ_a 和 R_a 分别为空气的绝热指数和气体常数。

图 1.15 给出了两种爆震发动机的热力循环 T - s 图。

第一种对应飞行高度为 11 km、飞行马赫数为 1、压气机增压比为 20 时非驻定爆震发动机工质所历经热力过程：压缩效率为 1，即工质压缩过程 0 - 3 为等熵过程；工质流入爆震室内存在 30% 的总压损失（即 $\sigma_{\mathrm{cb\_i}} = 0.7$），相应工质会历经 3 - 3a 熵增过程；假设爆震波前燃气静止（即 $Ma_{3a} = 0$），工质历经爆震燃烧过程 3a - 4_CJ 达到爆震波后状态，计算获得的爆震波传播马赫数为 3.99；随后工质历经等熵膨胀过程 4_CJ - 9 排出发动机；工质循环热效率为 62%。

另一种对应飞行高度为 20 km、飞行马赫数为 10 时驻定爆震发动机内工质所历经热力过程：0 - 3′ 为非等熵压缩过程，压缩效率为 0.66；工质在状态 3′ 时（即进气道出口）马赫数为 5；当不考虑工质流入爆震室的总压损失，则爆震波前燃气状态与状态 3′ 相同（即 $Ma_{3a} = 5$），工质历经爆震燃烧过程 3′ - 4′_CJ 达到爆震波后状态，计算获得的爆震波传播马赫数为 3.63，低于来流马赫数，爆震波将以斜爆震波形式驻定；随后工质历经等熵膨胀过程 4′_CJ - 9′ 排出发动机；工质循环热效率为 48.4%。

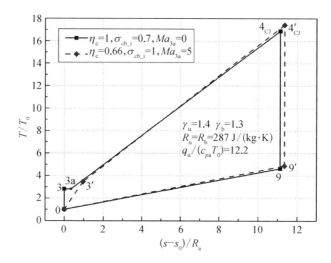

图 1.15　两种爆震发动机热力循环 T - s 图

已知发动机工质循环的热效率,进一步基于公式(1.10)可以获得当工质完全膨胀到环境状态时发动机产生的单位推力,考虑到燃料添加影响,公式(1.10)可以变化为

$$F_s = (1 + f) \cdot \sqrt{\eta_v \left[2\langle \eta_{\text{th}} \rangle \langle q_u \rangle + u_0^2/(1 + f) \right]} - u_0 \qquad (1.88)$$

当排气不均系数 $\eta_v = 1$ 时,发动机能获得理论推进性能极限。

图 1.16 给出了发动机在理想爆震循环、等容循环(Humphrey)及等压循环(Brayton)下热效率及推进性能随压缩过程增压比变化的曲线,其假设等熵压缩及膨胀过程,不考虑进气损失(即 $\sigma_{\text{cb\_i}} = 1$),燃烧波前速度为 0(即 $Ma_{3a} = 0$)。

从图 1.16(a)可以看到,理想情况下,发动机循环热效率随压缩过程增压比 π_c 的增加而提高;对于爆震循环和等容循环,热效率也随加热量的增加而增大;相同 π_c 下,爆震循环热效率最大,等压循环热效率最小。爆震循环热效率与等容循环热效率非常接近,其间热效率差在 3% 以内,相应的基于两循环的发动机推进性能也比较接近,因此为了评估非驻定爆震发动机(如脉冲爆震发动机)推进性能,也可以基于等容循环模型来预估爆震发动机推进性能变化趋势。若定义爆震循环热效率的提升率 $\eta_{\text{th\_ratio}}$ 为爆震循环和 Brayton 循环效率差除以 Brayton 循环效率,可以看到随着 π_c 的增加,提升率变化趋缓,在低增压比(如 π_c 为 5 以下),提升率可达 40% 以上。

图 1.16(b)给出了发动机单位推力的变化趋势,π_c 和加热量的增加都可以提升发动机的单位推力。定义单位推力提升率 $F_{\text{s\_ratio}}$ 为爆震循环或 Humphrey 循环的单位推力和 Brayton 循环的单位推力差除以 Brayton 循环单位推力,从图中可以看到,采用爆震及等容燃烧都可以提升发动机的推进性能,低增压比下单位推力提

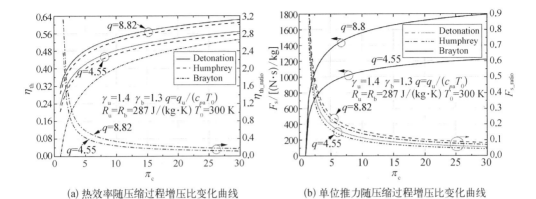

(a) 热效率随压缩过程增压比变化曲线　　(b) 单位推力随压缩过程增压比变化曲线

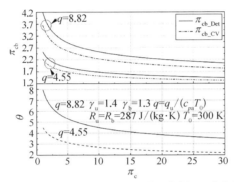

(c) 燃烧室增压比及加热比随压缩过程增压比变化曲线

图 1.16　爆震发动机理想循环下部件及推进性能

升率明显,例如 π_c 为 5 以下时,F_{s_ratio} 可达 15% 以上,这意味着基于爆震循环的发动机可以在更低的增压比下实现高增压比下常规等压循环发动机的推进性能需求,从某种意义上说这对减小涡轮发动机压气机级数、提高发动机推重比是有利的。

图 1.16(c)也给出燃烧室部件增压比特性,可以看到同工况下爆震燃烧室的增压比要高于等容燃烧室,加热量增大可以提升燃烧室部件增压比;但随着压缩过程增压比 π_c 的增加,燃烧室部件增压比逐渐降低,这种衰减的趋势与图 1.16(a)和图 1.16(b)中 η_{th_ratio} 和 F_{s_ratio} 减小趋势是一致的。图中 1.16(c)也给出了燃烧室加热比的变化特性曲线,当燃烧室加热量不变时(即燃烧的当量比不变),燃烧室进口总温将随压缩过程增压比的提高而增大,进而导致燃烧室加热比的降低,而燃烧室部件增压比与加热比成正比例关系。

从发动机循环热效率通用公式(1.84)可以看到,爆震发动机相比同工况常规发动机具有更佳的推进性能的前提条件是爆震室能够实现自增压(即 $\pi_{cb\_Det}>1$),正因为此,图 1.16 中爆震发动机表现出更佳的推进性能。但另一方面,从燃烧室部件增压比公式(1.81)可以看到,实际增压比 π_{cb_Det} 还与燃烧室进气总压恢复系数 σ_{cb_i} 和燃烧波前填充马赫数 Ma_{3a} 有关,而这些都与爆震燃烧室的工作过程有关,实际实施过程中往往会导致 $\pi_{cb\_Det}<1$,这将在后面章节中继续讨论。

1.5 小　结

当前可以采用多种方式提升传统喷气发动机的推进性能,从动力装置的能量利用角度来看,实际就是要提高发动机的循环热效率,而热效率又与工质流经发动机所经历的各热力过程产生的熵增直接相关,因此提升发动机推进性能的各种方式实际就是降低各个热力过程产生的熵增,而爆震推进系统则是通过改变传统喷气发动机中的燃烧模式,进而降低燃烧过程产生的熵增来实现增推的。

对于给定的燃烧前初始条件,采用各种燃烧模式放热后所达到的燃烧后状态都落在 Hugoniot 曲线上,而沿着该 Hugoniot 曲线,CJ 爆震燃烧产生的熵增最低。相应地,当发动机采用爆震燃烧模式时将具有最高的循环热效率,这正是爆震推进增推的热力学基础。同时由于爆震燃烧是一种增压燃烧,最终使得爆震燃烧室表现出部件增压特性,进而带来发动机推进性能的巨大提升。

然而需要指出的是,爆震室实现了增压爆震燃烧并不代表就实现了部件增压。爆震室部件增压特性受很多因素影响,包括燃烧室进气总压损失、燃烧波前的来流速度等,例如非驻定爆震发动机为了防止压力反传而采用高进气压差供给,驻定爆震推进中燃烧波前大于爆震速度的来流速度(部件增压比远小于 1)。这些因素将导致爆震发动机爆震燃烧波前反应物状态与常规发动机燃烧波前反应物状态的差异,进而导致爆震发动机推进性能的损失。

参考文献

[1] STREHLOW R A. Combustion fundamentals[M]. New York: McGraw-hill Book Company, 1984: 396 - 410.

[2] LEE J H S. The detonation phenomenon[M]. New York: Cambridge University Press, 2008: 26 - 42.

[3] MCBRIDE B J, GORDON S. Computer program for calculation of complex chemical equilibrium compositions and applications[R]. NASA Reference Publication 1311, 1994.

[4] REYNOLDS W C. The element potential method for chemical equilibrium analysis: Implementation in the interactive program STANJAN[R]. TR. A - 3391, 1996.

[5] FICKETT W, DAVIS W C. Detonation: Theory and experiment[M]. New York: Dover Publications Inc., 2001: 35 - 38.

[6] WINTENBERGER E, SHEPHERD J E. Thermodynamic analysis of combustion processes for propulsion system[R]. AIAA 2004 - 1033, 2004.

第 2 章
爆震的结构

2.1 引　言

第 1 章基于一维燃烧波分析解释了爆震推进增推的原理,一维燃烧波模型只考虑燃烧波上下游的化学平衡状态,即将燃烧波作为控制体,研究工质流入和流出该控制体的状态变化,而不考虑工质在控制体内经历的具体过程。然而,为了在发动机燃烧室内实现爆震燃烧组织,必须理解爆震燃烧的实际过程及各种可能的影响因素。

对于爆震燃烧的研究,早期都是基于现象的描述来开展的。1881 年,Mallard 等指出爆震以快速绝热压缩波的形式传播,压缩波触发了化学反应,其传播速度与产物声速相当。1882 年,Berthelot 将爆震波速与绝热等容燃烧产物声速进行了对比。1893 年,Dixon 指出,相比于等压燃烧产物温度,爆震燃烧产物温度更接近绝热等容燃烧产物温度。1899 年,Vieille 将爆震描述为间断与化学反应的耦合(化学反应维持间断,间断诱发化学反应),并基于此计算了 $2H_2+O_2$ 混合物的爆震压力为 40 bar①,该值非常接近前导激波后的 von Neumann 压力尖峰。1917 年,Becker 也认为激波加热对爆震波中化学反应的开始过程起到作用,然而他不赞同 Mallard 提出的仅由激波前锋绝热压缩使得化学反应达到点火温度的观点,他认为反应区释热引起的热量传递也对加快化学反应起到了一定作用,但由于反应区位于燃烧波内下游,其与激波之间被相对较长的诱导区隔开,热传导和黏性效应对爆震结构的影响甚微,化学反应最终只能被前导激波的绝热加热所触发[1]。

1926 年,Campbell 和 Woodhead 通过实验证实了爆震燃烧多维结构的存在,但直到三十多年后,自持爆震的详细结构才被详细地研究。1956 年,Denisov 和 Troshion 首先将烟膜技术引入到爆震研究领域,他们在实验中发现爆震燃烧波能够在实验管内壁的烟灰膜上留下明显的痕迹,此后烟膜技术被广泛地用于爆震燃烧结构的研究中。各种新的流场诊断技术也逐渐被采用,如压电传感器、高速纹影、

① 1 bar = 10^5 Pa。

全补偿条纹成像及薄膜温度传感器等,这些测量技术的应用进一步证实了自持爆震前锋所固有的不稳定结构。近年来,已可通过平面激光成像技术对三维非稳定爆震结构的横截面进行瞬时观察,数值仿真技术的发展也为理论研究爆震过程中所涉及的复杂现象提供了技术手段。

2.2　一维爆震波结构

2.2.1　基本特征

基于研究人员前期的研究,Zeldovich、von Neumann 和 Doring 分别于 1940 年、1942 年和 1943 年提出了一维爆震波结构模型,简称 ZND 模型。前导激波对新鲜的可燃混合物进行绝热压缩,压缩后的混合气经过一定的诱导时间(微秒量级)自动着火,混气燃烧放热为前导激波的定常速度传播提供能量支持。

一维 ZND 爆震结构内气体热力学参数变化如图 2.1 所示,紧靠激波前缘的位置 1 是激波前锋,位置 1′为 von Neumann 峰值点,其压力、温度和密度的值与气体混合物中已发生的化学反应程度有关,当不考虑激波区的化学反应时,von Neumann 峰值点压力约为 CJ 压力的两倍。假设化学反应速率满足阿累尼乌斯定律,在紧靠激波后缘的一个区域内,由于温度不高,反应速率仅缓慢地增加,因此压力、温度和密度的变化相对较为平坦,这个区域称为感应区。经过一段时间以后,反应速率变得很大,气体参数发生剧烈的变化。位置 1″为燃烧锋面,燃烧放热升温的同时,压力和密度开始下降;当化学反应接近完成时,热力学参数趋于它们的 CJ 平衡值,即图中位置 2 的 CJ 平面。对于自由传播的爆震波,燃烧产物离开截面 2 后将继续膨胀加速,同时产生驱动前导激波传播的推力。

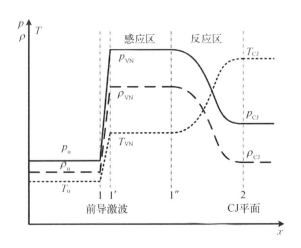

图 2.1　气体热力学参数经过一维 ZND 爆震结构的变化

Zeldovich 在最初的工作中侧重研究了反应区中热和动量损失(如摩擦)对爆震传播的影响,研究了管壁对爆震波速的影响及当管径小于某一最小尺寸时可爆极限的存在。von Neumann 研究了弱爆震的可能性,他假设存在部分反应的 Hugoniot 曲线,每一曲线都与某一化学反应进程变量相对应,通过研究工质途经这些部分反应 Hugoniot 曲线的不同路径,提出了弱爆震存在的条件;然而 von Neumann 并没有对爆震波结构内热力学状态参数的守恒方程求解来深入研究分析。Doring 在 Becker 早期研究工作的基础上,对爆震波结构进行了更详细的分析,通过对守恒方程的积分,获得了工质在爆震波内的热力学状态变化[1]。

需要指出是,由于爆震固有的不稳定性,ZND 模型或者一维稳态平面爆震波结构在实验中是很难实现的。但基于 ZND 模型分析可以研究爆震过程中不同气动状态下爆炸反应的详细化学反应机理;同时,通过分析爆震的 ZND 层流结构可以获得爆震过程的特征化学反应尺度,而这一参数与实际爆震参数紧密相关。

2.2.2 理想气体 ZND 模型

2.2.2.1 微分形式

对于稳定传播的爆震波,若将坐标系建立在爆震波上,如图 2.2 所示,则流体在地面静止坐标系下的一维非定常流动转变为相对坐标系下的一维定常流动。反应物由左侧流入,经激波绝热压缩后,在诱导反应区内发生化学反应并释放热量,当达到平衡状态后,燃烧产物由右侧流出。

假设流体绝热指数 γ 为常数,同时化学反应用单步阿累尼乌斯速率定律描述,则相对坐标系下一维定常流动的微分形式守恒方程为

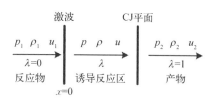

图 2.2　简化 ZND 模型

$$\frac{\mathrm{d}}{\mathrm{d}x}(\rho u) = 0 \tag{2.1}$$

$$\frac{\mathrm{d}}{\mathrm{d}x}(p + \rho u^2) = 0 \tag{2.2}$$

$$\frac{\mathrm{d}}{\mathrm{d}x}\left(h + \frac{u^2}{2}\right) = 0 \tag{2.3}$$

其中,

$$h = \frac{\gamma}{\gamma - 1}\frac{p}{\rho} - \lambda q_{\mathrm{u}} \tag{2.4}$$

其中,q_{u} 为单位质量反应物的完全放热量;λ 为反应进程变量,λ 等于 0 时对应未

燃反应物,当 λ 等于 1 时反应物完全转变为产物。对式(2.3)和式(2.4)进一步微分可得

$$\frac{\mathrm{d}h}{\mathrm{d}x} + u\frac{\mathrm{d}u}{\mathrm{d}x} = \frac{\gamma}{\gamma - 1}\left(\frac{1}{\rho}\frac{\mathrm{d}p}{\mathrm{d}x} - \frac{p}{\rho^2}\frac{\mathrm{d}\rho}{\mathrm{d}x}\right) - \frac{\mathrm{d}\lambda}{\mathrm{d}x}q_{\mathrm{u}} + u\frac{\mathrm{d}u}{\mathrm{d}x} = 0 \tag{2.5}$$

基于式(2.1)和式(2.2)可得

$$\frac{\mathrm{d}\rho}{\mathrm{d}x} = -\frac{\rho}{u}\frac{\mathrm{d}u}{\mathrm{d}x}, \frac{\mathrm{d}p}{\mathrm{d}x} = -\rho u\frac{\mathrm{d}u}{\mathrm{d}x} \tag{2.6}$$

将式(2.6)代入式(2.5)可得

$$\frac{\mathrm{d}u}{\mathrm{d}x} = \frac{(\gamma - 1)uq_{\mathrm{u}}\dfrac{\mathrm{d}\lambda}{\mathrm{d}x}}{c^2(1 - Ma^2)} \tag{2.7}$$

其中,$c^2 = \gamma p/\rho$ 及 $Ma = u/c$。注意到 $\mathrm{d}x = u\mathrm{d}t$,则式(2.7)转变为

$$\frac{\mathrm{d}u}{\mathrm{d}x} = \frac{(\gamma - 1)q_{\mathrm{u}}\dfrac{\mathrm{d}\lambda}{\mathrm{d}t}}{c^2(1 - Ma^2)} \tag{2.8}$$

理论和数值分析中广泛采用的单步阿累尼乌斯形式为

$$\frac{\mathrm{d}\lambda}{\mathrm{d}t} = k(1 - \lambda)\mathrm{e}^{-E_{\mathrm{a}}/RT} \tag{2.9}$$

其中,k 为指前因子;E_{a} 为活化能。

　　ZND 结构可根据以上常微分方程组计算:首先利用第 1 章中所述的 CJ 理论计算给定 γ 和 q_{u} 下的 CJ 爆震速度;利用 CJ 爆震速度和 Rankine - Hugoniot 正激波关系式可求得前导激波后的 von Neumann 状态;以 von Neumann 状态为初值,对描述 ZND 结构的常微分方程组进行积分,一直积分到 CJ 平面,CJ 平面处的气流状态可根据 CJ 理论求得。典型的 ZND 结构内压力和温度变化如图 2.3 所示。

　　当化学反应过程用单步阿累尼乌斯定律描述时,影响 ZND 结构的最重要因素就是活化能,其反映了化学反应对温度的敏感性。当活化能较低时,前导激波后的化学反应以较平缓方式进行;当活化能很高时,初始反应速率很低,然而当温度大小超过 E_{a}/R 的量级时,反应速率迅速提升,这导致化学反应的诱导时间很长,而反应时间相对很短,很小的温度变化将引起反应速率的显著变化,因此高的温度敏感性(如高活化能)将引起 ZND 结构的不稳定。图 2.4 给出了不同活化能对 ZND 结构中温度变化的影响。

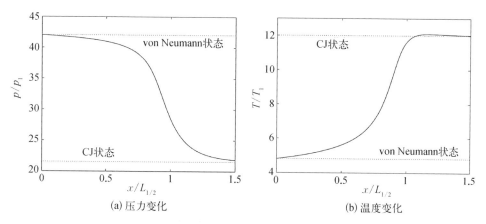

图 2.3　典型 ZND 爆震结构中压力及温度变化（$\gamma = 1.2$，$E_a = 50RT_1$，$q_u = 50RT_1$）[1]

$L_{1/2}$ 为 ZND 半反应区长度（化学反应刚好释放出一半的化学能）

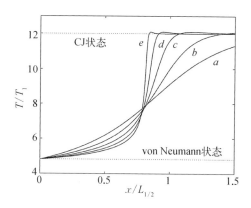

图 2.4　活化能对 ZND 结构中温度变化的影响（$\gamma = 1.2$，$q_u = 50RT_1$）[1]

$E_a/RT_1 = 30$、40、50、60 和 70（对应曲线 a、b、c、d 和 e）

2.2.2.2　解析形式

对于图 2.2 中的 ZND 模型，由于当坐标系建立在运动的激波上时，流体流动转变为一维定常流，故可以用激波前来流状态改写微分方程组［方程（2.1）~方程（2.3）］，即

$$\rho u = \rho_1 u_1 \tag{2.10}$$

$$\rho u^2 + p = \rho_1 u_1^2 + p_1 \tag{2.11}$$

$$\frac{\gamma}{\gamma - 1} \frac{p}{\rho} + \frac{1}{2} u^2 = \frac{\gamma_1}{\gamma_1 - 1} \frac{p_1}{\rho_1} + \frac{1}{2} u_1^2 + \lambda q_u \tag{2.12}$$

化学反应进程变量 λ 沿 x 的变化为

$$\frac{\mathrm{d}\lambda}{\mathrm{d}x} = \frac{\mathrm{d}\lambda}{\mathrm{d}t}\frac{\mathrm{d}t}{\mathrm{d}x} = \frac{1}{u}k(1-\lambda)\mathrm{e}^{-E_a/RT} \tag{2.13}$$

方程(2.10)~方程(2.12)考虑了化学反应过程对流体介质物性参数的影响,反应过程中气体常数 R 为

$$R = R_1(1-\lambda) + R_2\lambda \tag{2.14}$$

反应过程中绝热指数 γ 为

$$\gamma = \frac{(1-\lambda)R_1\gamma_1/(\gamma_1-1) + \lambda R_2\gamma_2/(\gamma_2-1)}{(1-\lambda)R_1/(\gamma_1-1) + \lambda R_2/(\gamma_2-1)} \tag{2.15}$$

其中,R_1、γ_1 和 R_2、γ_2 分别代表反应物和燃烧产物的物性参数。

对方程(2.10)~方程(2.12)整理推导,可以得到 ZND 结构中任一位置处的气流参数与来流状态参数的关系:

$$\frac{p}{p_1} = \frac{\gamma_1 Ma_1^2 + 1}{\gamma Ma^2 + 1} \tag{2.16}$$

$$\frac{\rho}{\rho_1} = \frac{\gamma_1 Ma_1^2(\gamma Ma^2 + 1)}{\gamma Ma^2(\gamma_1 Ma_1^2 + 1)} \tag{2.17}$$

$$\frac{T}{T_1} = \frac{\gamma R_1(1 + \gamma_1 Ma_1^2)^2 Ma^2}{\gamma_1 R(1 + \gamma Ma^2)^2 Ma_1^2} \tag{2.18}$$

$$\frac{u}{u_1} = \frac{\gamma Ma^2(\gamma_1 Ma_1^2 + 1)}{\gamma_1 Ma_1^2(\gamma Ma^2 + 1)} \tag{2.19}$$

其中,

$$Ma = \sqrt{\frac{[\gamma - (\gamma-1)B] - \sqrt{\gamma^2 - (\gamma^2-1)B}}{\gamma(\gamma-1)(B-1)}} \tag{2.20}$$

$$B = \frac{2\gamma_1^2 Ma_1^2\left(1 + \frac{\gamma_1-1}{2}Ma_1^2 + \lambda q\right)}{(\gamma_1-1)(\gamma_1 Ma_1^2 + 1)^2} \tag{2.21}$$

$$Ma_1 = \frac{u_1}{\sqrt{\gamma_1 p_1/\rho_1}}, \quad q = q_u\frac{\gamma_1-1}{\gamma_1}\frac{\rho_1}{p_1} \tag{2.22}$$

最终方程(2.10)~方程(2.12)转变为一个常微分方程(2.13)和多个代数方程[方程(2.16)~方程(2.20)],联立并对 λ 积分,就可获得 ZND 结构。当 λ 分别

等于 0 和 1 时,基于代数方程(2.12)~方程(2.16)可求得 von Neumann 状态和 CJ 状态。在实际应用中,通常会引入过驱动系数 $f = (Ma_1/Ma_{CJ})^2$,进而获得不同爆震波传播速度下的 ZND 结构特征。

2.2.2.3 特征值爆震

对于微分形式的 ZND 模型,当对式(2.8)进行积分时,前导激波后气流初始是亚声速的,即马赫数小于 1。随着化学反应的进行,化学能不断释放出来,气流马赫数持续增加,并趋向于 1。当 $\lambda \to 1$ 和 $Ma \to 1$ 时,式(2.8)的分母趋近于 0,这将导致速度微分绝对值的无穷大(奇点),除非式(2.8)的分子也趋近于 0,这正好对应 CJ 速度情况,此时分母中 $1 - Ma^2 \to 0$ 时,分子中 $d\lambda/dt \to 0$。CJ 理论认为,声速面(即 Rayleigh 线与 Hugoniot 曲线的切点——CJ 点,此时 $Ma = 1$)与所有化学反应完全反应的化学平衡面(即 $\lambda = 1$,$d\lambda/dt = 0$)重合。因此,以 CJ 理论爆震波速计算的激波后 von Neumann 状态作为初值来积分微分方程式(2.8)时,必然能在气流趋近于声速面 $Ma = 1$ 时,化学反应也达到平衡状态。

因此,可以将式(2.8)中分母趋于 0 时分子也趋于 0 作为正则条件,用来计算爆震波速的期望解。此时并不需要预先知道爆震波速,可以先假定一前导激波速度用来计算 von Neumann 状态,并沿 ZND 结构积分式(2.8),当 $Ma \to 1$ 时,对于给定的前导激波速度下,式(2.8)的分子可能不会趋近于 0,因此需要选择另外的前导激波速度以满足正则条件。通过多次迭代最终可以获得在声速奇点上满足正则条件的爆震波速。如果反应物不同反应进程下(对应不同反应放热量)的 Hugoniot 曲线簇不相交,则通过迭代求得的满足正则条件的爆震波速与基于 CJ 理论所计算的爆震波速相等,通常将以这种方式获得的爆震状态称为特征值爆震(eigenvalue detonation)。

一般来说,如果 $1 - Ma^2 \to 0$ 时化学反应也达到平衡状态,那么基于正则条件确定的爆震状态与 CJ 理论确定的爆震状态相同,此时特征值爆震与 CJ 爆震相同。然而,存在各种化学反应动力学机制使得两者不相同(如病态爆震)。另外,当描述 ZND 结构的守恒方程包含考虑流道型面、摩擦及传热等因素的源项时,由于这些源项与流动过程有关,而 CJ 理论只能考虑爆震波前后的状态,故此时只能通过正则条件来获得稳态爆震状态(非理想爆震)。

2.2.3 病态爆震

基于 ZND 模型可以解释在第 1 章一维燃烧波分析中提及的弱爆震燃烧状态的存在。考虑一个简单的两步化学反应:第一步为不可逆的放热反应 A→B;第二步为不可逆的吸热反应 B→C。因此总反应是由反应物 A 转变为产物 C。假设每个化学反应可以用简单的阿累尼乌斯形式描述,即

$$\frac{d\lambda_1}{dt} = k_1(1 - \lambda_1) e^{-E_{a,1}/RT} \tag{2.23}$$

$$\frac{\mathrm{d}\lambda_2}{\mathrm{d}t} = k_2(\lambda_1 - \lambda_2)\mathrm{e}^{-E_{a,2}/RT} \tag{2.24}$$

其中，k_1 和 k_2 为指前因子；$E_{a,1}$ 和 $E_{a,2}$ 为活化能；λ_1 和 λ_2 为反应进程变量，其与组分 A 和 C 的质量分数关系为

$$\lambda_1 = 1 - x_A, \ \lambda_2 = x_C \tag{2.25}$$

反应放热量为

$$Q = \lambda_1 q_{u1} + \lambda_2 q_{u2} \tag{2.26}$$

其中，q_{u1} 和 q_{u2} 分别代表放热反应和吸热反应的完全放热量（$q_{u1}>0$，$q_{u2}<0$）。ZND 结构用微分方程组[式(2.1)～式(2.3)]描述，化学反应用式(2.23)和式(2.24)描述。将式(2.26)代入式(2.8)，可以得到适用于两步不可逆反应的速度微分方程：

$$\frac{\mathrm{d}u}{\mathrm{d}x} = \frac{(\gamma - 1)(\dot{\lambda}_1 q_{u1} + \dot{\lambda}_2 q_{u2})}{c^2 - u^2} \tag{2.27}$$

其中，$\dot{\lambda}_1 = \mathrm{d}\lambda_1/\mathrm{d}t$；$\dot{\lambda}_2 = \mathrm{d}\lambda_2/\mathrm{d}t$；$c$ 为当地声速；u 为当地气流速度。

当给定化学反应相关参数（如 k_1、k_2、$E_{a,1}$、$E_{a,2}$、q_{u1} 和 q_{u2}）时，可以联立式(2.23)、式(2.24)和式(2.27)进行积分。首先迭代求解满足正则条件（即当 $u \to c$ 时，$\dot{\lambda}_1 q_{u1} + \dot{\lambda}_2 q_{u2} \to 0$）的特征值爆震波速，在获得该特征值后，继续对微分方程组进行积分，此时将越过声速面直到化学反应结束（$\lambda_1 = \lambda_2 = 1$）。

图2.5 给出了当 $k_1 = k_2 = 100$、$\gamma = 1.2$、$E_{a,1} = 22RT_1$、$E_{a,2} = 32RT_1$、$q_{u1}/c_1^2 = 50$ 和 $q_{u2}/c_1^2 = -10$ 时前导激波后气流速度和声速的变化曲线。由图可以看到，$u=c$ 时对应的就是声速面，而此时化学反应还未结束。图2.6 给出了相应的激波后反

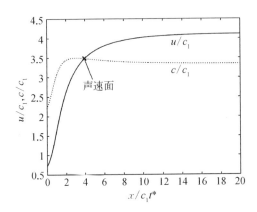

图 2.5　激波后气流速度和声速变化[1]

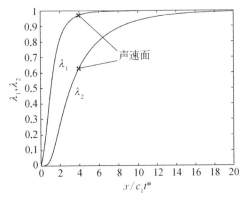

图 2.6　激波后 λ_1 和 λ_2 的变化[1]

应进程变量 λ_1 和 λ_2 的变化,可以看到在声速面处,λ_1 和 λ_2 都没达到化学平衡状态(即 $\lambda_1=\lambda_2=1$)。

图 2.7 给出了激波后放热量的变化,可以看到化学放热量存在过冲或峰值,这是由相对更快的放热反应引起的,而 $u=c$ 就发生在放热峰值处。当气流穿过声速面后,放热量开始降低,相对较慢的吸热反应最终将系统回复到化学平衡状态($\lambda_1=\lambda_2=1$)。图 2.8 也给出了当地马赫数与放热量间的关系,可以看到,在最大放热量处,当地马赫数等于 1(即声速面 $u=c$),随后气流持续加速并达到超声速,$Ma=1.2302$,这对应的就是化学平衡 Hugoniot 曲线的弱爆震解。

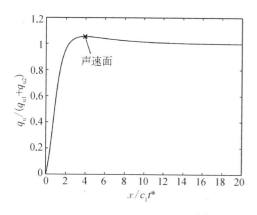

图 2.7　激波后放热量的变化[1]　　图 2.8　激波后放热量与当地马赫数关系[1]

1941 年,Zeldovich 和 Ratner 最先指出 H_2 – Cl_2 系统中存在病态爆震。根据 Nernst 链反应:

a.　$H_2 + M \longrightarrow 2H + M$

b.　$Cl_2 + M \longrightarrow 2Cl + M$

c.　$H_2 + Cl \longrightarrow HCl + H$

d.　$Cl_2 + H \longrightarrow HCl + Cl$

H_2 与 Cl_2 反应生成两分子 HCl 时并不会引起自由基 H 或 Cl 的浓度的变化。吸热反应 a 和 b 是链起始步,通过分解产生 H 和 Cl 自由基;反应 c 和 d 是放热链反应,生成最终产物 HCl;总反应 $H_2 + Cl_2 \longrightarrow 2HCl$ 是放热的。从链反应 c 和 d 可以看到,反应前后 H 和 Cl 的自由基池保持不变,它们在链反应中循环利用,这意味着所有反应能在任何 H 和 Cl 自由基浓度下进行。链反应 c 的活化能低于链起始反应 b,当一定数量的自由基产生后,放热链反应 c 的反应速度将高于吸热链起始反应 b,放热过冲将会发生,病态爆震由此产生。基于 H_2 – Cl_2 详细化学反应机理及各基元反应速率常数,Guenoche 和 Dionne 分别在 1981 年和 2000 年理论计算了病态爆震波速,Dionne 通过实验验证了相关计算结果。

2.2.4　非理想爆震

CJ 理论仅考虑了化学平衡 Hugoniot 曲线上的可能解,同时其忽略了输运的影响,这意味着其并不能预测所有情况下的稳态爆震状态(如病态爆震)。因此,von Neumann 指出必须考虑爆震波的结构,基于正则条件通过迭代求取爆震波速,并进而确定稳态爆震状态。当考虑爆震波结构时,可以不必限制于 CJ 理论所做的假设(即平面爆震或理想爆震,反应区内无动量和热损失),可以在连续方程中引入面积源项来考虑曲面影响,同时可以引入动量和热损失源项,而受这些因素影响的爆震就是非理想爆震。

绝对坐标系下,描述考虑各种因素的一维非定常爆震波的守恒方程为

$$\frac{\partial \rho}{\partial t'} + \frac{\partial(\rho u')}{\partial x'} = m \tag{2.28}$$

$$\frac{\partial(\rho u')}{\partial t'} + \frac{\partial(\rho u'^2 + p)}{\partial x'} = f \tag{2.29}$$

$$\frac{\partial \rho e'}{\partial t'} + \frac{\partial u'(\rho e' + p)}{\partial x'} = q_{\text{loss}} \tag{2.30}$$

其中,t'、u' 代表绝对坐标系下的时间及速度;$e' = p/(\gamma - 1)/\rho + 0.5u'^2 - \lambda q_u$;$m$、$f$ 和 q_{loss} 分别代表由于面积扩张、动量损失及热损失引起的源项。

当将坐标系固定在传播速度为 u_D 的前导激波上时,则该坐标系下的时间 t、速度 u 及偏导数项满足

$$t = t', \ x = x_D(t) - x' \tag{2.31}$$

$$u = u_D - u', \ \frac{\partial}{\partial t'} = \frac{\partial}{\partial t} + u_D \frac{\partial}{\partial x}, \ \frac{\partial}{\partial x'} = -\frac{\partial}{\partial x} \tag{2.32}$$

则守恒方程式(2.28)~式(2.30)可转化为

$$\frac{\partial \rho}{\partial t} + \frac{\partial(\rho u)}{\partial x} = m \tag{2.33}$$

$$\frac{\partial(\rho u)}{\partial t} + \frac{\partial(\rho u^2 + p)}{\partial x} = u_D m - f + \rho \frac{\mathrm{d}u_D}{\mathrm{d}t} \tag{2.34}$$

$$\frac{\partial(\rho e)}{\partial t} + \frac{\partial u(\rho e + p)}{\partial x} = \frac{1}{2}u_D^2 m - u_D f + q_{\text{loss}} + \rho \frac{\mathrm{d}u_D}{\mathrm{d}t} \tag{2.35}$$

对于以速度 u_D 稳定传播的爆震波,前导激波后的气流为定常流,故以上守恒方程进一步变为

$$\frac{d(\rho u)}{dx} = m \tag{2.36}$$

$$\frac{d(\rho u^2 + p)}{dx} = u_D m - f \tag{2.37}$$

$$\frac{du(\rho e + p)}{dx} = \frac{1}{2} u_D^2 m - u_D f + q_{loss} \tag{2.38}$$

对于准一维流,连续方程中源项 m 代表面积扩张 $A(x)$ 的影响,即

$$m = -\frac{\rho u}{A} \frac{dA}{dx} \tag{2.39a}$$

对于曲面爆震前锋,当气流穿过曲面激波前锋时,其将受到侧向膨胀的影响,而面积扩张源项也可用来描述这种侧向膨胀。例如,对于圆柱形前锋,$A(r) = 2\pi r$,则源项 m 变为

$$m = \frac{-\rho u}{A} \frac{dA}{dr} = \frac{-\rho u}{r} \tag{2.39b}$$

对于球面前锋,$A(r) = 4\pi r^2$,则源项 m 变为

$$m = \frac{-\rho u}{A} \frac{dA}{dr} = \frac{-2\rho u}{r} \tag{2.39c}$$

通过这种面积源项的转换,就可以采用一维流方法研究爆震波在无限大二维或三维空间内的传播问题。需要注意的是面积扩张源项也出现在动量和能量方程中,而面积扩张将引起 x 传播方向上的动量及能量损失。

动量方程中的源项 f 可代表黏性管流中的摩擦损失。然而需要指出的是,摩擦来源于壁面的剪切应力,属于表面力;当其以力源项 f 出现在一维动量方程中时,则 f 将变为体积力,相应地,能量方程中就会多一项由体积力引起的功源项。在实际中,由于壁面剪切应力的作用,壁面处气流的速度将变为 0,相应的由黏性剪切引起的摩擦力不会做任何功。因此,如果构建考虑壁面摩擦的一维流模型,能量方程中本不应该出现由其引起的输出功源项,但为了构建通用的考虑各种源项的爆震结构处理方法,这里保留了能量方程中功源项。传向壁面的热损失可以用对流热交换来描述,其也可与动量损失相关联。

基于前述对 ZND 结构微分形式的推导,可以削去守恒方程中的 $d\rho/dx$ 和 $dp/$

$\mathrm{d}x$,并最终推导得到反应区内气流速度的变化,即

$$\frac{\mathrm{d}u}{\mathrm{d}x} = \frac{(\gamma - 1)\left[\rho\dot{\lambda}q_{\mathrm{u}} + q_{\mathrm{loss}}\right] + m\left[-\gamma u(u_{\mathrm{D}} - u) + c^2\right] + f\left[\gamma u - u_{\mathrm{D}}(\gamma - 1)\right]}{\rho(c^2 - u^2)}$$

$$(2.40)$$

其中,$\dot{\lambda} = \mathrm{d}\lambda/\mathrm{d}t$。

非理想爆震波速必须满足前面所述的正则条件,即当式(2.40)分母 $c^2 - u^2 = 0$ 时,其分子也等于 0,即

$$(\gamma - 1)\left[\rho\dot{\lambda}Q + q_{\mathrm{loss}}\right] + m\left[-\gamma u(u_{\mathrm{D}} - u) + c^2\right] + f\left[\gamma u - u_{\mathrm{D}}(\gamma - 1)\right] = 0$$

$$(2.41)$$

这就是广义 CJ 准则。

当不考虑式(2.40)中的 m、f 和 q_{loss} 源项时,则式(2.40)变为

$$\frac{\mathrm{d}u}{\mathrm{d}x} = \frac{(\gamma - 1)q_{\mathrm{u}}\dfrac{\mathrm{d}\lambda}{\mathrm{d}t}}{c^2(1 - Ma^2)}$$

通常所说的 CJ 准则指的是当 $c^2 - u^2 = 0$ 时,反应区内气流达到化学平衡状态,即 $\dot{\lambda} = 0$。

对于非理想爆震,所有源项都趋向于驱动气流快速达到声速状态,所有源项的这种影响都是同时发生的,每种源项的影响程度也不一样。注意到能量损失仅出现在能量方程中,因此可以将其转换为单位工质放热量,并将其隐含在化学反应放热量中,故这里仅研究放热量与面积扩张(或曲率)间和放热量与摩擦间相互影响程度。

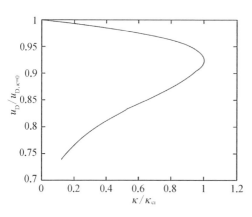

图 2.9　稳态曲面爆震的爆震波速与曲率的关系
（$\gamma = 1.2$，$E_{\mathrm{a}} = 50RT_1$，$Q = 50RT_1$）[1]

首先考虑曲率对爆震传播的影响（无摩擦）。当爆震波内反应区存在面积扩张时,一方面化学反应放热将加速气流达到声速状态,另一方面,侧向面积扩张将减缓亚声速流的加速及放热特性影响,这类似于扩张喷管中流动,两种因素相互制约。图 2.9 给出了曲面爆震中前导激波曲率对稳态 ZND 爆震速度的影响曲线,可以看到前导激波曲率与爆震波速存在非线性关系。当激波曲率 $\kappa(= 1/r)$ 为 0 时,对应的就是平面爆震波,此时无量纲爆震波速最

大，为1；随着激波曲率 κ 的增加，爆震波速逐渐减小，这与试验观察结果相符；存在最大临界激波曲率 κ_{cr}，激波曲率超过该值时声速面将不存在，其对应的就是图2.9曲线中的拐点；当 $\kappa < \kappa_{cr}$ 时，存在多个爆震速度解，其中拐点下分支曲线是不稳定的，无物理意义，仅拐点上分支曲线具有物理意义。

对于仅由摩擦源项引起的非理想爆震（激波曲率为0），最早 Zeldovich 对此开展了研究，其所假设的摩擦源项为

$$f = k_f \rho u \mid u \mid \tag{2.42}$$

其中，u 为固定坐标系下的速度；k_f 为摩擦系数。Schlichting 给出了粗糙管中 k_f 的一种形式，即

$$k_f = 2\left[2\ln\left(\frac{R}{k_s}\right) + 1.74 \right] \tag{2.43}$$

其中，k_s 为当量粗糙度；R 为管径。为了简化，摩擦系数一般假设为常数。当仅考虑摩擦源项时，式（2.40）简化为

$$\frac{du}{dx} = \frac{(\gamma - 1)\rho\dot{\lambda}q_u + f[\gamma u - u_D(\gamma - 1)]}{\rho(c^2 - u^2)} \tag{2.44}$$

基于正则准则，通过迭代可以求得非理想爆震波速。

图2.10给出了爆震波马赫数 Ma_D 随摩擦系数 k_f 的变化关系，可以看到：当摩擦系数 k_f 为0时，对应的就是理想爆震波马赫数；随着摩擦系数 k_f 的增加，爆震波马赫数逐渐减小，这与试验观察结果相符；存在临界摩擦系数，超过该值时将无法获得爆震波结构的稳定解；与激波曲率源项影响相同，当摩擦系数 k_f 小于该临界值时，存在多个激波马赫数解。

Dionne 等[2] 指出，在摩擦源项作用下，存在临界激波马赫数 Ma_{cr}（图2.10中的点画线），当小于该值时，没有满足广义CJ准则的解。图2.11给出了不同爆震波马赫数下、前导激波下游不同相对位置处气流的绝对无量纲速度，图中圆圈代表 $\lambda = 0.999$。从图中可以看到，随着前导激波马赫数的降低，爆震波后产物的绝对速度降低，当前导激波马赫数等于临界马赫数 Ma_{cr} 时，绝对坐标系下燃烧产物处于静

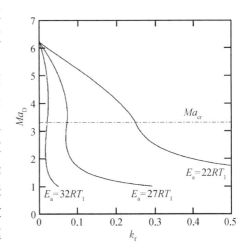

图 2.10 爆震波马赫数随摩擦系数的变化[2]

（$\gamma = 1.2$，$q_u = 50RT_1$）

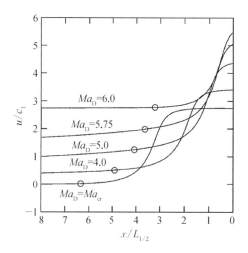

图 2.11　前导激波后气流无量纲绝对速度[2]

（$\gamma = 1.2$，$E_a = 22RT_1$，$q_u = 50RT_1$）

止状态,由前述绝对坐标系向激波坐标系变化的速度关系 $u = u_D - u'$ 可知,此时激波速度等于产物声速,临界激波速度解析解为

$$u_{cr} = \sqrt{(\gamma - 1)q_u + 1} \qquad (2.45)$$

当 $Ma_D = Ma_{cr}$ 或 $u_D = u_{cr}$ 时,爆震波后产物静止,根据质量守恒,则产物的比容或密度为常值,同时爆震波前反应物也处于静止状态,这意味着此时爆震波代表传播中的等容爆炸,爆震波的声速面与膨胀中的等容爆炸运动边界重合,当爆震波在可爆混合物中传播时,可爆混合物经历等容爆炸过程达到产物状态。

当 $u_D < u_{cr}$ 时,由于前导激波后气流相对激波都是亚声速流,所以没有满足广义 CJ 准则的解。故在计算图 2.10 点画线以下解时,Brailovsky 和 Dionne 基于另外的一个准则,即化学反应达到平衡时产物处于静止状态。需要指出的是,用来求解非理想爆震稳态解的各准则仅仅是数学形式的表达,必须通过与实验对比才能确定它们的有效性。

从以上分析可以看到,稳态非理想爆震在面积扩张源项和摩擦源项的影响下,其数学形式都表现出存在多种可能的爆震状态,然而试验中一般仅出现一种稳态爆震解,对此可以采用非定常方程来求解。首先给定能够触发过驱动爆震的初始条件,通过求解带化学反应的非定常欧拉方程,可以获得爆震燃烧的渐进衰减过程;如果稳态解存在,那么非定常解将渐进地趋向于该稳定状态。前述描述 ZND 结构的稳态方程都假定存在稳态解,同时所有解都是稳定的,而没有考虑实际中解的不稳定性。换言之,当从某一瞬时初始状态求解非定常欧拉方程,其有可能不会趋向于任何由描述 ZND 结构的稳态方程所求得的稳态解。

2.3　一维爆震波结构的稳定性

2.3.1　引言

前面所述的 ZND 爆震结构是基于稳态一维守恒方程组求得的稳定解,没有考虑任何与时间相关参数的影响,一般很难在试验中观察到。实际研究发现,自由传播的一维 ZND 结构是不稳定的,很多因素都会影响一维爆震波结构的稳定性,如化学反应中反映温度敏感性的活化能、放热量等。为判定某一 ZND 爆震结构解是否稳定,通常的做法是在其上施加一小扰动,观察该扰动幅值是否会逐渐增大。在小扰动假设下,可以将小扰动作用下的非线性方程组进行线性化处理,通过积分求解,最终确定系统的不稳定模式。由于这种稳定性分析基于的是扰动解的频域特性,无法获得解析形式,故无法利用此方法分析稳定性机理。判定 ZND 爆震结构解稳定性的另一种方法,就是通过数值模拟,直接仿真计算求解给定初始条件下非定常带化学反应非线性方程组,其保留了原系统所有的非线性特性,但这会大大增加计算量,特别是当系统接近稳定边界时。

2.3.2　线性稳定性分析

线性稳定性分析就是通过在稳定的一维 ZND 解上施加一维、二维或三维时变小扰动,研究扰动幅值是否随时间衰减或增强。当扰动很小时,将非线性方程组在一维稳定 ZND 解处进行线性化,通过对线性化后的方程组进行积分求解,从而可以得到系统稳定边界及研究相关参数对稳定边界的影响。Fay 于 1962 年最早构建了爆震波线性稳定性分析方法;现代爆震波稳定性理论开始于 Erpenbeck 的研究工作,其基于初值拉普拉斯变换方法延续了传统稳定性问题的小扰动分析方法,构建了预混可爆混合物的爆震稳定性总体理论分析框架;随后 Lee 和 Stewart 于 1990 年提出了简正模态分析方法用于分析线性爆震波稳定性问题。

1. 控制方程

考虑二维空间、单步化学反应及定比热比 γ 系统,则以原始变量 $[v, u_1, u_2, p, \lambda]$ 描述的带化学反应欧拉方程组为

$$\frac{\mathrm{D}v}{\mathrm{D}t} - v\nabla \cdot \boldsymbol{u} = 0, \qquad \frac{\mathrm{D}\boldsymbol{u}}{\mathrm{D}t} + v\nabla p = 0$$

$$\frac{\mathrm{D}p}{\mathrm{D}t} + \rho c^2 \nabla \cdot \boldsymbol{u} = \rho(\gamma - 1)q_{\mathrm{u}}\omega, \qquad \frac{\mathrm{D}\lambda}{\mathrm{D}t} = \omega \tag{2.46}$$

其中,密度 $\rho = 1/v$;反应速率 $\omega = k(1 - \lambda)\mathrm{e}^{-E_{\mathrm{a}}/pv}$。

对于如图 2.12 所示向右传播的二维爆震波,当爆震波以波速 u_{D} 稳定传播时,其波阵面为平面,当爆震波不稳定时,其波阵面存在与时间和空间相关的振荡。将原绝对坐标系 (x, y) 转换为激波相对坐标系 (n, y),其中

$$n = x - u_{\mathrm{D}}t - \psi(y, t) \tag{2.47}$$

坐标变换后,方程组(2.46)中微分算子可转化为

$$\frac{\partial}{\partial t} \rightarrow \frac{\partial}{\partial t} - \left(u_{\mathrm{D}} + \frac{\partial \psi}{\partial t}\right)\frac{\partial}{\partial n}, \quad \frac{\partial}{\partial x} \rightarrow \frac{\partial}{\partial n}, \quad \frac{\partial}{\partial y} \rightarrow \frac{\partial}{\partial y} - \frac{\partial \psi}{\partial y}\frac{\partial}{\partial n} \tag{2.48}$$

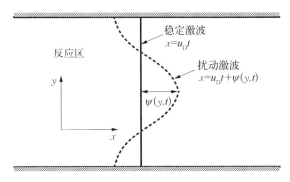

图 2.12 二维爆震波坐标变换示意图[3]

进一步，绝对坐标系下控制方程组（2.46）可转换为激波坐标系下控制方程组，其向量形式如下

$$\frac{\partial \boldsymbol{s}}{\partial t} + \boldsymbol{A}_n \cdot \frac{\partial \boldsymbol{s}}{\partial \boldsymbol{n}} + \boldsymbol{A}_y \cdot \frac{\partial \boldsymbol{s}}{\partial \boldsymbol{y}} - \boldsymbol{B}_y \cdot \frac{\partial \boldsymbol{s}}{\partial \boldsymbol{n}} \frac{\partial \psi}{\partial \boldsymbol{y}} + \boldsymbol{a} \frac{\partial^2 \psi}{\partial t \partial \boldsymbol{y}} + \boldsymbol{b} \frac{\partial^2 \psi}{\partial t^2} = \boldsymbol{c} \qquad (2.49)$$

其中，$\boldsymbol{s} = [v, U_1, u_2, p, \lambda]^T$ 为状态向量；$U_1 = u_1 - u_D - \partial \psi / \partial t$ 为气流相对扰动激波的速度；y 方向分速度 u_2 与绝对坐标系相等；系数矩阵 $\boldsymbol{A}_n$、$\boldsymbol{A}_y$、$\boldsymbol{B}_y$ 及列向量 $\boldsymbol{a}$、$\boldsymbol{b}$、$\boldsymbol{c}$ 的表达见参考文献[3]。

采用线性稳定性理论可以近似求解在某稳定解附近发生微小偏移时方程（2.49）的解。此时，方程的解可表述为稳定解与小扰动的简正态展开，即

$$\boldsymbol{s} = \boldsymbol{s}^* + \varepsilon \boldsymbol{s}'(n) \exp(\alpha t + iky), \quad \psi = \varepsilon \psi'(n) \exp(\alpha t + iky) \qquad (2.50)$$

其中，$\boldsymbol{s}^* = [v^*, U^*, 0, p^*, \lambda^*]^T$ 为稳定解状态向量；$\boldsymbol{s}' = [v', u_1', u_2', p', \lambda']^T$ 为扰动向量；ε 为扰动幅值；对于齐次系统，通常设定激波幅值 $\psi' = 1$；α 为增长速率；k 为波数。

将式（2.50）代入式（2.49）并忽略高阶微分项，最终可以得到求解小扰动幅值的齐次线性微分方程组：

$$\boldsymbol{A}^* \cdot \frac{\mathrm{d}\boldsymbol{s}'}{\mathrm{d}n} + (\alpha \boldsymbol{I} + \boldsymbol{C}^*) \cdot \boldsymbol{s}' + \boldsymbol{b}^* = 0 \qquad (2.51)$$

其中，系数矩阵 $\boldsymbol{A}^*$、$\boldsymbol{C}^*$ 和向量 $\boldsymbol{b}^*$ 为稳定状态解的函数，即

$$\boldsymbol{A}^* = \begin{bmatrix} U & -v & 0 & 0 & 0 \\ 0 & U & 0 & v & 0 \\ 0 & 0 & U & 0 & 0 \\ 0 & \rho c^2 & 0 & U & 0 \\ 0 & 0 & 0 & 0 & U \end{bmatrix}^*, \quad \boldsymbol{b}^* = \begin{bmatrix} 0 \\ \alpha^2 \\ -ikv(\mathrm{d}p/\mathrm{d}n) \\ 0 \\ 0 \end{bmatrix}^*$$

$$
C^* = \begin{bmatrix}
-\mathrm{d}U/\mathrm{d}n & \mathrm{d}v/\mathrm{d}n & -\mathrm{i}kv & 0 & 0 \\
\mathrm{d}p/\mathrm{d}n & \mathrm{d}U/\mathrm{d}n & 0 & 0 & 0 \\
0 & 0 & 0 & \mathrm{i}kv & 0 \\
(\gamma - 1)q_\mathrm{u}\rho(\rho\omega - \omega_v) & \mathrm{d}p/\mathrm{d}n & \mathrm{i}k\rho c^2 & \gamma\mathrm{d}U/\mathrm{d}n - (\gamma - 1)q_\mathrm{u}\rho\omega_p & -(\gamma - 1)q_\mathrm{u}\rho\omega_\lambda \\
-\omega_v & \mathrm{d}\lambda/\mathrm{d}n & 0 & -\omega_p & -\omega_\lambda
\end{bmatrix}
$$

$$\tag{2.52}$$

其中，$c^2 = \gamma pv$ 为声速平方；ω_p、ω_v 和 ω_λ 分别为反应速率 ω 在稳定解处对压力 p、比容 v 及反应进程变量 λ 的敏感系数或偏微分，即 $\omega' = \omega_p^* p' + \omega_v^* v' + \omega_\lambda^* \lambda'$。

2. 边界条件

当 $n = 0$ 时，通过对 Rankine – Hugoniot 激波关系式线性化可以得到此时扰动所满足的关系：

$$
p' = \frac{4\rho_0 u_\mathrm{D}}{\gamma + 1}\alpha, \quad v' = -\frac{4c_0^2}{(\gamma + 1)\rho_0 u_\mathrm{D}^3}\alpha
$$
$$
u_1' = \frac{2c_0^2 - (\gamma - 1)u_\mathrm{D}^2}{(\gamma + 1)u_\mathrm{D}^2}\alpha, \quad u_2' = \frac{2(c_0^2 - u_\mathrm{D}^2)}{(\gamma + 1)u_\mathrm{D}}\mathrm{i}k, \quad \lambda' = 0
$$

$$\tag{2.53}$$

其中，下标 0 代表激波前来流状态。

下游边界位于稳定爆震波的反应区终了位置，可以采用声辐射条件处理，即此时扰动空间均匀分布，化学反应达到平衡状态，流动达到声速状态，故扰动无法影响上游状态，扰动满足

$$
\frac{\mathrm{i}\alpha u'}{U} + kv' - \mathrm{i}\frac{vp'}{Uc}\sqrt{\alpha^2 + k^2(c^2 - U^2)} + \mathrm{i}\lambda'\omega_\lambda\frac{(\gamma - 1)q_\mathrm{u}}{c^2}
$$
$$
\times \left[\frac{(\alpha^2 - U^2k^2) - \omega_\lambda[\alpha + (U/c)\sqrt{\alpha^2 + k^2(c^2 - U^2)}]}{[(\alpha - \omega_\lambda)^2 - k^2U^2] - (U^2/c^2)\omega_\lambda^2}\right] = 0
$$

$$\tag{2.54}$$

当化学反应速率对气流状态比较敏感，反应区终了的反应速率远小于激波后或主反应区的反应速率时，扰动 λ' 在接近反应区终了时将迅速衰减，可忽略其影响，这尤其适合阿累尼乌斯形式的反应速率，此时式（2.54）可简化为

$$
\frac{\mathrm{i}\alpha u'}{U} + kv' - \mathrm{i}\frac{vp'}{Uc}\sqrt{\alpha^2 + k^2(c^2 - U^2)} = 0
$$

$$\tag{2.55}$$

3. 数值解法

通过以上分析可知，小扰动向量 s' 满足齐次线性微分方程组（2.51）、激波关系式（2.53）及声辐射条件（2.54）。简正态分析方法假设 s' 和 α 是复数（k 是实

数），考虑到实部和虚部的处理，故以上方程组转变为受十个激波条件和两个声辐射条件影响的十个常微分方程。当 α 和 k 给定时，通过激波边界条件就可确定整个计算域的扰动解，故额外的两个声辐射条件可用来确定扰动增长速率 α 的实部和虚部。α 的实部反映扰动幅值增长特性，α 的虚部反映了扰动的频率特性。当 α 的实部为负数时，由扰动解表达式［式（2.50）］可知，扰动幅值将随时间逐渐衰减，故系统是稳定的；α 的实部为零则代表系统的中性稳定性边界。除了 α 和 k，系统的稳定性还受很多物理参数影响，如比热比 γ、加热量 q_u、活化能 E_a、过驱动系数 f 等，通过指定其中任两个为未知变量，进而可以研究其对系统稳定性的影响。

采用解析或数值方法可以求解常微分方程组，由于常微分方程组的系数不是常数，故数值方法易于实现，可通过搜索获得所有满足常微分方程组的根，其包括数值积分（可处理刚性方程）及数值求根两个过程：首先假定两未知参数的初值，对常微分方程组从激波关系边界条件开始积分，一直积分到反应区终了并获得扰动解；在反应区终了位置判定扰动解是否满足声辐射条件，定义残差函数获得新的两未知参数预估值，重复以上过程直到获得两未知参数的解。

未知参数往往存在多个解，最早 Lee 采用了一种比较稳健且易于实现的数值方法，即打靶法：给定两未知参数变化范围，在其围成的二维空间内，计算每点的声辐射条件，定义残差为式（2.54）左侧复数的模，进而可以到二维空间等值线图，该图能够直观反映根的大概位置，求根算法可以在此位置进一步寻找方程的根。图 2.13 给出了以扰动增长速率 α 的实部和虚部为未知参数的残差等值线图，曲线密集处就是解的大致位置，可以看到这一区域存在四个根，由于实部大于 0，所以系统存在四种不稳定模态。

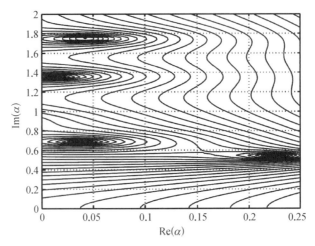

图 2.13　残差等值线图（$k=0.5$，$\gamma=1.22$，$q_u/RT_1=45.2$，
$E_a/RT_1=52.5$，$f=1.6$）[3]

4. 示例

图 2.14 给出了某一系统其中一种不稳定模态,横坐标为过驱动系数 $f = (u_D/u_{CJ})^2$,其反映了爆震波速与 CJ 爆震波速的差异,纵坐标为扰动增长速率 α 的实部和虚部。从图中可以看到,在 $f = 1.1648$ 处存在分歧点,当过驱动系数小于该值时,系统存在两个 α 实根,由于其虚部为零,故为非振荡模态;当过驱动系数大于该值时,系统存在 1 个 α 复根,随着 f 的增加 α 实部逐渐衰减,在 $f = 1.17308$ 时 $\mathrm{Re}(\alpha) = 0$,此对应的就是中性稳定性边界。

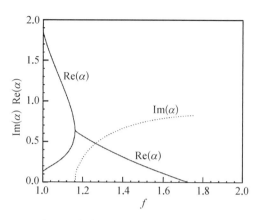

图 2.14　α 随过驱动系数 f 变化曲线($\gamma = 1.2$, $q_u/RT_1 = 50$,$E_a/RT_1 = 50$,$k = 0$)

图 2.15 给出了系统稳定性随波数 k 和化学反应无量纲活化能 E($E = E_a/RT_1$)的变化特性。当活化能 $E = 10$ 时,由图 2.15(a)、(b)可以看到,对应每个 k 值,系统只存在一种不稳定模态,在 $k = 0.74$ 时,扰动增长速率达到最大 $\mathrm{Re}(\alpha) = 0.114$。活化能增加将诱发更多更高频率的不稳定模态。当 $E = 40$ 时,图 2.15(c)、(d)给出了前 12 种不稳定模态,可以看到给定 k 值下,系统同时存在多种不稳定模态,$k = 0$ 时系统有 6 个不稳定模态,最大扰动增长速率出现在第二模态,在 $k = 1.8$ 时 $\mathrm{Re}(\alpha) = 0.488$。当 $E = 50$ 时,从图 2.15(e)、(f)可以看到,系统不稳定模态超过 16 种,当 $k = 0$ 时,系统存在所有的不稳定模态,最大扰动增长速率出现在第四模态,在 $k = 4.15$ 时 $\mathrm{Re}(\alpha) = 0.7188$。

通过对线性稳定性问题的数值求解,可以得到有关系统稳定性的基本信息:如不稳定模态的频率、实现系统稳定的参数变化范围等。然而需要指出的是,线性稳定性分析只适合于扰动初始增长期,不能用于描述远离稳定极限或最终爆震波的不稳定结构,同时从以上对示例的分析可以看到,该分析方法很难获得有关系统稳定的物理机制,也无法发现不稳定产生的气动机制。

2.3.3　一维不稳定爆震的直接数值仿真

随着数值方法和计算机技术的快速发展,现在可以获得高精度非线性反应欧拉方程数值解,同时根据数值解在空间和时间的解析度也可以分析爆震反应区内的精细结构。相比于前述的系统稳定性分析方法,数值仿真方法保留了系统的所有非线性特征。数值仿真方法不仅可以单独研究一维纵向不稳定性,还可以进一步研究二维或三维空间中更复杂的不稳定特性,这也是试验方法无法实现的。当数值计算进行足够长时间时,初始瞬态解最终将渐进收敛到某一不稳定模态或稳

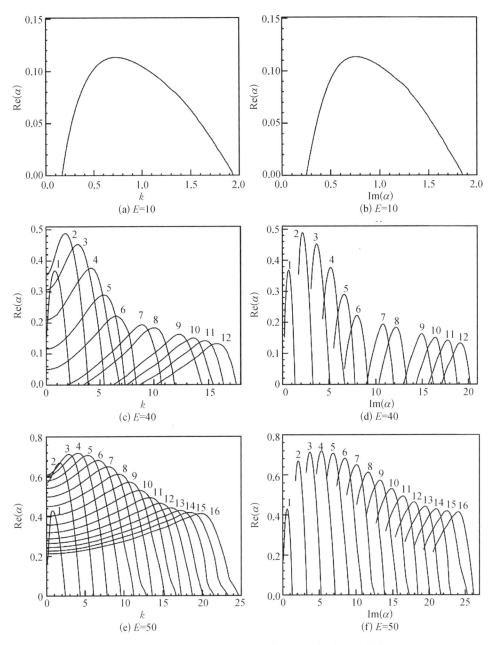

图 2.15   不同活化能下 $Re(\alpha)$ 随波数 k 及 $Im(\alpha)$ 变化特性
（$\gamma = 1.2$，$q_u/RT_1 = 50$，$f = 1.2$）

定模态,然而当解位于稳定极限附近时,这一收敛过程将非常长。对强非稳定爆震(如具有很高活化能的单步阿累尼乌斯反应模型),解的振荡模式将可能非常混乱;如系统对初始状态的微小误差极度敏感,渐进解将无法获得。因此一般来说,数值方法无法用于计算极度非稳定爆震。

对于采用简单单步化学反应模型的一维非定常流,带化学反应的欧拉方程为

$$\frac{\partial \rho}{\partial t} + \frac{\partial (\rho u)}{\partial x} = 0 \tag{2.56}$$

$$\frac{\partial (\rho u)}{\partial t} + \frac{\partial (p + \rho u^2)}{\partial x} = 0 \tag{2.57}$$

$$\frac{\partial (\rho e)}{\partial t} + \frac{\partial (\rho u e + p u)}{\partial x} = 0 \tag{2.58}$$

$$\frac{\partial (\rho \lambda)}{\partial t} + \frac{\partial (\rho u \lambda)}{\partial x} = - k\rho(1 - \lambda)\exp\left(-\frac{E_a}{RT}\right) \tag{2.59}$$

其中,总能 $e = p/(\gamma - 1)\rho + u^2/2 + (1 - \lambda)q_u$;$\lambda$ 为产物质量分数(从 0 到 1);E_a 为反应物活化能;k 为指前因子。由于此时计算域是一维的,故爆震前锋的不稳定性仅表现为爆震参数在传播方向上的纵向脉动。虽然 2.3.2 节通过线性稳定性分析方法建立了描述爆震波稳定性的二维线性化微分方程组,但其也只能研究二维扰动(通过波数 k)对爆震波纵向不稳定性的影响。

对于一维平面爆震波,其爆震波稳定性一方面取决来流初始条件,即爆震波前气流压力、温度和速度等;另一方面还取决于方程中各物理参数,如活化能 E_a 和比热比 γ 等。化学反应活化能 E_a 是其中比较重要的一个稳定性参数,它反映了化学反应的温度敏感性。当 E_a 很大时(高温度敏感性),微小的温度变化将引起巨大的反应速率变化,放热量随之受到影响,故爆震往往是不稳定的。过驱动系数 $f = (u_D/u_{CJ})^2$ 也会影响爆震不稳定性,在激波坐标系,u_D 反映了激波前来流速度,f 越大,激波后温度越高,温度的升高将减弱化学反应的温度敏感性。放热量 q_u 越高,扰动的物理效应将放大,爆震越不稳定。比热比 γ 的影响表现在其总能 e 的公式中,当 γ 趋近于 1 时,放热量的影响将减弱。

图 2.16 给出了不同活化能下,传播中的 ZND 爆震波前导激波后压力随时间的变化曲线,对激波后压力以稳定 CJ 爆震的 von Neumann 压力 p_{VN} 进行无量纲化,q_u 和 E_a 以来流状态进行无量纲化,即 $q = q_u/RT_1$、$E = E_a/RT_1$。活化能较低时,如图 2.16(a)所示,初始扰动逐渐衰减后最终获得稳定的激波前锋压力。随着活化能的增加,系统接近稳定极限,初始扰动的简谐振荡将历经很长时间才会衰减掉,爆震最终仍是稳定的,如图 2.16(b)所示。越过稳定边界后,爆震将不稳定,但在

稳定边界附近,扰动幅值的增加仍旧比较缓慢,系统将经历很长时间才会达到最终的稳定简谐振荡模态。Sharpe 和 Falle 指出,在稳定边界附近,如果数值计算的解析度足够,那么数值方法所确定的稳定极限与采用线性稳定性分析方法所求得的解是非常吻合的。

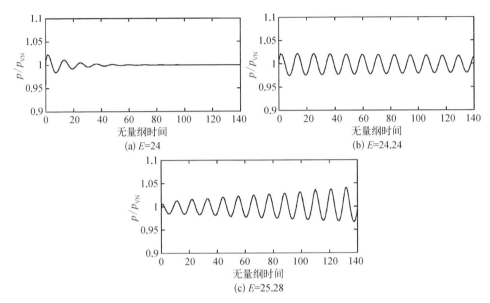

图 2.16 不同活化能下前导激波后压力随时间变化曲线($\gamma=1.2$, $q=50$, $f=1.0$) [1]

当活化能逐渐增加并远离系统稳定边界时,初始扰动将快速增长并最终收敛为稳定的非线性振荡模态。若以激波后压力振荡峰值来定义振荡模态,则活化能的增加将激发不同的压力振荡模式,如图 2.17 所示。当 $E=27$ 时,爆震不稳定性表现为简单的单一模态振荡,如图 2.17(a)所示;当 E 增加到 27.4 时,爆震不稳定性由单一振荡模态分化为双模态振荡,如图 2.17(b)所示,其表现为两个不同的压力振荡峰值;当 E 继续增加,系统将进一步分化为四模态振荡和八模态振荡,分别如图 2.17(c)、(d)所示。

随着活化能 E 的增加,爆震不稳定模态将通过倍周期分岔实现各种模态,可以将其绘于分岔图中,如图 2.18 所示。在 $25.26 \leqslant E \leqslant 27.22$ 时,系统表现为单模态振荡,同时其幅值随活化能的增加而稳定增加。在 $E=27.22$ 附近出现双模态振荡,在 $E=27.71$ 附近出现四模态振荡,在 $E=27.82$ 附近出现八模态振荡,在 $E=27.845$ 附近出现十六模态振荡。振荡模态越多,越难区分每一模态的峰值,同时出现模态分化时的活化能越来越接近,从仿真角度,需要缩小活化能增量。最终限制确定模态分化时活化能大小的因素就是数值仿真的截断误差和解析度。

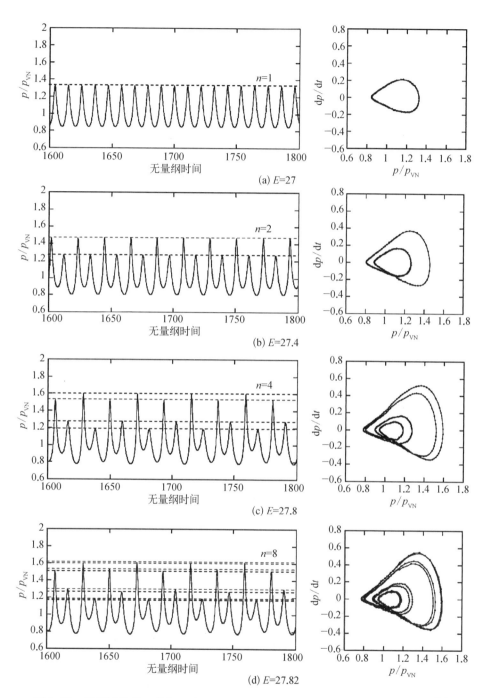

图 2.17 不同活化能下爆震所表现的各种不稳定模态($\gamma = 1.2$, $q = 50$, $f = 1.0$)[1]

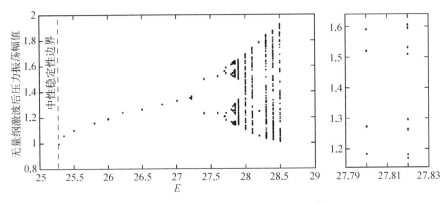

图 2.18　振荡幅值随活化能变化特性[1]

传播中的一维 ZND 爆震波通过倍周期分岔所呈现的各种不稳定模态特性与其他非线性不稳定现象非常类似,如圆柱库埃特流(circular Couette flow)、瑞利-贝纳尔不稳定性(Rayleigh - Benard instability)及良好搅拌反应器中别洛乌索夫-扎博京斯基反应(Belousov - Zhabotinski reaction)。Feigenbaum 发现,在这些所有现象中,倍周期分岔发生时参数之间的差率 δ,即

$$\delta = \frac{\mu_i - \mu_{i-1}}{\mu_{i+1} - \mu_i} \tag{2.60}$$

其中,μ_i 为分岔点位置,趋向于一个普适常数 4.669(Feigenbaum number,费根鲍姆常数)。

需要指出的是,对于高活化能下的不稳定爆震,在爆震的传播过程中,爆震的淬熄和再起爆常常伴随发生。尽管如此,多个循环平均的爆震波传播速度仍然非常接近理论 CJ 值。不过这个平均爆震波传播速度不能基于非定常爆震的平均气流参数应用稳态 CJ 理论来计算,对于时均化的非定常流,振荡项将以源项的形式出现在稳态守恒方程中,因此平均爆震波速必须基于广义 CJ 准则进行求取。

2.4　多维爆震波结构

ZND 理论指出爆震波中前导激波与化学反应区是强耦合的,任何微小的扰动都将引起前导激波强度变化。由于化学反应速率对激波后的温度变化极为敏感,进而会大大影响激波后反应区的燃烧速率,燃烧速率的变化又将进一步影响前导激波的强度,这种反馈机制使得爆震波在传播过程中表现出不稳定特性。线性稳定性分析理论指出,爆震波在传播过程中存在沿纵向方向的不稳定特性。试验和数值模拟表明,爆震波在传播过程中还存在沿横向方向的不稳定特性,故爆震具有复杂的三维非定常结构,同时这种结构受很多因素影响。

2.4.1　基本特征

2.4.1.1　基本结构

1. 胞格

爆震波传播过程中最重要的特征就是由不稳定性所引起的三维非定常特征,图 2.19 给出了可爆混合物为 $2H_2 - O_2 - 7Ar$,压力和温度分别为 6 670 Pa 和 298 K 时,爆震波在矩形截面管道中传播后,其在管道内壁烟灰膜上留下的非常规则的菱形图案,称为胞格结构(celluar structure)。进一步研究表明,胞格结构实际上是三条激波相交形成的三波点(triple point)运动轨迹,而这三条激波为入射激波(incident shock)、马赫杆(Mach stem)和横波(transverse wave)。

图 2.19　烟膜法获得的胞格结构[4]

图 2.20 给出了胞格结构及爆震波传播到不同位置时的结构变化,此时爆震波向右传播。三波点的概念最早出现在空气动力学中,当超声速流流经收缩的斜坡

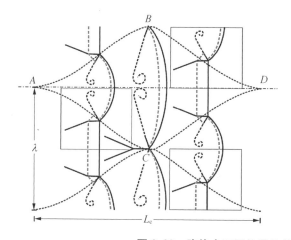
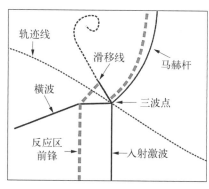

图 2.20　胞格中不同位置处单马赫爆震结构[4]

段时,斜坡的倾斜度超过一定值后流场中将出现三激波结构,即入射激波、马赫杆和反射激波。对于爆震波,入射激波对应的就是未受扰动的爆震前锋,反射激波对应横波,三波点被强激波马赫杆向前驱动;横波和马赫杆间存在滑移线(slip line),滑移线为反应物和产物的交界面。沿着爆震波的传播方向可以看到,在胞格 ABCD的扩张段内,滑移线位于胞格内,前导激波比较弯曲,此时为马赫杆,马赫杆的激波强度远高于入射激波,故激波与化学反应区是强耦合的。随着前导激波向右传播,激波强度减弱,故激波与其后化学反应区间的诱导区逐渐变长。在 B 和 C处,三波点结构发生反转,滑移线翻转指向胞格外侧。在胞格的收敛段内,前导激波逐渐偏向平直,马赫杆转变为入射激波,激波与化学反应区是弱耦合的。胞格的纵向尺度 L_c 和横向尺度 λ 反映了胞格的大小,但一般所说的胞格尺寸指的是横向尺度。

图 2.21 给出了矩形管中侧面胞格结构不同位置处横截面上激波前锋的横向运动方向。图 2.21 左图为矩形传播形式,箭头方向给出了四条三波点迹线的运动方向,迹线的运动将在矩形中心形成八面体型面,Ⅰ区段为八面体中马赫杆的变化,Ⅱ区段为八面体中入射激波的变化,此时中心八面体胞格结构的变化趋势与侧壁胞格结构相同。图 2.21 右图为对角型传播形式,激波与管壁成45°,此时存在八条三波点迹线,箭头方向仅给出了其中四条三波点迹线的运动方向,这四条迹线的运动也在矩形中心形成八面体型面,此时中心八面体胞格结构的变化趋势与侧壁胞格结构正好相反。

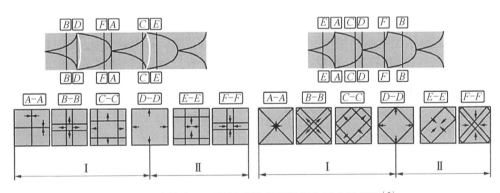

图 2.21　胞格内不同位置激波前锋的横向运动示意图[5]

2. 爆震波结构

根据横波结构(或者强度)的不同,爆震燃烧流场的三波点结构可分三种类型:单马赫结构(图 2.20)、双马赫结构和复杂马赫结构(图 2.22)。前两种马赫结构可归为爆震波的弱结构;而后一种为爆震波的强结构,此时部分横波与其下游化学反应区间存在强耦合,即其转变为爆震波。

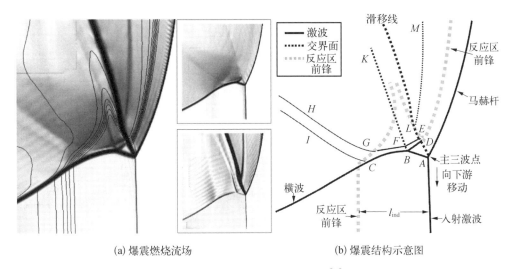

(a) 爆震燃烧流场　　　　　　(b) 爆震结构示意图

图 2.22　爆震的复杂马赫结构[4]

图 2.22 给出了采用详细反应机理,$2H_2 - O_2 - 7Ar$ 混合物在压力 6.67 kPa、温度 298 K 下的爆震燃烧数值纹影流场及爆震结构示意图。图 2.22(a)左侧大灰度图为气流沿 y 方向的速度大小,其中的等值线代表化学反应过程中 OH 基的质量分数,用于判断马赫杆和入射激波后不同的化学反应诱导长度。图 2.22(a)右上侧小灰度图为气流压力数值纹影,可以看到气流穿过横波后,压力存在极大的升高。该图右下侧小灰度图为化学反应速率绝对值数值纹影,从中可以看到若干条由局部化学反应速率变化峰值所形成黑色条带。

图 2.22(b)给出了对应图 2.22(a)中爆震波的结构示意图,可以看到在主三波点 A 之后,沿着横波有两个次三波点 B 和 C,三波点 B 的特征反射非常明显,而三波点 C 比较模糊,反射横波非常弱。三波点 A 是横波 AB、马赫杆和入射激波的交点,相比于入射激波,马赫杆和化学反应前锋非常紧密地耦合在一起。三波点 B 是横波 AB、BC 和激波 BD 的交点,BD 是一道强度很大的激波,其终止于滑移线 AD,同时 B 处也存在一条滑移线 BK,激波 BD 的出现和横波 AB 密切相关。三波点 C 的出现与三波点的碰撞及未反应气囊的爆炸有关,爆炸冲击波在膨胀过程中产生了较弱的激波 CI。激波 BD 下游存在较弱的激波 EF,当该激波碰撞到滑移线 BK 时发生折射;弱激波 FG 紧邻并平行于横波 BC,这使得 FG 下游气流压力要高于 EF 下游气流压力,故通过 BC 的未反应气流的化学反应诱导长度要小于通过 AB 的未反应气流;弱激波 FG 在反应前锋 G 处发生折射并进而形成平行于 CI 的激波 GH。连续介质间断面 LM 的出现与未反应气囊的爆炸有关,随着爆震波的传播,LM 将持续地向下游传播。

图 2.23 是爆震波形成一个完整胞格过程中不同时刻爆震流场及爆震结构示

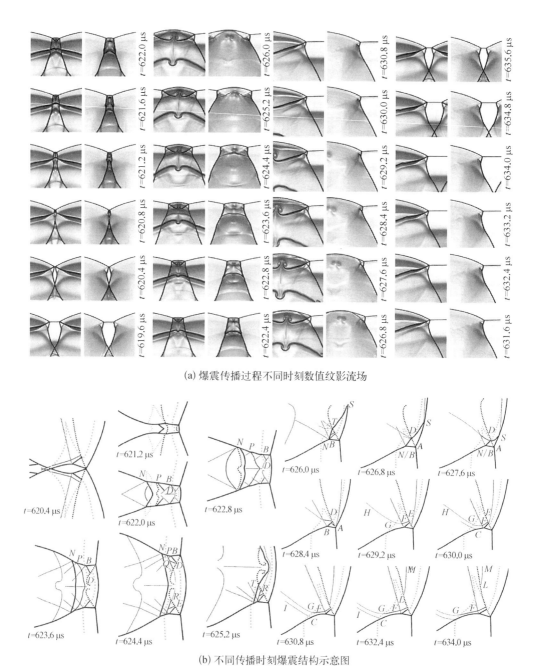

(a) 爆震传播过程不同时刻数值纹影流场

(b) 不同传播时刻爆震结构示意图

图 2.23　爆震传播过程流场及结构变化示意图[4]

意图。图 2.23(a) 为流场数值纹影图,不同时刻下左侧为温度图,右侧为压力图,不同传播时刻的爆震结构示意图见图 2.23(b)。

在 $t=619.6\,\mu s$ 时,两个三波点 A 开始相向运动;在 $t=620.4\,\mu s$ 时发生碰撞形成单点,原两三波点稳定结构被破坏,旧滑移线也被迅速撕裂,此后旧滑移线开始向下游传播,这通过对比图 2.23(a) 中 $t=620.4\,\mu s$ 和 $t=620.8\,\mu s$ 的流场可以看出。在 $t=620.8\,\mu s$ 时两个三波点 A 各自的滑移线在 D 点融合,形成一条介质不连续间断面,并向下游传播,同时新的马赫杆以逐点方式形成。新形成的马赫杆后气流温度远高于原马赫杆后气流温度,其后化学反应诱导区长度非常小。

两三波点在 $t=620.4\,\mu s$ 发生碰撞后将马赫杆后面的一团未燃混合气体与来流未燃混合气体分割开来,形成未反应气囊(unburned pocket),未反应气囊右侧边界为融合后的旧滑移线,如图 2.23(b) 中 $t=621.2\,\mu s$ 所示。在随后的过程中,未反应气囊将进一步被压缩加热,进而发生二次起爆,形成的冲击波与横波相撞后形成弱三波点 N 和 P。在 $t=622.0\,\mu s$ 时由流场纹影可以清楚看到两道向上游传播的激波,进一步分析此时流场结构可以看到,次三波点 B 以及激波 BD 已经形成。

在 $t=624.4\,\mu s$ 时,未反应气囊爆炸产生的两道向上游传播的冲击波都将穿过旧滑移线:第一道冲击波将与新形成的滑移线相撞,并在滑移线上形成非常弱的三波点 R,此后在 E 点将形成一道弱激波,其与激波 PR 形成了弱三波点 Q;当第二道较强的激波传播到新的滑移线上时,三波点 T 形成。激波 NT 的强度高于激波 PR,同时 NT 向上游传播的速度也高于 PR,在 $t=626\,\mu s$ 时,激波 PR 被激波 NT 追赶上并被强化,三波点 R 和 T 融合。

在 $t=626.8\,\mu s$ 时,激波 NT 与激波 BD 融合,激波 EQ 消失。激波 NT 上传碰撞到马赫杆后形成三波点 S,S 点处产生介质不连续间断面。随后,激波 NTS 穿过 $ABDS$ 区域,最终在 $t=628.4\,\mu s$ 时到达主三波点 A,该激波在滑移线 AD 以上部分完全消失,BD 后的弱激波出现,在 $t=629.2\,\mu s$ 时,这条弱激波在 F 和 G 处发生折射。三波点 C 出现在 $t=630.0\,\mu s$,其首先形成于反应前锋上游,随后与燃烧区相融合。介质不连续间断面 LM 最初形成于三波点 S,其以主滑移线为边界持续向下游传播。

由上可知,爆震波在传播过程中爆震结构存在周期变化,入射激波和马赫杆出现周期反转,其对来流将产生不同的影响;相应地,来流通过爆震波后的气流参数也存在差异。图 2.24 给出了数值胞格结构及爆震波在形成胞格时轴线位置处的爆震波速,可以看到 $200\,\mu s$ 后爆震波速出现稳定周期振荡,爆震波速峰值接近 $1.4u_{CJ}$,最小值接近 $0.9u_{CJ}$,爆震波速存在强阶跃,对应的就是胞格起始点。与爆震波速脉动类似,轴线位置爆震压力、温度等也存在脉动。

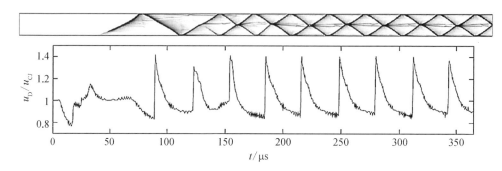

图 2.24　数值胞格结构(上图)及爆震传播过程中轴线位置处波速(下图)[4]

2.4.1.2　爆震不稳定性

由于爆震燃烧固有的不稳定性,对于传播中的一维爆震波,在其传播方向上将存在纵向振荡,而对于传播中的二维或三维爆震波,燃烧不稳定将产生的二维或三维扰动,故爆震波既存在沿传播方向上的纵向振荡,也存在垂直于传播方向的横向振荡。横向振荡表现为前面所提到的横波,横波在管内振荡反射;而纵向振荡表现为前导激波前锋所担当的马赫杆及入射激波角色的变化;最终爆震波表现为三波结构。

对于一维不稳定爆震,来流初始条件、介质物性参数及化学反应都将影响其不稳定特性,其表现为爆震气体状态参数振荡模态变化,如单一模态、双模态及四模态等。对于多维不稳定爆震,由于横向和纵向振荡的叠加,爆震气体状态参数振荡形式将更复杂,根据胞格结构的规则程度,不稳定爆震由弱到强可分为:弱不稳定爆震(weakly unstable detonation)、中度不稳定爆震(moderately unstable detonation)及强不稳定爆震(highly unstable detonation)。弱不稳定爆震的胞格结构最规则,胞格尺寸基本不变,如图 2.24 所示。强不稳定爆震的胞格结构最不规则,存在各种大小的胞格结构。

1. 数值方法

正如一维不稳定爆震可以采用数值方法进行研究,很多研究人员也通过数值方法研究二维或三维不稳定爆震或胞格结构。针对数值仿真中化学反应源项的处理,早期一般普遍采用单步阿累尼乌斯形式,更复杂的就是采用四步链分支反应模型,随着当前计算机技术的迅速发展,已可基于详细化学反应机理开展数值仿真研究。需要指出的是,当前数值仿真一般基于无黏欧拉方程,而黏性及输运效应对爆震结构内微尺度现象起着很重要的影响,尤其是对于不规则爆震结构。Mahmoudi 等[6]通过对比采用无黏欧拉、黏性纳维-斯托克斯(Navier - Stokes, N - S)方程及大涡模拟(large eddy simulation, LES)数值仿真获得的气相爆震结构表明:当网格分辨率较低时,这三种方法获得的爆震结构是相似的;当半反应区长度内的网格数为 250~600 时,采用无黏欧拉和黏性 N - S 方程数值仿真获得的爆震结构相似;当网格数高于 600 时,采用 LES 可以获得与实验结果较吻合的微尺度结构。

考虑二维空间及单步化学反应系统,带化学反应的欧拉方程组为

$$\frac{\partial}{\partial t}\begin{bmatrix}\rho\\\rho u\\\rho v\\\rho e_t\\\rho Y\end{bmatrix}+\frac{\partial}{\partial x}\begin{bmatrix}\rho u\\\rho u^2+p\\\rho uv\\u(\rho e_t+p)\\\rho uY\end{bmatrix}+\frac{\partial}{\partial y}\begin{bmatrix}\rho v\\\rho uv\\\rho v^2+p\\v(\rho e_t+p)\\\rho vY\end{bmatrix}=\begin{bmatrix}0\\0\\0\\0\\\omega\end{bmatrix} \qquad (2.61)$$

其中,ρ 为密度;u 和 v 分别为 x 和 y 方向的速度分量;e_t 为单位总能;Y 代表反应物质量分数;单步化学反应速率模型为

$$\omega=\rho(1-Y)K\exp\left(-\frac{E_a}{RT_{VN}}\frac{T_{VN}}{T}\right) \qquad (2.62)$$

其中,E_a 为活化能;K 为指前因子;T_{VN} 为爆震波 ZND 结构中 von Neumann 温度。

压力 p 和温度 T 满足

$$p=(\gamma-1)\rho\{e_t-(u^2+v^2)/2-Yq_u\} \qquad (2.63)$$

$$T=p/(\rho R) \qquad (2.64)$$

其中,q_u 为反应物单位质量放热量。系统可以采用单物性参数模型,也可以采用考虑反应物和最终产物的双物性参数模型,此时化学反应期间介质物性参数可以基于式(2.14)和式(2.15)进行计算,其中 $\lambda=1-Y$。

对于在二维管道内静止反应气体中自左向右传播的爆震波,为避免使用过大的计算域,仿真中往往将参考坐标系建立在爆震波前锋上,计算域仅设定在爆震波上下游一小部分。在地面坐标系下,计算域跟随爆震波一起向右运动;而在相对坐标系下,新鲜反应物以超声速流自右向左进入计算域,经爆震燃烧后流出计算域,出口边界可通过不同插值方法实现。计算初始,一般以稳态 ZND 爆震解对流场初始化,也可以施加方波形式的强激波,然后可以在初始流场中施加谐振/方波横向扰动(y 方向)或未反应气囊。Gamezo 等[7]指出,计算过程中存在的数值噪声也可以激励出系统的横向不稳定特性,并最终形成胞格爆震。爆震结构的精细结构取决于数值解析度(网格大小),但解析度越高,计算仿真时间将加长。Sharpe[8]研究了爆震结构对数值解析度依赖关系,结果表明要想捕获横波的结构、运动及其与燃烧的相互作用,半反应区长度内须保证 50 个计算节点以上,当计算节点少于 20 个,流动和燃烧的物理特征将很难分辨出来。

图 2.25 给出了 Gamezo 所采用的计算域示意图,计算域上下为固壁滑移边界,右侧为已知来流进口边界条件,左侧为出口边界,通过以下公式确定边界值 Z_b($Z=$

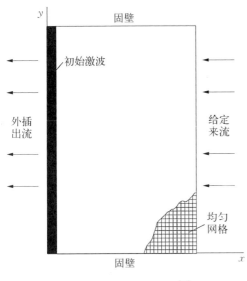

图 2.25　计算域示意图[7]

ρ、u、v、e、p、Y),即

$$Z_b = Z_1(1 - r) + Z_e r \quad (2.65)$$

其中,r 为松弛系数,取 0.05;Z_1 为紧邻边界的内点值;Z_e 为插值极限,取环境流体参数(一些研究者以 CJ 状态作为插值极限)。取固定比热比 $\gamma = 1.333$,放热量 $q_u = 4.867$ MJ/kg,反应物密度 $\rho = 0.493$ kg/m³,压力 $p = 1$ bar 及温度 $T = 293$ K,相应的 CJ 参数为爆震波速 $u_{CJ} = 2\,845$ m/s,爆震压力 $p_{CJ} = 17.5$ bar,爆震温度 $T_{CJ} = 3\,007$ K,von Neumann 压力 $p_{VN} = 34.0$ bar 和温度 $T_{VN} = 1\,709$ K。初始时,计算域左侧设定强度为 p_{VN} 的初始方波形式激波,由于初始形成的爆震波是过驱动的,则爆震波将由左向右慢慢传播,一方面可以通过不断修改上下游条件,最终可以将爆震波稳定在右侧边界下游附近,另一方面也可以在爆震波传播到右侧边界时,将计算域数据整体向左侧平移,从而使爆震波始终限定在计算域内。

试验中通过烟膜技术获得的胞格结构反映了爆震的不稳定特性。胞格是三波点历经的轨迹,在数值计算中,根据三波点所表现的特征,数值胞格的获取有很多种方法。

最简单的获得数值胞格的方法就是追踪流场中局部压力最大点。对于计算域网格内的任意一点 (i, j),由于爆震波是沿 i 方向传播,针对每一个 j 寻找 i 方向上压力最大的位置及大小,即

$$p_{max}(i_{mx}, j) = \max[p(i, j)] \quad (2.66)$$

由于胞格轨迹是在绝对坐标下,故需要将相对坐标系的网格点 (i, j) 转换为绝对坐标系的网格点 (i^*, j^*),即

$$i^* = \left[\frac{tu}{\Delta x}\right] + i_{mx}, \ j^* = j, \ p(i^*, j^*) = p_{max}(i_{mx}, j) \quad (2.67)$$

其中,t 为仿真时间;u 为相对坐标下来流速度;Δx 为 x 方向网格大小。

也可以追踪沿传播方向气流加速度最大的位置及相应位置压力大小,例如:

$$a_{max}(i_{mx}, j) = \max\left[\frac{2(p_{i,j} - p_{i-1,j})}{(\rho_{i,j} + \rho_{i-1,j})(x_i - x_{i-1})}\right], \ p(i^*, j^*) = p(i_{mv}, j)$$

$$(2.68)$$

由于三波点位置气流速度变化最大,所以还可根据涡量(vorticity)Ω确定该位置,即

$$| \Omega |_{\max} = \max \left[\left| \frac{\partial v}{\partial x} - \frac{\partial u}{\partial y} \right| \right] \tag{2.69}$$

针对某一时刻,通过以上三种追踪算法,实际上确定了沿 i 方向传播的阵面,阵面上的每一点某物理量在 i 方向为最大。将不同时刻的阵面在绝对坐标系下进行叠加就可得到爆震胞格结构。

当计算仿真的坐标系不是如前所述的相对坐标系,而是绝对坐标系时,还可以基于计算域内各位置处由化学反应所引起的总能量变化来确定,即

$$\varepsilon(i^*, j^*) = \sum_{(\Delta t)} \left(\Delta e_{\text{chem}}^{i^*, j^*} \right) \tag{2.70}$$

其中,$\Delta e_{\text{chem}}^{i^*, j^*}$ 为一个时间步长内化学能的变化;$\varepsilon(i^*, j^*)$ 为网格 (i^*, j^*) 位置处整个计算过程内所有时间步长化学反应释热量之和。通过这种方式获得的胞格形式分布的当地释热图与基于开放快门纹影成像技术(open-shutter schlieren photograph)获得的胞格结构结果具有可比性。

针对图 2.25 所示的计算域,通过追踪压力峰值,图 2.26 给出了不同活化能下初始过驱动爆震最终发展为稳定传播爆震期间压力峰值云图,从图中可以清楚看到胞格结构的发展。随着初始过驱动爆震的衰减,横波开始出现,横波的强度一开始比较弱,其以声速沿着前导激波传播,故三种活化能下过驱动爆震的初始胞格结构都比较规则。此后横波逐渐开始合并,沿流道宽度方向上横波数也逐渐减少,当爆震达到 CJ 状态时,横波数达到平衡值。初始不稳定性成长的变化过程对数值解析度比较敏感,不同流道宽度的选择也将影响最终胞格的数目,但胞格结构基本不受流道宽度影响。

图 2.26(a)对应低活化能状态,当达到稳定 CJ 状态后,爆震波相对比较稳定,横波强度很弱并以近声速传播,胞格结构很规则,仅激励出一种主要的横波模态,属于弱不稳定爆震。当活化能升高后,如图 2.26(b)、(c)所示,爆震变得更加不稳定,胞格结构表现得很不规则,一些横波将由于横波间的合并而消失,不稳定性引起的小扰动快速成长又将激励出新的横波,但流道宽度方向的平均横波数(即平均胞格大小)基本保持不变。对于强不稳定爆震,横波轨迹线非常不规则,此时很难确定其胞格尺寸,如图 2.26(c)所示。

图 2.26(d)也给出了不同活化能下一个胞格长度内前导激波速度的变化。可以看到,对于弱不稳定较稳定爆震($E_a/RT_{\text{VN}} = 2.1$),速度变化范围为 $0.9 \leqslant u_{\text{D}}/u_{\text{CJ}} \leqslant 1.2$;对于强不稳定爆震($E_a/RT_{\text{VN}} = 7.4$),速度脉动达到 $0.7 \leqslant u_{\text{D}}/u_{\text{CJ}} \leqslant 1.7$。然而爆震波的平均传播速度仍然在 CJ 值附近。图 2.27 给出了不同活化能下前导

激波速度的变化,对于弱不稳定爆震,前导激波平均速度的振荡可以忽略不计,对强不稳定爆震,前导激波平均速度在 CJ 速度附近振荡。

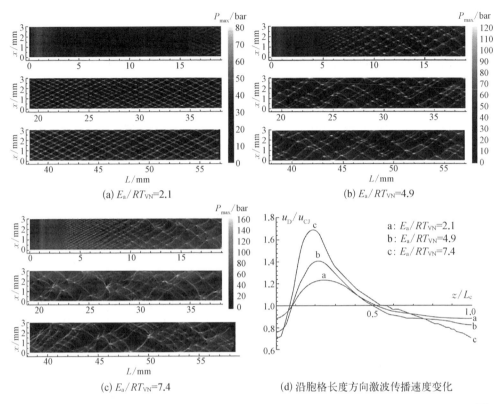

(a) $E_a/RT_{VN}=2.1$

(b) $E_a/RT_{VN}=4.9$

(c) $E_a/RT_{VN}=7.4$

(d) 沿胞格长度方向激波传播速度变化

图 2.26　不同活化能下数值仿真所获得的二维胞格爆震峰值压力云图及激波传播速度变化[7]

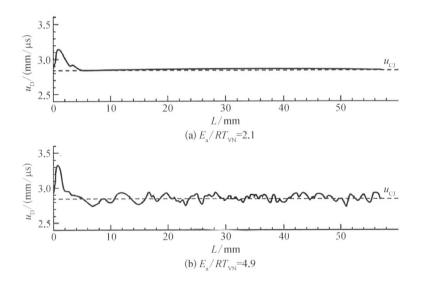

(a) $E_a/RT_{VN}=2.1$

(b) $E_a/RT_{VN}=4.9$

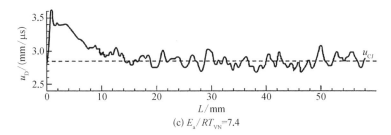

(c) E_a/RT_{VN}=7.4

图 2.27　不同活化能下爆震传播过程中前导激波速度平均值变化[7]

2. 试验方法

随着现代流场诊断技术的迅速发展,很多研究人员通过试验较深入研究了爆震前锋结构及其传播特性,值得关注的是加州理工学院 Austin 等[9,10]所做的工作,他们同时借助纹影/阴影光学观测系统、高速成像、OH－PLIF 系统及烟膜技术对多种混合物的爆震前锋结构进行了较深入的研究,图 2.28 给出了基于活化能所确定的爆震前锋结构稳定性分类。

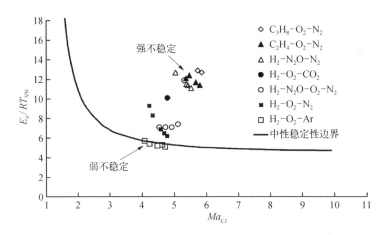

图 2.28　不同可爆混合物爆震前锋结构稳定性分类[9]

在一维爆震波稳定性分析中曾指出,当采用单步不可逆化学反应速率模型时,存在使爆震波稳定的最大临界活化能,这一临界活化能取决于比热比、反应物放热量及过驱动系数。当过驱动系数 $f=1$,以换算活化能 E_a/RT_{VN} 和 CJ 马赫数 Ma_{CJ} 表示一维稳定边界曲线时,稳定边界曲线与比热比 γ 无关。图 2.28 中的实线为 Lee 和 Stewart 给出的中性稳定性边界曲线,图中数据点对应不同可爆混合物,其马赫数 Ma_{CJ} 是基于化学平衡 STANJAN 程序计算获得,换算活化能基于 Schultz 和 Shepherd 所采用的方法算得(考虑详细化学反应机理的一维等容爆炸)。从图中可以看到,所有混合物的 CJ 马赫数相近,换算活化能的变化范围从 Ar 稀释的混合物 E_a/RT_{VN} 约为 5 增加到碳氢燃料和空气混合物 E_a/RT_{VN} 约为 13。试验发现越接近稳定性边界曲线的混合物,其胞格越规则,而越远离稳定性边界曲线的混合物,其胞格越不规则。

图 2.29 给出了三种可爆混合物中爆震波前锋结构随时间变化的阴影观测图。图中黑色方块尺寸为 2 mm×2 mm,从图 2.29(a)至(c),混合物在图 2.28 中的位置越来越远离中性稳定性边界曲线。对于 H_2-O_2-Ar 系统,从图 2.29(a)可以清楚看到三波结构及马赫杆和入射激波间的转换,整体波系比较简单,属于弱不稳定爆震;对于图 2.29(b)中的 $H_2-O_2-N_2$ 系统,整体波系变得更加复杂,前导激波后出现黑色区域,这些黑色区域实际上是未反应气囊,属于中度不稳定爆震;对于图 2.29(c)中的 $C_2H_4-O_2-N_2$ 系统,整体波系变得愈加复杂,黑色区域也明显增多,并进一步出现在爆震前锋后更下游的位置,属于强不稳定爆震。

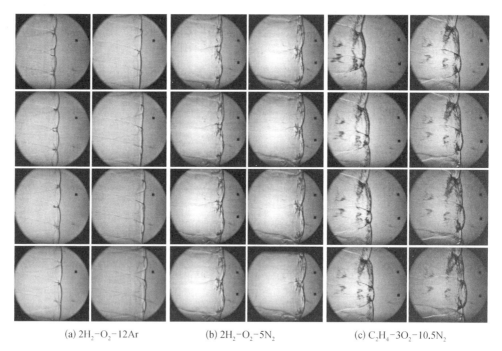

(a) 2H$_2$-O$_2$-12Ar   (b) 2H$_2$-O$_2$-5N$_2$ (c) C$_2$H$_4$-3O$_2$-10.5N$_2$

图 2.29   三种可爆混合中爆震波前锋结构随时间变化的阴影观测图($p=20$ kPa)[9]

图 2.30 给出了可爆混合物 $2H_2-O_2-12Ar$ 中某时刻弱不稳定爆震结构。图 2.30(a)为纹影图,反映了流场密度变化的梯度。图 2.30(b)为平面激光诱导荧光(planar laser-induced fluorescence, PLIF)技术所测量的 OH 基荧光图,图中越亮的区域代表 OH 基浓度越高的地方,它反映了火焰锋面或化学反应区。图 2.30(c)为图 2.30(a)、(b)的合成图,由此可以清楚看到爆震波结构内激波与化学反应区间的位置关系。由图 2.30(b)可以看到,产物与反应物由于剪切形成的拱心石结构(keystone),从图 2.30(c)可清晰分辨出弱三波结构,OH 前锋与前导激波间的距离在不同纵向位置是不同的,最长达到 5 mm,前导激波与横波间的相互碰撞形成了

剪切层,剪切层将已反应物与未反应物隔离开来并形成了拱心石结构的边界。混合物中胞格宽度在 25~35 mm。

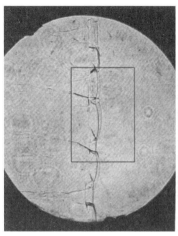  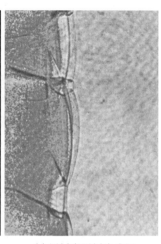

(a) 纹影图　　　　　　　(b) 图(a)框中OH荧光图　　　　(c) 图(a)和图(b)合成图

图 2.30　可爆混合物 $2H_2$–O_2–12Ar 中某时刻爆震波前锋结构图($p = 20$ kPa)[10]

图 2.31 给出了可爆混合物 $2H_2$–O_2–3.5N_2 中度不稳定爆震结构,对于 N_2 稀释的 $2H_2$–O_2 混合物, E_a/RT_{vN} 在 7 附近。此时两个三波点相互碰撞,OH 前锋与前导激波间的距离为 11~13 mm;存在多个剪切层,并进而形成多个未反应气囊;同时存在多条平行于主前锋的高低 OH 荧光的条带。混合物中主胞格宽度约为 25 mm,主胞格之内还存在更小的约 5 mm 的胞格尺寸。

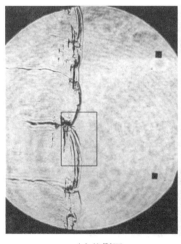  

(a) 纹影图　　　　　　　(b) 图(a)框中OH荧光图　　　　(c) 图(a)和图(b)合成图

图 2.31　可爆混合物 $2H_2$–O_2–3.5N_2 中某时刻爆震波前锋结构图($p = 20$ kPa)[10]

图 2.32 给出了可爆混合物 $C_2H_4 - 3O_2 - 10.5N_2$ 强不稳定爆震结构。相比于弱不稳定爆震前锋,其前导激波非常不规则,存在不同尺度范围的结构。从 OH 荧光图很难分辨出拱心石结构,同时其前锋很粗糙并出现皱褶,前锋之后存在很多独立的、小尺度(宽度小于 1 mm)的低 OH 区域。这表明,在这些亚毫米尺度区域内存在温度、组分浓度及速度显著振荡。混合物最大胞格宽度为 80 mm,最小胞格宽度为 1~2 mm。

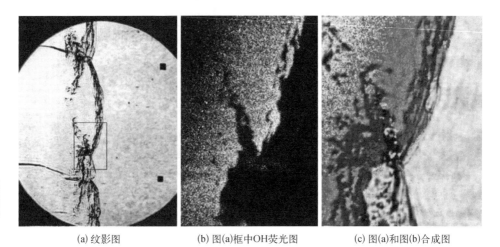

(a) 纹影图　　　　　　(b) 图(a)框中OH荧光图　　　　(c) 图(a)和图(b)合成图

图 2.32　可爆混合物 $C_2H_4 - 3O_2 - 10.5N_2$ 中某时刻爆震波前锋结构图($p = 20$ kPa)[10]

图 2.33 给出了不同混合物中爆震波的烟膜轨迹。对于 $H_2 - O_2 - Ar$ 系统,胞格非常规则;对于 $H_2 - O_2 - N_2$ 系统,在主胞格结构基础上存在随机分布的小尺度胞

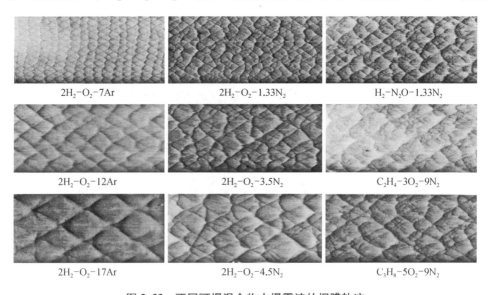

图 2.33　不同可爆混合物中爆震波的烟膜轨迹

格,这些小尺度胞格是由强度较弱、随机生成的横波引起的;对于碳氢燃料- O_2 - N_2 系统,胞格非常不规则,存在各种尺度的胞格结构。

综合来说,弱不稳定爆震仅有一种类型横波,其前锋面光滑,形成的胞格很规则;而强不稳定爆震涉及多种波长的横波,激波和 OH 前锋面存在精细皱褶结构,形成的胞格极不规则。两种类型的爆震在宏观物理化学过程(如起爆、衍射及淬熄等)中具有很大的不同,这些不同意味着两种爆震波内微观的流体动力与化学能释放间的反馈机制存在根本差异。对于弱不稳定爆震,横波后将发生化学反应,其后未形成未反应气囊。对于强不稳定爆震,横波属于未反应波,其下游存在不规则未反应气囊团。这些延迟燃烧的气囊对爆震的传播及临界爆震的行为有重要的影响。对于低活化能混合物,激波的压缩将触发反应物的自点火;对高活化能混合物,未反应气囊内化学反应的触发是由其与周围热燃气间的质量和热交换来实现的。

2.4.1.3　胞格尺寸

大量研究证实横波是爆震前锋多维结构最主要的组成,其不仅在爆震传播过程中担当重要角色,在起爆过程也起同样重要的作用。横波与爆震前锋形成了三波点,三波点在沿着前锋相向传播最终形成胞格形式的三波点轨迹,因此胞格结构是爆震传播过程中表现出的固有特征。胞格的大小取决于燃料/氧化剂类型、油气比、相状态、抑制/激励稀释剂(包括自由基、离子或惰性气体)、平均爆震波速、初温及初压等。胞格尺寸 λ(横向)是非常重要的物理参数,基于该尺寸可以确定其他相关气动参数,如临界衍射直径(爆震波能够由小管过渡到大空间的最小小管管径)、爆震波传播的临界管道尺寸、自由空间中可爆混合物临界填充直径、用于实现爆燃向爆震转变的湍流强化装置中障碍物的大小及排列方式、横波碰撞区域燃气能量、临界起爆能量及采用高速子弹实现可燃混合中爆震起爆的子弹直径等。在动力工程及技术领域,当涉及爆震过程时,以上提及的这些参数可以起到重要作用,例如设计可适用于不同当量比、初温及初压的爆震燃烧室。

1. 胞格尺寸模型

根据基本假设的不同,计算胞格尺寸的解析模型可以分为四种类型:基于理想一维爆震结构的简单一维模型;基于爆震前锋小扰动的声模型;基于影响胞格尺寸特定参数的参数化模型;基于爆震前锋中横波碰撞的封闭胞格模型。除了解析模型,也可以采用二维或三维数值计算模型来获得爆震的胞格结构[11]。

简单一维模型将胞格尺寸与一维爆震结构中某特征长度尺度相联系。对于理想平面爆震波,当边界条件及化学反应机制给定后,可以获得一维爆震的 ZND 结构。对于 ZND 结构中前导激波锋面和 CJ 平面间的区域,区域内的任一点状态仅取决于该点距前锋的距离,同时该点状态在爆震传播过程中保持不变。虽然理论上,可以将该区域长度(von Neumann 尖峰长度,包括诱导区长度和反应区长度)作为一维爆震的特征长度,然而对于实际多维爆震,由于该特征长度的不确定性,故模型选用诱导区长度 l_{ind}(激波锋面与温度曲线最大斜率位置间的距离)作为特征尺度,即

$$l_{\mathrm{ind}} = (u_{\mathrm{CJ}} - u_{\mathrm{VN}}) \tau_{\mathrm{ind}} \tag{2.71}$$

其中,u_{CJ} 为爆震波速度;u_{VN} 为地面坐标系下前导激波后气流速度;τ_{ind} 为前导激波后点火延迟时间。

对于化学恰当比附近的 H_2、C_2H_2、C_2H_4 与氧气或空气组成的混合物,对比基于详细化学反应机理所得的 CJ 爆震诱导区长度 l_{ind} 与试验测量胞格尺寸之间的关系,可以得到以下线性关系:

$$\lambda = K l_{\mathrm{ind}} \approx 29 l_{\mathrm{ind}} \tag{2.72}$$

通过对大量燃料混合物的胞格数据分析发现,K 并不是常数,不同燃料和不同当量比下其值是不同的,最小可以小于 10,最大可以高于 100,因此式(2.72)对胞格尺寸的预估能力是有限的。同时胞格尺寸 λ 与诱导区长度 l_{ind} 之间的线性关系只适用于诱导区长度远大于反应区长度的情况,当两种长度相当时,λ 与 l_{ind} 的关系将非常复杂。这些差异实际上反映了爆震不稳定性的影响,针对式(2.72)中的 K,可以将不稳定性参数引入其中,并以多项式的形式来表示 K,通过采用试验数据拟合,可以得到应用范围更宽的胞格尺寸一维计算模型。

声模型在一维爆震不稳定性问题的基础上建立和发展起来,它采用理想一维爆震结构中的声长度尺度来确定胞格爆震波的胞格尺寸。声模型有很多种类型,但共同的缺点就是忽略了胞格爆震前锋中激波的相互碰撞,它以声波在某一时间段内传播的距离来确定胞格尺寸。由于模型中未指定声源数及分布,因此其不能预测周期性结构。

参数化模型主要将影响胞格尺寸的一些物理参数引入到模型中,如初压、稀释比及沿胞格轴线方向波速的变化曲线等,而未考虑胞格形成的物理机制及胞格的特征参数,因此该模型仅适用于定量描述。

封闭胞格模型(closed-cell model)提出了二维规则胞格的理想模型及其相应的特征参数,如图 2.34 所示。该模型是基于胞格爆震前锋中横波碰撞引起的微爆炸理论,它考虑了爆震波在一个胞格内传播的基本物理过程,并将其处理为以下连续过程:横波的碰撞(图 2.34 中 I 区域);碰撞形成非定常传播的圆柱面爆炸波,爆炸波向上游传播部分的前锋面同时伴随化学反应;化学放热终止;激波和化学反应前锋分离;诱导区内被压缩和预热的可爆混合物的堆积;来自相邻胞格的横波碰撞,新的周期过程重新开始。需要特别指出的是,模型只需要知道初始混合物和爆震产物的绝热指数及理想爆震波速,就可确定爆震胞格无量纲特征;通过提供额外的诱导区内化学动力数据,则可进一步计算有量纲胞格尺寸。封闭胞格模型应用

中最大的困难是缺少混合物组分在大范围变化时化学动力学数据。

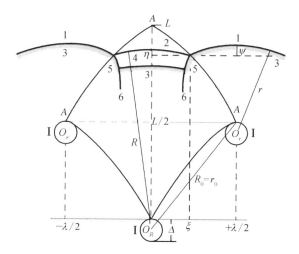

图 2.34 胞格理想形成模型[11]

Ⅰ. 横波碰撞区域;1. 马赫杆;2. 前导激波;3. 化学反应前锋;
4. 诱导区;5. 横波;6. 横波尾部;R、r. Ⅰ区域产生的激波半径

2. 胞格尺寸影响因素

可爆混合物的胞格结构可通过烟膜技术或开放快门成像技术来获得,通过测量胞格结构的大小就可获得不同可爆混合物在不同工况下的胞格尺寸。然而前面已指出,弱不稳定爆震和强不稳定爆震的胞格规则性有很大不同,1981 年,Libouton等根据烟迹中主胞格模式的规律性及其模式中亚结构的数量,提出了评判胞格规则性的主观分类方法,即完美、好、差及不规则四类,进一步通过人工测量各胞格尺寸并通过统计分析可以获得平均胞格尺寸[12]。

1986 年,Shepherd 等[12]首先借助数字图像处理技术提出了一种更客观的烟膜轨迹分析方法,他们将烟膜轨迹转换成数字图像,并对数字图像进行二维傅里叶变换进而获得功率谱密度图,根据功率谱密度图的形式就可以较客观地评价胞格的规则性,并获得了规则胞格的尺寸。此后,Lee 等[13]提出了分析烟膜轨迹模式的自相关函数分析方法,可获得胞格尺寸、胞格形状及胞格规则性等数据。

有关不同可爆混合物在不同工况下的胞格尺寸研究已有大量研究数据,加州理工学院的 Kaneshige 等[14]在 1997 年对以往研究数据进行了总结,并形成了数据库。各种因素对胞格尺寸的影响趋势比较直观地反映在胞格尺寸简单一维模型中,即一般当某种因素的改变使诱导区长度缩短时,胞格尺寸将减小,例如化学反应活化能减小、初压的升高及爆震波马赫数的提高等将使胞格尺寸减小。Vasil'ev总结归纳了各种胞格尺寸数据,给出了各种因素对胞格尺寸的影响,并与胞格尺寸的封闭胞格模型计算结果进行了对比,如图 2.35~图 2.38 所示。

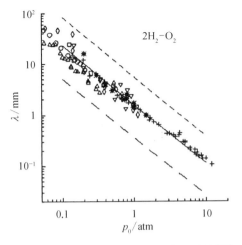

图 2.35　$2H_2-O_2$ 中胞格尺寸随初压变化[15]

图 2.36　CH_4-2O_2 中胞格尺寸随初压变化[15]

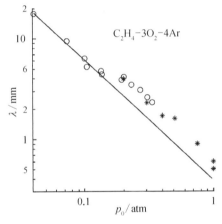

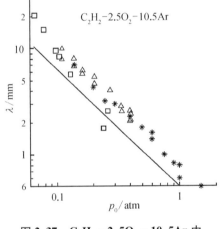

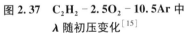

图 2.37　$C_2H_2-2.5O_2-10.5Ar$ 中
λ 随初压变化[15]

图 2.38　$C_2H_4-3O_2-4Ar$ 中
λ 随初压变化[15]

　　图 2.35 给出了恰当比下 H_2-O_2 混合物中胞格尺寸与初始压力 p_0 之间的变化特性：随着初始压力的升高，胞格尺寸逐渐减小，同时两者间表现为线性关系；在 1 atm 下，恰当比氢氧混合物胞格尺寸为 1~2 mm；图中实线为基于优化的阿累尼乌斯系数应用封闭胞格模型所计算的胞格尺寸，虚线为相关文献给出的最大和最小延迟时间的计算值。图 2.36~图 2.38 也给出了其他燃料与氧气混合物的胞格尺寸随初压的变化特性，仍为线性反比例关系；同时在 1 atm 下，即使有稀释气体 Ar，化学恰当比 C_2H_2 和 C_2H_4 与氧气混合物的胞格尺寸都要小于氢氧混合物。图 2.39 也给出了化学恰当比 H_2-空气系统中胞格尺寸与初压的变化，对比图 2.35，其胞格尺寸更大，在 1 atm 时，胞格尺寸约为 10 mm。

图 2.40 给出了利用封闭胞格模型计算得到的胞格尺寸与初温的变化特性,各胞格尺寸以初温 298 K 下的胞格尺寸进行无量纲化,其中实线为初压不变(1 atm)情况下不同燃料与氧气混合物中胞格尺寸变化,点画线对应 H_2-空气系统,可以看到此时胞格尺寸存在极大值。图 2.40 中虚线为密度不变情况下不同燃料与氧气混合物中胞格尺寸变化,可以看到胞格尺寸一般随初温升高而减小,由于密度保持不变,初温升高则初压也将升高。Tieszen 等[16]试验研究了常压化学恰当比下 CH_4-空气、C_2H_2-空气、C_2H_4-空气、C_2H_6-空气及 C_3H_8-空气混合物在 25℃

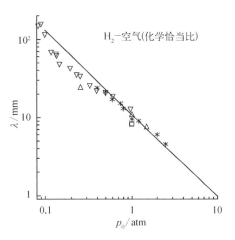

图 2.39 恰当比 H_2-空气系统中 λ 随初压变化[15]

和 100℃时的胞格尺寸,发现除 C_3H_8 外,其他混合物在初温较低时胞格尺寸大。

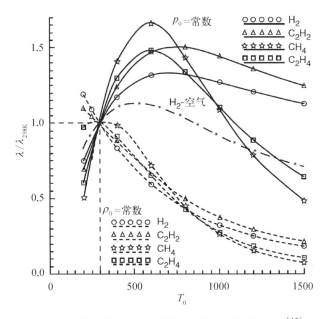

图 2.40 不同燃料与 O_2 系统中理论 λ 随初温变化[15]

图 2.41 和图 2.42 给出了稀释气 N_2 用量对化学恰当比 H_2-O_2 和 C_2H_2-O_2 系统中胞格尺寸的影响,其中竖向短划线为空气对应 N_2 用量。从图中可以看到,N_2 属于抑制稀释气,随着 N_2 用量的增加,胞格尺寸逐渐增加。对比图 2.42 和图 2.37 可以看到,惰性稀释气体对胞格尺寸的影响要小得多。

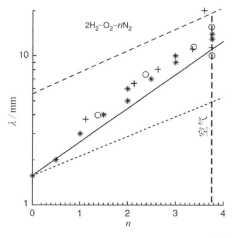
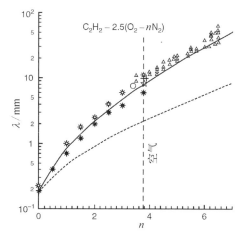

图 2.41 N$_2$ 对 H$_2$ - O$_2$ 系统中 λ 的影响[15]　图 2.42 N$_2$ 对 C$_2$H$_2$ - O$_2$ 系统中 λ 的影响[15]

图 2.43 给出了化学恰当比 H$_2$ - O$_2$ 和 C$_2$H$_2$ - O$_2$ 混合物中不同爆震波速下的胞格尺寸变化,其中爆震波速和胞格尺寸分别以 CJ 爆震波速和以 CJ 速度传播的爆震胞格尺寸进行无量纲化,可以看到,爆震波速越高(过驱动系数越高),胞格尺寸越小,其中的实线为封闭胞格模型计算值。

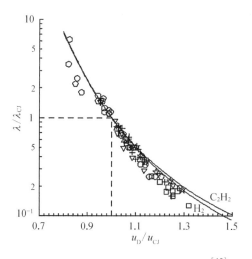
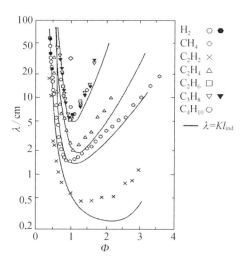

图 2.43 爆震波速对胞格尺寸的影响[15]　图 2.44 不同当量比下燃料空气混合中 λ 变化[17]

图 2.44 为 Knystautas 等[17]总结的不同当量比下各种燃料与空气混合物在常温常压下的胞格尺寸,可以看到对于各种燃料混合物,存在使胞格尺寸最小的当量比,其一般在 1 附近(C$_2$H$_2$ 除外),高于或低于该当量比,胞格尺寸都将增大。乙炔空气混合物的极值胞格尺寸最小,在 4~5 mm 范围;其次是氢空气混合物,其极小

值胞格尺寸在 10~11 mm 范围;乙烯空气混合物极小值胞格尺寸约为 11 mm;乙烷、丙烷和丁烷空气混合物胞格尺寸相当,极小值胞格尺寸在 50~70 mm 范围;恰当比甲烷空气混合物胞格尺寸约为 320 mm。

2.4.1.4 可爆极限

可燃混合物的可爆性是非常重要的参数,在实际应用中,反映不同混合物可爆性最重要的参数就是能够实现自持爆震的初始条件范围,它们包括:贫油-富油浓度极限、极限初始压力、管道或非受限气云尺寸、爆震波能在不同几何尺寸区域传播的临界直径以及非均匀混合物许用浓度变化范围等。

与可燃混合物存在浓度可燃极限一样,可燃混合物也存在可爆极限,图 2.45 和图 2.46 给出了 H_2-空气和 C_2H_2-空气混合物的可燃及可爆极限。早期试验数据表明并不是所有的可燃混合物都能被起爆,如 H_2-空气混合物的可燃范围要大于可爆范围。然而近来发现,情况并不总是如此,例如乙烷空气混合物及丙烯空气混合物的可爆贫富油极限非常接近可燃极限。特别地,Borisov 等发现,当碳氢燃料空气混合物中添加了抑制剂后,其可爆浓度范围要远宽于可燃范围,这是因为控制火焰和爆震传播的化学反应机制是不同的。火焰中的化学反应发生在较低温的预热区,化学反应的触发是自由基向该区域的扩散引起的,抑制剂清除了这些自由基,进而抑制了预热区内的化学反应,火焰也就被淬熄。爆震燃烧中化学反应开始于激波压缩后的高温气体,由于温度较高,抑制剂快速分解,从而使得爆震燃烧不受添加物的影响(有时抑制剂分解形成的自由基还能强化爆震燃烧)[5]。

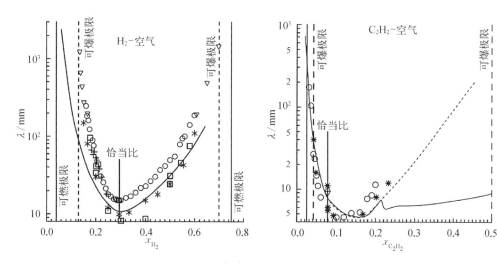

图 2.45　H_2-空气可爆极限及胞格尺寸[15]　　**图 2.46　C_2H_2-空气可爆极限及胞格尺寸**[15]

降低初压将显著影响可爆极限,并使可爆浓度极限变窄。例如对于丙烷-空气混合物,当初压为 0.7 atm 时,C_3H_8 的摩尔分数在 3%~6% 范围时混合物是可爆的,当初压降到 0.2 atm 时,可爆 C_3H_8 摩尔分数范围降到 3.5%~5.7%。图 2.47 给出了常温下不同初压对 $CH_4 - O_2 - N_2$ 混合物在直径 16 mm 管内的可爆极限影响,可以看到不同敏感性混合物下的极限压力:对于 $CH_4 - O_2$ 混合物,此压力为 200 Torr[①](约 26.7 kPa),当添加剂 N_2 用量为 33% 时,此压力约为 360 Torr(约 48 kPa)。当压力超过 600 Torr(约 80 kPa)时,更高 N_2 用量的混合物具有更宽的富油极限。初温对可爆极限的影响比较复杂,这是因为不同混合物的胞格尺寸受初温影响趋势是不同的。

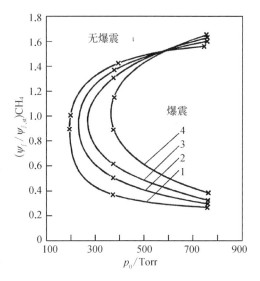

图 2.47　$CH_4 - O_2 - N_2$ 混合物在直径 16 mm 管径内初压对可爆浓度极限的影响[5]

　1. N_2 和 O_2 摩尔分数分别为 0 和 100%;
2. 10% 和 90%;3. 18% 和 82%;4. 33% 和 67%

对于管内传播的爆震波,混合物可爆浓度极限还与管径有关,试验表明当管径在 70~100 mm 范围时,碳氢燃料的贫油极限及氢气的贫富油极限将与管径无关,而碳氢燃料的富油极限将随管径的增加而增加。胞格结构是爆震波传播的固有特征,当管内传播的爆震波远离可爆极限时,爆震前锋结构中存在多条横波,当管道横截面尺寸减小后,横波数也将减少,随着管道尺寸的逐渐减小,胞格爆震将经历不同的传播模态。

当管内爆震前锋结构中仅存在一条横波时,其对应的就是稳定传播爆震波的临界状态。对于圆截面管内传播的这种爆震波,它是以单头螺旋形式传播的,故称为螺旋爆震(spinning detonation),此时临界管径 d_s 与胞格尺寸满足

$$d_s \cong \lambda / \pi \tag{2.73}$$

对于矩形通道内传播的这种爆震波,通常称为临界爆震(marginal detonation),其极限通道尺寸 l_s 与胞格尺寸满足

$$l_s = (k + 1)\lambda / 2\pi \tag{2.74}$$

其中,k 为管道矩形截面长宽之比。

当管道尺寸小于稳定传播爆震所需的临界尺寸时,非平稳爆震(galloping detonation)将会发生,在长管中,其表现为纵向的脉冲循环:循环初始时其为强过驱动爆震,但其强度逐渐衰减,随着诱导区长度的逐渐变长,最终化学反应前锋将

---

① 　1 Torr = 1.333 22×10^2 Pa。

与前导激波解耦,爆震波转变为爆燃波;随后在某一时候,反应区内将发生局部爆炸,其将在激波前锋下游已压缩未反应的燃气中发展为爆震波;最终爆震波将追赶上激波前锋,从而形成新的过驱动爆震。以上过程周而复始,非平稳爆震本质上是一系列的爆燃向爆震转变(deflagration-to-detonaiton transition,DDT)过程,其典型的纵向循环长度约为管径的 60 倍,同时非平稳爆震的平均传播速度低于 CJ 爆震波速的 10%~30%。非平稳爆震传播的临界管径 d_{g} 与诱导区长度间满足

$$d_{\mathrm{g}} \approx 2l_{\mathrm{ind}} \tag{2.75}$$

当管径低于该临界值时,非平稳爆震将无法维持。

当管径进一步降低时,试验中就可以观察到所谓的低速爆震(low-velocity detonaiton)或准爆震(quasi-detonation),这是一种以大概一半 CJ 爆震波速传播的超声速燃烧模式,这种燃烧模式通常存在于具有大障碍物的粗糙管中或细的光管中(如玻璃毛细管)。相比于激波前锋下游诱导区内活性中心累积的影响,低速爆震的波结构更主要的是由火焰锋面附近的输运过程引起的,火焰面位于激波前锋下游 3~8 个管径位置。低速爆震传播的临界管径 d_{l} 与诱导区长度间满足

$$d_{\mathrm{l}} \approx l_{\mathrm{ind}} \tag{2.76}$$

可爆极限还受管壁粗糙度影响,粗糙管内的可爆极限通常比光滑管内的窄。当在混合物中添加更敏感的燃料时,即使仅添加一小部分,其将显著影响可爆极限并使临界管径减小。

2.4.2　螺旋爆震

2.4.2.1　螺旋爆震现象

螺旋爆震现象是 Campbell 和 Woodhead 于 1926 年在研究小直径管内近爆震极限的爆震传播时发现的,随后他们以 2CO+O₂ 为可爆混合物,并添加 2%H₂,进一步利用条纹照相(streak photograph)研究了 15 mm 直径管内螺旋爆震的传播过程,如图 2.48 所示。从图中可以看:爆震波自右向左传播,其火焰锋面的轨迹线表现为有规律的波动特征,这意味着爆震波传播速度存在周期性振荡,然而其平均速度仍为定值并非常接近 CJ 速度;水平方向的发光带由前锋延伸到了产物中。

通过使用各种不同布局的条缝及改变条纹照相机观察方向,Campbell 等认

时间

距离 ←

图 2.48　螺旋爆震的条纹照片

为,管壁附近的爆震前锋中存在局部强燃烧区,其随着爆震的传播做周向旋转,进而形成了螺旋路径。前锋后的发光带是由横向压力波引起的,其也随着爆震前锋中局部强燃烧区做周向传播,横向压缩波对产物的进一步绝热压缩引起了产物更强的发光现象。前锋中强燃烧区就是螺旋头(spinning head),其后延伸到产物中的发光带即螺旋的尾部。利用条纹照相机拍摄爆震管端面的径向条缝,可获得爆震沿圆形路径传播的图像,结果表明螺旋头是沿周向旋转的。

最初,Campbell 等认为螺旋头的旋转与燃烧燃气整体旋转有关。对此,Bone 等在管中安置纵向肋条以限制燃气运动,研究发现这并不会影响螺旋爆震现象。因此可以认为仅横波沿周向旋转,当横波传播过燃气时,燃气本身仅仅在某一平均值附近经历了一次振荡。

典型的螺旋爆震压力曲线如图 2.49 所示,可以看到压力曲线前端存在两个压力尖峰,较弱的激波首先到达传感器,其反映了前导激波的传播;紧随其后的是更强的脉冲阶跃,这是由螺旋爆震前锋中的马赫杆引起的。当爆震前锋通过传感器后,压力信号仍存在多个周期振荡,其振荡峰值衰减很慢,这表明横波延伸到了爆震前锋后的产物中。Gordon 在 1959 年通过压力传感器的测量信号也证实了横波是旋转,其在管壁相对位置安置了两个传感器,试验发现两个传感器的压力振荡信号存在 180°相位差。

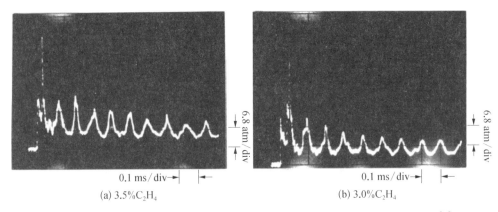

(a) 3.5%C_2H_4　　　　　　　　　　(b) 3.0%C_2H_4

图 2.49　直径 48 mm 管中以 C_2H_4 -空气为混合物获得的螺旋爆震压力曲线[1]

当趋近爆震极限时,螺旋爆震将会被触发,随着工作条件进一步趋向爆震极限,螺旋爆震现象将持续存在。当达到爆震极限条件,螺旋爆震将最终消失。螺旋爆震最重要的特性是其对管径的强依赖性,在螺旋爆震发生时的近爆震极限范围内,螺旋头所历经的螺旋路径的螺距与管道直径之比约为 3,并且混合物组分及初压的变化对这一比值影响非常小。螺旋爆震与管道尺寸的这种强依赖性表明,螺旋现象与爆震后气柱的自然声学振荡有关,此时管道横截面特征尺寸控制着横波的声模式,最低的横波声模式(一条横波,即单头螺旋爆震,single-headed spinning detonation)为单个压力波绕着管周长旋转(特征尺度为周长 πd),这与所观察到的螺旋爆震的螺距与管径比约为 3 是相吻合的。当远离爆震极限时,由于更高的横波声模式被激发,将会观察到更高的螺旋频率。在更高的螺旋频率下,激发出来的所有横波模式往往不是沿一个方向旋转,更可能的是同时存在左旋和右旋的两组相反方向传播横波系。由于这些横波的幅值并不是很低,而且其相互之间还存在碰撞,因此相比于只有一条横波的单头螺旋爆震,更高频的多头螺旋爆震结构将非常复杂。

对于螺旋爆震的特殊现象,Manson 意识到螺旋爆震与爆震后气柱的横向声学振荡有直接关系。通过忽略爆震前锋后 Taylor 波中的非定常膨胀及沿管轴向方向的纵向振荡,同时假设均匀产物燃气气柱的振荡幅值比较小,Manson 采用线性声学理论在圆柱坐标下建立了二维线性声学方程来描述气柱的横向振荡,进一步推导,其获得了横波旋转的角速度为

$$\omega_n = \frac{k_{nm}c_2}{n} \tag{2.77}$$

进一步可以得到横波在壁面处的线速度:

$$v_n = \omega_n r = \frac{k_{nm}rc_2}{n} \tag{2.78}$$

其中,c_2 为产物声速;整数 n 和 m 分别代表周向和径向模态数。$k_{nm}r$ 为第一类贝塞尔函数一阶导数为零时的根,若仅考虑周向模态,即 $m=1$,则表 2.1 给出了不同 n 下 $k_{n1}r$ 的值。

表 2.1　周向模态下 $k_{n1}r$ 的取值

n	1	2	3	4	5
$k_{n1}r$	1.841	3.054	4.201	5.35	6.35

由于爆震波前锋以 u_D 轴向速度在管内传播,所以可以得到螺旋爆震的螺距 P_n 与管道直径 d 之比为

$$\frac{P_n}{d} = \frac{n\pi}{k_{nm}r}\left(\frac{u_D}{c_2}\right) \tag{2.79}$$

对于单横波模态(即单头螺旋爆震),$n=1$,则有

$$\frac{P_1}{d} = \frac{\pi}{1.841}\left(\frac{u_D}{c_2}\right) \tag{2.80}$$

由 CJ 爆震理论知,产物声速与爆震波速之比可近似表示为

$$\frac{u_D}{c_2} \approx \frac{\rho_2}{\rho_1} \approx \frac{\gamma + 1}{\gamma} \tag{2.81}$$

其中,γ 为产物比热比,对于典型值 $\gamma = 1.2$,进一步可以得到螺距与直径之比为

$$\frac{P_1}{d} \approx 3.128$$

这与试验观察值是相符的,同时注意到混合物组分及初压对 u_D/c_2 的影响很小,故大部分混合物中单头螺旋爆震的螺距与直径之比一般在 3 附近。当远离爆震极限时,Manson 发现声学理论仍能很好地预测螺旋频率。声学理论的应用也可拓展到矩形管中,在笛卡儿坐标系下建立描述临界爆震的声学方程,进而获得沿 x 和 y 方向(z 为管轴向方向)的横向振荡固有频率。

Taylor、Fay 及 Chu 也各自应用类似的声学理论研究了螺旋爆震,尽管螺旋爆震的声学理论不能解释螺旋不稳定性的根源,但却反映了一个非常重要的事实:爆震结构与固有横向特征模态间存在强耦合,爆震前锋的非均匀能量释放必须能够支撑横向振荡,前锋结构必须根据横向特征模态来调整自身以实现共振耦合。尽管前锋的能量释放驱动着前锋后产物的横向振荡,但横向振荡的固有频率决定了前锋中非均匀能量释放的特征,这尤其反映了接近爆震极限的低模态振荡特征;当螺旋频率非常高时,固有特征模态作用开始弱化,横向振荡更倾向于与特征化学反应速率建立共振耦合,而不是与管道的特征模态[1]。

2.4.2.2　螺旋爆震结构

线性声学理论并不能给出螺旋爆震前锋的详细结构,在前锋处,横波实际上就是激波,因此爆震前锋结构中必然存在各种相互作用的激波。1945 年,Shchelkin 认为螺旋爆震前导激波前锋存在间断或皱褶,图 2.50 给出了螺旋爆震前锋的 Shchelkin 模型示意图。由图可以看到,间断以相同的轴向爆震波速 u_D 随激波前锋一起传播;间断的切线传播速度为 u_{D1},因此间断传播到未燃混合物中的速度为 $u_{D2} = \sqrt{u_{D1}^2 + u_D^2}$,其值高于爆震波速 u_D,故间断是过驱动爆震,其压力和温度都高于其他处的爆震前锋。对于圆管,间断在管壁附近,其绕着圆周切线传播,进而使得螺旋头形成试验所观察到的螺旋路径。随后,Zeldovich 纠正了 Shchelkin 所做的一个错误假设(Shchelkin 认为燃气的速度与间断速度相等,这违背了角动量守恒),对间断处的激波交汇进行了 Hugoniot 分析,计算出了与实验观察值吻合的螺旋线、螺旋角。

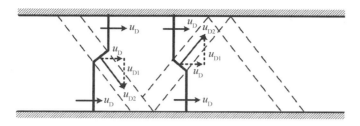

图 2.50　螺旋爆震前锋的 Shchelkin 模型示意图

若前导激波前锋面存在间断或皱褶,则在间断两侧都有激波面的交汇,为满足两激波交汇后下游的边界条件,必然存在第三条激波(反射激波)及滑移线,因此间断实质上是三激波马赫交汇。然而螺旋爆震详细结构直到 20 世纪 50 年代末至 60 年代初才被最终发现,从而证实了 Shchelkin 在 1945 年提出的前导激波面中存在间断的观点。Gordon 等于 1959 年首先利用开放快门成像方法获得了 O_3 - O_2 - N_2O_5 可爆混合物中螺旋爆震的螺旋发光路径,图 2.51 给出了 Schott 等拍摄的 C_2H_2 - O_2 - Ar 混合物中螺旋爆震在 25 mm 管径中传播的开放快门图像。从图中可以清楚看到螺旋头的螺旋轨迹,发光区域高度集中在不平衡反应区中,相比于反应区,产物燃气辐射出的可见光非常小;螺旋轨迹也给出了很多精细结构,这表明螺旋头内的化学反应是高度不均匀的。

(a) 螺旋爆震开放快门图像　　　　　　　　　　(b) 侧壁烟膜痕迹

图 2.51　直径 2.54 cm 圆管内以 6.7C_2H_2 - 10O_2 - 83.3Ar 为反应物获得的螺旋爆震试验结果[11]

图 2.52 给出了螺旋爆震在圆管内传播时同时在管侧壁面及下游端壁面留下的烟膜轨迹。从图中可以看到:侧壁面上的烟膜轨迹非常清楚地记录下横向爆震不稳定性所引起的细微结构;端壁面的烟膜图反映了间断或皱褶是如何从壁面向管轴方向延伸的。侧壁上单条螺旋轨迹表明激波前锋面上只有一个间断,同时从下游端壁面烟膜图看,该间断并没有延伸到对面壁面上。如果间断延伸到对面壁面上,那么在侧壁面上将会记录下两条平行的螺旋轨迹,这种现象几乎没被观察到。最常观察到的是以相反方向传播的两个间断形成的两条螺旋轨迹,即双头螺旋爆震(double-headed spinning detonation),其前锋结构更复杂。

(a) 侧壁面烟膜痕迹   (b) 末端壁面烟膜痕迹

图 2.52   螺旋爆震在圆管侧壁面及末端壁面留下的烟膜痕迹[1]

需要指出的是,尽管单头螺旋爆震都在侧壁面只留下一条螺旋痕迹,但其前导激波面上的前锋结构往往是不同,即不同试验下圆管末端壁面上的烟膜轨迹将会不同,如图 2.53 所示。螺旋爆震在远离壁面内部结构的各种变化表明其结构通常不是静止的,径向模态与周向模态间的相互作用将产生不同的单头螺旋爆震内部结构。

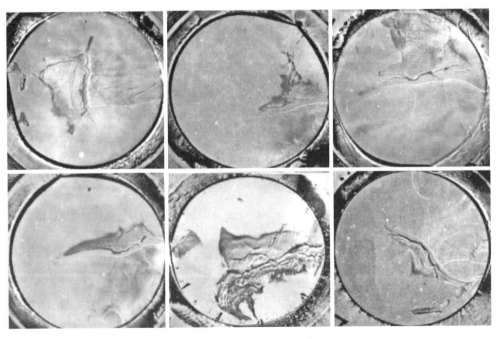

图 2.53   单头螺旋爆震在圆管末端壁面上的烟膜轨迹[1]

为了获得螺旋爆震在管壁处的详细结构,Voitsekhovskii 等发明了一种新的条纹成像技术,即全补偿条纹成像方法。常规条纹成像的胶片运动方向与爆震波传播方向相互垂直,最终获得的流场照片时间轴与波传播方向是垂直的,如图 2.54 所示。通过将胶片运动方向调整为与爆震波纵向传播方向相同,同时使胶片运动速度与波纵向传播相同,则爆震图像将相对胶片静止,同时设置一个与波传播方向垂直的条缝作为快门,其与胶片一同旋转,最终可以在胶片上记录下不同时刻爆震图像。Voitsekhovskii 等进一步旋转条纹照相机使得胶片运动方向与螺旋轨迹切线方向相同,并使胶片运动速度与爆震切线方向的速度相等,从而获得全补偿条纹照片。图 2.54 为 Voitsekhovskii 等所拍摄的 $2CO - O_2 - 3\%H_2$ 混合物中螺旋爆震全补偿条纹照片,不同时刻下螺旋头的清晰度存在间隔变化,清晰的图像表示螺旋头旋转到靠近观察条缝的位置,模糊的图像表示螺旋头旋转到对面远离观察条缝的位置。

(a) 常规条纹成像　　　　　　　　　　　　(b) 全补偿条纹成像

图 2.54　螺旋爆震自发光条纹成像[1]

借助于全补偿条纹成像技术及光学纹影,1966 年,Voitsekhovskii 等获得了 $2CO - O_2 - 3\%H_2$ 混合物中螺旋爆震在壁面处的详细结构,如图 2.55 所示,图中也给出了其采用微型压电传感器所测量的不同螺旋头横截面位置处的压力曲线。从图中可以看到:A 为前导激波锋面的间断处,在其右侧为强马赫杆 AE,在其左侧为弱入射激波 AF;离三波点 A 越远,马赫杆 AE 的强度越弱,这可以从 10、11、12、1、2 及 3 处的压力曲线看出;由 4~8 处压力曲线可以看出,入射激波 AF 的强度相对保持不变。AB 为横波,为使不同波后的流动状态相匹配,横波为双马赫结构。对于双马

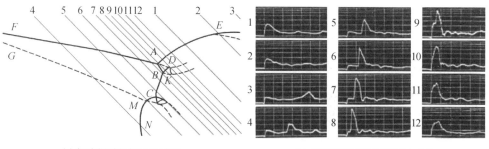

(a) 螺旋爆震前锋详细结构　　　　　　　　(b) 螺旋头不同截面处压力曲线

图 2.55　Voitsekhovskii 等获得的 $2CO - O_2 - 3\%H_2$ 混合物中螺旋爆震[1]

赫结构的横波 ABDKCM,其在经入射激波 AF 压缩后的混合物中传播,因此 ABDKCM 是一种强爆震,侧壁面螺旋烟膜轨迹中的精细结构反映了它的不稳定性。需要指出的是,图 2.55 中的结果仅仅针对的是 $2CO-O_2-3\%H_2$,该混合物中螺旋爆震非常稳定,同时具有可复现性。螺旋爆震结构一般是不稳定的,其沿着管道的传播速度也存在脉动,同时在横向旋转模态基础上往往会叠加更高的谐振模态。

当远离爆震极限后,在更高声学模态激励下螺旋频率将升高,螺旋爆震中将存在多个螺旋头,相应地,在烟膜上将留下多条螺旋轨迹,故高频螺旋爆震一般也称为多头爆震(multiheaded detonation)。图 2.56 给出了螺旋爆震在圆管内由单头螺旋逐渐演化为四头螺旋下管道侧壁面烟膜痕迹。图 2.56(a)为单头螺旋爆震,同时可以看到第二横向模态的起始。图 2.56(b)为双头螺旋爆震,菱形胞格结构出现,同时存在左旋和右旋两种横向模态。图 2.56(c)为四头螺旋爆震,每一个螺旋方向上有两条横波。

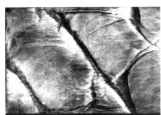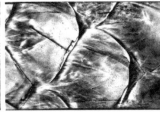

(a) 单头螺旋   (b) 双头螺旋   (c) 四头螺旋

图 2.56   螺旋爆震演化烟膜轨迹图[1]

图 2.57 中(a)为 Voitsekhovskii 等提出的低模态螺旋爆震横波运动示意图,图 2.57(b)为 Denisov 等提出的四头螺旋爆震前锋面三维运动示意图,对于更高频的螺旋爆震,将很难描述爆震前锋面上的横波运动。图 2.58 给出了多头螺旋爆震在

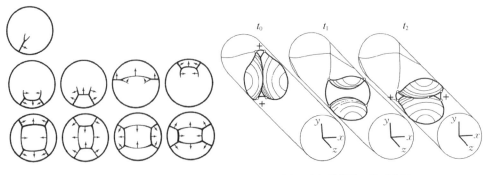

(a) 单头/双头/四头螺旋爆震二维示意图   (b) 四头螺旋爆震三维示意图

图 2.57   螺旋爆震横波运动示意图[1]

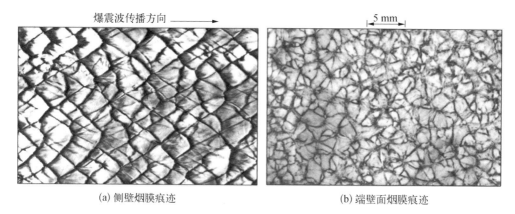

(a) 侧壁烟膜痕迹　　　　　　　　　(b) 端壁面烟膜痕迹

图 2.58　多头螺旋爆震烟膜痕迹[1]

侧壁面和端壁面上的烟膜轨迹,对于多头螺旋爆震,其侧壁面上的烟膜轨迹一般由两组横波形成相对规则的胞格形状,但端面上轨迹非常复杂,存在复杂的激波交汇模式。

需要指出的是,螺旋爆震也能在正方形截面管中传播,如图 2.59 所示。然而在长方形截面管中,接近爆震极限时最低横波模式仅包含沿长方形截面两个垂直方向传播的两道横波。当长方形截面足够窄时,即垂直的两条边其中一条相对很短,则沿该方向传播的横波将被抑制,此时仅有一条横波沿长方形截面较长边方向传播,最终将在管壁上形成"之"字形痕迹。

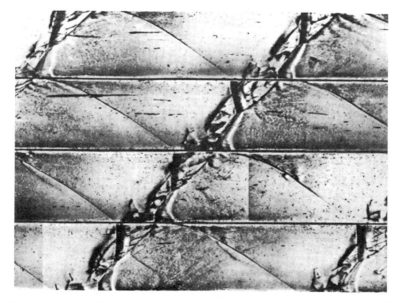

图 2.59　正方形截面管中螺旋爆震烟膜痕迹($6.7C_2H_2 - 10O_2 - 83.3Ar$)[1]

2.4.3 双胞格爆震

2.4.3.1 特殊反应物下的胞格爆震

当以氧化剂 NO_2/N_2O_4 替代原可爆混合物中的 O_2 时,一种更复杂的爆震胞格结构将会出现,燃料－NO_2 混合物的爆震将表现为双胞格结构,称为双胞格爆震(two-cell detonation),单组元推进剂硝基甲烷(CH_3NO_2)中也存在 NO_2。通过改变可爆混合物的当量比,这些系统中的爆震将会呈现双胞格结构,其特征是在大尺度胞格结构内还包含小尺度胞格结构,其在富油混合物或极贫油混合物中都会出现。沿着爆震传播的方向,从大尺度胞格的起点到终点,其内部小尺度胞格的尺寸连续变大,图 2.60 和图 2.61 给出了富油 H_2－NO_2 混合物中爆震由左向右传播时留下的烟膜痕迹所呈现出的双胞格结构。

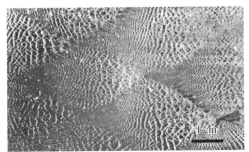

图 2.60 H_2－NO_2 混合物烟膜痕迹[11]

当量比 1.1,初压 50 kPa

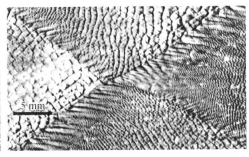

图 2.61 H_2－NO_2－30%Ar 混合物烟膜痕迹[11]

当量比 1.2,初压 100 kPa

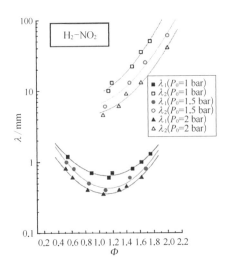

图 2.62 不同当量比 H_2－NO_2 混合物胞格尺寸[11]

λ_1 为在大胞格中间的测量值

从图 2.60 中可以看到,对于大尺度胞格内的小尺度胞格,其胞格尺寸的最大值与最小值至少相差一个数量级,在大尺度胞格的中间,小尺度胞格尺寸 λ_1 约为大尺度胞格尺寸 λ_2 的 1/20,而比值 λ_2/λ_1 与当量比 Φ 有关,如图 2.62 所示。当当量比小于 1 时,H_2－NO_2 混合物的爆震表现为典型的单胞格结构,如图 2.63 所示。随着当量比由 0.8~1 增加到大于 1 时,大尺度胞格开始出现,同时小尺度胞格的尺寸由单胞格爆震下的定尺寸演化为双胞格爆震周期变化尺寸。

计算表明,极贫的 H_2－NO_2 混合物中也会出现双胞格爆震,试验也发现极贫气态硝基甲烷/四硝基甲烷混合物中的爆震将表现为双胞格结构。试验表明，H_2 - NO_2 混合物中的单/双胞格结构在恰当比附近或富油状态下比较规则，而 CH_4 - NO_2、C_2H_6 - NO_2、CH_3NO_2 及 $C_3H_7NO_3$ 中的胞格结构则不太规则。

与传统的螺旋爆震类似，这些反应系统中也存在螺旋双胞格爆震，横波结构在圆管内壁面形成窄的螺旋带，但在螺旋带之间还存在尺寸逐渐增大的小胞格，螺旋带的螺距 P 与管径 d 之间仍满足 $P \approx \pi d$。图 2.64 给出了纯气态硝

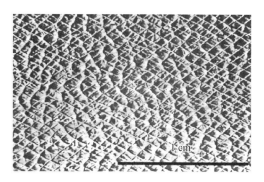

图 2.63 H_2 - NO_2 混合物烟膜痕迹[11]

当量比 0.9，初压 100 kPa

基甲烷中的螺旋爆震烟膜轨迹，可以看到螺旋条带间的小尺度胞格尺寸的最大和最小间相差约 100 倍。需要指出的是，双胞格结构的螺旋爆震模式并不是这类混合物中实现自维持传播爆震的极限，试验观察到还存在低速单胞格爆震，其胞格结构就是双胞格爆震中的小尺度胞格。

图 2.64 圆管($d=52$ mm)中气态硝基甲烷的螺旋爆震烟膜轨迹[11]

初压 30 kPa，初温 383 K，螺旋螺距 P 约为 150 mm

图 2.65 给出了当量比 1.2 的 H_2 - NO_2 混合物在不同含量氩气稀释下烟膜痕迹。当稀释气 Ar 含量在 0 ~ 50% 时，双胞格爆震波以近 CJ 速度传播（$u_D > 0.98u_{CJ}$）；当稀释气 Ar 含量在 50% ~ 52% 时，爆震以基于大尺度胞格所形成的螺旋双胞格爆震形式传播；当稀释气 Ar 含量在 52% ~ 60% 时，双胞格爆震转变为以 $u_D \sim 0.75u_{CJ}$ 传播的单胞格低速爆震波。从图 2.65(b) 可以看到，具有非常规则小尺度胞格的双胞格结构转变为低速单胞格爆震模态，其烟膜痕迹为带亚结构的不规则大胞格结构，可以预计，当进一步提高稀释气 Ar 的含量，最终将形成由小尺度胞格所确定的螺旋单胞格爆震极限。

以上这些研究清楚表明，双胞格爆震中的小尺度胞格形成机制与传统的极不稳定爆震胞格中的亚结构是不同的，其根源在于化学反应放热机制的不同。通过分析基于详细化学反应机理所计算的各种混合物在不同初温初压下的 ZND 结构，可以归纳出三种典型化学反应放热规律。

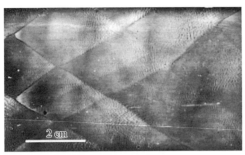 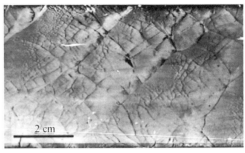

(a) H$_2$-0.42NO$_2$-0.61Ar(30%Ar)　　　　　(b) H$_2$-0.42NO$_2$-2.13Ar(60%Ar)

图 2.65　18 m 长圆管(d=52 mm)中自维持爆震烟膜痕迹[11]

初压 100 kPa,初温 293 K

　　单步放热规律下的化学反应机理可以简单地用单步总包放热反应来表征,相应的化学反应速率峰值只有一个,其爆震波 ZND 结构表现为在激波压缩诱导的热中性诱导区之后紧随着快速的组分重组单调放热区,从而使反应物快速达到 CJ 平衡状态。图 2.66 给出了 C$_2$H$_2$+2.5O$_2$ 混合物在标态下的 ZND 结构,其温度梯度仅有一个峰值,峰值位置对应的就是系统最大反应速率时刻,进而可以确定其诱导区长度及诱导时间。H$_2$-O$_2$、碳氢燃料-O$_2$ 及接近恰当比碳氢燃料-N$_2$O 混合物的化学反应放热都表现为单步放热规律,同时这些混合物在标态下经少量单原子、双原子或三原子气体稀释时也具有相同的放热规律。单步放热规律控制下的爆震结构表现为单胞格结构。

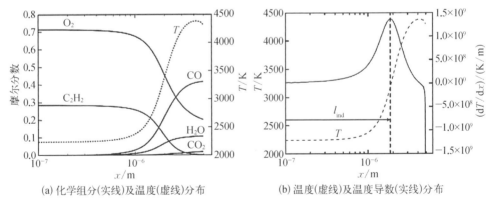

(a) 化学组分(实线)及温度(虚线)分布　　　　　(b) 温度(虚线)及温度导数(实线)分布

图 2.66　C$_2$H$_2$+2.5O$_2$ 混合物在初压 100 kPa、初温 293 K 下的 ZND 结构[11]

　　两步放热规律下的化学反应机制可以用两个连续的总包放热反应来表征,每一个反应都有自己反应时间及放热量,相应地,其各自都对应有诱导区及组分重组区。图 2.67 给出了 H$_2$-NO$_2$ 混合物在标态下的 ZND 结构,与图 2.66 对比可以看到明显的不同:第一个快速总反应诱导时间短,反应速率存在峰值,由此可定义第一诱导时间 t_{ind1} 及诱导区长度;第二个总反应产生第二个反应速率峰值(峰值比第一个低),由此可定义第二诱导时间 t_{ind2} 及诱导区长度,同时第二诱导区长度至少比第一诱导区长度大一个数量级。恰当比、富油及极贫油燃料－ NO_2 混合物(如 $H_2 - NO_2$、$CH_4 - NO_2$ 及 $C_2H_6 - NO_2$)的化学反应放热规律都表现为这样的特征,第一个放热反应步对应于 NO_2 分解为 NO,第二个放热反应步使 NO 分解为 N_2。两步放热规律控制下的爆震结构表现为双胞格结构,其中大尺度胞格由第二个放热反应过程决定,而其内部的小尺度胞格由第一个放热反应过程决定,图 2.68 给出了基于两步不可逆放热反应机理所计算的双胞格爆震结构。

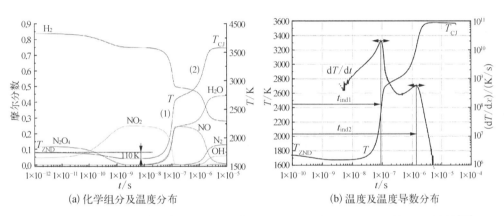

(a) 化学组分及温度分布　　　　　(b) 温度及温度导数分布

图 2.67　$H_2 - NO_2$ 混合物在当量比 1.5、初压 100 kPa 及初温 293 K 下的 ZND 结构[18]

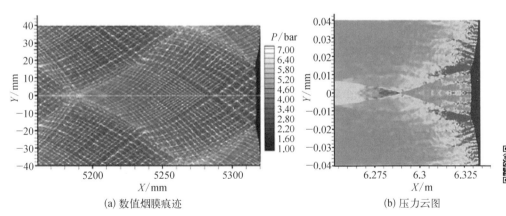

(a) 数值烟膜痕迹　　　　　(b) 压力云图

图 2.68　两步不可逆放热反应机制下的双胞格爆震数值模拟结果[11]

组合放热规律是单步和两步放热规律间的过渡状态,其也存在两个连续的放热反应过程,但其仅存在一个与第一放热反应过程有关的反应速率峰值,由此只能定义一种与第一放热反应过程有关的诱导时间及诱导区长度,第二放热反应过程使系统逐渐达到 CJ 状态,这样的放热机制使得反应区长度延长了两个数量级。贫油 H_2 - NO_2(图 2.69)、CH_4 - NO_2 及贫油 CH_3NO_2 - O_2 都具有这样的放热规律,该放热规律控制下爆震结构表现为单胞格结构。

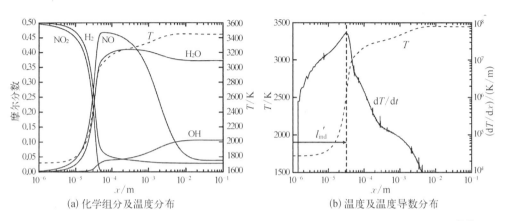

(a) 化学组分及温度分布　　　　　　　(b) 温度及温度导数分布

图 2.69　H_2 - NO_2 混合物在当量比 0.5、初压 100 kPa 及初温 293 K 下的 ZND 结构[11]

尽管两步化学反应放热规律可以解释双胞格结构现象,但试验获得的烟膜痕迹上还存在无法解释的特殊特征,如图 2.70 所示。从图 2.70(a) 可以看到,当大尺度胞格横波碰撞后,胞格初始位置有堆积的烟灰,从图 2.70(b) 可以看到,在一些大尺度胞格初始位置存在特别的 α 形轨迹。

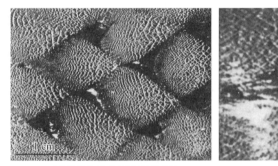

(a) 胞格初始位置堆积的烟灰　　　　　　　(b) α 形轨迹

图 2.70　H_2 - NO_2 混合物(当量比 1.2,初压 100 kPa)中双胞格爆震烟膜痕迹特殊现象[11]

2.4.3.2　非均匀反应物下的胞格爆震

对于实际爆震燃烧室内的燃烧组织过程,氧化剂与燃料很难实现理想的均匀掺混状态,燃烧室内残留的燃烧产物也会影响氧化剂与燃料掺混过程,甚至出现大团产物驻留在燃烧区,这些因素都将进一步加剧反应物浓度或当量比分布的不均性,爆震波在非均匀反应物中的传播将表现出新的传播特性。

Wang 等[19]研究了如图 2.71 所示的爆震波在交错 N_2 惰性层和 $2H_2 - O_2 - xN_2$ 反应层间的连续传播特性。当传播中的爆震波进入惰性层时,前导激波将与化学反应区解耦,爆震发生淬熄,解耦的前驱激波继续前传,当其传入反应层后,将压缩 $H_2/O_2/N_2$ 反应物。爆震波解耦前,波面同时存在沿横向传播的多道横波,当两道横波在前述被压缩的 $H_2/O_2/N_2$ 反应物中发生碰撞时,反应物局部自点火过程将被触发,产生的压力波进一步压缩反应物,压力波与自点火过程的耦合将诱发局部爆炸进而产生过驱动爆震,最终实现爆震波的连续传播。

图 2.71 给出了爆震波在非均匀反应物中连续传播时的数值烟膜轨迹,可以看到胞格存在大小两种尺寸,其中小尺度胞格由爆震波在反应层内自持传播引起,其大小由 $H_2/O_2/N_2$ 混合物的化学反应诱导距离决定,而大尺度胞格的形成与前述局部自点火引起的过驱动爆震有关,由于自点火过程只能发生在反应层内,因此大尺度胞格的尺寸与惰性层间的间距 L 线性相关。当间距 L 固定时,存在实现爆震波连续传播的最大临界惰性层厚度 a。

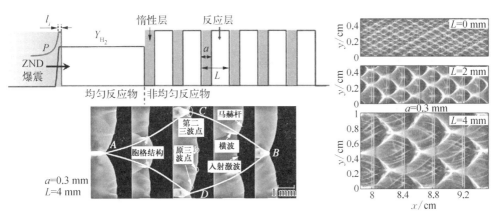

图 2.71　爆震波在交错 N_2 惰性层和 $2H_2 - O_2 - xN_2$ 反应层的连续传播特性[19]

当 $2H_2 - O_2 - xN_2$ 反应物在爆震波传播区域的轴向和纵向都存在浓度梯度分布时,Wang 等[20]研究了二维空间反应物正弦浓度分布下(通过改变 x 获得交错分布的化学反应高敏感区和低敏感区)的爆震波传播特性。数值模拟表明,随着浓度正弦分布曲线的波长 L 和幅值 a 的增加,平均爆震波速将降低,胞格结构形式与波长 L 和幅值 a 取值有关。当 L 大小与均匀反应物内的胞格尺寸相当时,此时非均匀反应物中的胞格结构与均匀反应物内的相似。当 L 远大于均匀反应物内的胞格尺寸时:低脉动幅值 a 下,胞格结构表现为自持爆震波传播形成的单胞格结构,胞格尺寸由反应物化学反应诱导距离决定;高脉动幅值 a 下,胞格结构表现为高敏感区内形成局部爆炸引起的单胞格结构,胞格尺寸与反应物空间浓度分布有关;中等脉动幅值 a 下,胞格结构表现为上述两种因素共同作用下的双胞格结构。

2.5 小 结

相比于爆燃波的传播,爆震波具有不同的传播机制。早期认为,爆震波是前导激波与有限速率燃烧化学反应间的强耦合,即爆震波的 ZND 模型,前导激波对新鲜的可燃混合物进行绝热压缩加热,压缩后的混合气经过一定的诱导时间(微秒量级)自动着火,并为前导激波的定常速度传播提供能量支持。然而 ZND 模型是不稳定的,任何微小的扰动都将引起前导激波强度变化,随之影响激波后反应区的燃烧速率,燃烧速率的变化又将进一步影响前导激波的强度,这种反馈机制使得爆震波在传播过程中表现出不稳定特性,使得爆震波在实际传播过程中表现出复杂的固有的三维非定常结构。横波、入射激波、马赫杆及反应前锋的相互碰撞不断改变爆震波的形状,进而形成胞格结构。胞格尺寸是与爆震室设计直接相关的特性参数,反映了混合物起爆的难易程度,关系到临界起爆能量的大小;其与爆震室的最小几何尺寸存在约束关系,决定了临界管径的大小;胞格尺寸直接关系到爆震波能否由管道过渡到非受限区域,决定了预爆管的尺寸大小;等等。

参考文献

[1] LEE J H S. The detonation phenomenon[M]. New York:Cambridge University Press,2008.

[2] DIONNE J P, NG H D, LEE J H S. Transient development of friction-induced low-velocity detonations[J]. Proceedings of the Combustion Institute, 2000, 28: 645 – 651.

[3] STEWART D S, KASIMOV A R. State of detonation stability theory and its application to propulsion[J]. Journal of Propulsion and Power, 2006, 22(6): 1230 – 1244.

[4] DEITERDING R. Parallel adaptive simulation of multi-dimensional detonation structures[D]. Cottbus: Brandenburg Technical University, 2003, 47 – 49: 174 – 184.

[5] ROY G D, FROLOV S M, BORISOV A A, et al. Pulse detonation propulsion: Challenges, current status, and future perspective[J]. Progress in Energy and Combustion Science, 2004, 30(6): 545 – 672.

[6] MAHMOUDI Y, KARIMI N, DEITERDING R, et al. Hydrodynamic instabilities in gaseous detonations: comparison of Euler, Navier-Stokes, and large-eddy simulation[J]. Journal of Propulsion and Power, 2014, 30(2): 384 – 396.

[7] GAMEZO V N, DESBORDES D, ORAN E S. Formation and evolution of two dimensional cellular detonations[J]. Combust and Flame, 1999, 116(1 – 2): 154 – 165.

[8] SHARPE G J. Transverse waves in numerical simulations of cellular detonations[J]. Journal of Fluid Mechanics, 2001, 447: 31 – 51.

[9] AUSTIN J M. The role of instability in gaseous detonation engineering and applied science [D]. California: California Institute of Technology, 2003.

[10] AUSTIN J M, PINTGEN F, SHEPHERD J E. Reaction zones in highly unstable detonations [J]. Proceedings of the Combustion Institute, 2005, 30(2): 1849 – 1857.

［11］ ZHANG F. Shock wave science and technology reference library, Volume. 6, detonation dynamics［M］. New York: Springer Heidelberg Dordrecht London New York, 2012.

［12］ SHEPHERD J E, MOEN I O, MURRAY S B, et al. Analyses of the cellular structure of detonations［R］. Symposium (International) on Combustion, 1986, 21(1): 1649 - 1658.

［13］ LEE J J, GARINIS D, FROST D L, et al. Two-dimensional autocorrelation function analysis of smoked foil patterns［J］. Shock Waves, 1995, 5(3): 169 - 174.

［14］ KANESHIGE M, SHEPHERD J E. Detonation database［R］. Technical Report FM97 - 8, 1997.

［15］ VASIL'EV A A. Cell size as the main geometric parameter of a multifront detonation waves ［J］. Journal of Propulsion and Power, 2006, 22(6): 1245 - 1268.

［16］ TIESZEN S R, STAMPS D W, WESTBROOK C K, et al. Gaseous hydrocarbon-air detonations ［J］. Combustion and Flame, 1991, 84(3 - 4): 376 - 390.

［17］ KNYSTAUTAS R, GUIRAO C, LEE J H, et al. Measurement of cell size inhydrocarbon-air mixtures and predictions of critical tube diameter, critical initiation energy, and detonability limits［J］. Progress in Astronautics and Aeronautics, 1984, 94: 23 - 37.

［18］ JOUBERT F, DESBORDES D, PRESLES H N. DETONATION cellular structure in O_2/N_2O_4 - fuel gaseous mixtures［J］. Combustion and Flame, 2008, 152(4): 482 - 495.

［19］ WANG Y, HUANG CY, DEITERDING R, et al. Propagation of gaseous detonation across inert layers［J］. Proceedings of the Combustion Institute, 2021, 38(3): 3555 - 3563.

［20］ WANG Y, CHEN Z, CHEN H T. Propagation of gaseous detonation in spatially inhomogeneous mixtures［J］. Physics of Fluids, 2021, 33: 116105.

第 3 章
边界条件对爆震的影响

由 Chapman – Jouguet 理论所确定的爆震波波速仅与可爆混合物的热力学状态有关,而与边界条件无关。然而试验中发现,由于爆震波反应区厚度的存在,使得爆震波很容易受到边界条件对其传播的影响。相比于理想光滑管,实际爆震推进中的爆震燃烧室将复杂得多:燃烧室壁面存在边界层;燃烧室是粗糙壁面甚至带障碍物;燃烧室存在面积变化及弯曲构型等。在这些因素影响下产生的爆震波必然有别于理想爆震波。

3.1 边界层的影响

当流体在管内流动时,由于壁面黏性的影响,靠近管壁的流体流动状态与主流将存在差异,这层受壁面影响的流体层称为边界层。随着管道流通面积的减小,边界层内流体占整个流体的比重越来越大,进而将逐渐影响主流的流动特性。爆震波传播引起的流体流动同样要受到边界层影响,流体流动状态的改变将反过来影响爆震的传播。

20 世纪 50 年代初,随着电子诊断技术的发展,爆震波速已能被准确测量。1955 年 Kistiakowsky 等试验研究了不同当量比 $C_2H_2 - O_2$ 混合物在不同管径中的爆震波速,如图 3.1 所示,正如所预期的,爆震波速随着管径 d 的减小而减小,壁面效应所占的比例越来越大。

在试验中也发现,一般情况下

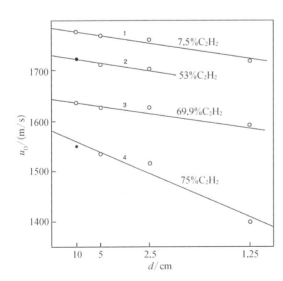

图 3.1　不同当量比 $C_2H_2 - O_2$ 混合物爆震波速与管径关系[1]

爆震波速与管径倒数之间满足线性变化关系。图 3.2 给出了 Brochet 在 1966 年的测量结果,其研究了 $C_3H_8 - 5O_2 - ZN_2$ 混合物在不同管径中的爆震波速。试验中采用了两种不同级别的丙烷,试验结果的差异是由于商业级丙烷中还含有其他碳氢化合物。从图中可以看到,爆震波速与管径成反比例线性关系。通过线性插值可得到管径无穷大时的爆震波速 $u_{D\infty}$,该值与管径无关,可以与理论 CJ 速度进行对比以评估 CJ 理论中化学平衡状态假设的正确性。然而试验发现,$u_{D\infty}$ 通常小于理论 CJ 速度,但有时又高于 CJ 速度。这意味着通过插值获得的无限大管径下爆震波速不一定正确。

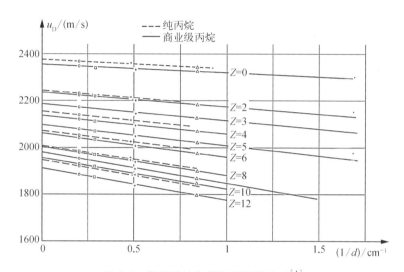

图 3.2　爆震波速与管径倒数的关系[1]

一般来说,当边界层厚度相比于管径变得可忽略不计时,大管径内的爆震波速可能与管径并不是线性关系。1972 年,Renault 研究了不同管壁抛光度下小管内的爆震波速。结果表明不同表面抛光度下的爆震波速是不同的,爆震波速与管径的线性关系的斜率也不同,最终使得插值的 $u_{D\infty}$ 也不同。

基于 $u_{D\infty}$,可以定义爆震速度亏损:

$$\frac{\Delta u_D}{u_{D\infty}} = \frac{u_{D\infty} - u_D(d)}{u_{D\infty}} \tag{3.1}$$

即不同管径下的测量爆震波速与无限大管径下理论爆震波速的偏差,实际中,通常以理论 CJ 速度 u_{CJ} 替代 $u_{D\infty}$ 作为标准参考速度。与测量爆震波速 $u_D(d)$ 一样,速度亏损也与管径倒数成线性变化关系。

爆震速度与管道直径之间的这种依赖关系归因于流体在壁面处的损失,Zeldovich 于 1950 年建立了考虑壁面热和动量损失的一维反应区流动模型。由于黏性力和热传导与管道湿面积(管道周长与反应区厚度的乘积)有关,而爆震波总动量与体积(管道截面积与反应区厚度的乘积)有关,故速度亏损取决于表面积与体积之比,即与直径倒数有关。然而 Zeldovich 以动量方程中的体积阻力替换了壁面黏性剪切力的二维效应,这导致体积阻力不可避免地出现在能量方程中,这与真实情况是不符的,即壁面阻力/黏性阻力不可能对流体做功。1956 年,Manson 等提出了另一种机制以解释速度亏损:紧邻壁面的混合物层由于热损失将会淬熄,反应速率显著降低,因此维持爆震传播的总化学能将会减少,这种机制也能解释爆震波速与表面积对体积之比的依赖关系。

针对 Zeldovich 提出的壁面效应一维流模型所存在的问题,Fay 随后提出了更为精确的处理方式来研究二维边界层对爆震传播的影响。Fay 认为 Zeldovich 所描述的流体物理流动特征是不正确的,实际上在边界层的影响下,反应区内的流线是扩张的,进而使传播速度降低。

当将参考坐标系建立在激波前锋上时,激波前的气流及管壁都以激波传播速度 u_1 移动,如图 3.3 所示。由于壁面黏性影响,边界层内的流体流动速度将高于核心流的流动速度,流体流线将向边界层弯曲。同时壁面存在传热损失,这使得边界层内流体的密度比核心流更高。因此核心流的流体必须扩张以适应边界层更高的质量流量。反应区内流线的扩张形成了曲面爆震前锋,其曲率与离开激波前锋后流体面积增加率成比例。边界层引起的速度亏损必然与产物扩张膨胀引起的曲面激波前锋速度变化有关。

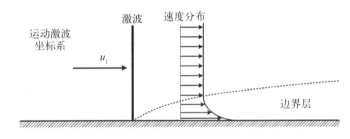

图 3.3   运动激波参考坐标系下流体流线扩张示意图

在 20 世纪 50 年代,Jones、Wood 和 Kirkwood 及 Eyring 等发展了有限直径管中曲面爆震前锋传播理论。如果面积扩张很小,反应区内流体流动可近似处理为准一维流,最终可以获得运动激波参考坐标系下激波平面和 CJ 平面间的守恒关系式:

$$\rho_1 u_1 = \rho_2 u_2 (1 + \xi) \tag{3.2}$$

$$p_1 + \rho_1 u_1^2 = (p_2 + \rho_2 u_2^2)(1 + \xi) - \int_0^\xi p \mathrm{d}A_\xi \tag{3.3}$$

$$\frac{c_1^2}{(\gamma_1 - 1)} + q_u + \frac{u_1^2}{2} = \frac{c_2^2}{(\gamma_2 - 1)} + \frac{u_2^2}{2} \tag{3.4}$$

其中，c 为当地声速，面积扩张比 ξ 满足

$$\xi = \frac{A_2}{A_1} - 1 \tag{3.5}$$

式(3.3)中压力沿扩张面积分项可表示为

$$\int_0^{\xi} p \mathrm{d} A_{\xi} = p_2 \varepsilon \xi \tag{3.6}$$

其中，等效参数 ε 需要在给定化学反应速率后在反应区间内积分守恒方程求得。由于 p_2 对应 CJ 平面处压力，而激波面处压力为 von Neumann 压力尖峰，其约为 CJ 压力 p_2 的两倍，故 $1 < \varepsilon < 2$，同时由于化学反应触发后激波后压力迅速降低并渐进地趋近于 CJ 平面压力，故 ε 值更接近 1。

联立以上方程，注意到 CJ 平面处当地马赫数为 1，并且 $Ma_1 \gg 1$（实际中大部分气态可爆混合物 $Ma_1 \geqslant 5$），故 $1/Ma_1^2 \ll 1$，因此可忽略其影响，进而可以推导出近似的爆震波传播马赫数：

$$Ma_1 = K \sqrt{\frac{1}{1 + \gamma_2^2 \psi}} \tag{3.7}$$

其中，

$$K = \sqrt{\left(\frac{q_u}{c_1^2} (\gamma_1 - 1) - \frac{\gamma_1 - \gamma_2}{\gamma_1 (\gamma_2 - 1)} \right)^2 \frac{\gamma_2^2 - 1}{\gamma_1 - 1}} \tag{3.8}$$

$$\psi = \left(\frac{1}{1 - v} \right)^2 - 1 \tag{3.9}$$

$$v = \frac{\varepsilon \xi}{(\gamma_2 + 1)(1 + \xi)} \tag{3.10}$$

根据式(3.7)，速度亏损可表达为

$$\frac{\Delta u_1}{u_1} = \frac{\Delta Ma_1}{Ma_1} = \frac{Ma_1(\xi = 0) - Ma_1(\xi)}{Ma_1(\xi = 0)} \tag{3.11}$$

其中，$\xi = 0$ 对应的就是无边界层影响下的理想 CJ 值，式(3.11)可进一步表达为

$$\frac{\Delta u_1}{u_1} = 1 - \left\{ \frac{(1-v)^2}{(1-v)^2 + \gamma_2^2(2v - v^2)} \right\}^{1/2} \tag{3.12}$$

若近似取 $\varepsilon = 1$，假设 $\gamma_1 = 1.4$、$\gamma_2 = 1.2$ 及 $Ma_1 = 5$，则面积扩张比 ξ 引起的速度、密度、温度及压力与理想值的比值变化如图3.4所示。

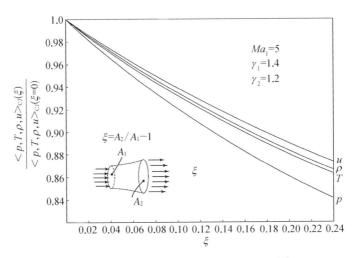

图3.4   爆震参数随面积扩张变化的曲线[1]

由于一般情况下 ξ 很小，故可以忽略其二阶项 ξ^2，则式(3.12)可简化为

$$\frac{\Delta u_1}{u_1} \approx \frac{\gamma_2^2}{\gamma_2 + 1} \xi \tag{3.13}$$

面积扩张比 ξ 可以用边界层位移厚度 δ^* 来表述，即

$$\xi = \frac{A_2}{A_1} - 1 = \frac{\pi(R + \delta^*)^2}{\pi R^2} - 1 \approx \frac{4\delta^*}{d} \tag{3.14}$$

其中，R 和 d 分别为管道半径和直径。将式(3.14)代入式(3.13)并取 $\gamma_2 = 1.2$，有

$$\frac{\Delta u_1}{u_1} \approx \frac{4\gamma_2^2}{\gamma_2 + 1} \frac{\delta^*}{d} \approx 2.6 \frac{\delta^*}{d} \tag{3.15}$$

式(3.15)表明速度亏损与管道直径成反比，这与试验观测值相符。

对于光滑管，Gooderum 于1958年在激波管试验中获得了边界层位移厚度关系式，即

$$\delta^* = 0.22 x^{0.8} \left(\frac{\mu_e}{\rho_1 u_1} \right)^{0.2} \tag{3.16}$$

其中，x 为离激波前锋的位置（即反应区厚度）；μ_e 为反应区内气体黏性；ρ_1 和 u_1 分别为激波参考坐标系下激波前来流密度和速度。式（3.16）表明，当需要运用以上公式计算给定混合物在给定直径管中爆震速度亏损时，必须知道反应区厚度。

反应区厚度与爆震波速有关，确切的数值需要通过对反应区内流体守恒方程及爆震波速进行积分获得。对于较小的速度亏损，可以用无损失、CJ 速度传播的 ZND 爆震的反应区厚度作为近似，ZND 爆震的理论反应区厚度至少比通过纹影图像试验测量值小两个数量级。

由于实际爆震都是不稳定的，因此相比 ZND 反应区厚度，爆震胞格尺寸更适合作为衡量胞格爆震反应区厚度的长度尺度，反应区厚度的典型取值为 $L_c \approx 1.5\lambda$，它反映了爆震传播方向上的脉动周期。由于当前已获得了大量的燃料与空气/氧气混合物的胞格尺寸，进而可以理论获得光滑管中边界层影响下的速度亏损。

临界起爆管径 d_{cr} 也可作为反应区厚度的长度尺度，它反映了平面爆震能否由小管过渡到大空间并以球形爆震传播的最小起爆管径，相比于胞格尺寸测量的过程，临界起爆管径的获得比较客观。对于大部分混合物，临界起爆管径与胞格尺寸间满足 $d_{cr} \approx 13\lambda$，进一步可以得到 $L_c \approx 1.5\lambda \approx 0.11 d_{cr}$。

针对 $C_2H_2 - 2.5O_2$ 混合物中的爆震传播，Laberge 等研究了在掺混 70%、75% 和 80% 氩气气体下不同管径内的爆震速度亏损，如图 3.5（a）所示，从图中可以看到，试验测量值与 Fay 理论计算值间吻合得非常好，最大的速度亏损约为 15%。高浓度氩气稀释下的恰当比乙炔-氧气混合物是比较稳定的，所产生爆震波的横波较弱，胞格模式很规则，传播机制比较接近典型的 ZND 理论。

针对 $C_2H_2 - 5N_2O - 0.5Ar$ 混合物中的爆震传播，不同管径内的爆震速度亏损如图 3.5（b）所示，从图中可以看到，试验测量值与 Fay 的准一维理论计算值之间差异很大。实际上，这种混合物中形成的爆震波非常不稳定，横波很强同时胞格模

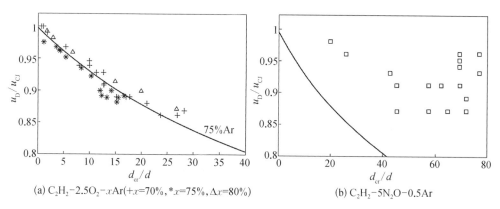

(a) C_2H_2-$2.5O_2$-xAr($+x$=70%, $*x$=75%, $\triangle x$=80%)　　(b) C_2H_2-$5N_2O$-$0.5Ar$

图 3.5　爆震速度亏损理论计算值（实线）与试验测量值对比[1]

式非常不规则,其传播机制是由爆震结构的不稳定性决定的,受边界层的影响相对较弱,燃料-空气混合物中的爆震速度亏损也表现出类似的变化趋势。

由于 Fay 理论是基于反应区内流体扩张来解释边界层对爆震波传播的影响,因此该理论也适用于分析爆震波在具有柔性壁面管中(壁面在爆震压力作用下将扩张)的传播特性,Sommers、Dabora 及 Murray 等都通过实验证实了这一点。

3.2　粗糙管中的爆震

一般来说,光滑管中即将淬熄的爆震波速度亏损很少会超过 15%,然而当爆震管壁非常粗糙时,试验中可以观察到速度亏损在 50% 以上的稳定自持传播爆震波。管壁粗糙一方面将导致平均爆震波速的急剧降低,但另一方面,其为低速爆震的自持稳定传播提供了另一种机制。低速爆震下的典型平均激波强度对应传播马赫数约为 2.5,此激波后的温度仅约为 630 K,这一温度远低于自点火温度。因此粗糙管中的低速爆震传播依赖于新的点火及燃烧机制,其不同于经典的一维 ZND理论。

早在 1923 年,Laffite 通过实验证明,通过在管壁放置粗沙带可以显著缩短爆燃向爆震转变距离。1926 年,Chapman 等也发现,当在管中安置障碍物时,即使在相对不敏感混合物中(如甲烷-空气)也能获得以每秒数百米传播的火焰。1940年,Shchelkin 在管中插入了很长的螺旋金属线,试验发现爆燃向爆震转变距离缩短了两个数量级,试验中也观察到以 50% CJ 速度传播的准稳态爆震波。1949 年,Guenoche 进行了更为深入的试验研究,其测量了不同直径管中在安装不同直径和螺距的螺旋线下的爆震波传播速度,如图 3.6 所示,其中纵坐标 u_D/u_{CJ} 为粗糙管中爆震波速与光滑管中爆震波速之比,横坐标 n 为每厘米轴线方向上螺旋线的圈数。从图中可以看到,随着粗糙度的增加(即螺旋线直径与管径之比)爆震速度降低,粗糙管中可以实现以光滑管中 40% 爆震速度传播的准稳态爆震。

随后,Brochet 在 1966 年对比研究了光滑管和粗糙管内 $C_3H_8 - O_2 - N_2$ 混合物中爆震波的传播。图 3.7 给出了 $C_3H_8 - 5O_2 - ZN_2$ 混合物在不同氮

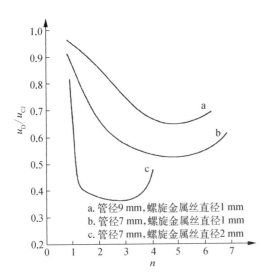

a. 管径9 mm,螺旋金属丝直径1 mm
b. 管径7 mm,螺旋金属丝直径1 mm
c. 管径7 mm,螺旋金属丝直径2 mm

图 3.6　粗糙管中的速度亏损与 Shchelkin 螺旋障碍物螺旋圈数的关系[1]

气稀释量 Z 下爆震波传播的条纹纹影照片,其中,图 3.7(a)为安装 Shchelkin 螺旋的光滑管,图 3.7(b)为安装 Shchelkin 螺旋的粗糙管。在光滑管中,由图 3.7(a)可以看到:当氮气稀释气体含量较低时($Z \leqslant 8$),在纹影照片中可以看到水平方向的条纹,爆震波为高频多头螺旋爆震结构;当 $Z \approx 16$ 时,混合物接近爆震极限,爆震波为单头螺旋爆震结构。当在光滑管中安装螺旋结构形成粗糙管后,由图 3.7(b)可以看到:爆震前锋存在与螺旋障碍物引起横向扰动频率一致的条纹,条纹出现的频率与螺旋障碍物的螺距一致,而与氮气稀释气体的量无关(光滑管中正好相反);爆震传播速度存在较大的速度亏损(图中激波前锋斜率);在 $Z = 8$ 时,低频条纹开始出现,此时对应的就是单头螺旋爆震,而在光滑管中单头螺旋爆震直到 $Z \geqslant$ 14 以后才会出现。在粗糙管内 $Z = 10$ 时,激波与反应区分离,但激波传播速度仍然保持不变,反应区以与激波传播速度相同的速度传播,其间间距约为 6 mm,反应前锋中可以清楚看到与螺旋螺距相一致的条纹。在光滑管内,$Z = 16$ 时反应区与激波分离,反应前锋速度低于激波传播速度,最终爆震波将退变为爆燃波;相反地,在粗糙管内 $Z = 16$ 时,尽管反应前锋与激波前锋间的间距已增加到 10 mm,但反应前锋与激波前锋仍以相同速度传播,该值大概为光滑管中数值的 $40\% \sim 50\%$。

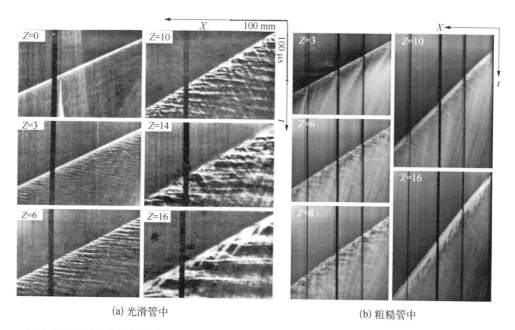

(a) 光滑管中　　　　　　　　　　(b) 粗糙管中

图 3.7　不同浓度氮气稀释下 $C_3H_8 - O_2 - N_2$ 混合物中爆震波传播的条纹成像纹影照片[1]

以上这些结果表明:对于可爆混合物,螺旋障碍物的出现对爆震的传播起到负面影响,其将增大爆震速度亏损并使爆震加速趋向单头螺旋爆震;但对于光滑管中不能形成爆震的极限混合物,螺旋障碍物的出现对爆震的传播起到正面影响,它使反应区和激波前锋耦合在了一起(尽管它们之间的距离相对比较远),因此在粗糙管中可以观察到以低于 CJ 值一半的速度传播的低速爆震。

粗糙管中存在以远低于 CJ 速度传播的爆震离不开两种机制,即点火机制和低速传播机制。Zeldovich 等认为:尽管前驱激波强度很弱并不足以实现混合物自点火,但由障碍物引起的激波反射形成了更高的局部温度,进而触发了点火过程;混合物点燃后,反应前锋随后由壁面向管中轴线扩张,进而形成倒锥形结构,如图3.8 所示,同时粗糙壁面还将产生横向激波,横波通过湍流反应区后进一步加速了燃烧速率。

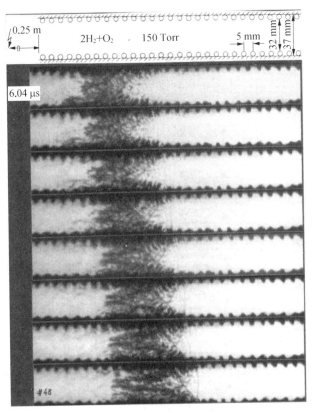

图 3.8　Teodorczyk 等获得的粗糙管中传播的
低速爆震/准爆震纹影图片[1]

Teodorczyk 等在 1991 年通过高速纹影研究了爆震波在障碍管中的传播,如图3.9 所示。从图中可以看到:爆震波通过障碍物时在障碍物附近发生了绕射,膨胀波促使熄爆的发生,反应前锋与激波前锋发生解耦;然而,当激波在管壁处发生反射同时其激波角超过临界值时,初始常规激波反射转变为马赫反射;马赫杆诱发了化学反应的触发,其进一步转变为过驱动爆震,并在随后追赶上了先前已解耦的激波-反应前锋。图 3.10 给出了激波在障碍物处发生反射并进而触发爆震的高速纹影图,从图中可以看到,障碍物附近的激波反射与前驱激波融合并形成爆震波,随后爆震向下游传播并吞没了绕射激波后的未燃混合物。

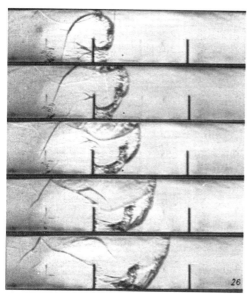 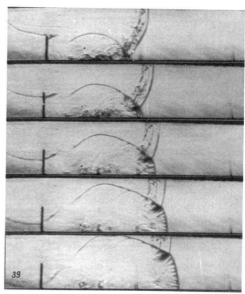

图 3.9 障碍管中爆震的传播[1]   图 3.10 障碍管中激波反射下的爆震触发[1]

借助激波反射结构可以使已经熄爆的爆震前锋重新起爆。障碍物将使入射激波发散,同时产生横向激波,横波相互作用进而产生马赫杆及局部爆震起爆,这种机制不同于常规的胞格爆震点火机制。在光滑管中,爆震不稳定性是导致横波的产生及其间相互作用的原因;然而在粗糙管中,障碍物使入射激波发散并诱使强横向激波的形成。因此,即使高的速度亏损会导致光滑管中的爆震发生熄爆,但此情况下粗糙管中的爆震仍能维持稳定传播,故其更具有鲁棒性。在粗糙管中,爆震的传播存在周期的熄爆及再起爆过程,因此不能采用稳态一维爆震理论来计算其传播速度,其传播速度必然需要对爆震熄爆过程速度和再起爆后速度取平均。

当低速爆震传播速度进一步降低时(≈500 m/s),障碍物处反射激波后的温度太低不足以诱发化学反应的触发,此时燃烧产物与反应物间的湍流掺混可能是使反应前锋与激波耦合的一种机制,如图 3.8 所示。从图中可以看到,螺旋障碍物产生了一系列交错穿越反应区的强横向压力波,反应区内强密度梯度区域将与压力梯度区域相互作用,并在斜压机制(baroclinic mechanism)下产生强涡旋(涡旋的产生并不局限于壁面附近速度梯度剪切层),强涡旋加速了燃烧产物与反应物间的掺混并进而引起反应物自点火过程及爆震的触发。Knystautas 等在 1979 年通过以热燃烧产物湍流射流直接起爆爆震的方式证实了这种点火机制。低速爆震中耦合的激波前锋与反应前锋以相同速度传播的机制也不同于 CJ 爆震的一维理论。

对于稳态爆燃波,由于前驱激波和反应前锋(或爆燃波前锋)传播速度不同,故它们之间的距离会逐渐拉大。然而,如果将前驱激波后的流体处理为一种二维模型时,则可能可以获得一种激波-反应区的耦合,此时反应区的传播借助于爆燃波内热和质量扩散的输运机制:一方面,在速度亏损 Fay 理论中,已知边界层负向位移使得激波后的流体是扩张的;另一方面,激波后的流体是亚声速流,故面积扩张将使流向下游的流体减速,在激波下游某一位置,流体速度将降到足够低以至于逆流传播的燃烧波以相对激波前锋静止的速度传播,此时火焰的传播基于扩散输运机制而不是激波压缩自点火机制。这一低速爆震传播机制是由 Manzhalei 于 1992 年在研究毛细管内爆震传播时提出的。Mitrofanov 也在 1997 年讨论了边界条件影响下不同传播速度($30\%u_{CJ} \sim 100\%u_{CJ}$)爆震传播的不同机制。在光滑管中,大的速度亏损仅发生在黏性边界层产生显著影响的小直径管中;在带障碍物(如螺旋或间隔布置的孔板)的粗糙管中,壁面附近的等效黏性层将更厚(量级为管壁粗糙度或障碍物高度),因此速度亏损很大的低速爆震也能发生在大直径管中。

Peraldi 等在 1986 年对充满 H_2-空气混合物的粗糙管中爆燃和爆震的传播进行了更深入的研究。粗糙管中的障碍物为等间隔布置的孔板(间距等于管径),阻塞比 $BR = 1 - (d/D)^2$ 反映了粗糙度,d 和 D 分别为孔板孔径和管径。试验发现,对于给定的管径及阻塞比,不同的混合物敏感性(调节混合物中 H_2 含量)对应不同的燃烧波传播模式。图 3.11 给出了管直径分别为 5 cm、15 cm 及 30 cm 时燃烧波传播速度随 H_2 含量变化的关系。对于高敏感性混合物,其胞格尺寸要小于孔板孔径,测量爆震波速非常接近 CJ 值,管壁粗糙度对爆震波的传播未产生太大影响;也可能发生较大的速度亏损,但爆震传播机制仍为胞格爆震传播机制,由于存在大的速度亏损,这一模态称为准爆震模态。

当管径变小后,胞格尺寸与孔板孔径相当($\lambda \approx d$),准爆震模态将迅速转变为低速模态。低速模态称为壅塞或声速模态(choked/sonic regime),此时爆震波速接近燃烧产物声速,图 3.11 中也给出了混合物等压燃烧过程下的产物声速。图 3.12 给出了安装孔板障碍物的管中燃烧波传播的条纹自发光图片,反应物为 CH_4-空气混合物。从自发光模式中可以看到两组压力波,其对应的就是流体的两种特征线。燃烧波前锋与其中一组特征线在传播方向和速度上都相同,因此这一模态称为声速模态。此时,障碍物产生的强湍流使反应区与前驱(发散)激波前锋耦合在一起,如图 3.8 所示。

当混合物敏感性进一步降低时,从图 3.11 可以看到,燃烧模态突然转变为低速爆燃模态,其传播速度大概为每秒几十米量级,此时燃烧波的传播归因于湍流扩散机制,压力波对涡旋的产生及湍流机制起不到任何作用。

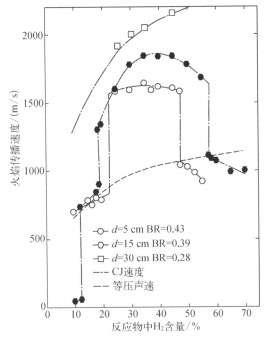

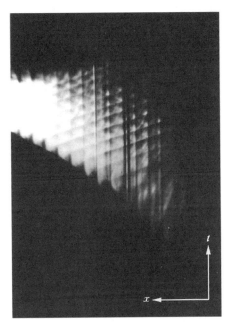

图 3.11　H₂-空气混合物中稳定火焰传播
速度与 H₂ 含量的关系[1]

图 3.12　以燃烧产物声速传播的
燃烧波条纹照片[1]

3.3　扩张截面管中的爆震传播

3.3.1　现象

爆震直接起爆所需的能量非常大,特别是对于燃料空气混合物,这对起爆装置的能量要求就非常高。而小管径管道内相对比较容易获得爆震,因此在实际中常常会涉及爆震波由小管径过渡到非受限或半受限空间中的问题,已有大量研究工作研究爆震由小管过渡到非受限气云或更大管径的临界条件。

1925 年,Lafitte 利用直径 7 mm 管(起爆管)中形成的平面爆震起爆充满 CS₂ - 3O₂ 混合物的球形容器来获得球形爆震,爆震波由球形容器中心排出,但试验中并未实现直接起爆。随后,1957 年,Zeldovich 等通过更换不同直径的管道后研究发现,对于给定的混合物,要实现直接起爆,起爆管的直径存在临界值:当管径高于该临界管径时,平面爆震波可以成功地过渡为球形爆震;而管径低于该临界管径时,平面爆震波将会熄爆进而不能转变为球形爆震。图 3.13 给出了爆震波由小管传出后大管内纹影图,通过改变恰当比氢氧混合物中氩气的含量,爆震在此过程中表现为不同的传播特性。

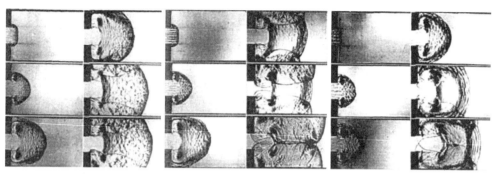

(a) 60%Ar,爆震转变(超临界)　　　(b) 70%Ar,再起爆(近临界)　　　(c) 73%Ar,爆震衰减(亚临界)

图 3.13　恰当比 H₂－O₂－Ar 混合物中爆震由小管传播到大管纹影图[2]

1995 年,Lee 等利用开放快门成像技术研究了爆震波在狭缝通道内由小通道进入突扩截面的传播特性,如图 3.14 所示,由于图中垂直纸面方向通道尺寸很窄,故该流道可近似为二维通道。图 3.14(a)为亚临界情况,小通道的高度小于临界值,进入突扩截面的绕射爆震迅速衰减,未形成圆柱形爆震。图 3.14(b)为超临界情况,小通道的高度大于临界值,进入突扩截面的绕射爆震最终转变为圆柱形爆震。

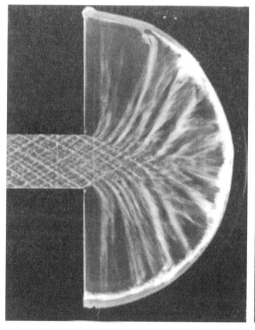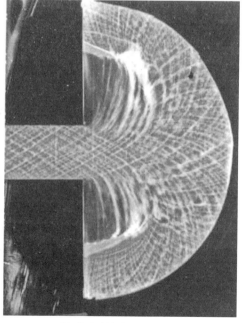

(a) 爆震淬熄　　　　　　　　　　　(b) 成功过渡为圆柱形爆震

图 3.14　爆震波进入狭缝突扩通道的开放快门图像[1]

3.3.2　传播机制

对于图 3.14 中的开放快门图像,1995 年 Lee 等给出了爆震波传入突扩区域时发生熄爆及再起爆两种过程的示意图,如图 3.15 所示。当爆震波由小管道传出进入突扩段后,面积扩张将引起燃气膨胀,进而形成向管道轴线传播的中心稀疏波。当混合物反应速率对温度非常敏感时(高活化能),对于熄爆情况,例如图 3.14(a)的结果,向轴线传播的稀疏波头将引起温度扰动,进而诱使激波与反应前锋发生分离(局部熄爆),而在分离处靠近轴线一端的爆震波仍处于未扰动状态。随着稀疏波头向轴线传播,局部熄爆也逐渐向轴线蔓延,并最终使爆震淬熄。由此可见,此时稀疏波头的轨迹与局部熄爆的传播轨迹是重合的。

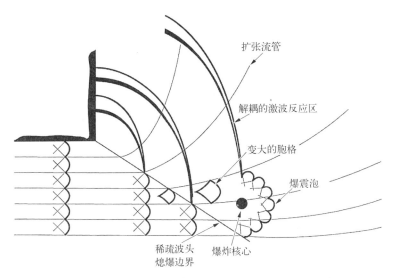

图 3.15　爆震波传入突扩区域时熄爆及再起爆过程示意图
(不稳定爆震传播机制)[1]

由于稀疏波向轴线传播时,其膨胀梯度是逐渐衰减的,所以可以将膨胀梯度与一个假想扩张流管联系起来。在小通道壁面突扩拐角处,面积突然扩张,稀疏波膨胀梯度陡增,因此假想的流管扩张面积比非常大。靠近通道轴线,稀疏波膨胀梯度逐渐减小,假想的流管扩张面积比也逐渐减小。若将流管假想为爆震管,流管面积的扩张将抑制爆震并使胞格尺寸变大。根据 Shchelkin 准则,当胞格尺寸超过正常值的两倍时,熄爆将会发生。在管道突扩拐角处,假想流管的扩张面积比非常大,爆震将立刻发生局部淬熄。向着管道轴线方向,假想流管的扩张面积比逐渐减小,在某一位置,面积的扩张将不足以引起局部熄爆,而仅仅是使胞格尺寸变大。当胞格尺寸的增加速率足够小时,随着不稳定性的增长,大尺寸胞格内将会产生新的小尺寸胞格,重新起爆将会再次发生。这就是图 3.14(b)中爆震的传播过程,从图中可以看到,在稀疏波头传向通道轴线时,稀疏波头处存在多个再起爆位置。当再起爆发生时,爆震表现为过驱动爆震泡,横波轨迹非常精细。

当小管道直径在临界值附近时,稀疏波头将传播到管道轴线,整个爆震前锋将发生淬熄。然而,当激波强度仍足够高时,在轴线附近,激波和反应前锋解耦位置处将出现局部爆炸中心,局部爆震中心将进一步发展为过驱动爆震气泡。爆震气泡传播到解耦的绕射激波-反应前锋面时,对称球形(或圆柱形)爆震将会形成。图 3.16 给出了 Schultz 等试验获得的临界情况下爆震传播过程。

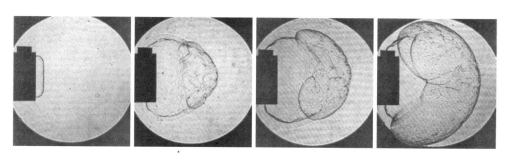

图 3.16   爆震波进入突扩球形空间的临界传播过程纹影图[1]

试验中发现,当在 $C_2H_2 - O_2$ 混合物中添加大量 Ar 稀释气体(80%以上)时,爆震波在突扩截面传播的开放快门图像会由图 3.14 转变为图 3.17。$C_2H_2 - O_2$ 混合物中的爆震波是不稳定的,当在 $C_2H_2 - O_2$ 混合物中添加大量 Ar 稀释气体后,爆震波是临近稳定的。尽管此混合物中的爆震传播仍会在烟膜上留下非常规则的胞格轨迹,但其横波是弱声波,其对爆震波传播的影响非常小,其爆震波表现为一维 ZND 爆震形式,这与强不稳定爆震三波结构驱动是不同的,因此两种爆震波在突扩

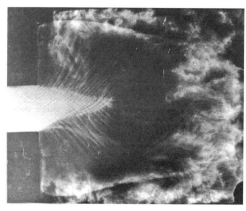

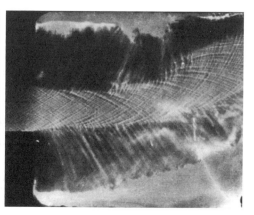

(a) 亚临界情况   (b) 超临界情况

图 3.17   氩气稀释下 $C_2H_2 - O_2$ 混合物中爆震波进入突扩通道的开放快门图像[1]

段的传播也是不同的。

对于由大量 Ar 稀释的混合物中的稳定爆震,其化学反应速率对温度不是很敏感。爆震波传入突扩段后,面积突扩引起的中心稀疏波向管道轴线传播,稀疏波头引起的温度扰动不能使激波和反应前锋发生完全解耦(即未引起局部熄爆),但膨胀导致爆震传播速度降低,进而在稀疏波头之后形成曲面爆震前锋,相应的胞格尺寸将变大。曲面的曲率由稀疏波头向后逐渐增加,当曲率超过某一临界值时(同样可以假想为扩张流管),局部熄爆将会发生。稀疏波头首先到达管道轴线某一位置,该位置与局部熄爆波头间为衰减的曲面爆震前锋,当此时曲面的曲率超过临界值时,对应图 3.17(a)中的亚临界情况,爆震将会淬熄,局部熄爆将会延伸到管道轴线。因此,稀疏波头的轨迹与局部熄爆轨迹是不同的。

图 3.18 给出了 Lee 等提出的弱不稳定爆震波传入突扩区域时发生熄爆及再起爆两种过程的示意图。对于超临界情况,衰减的曲面爆震仍持续在某一假想的受限管道内沿轴线传播,而并不像图 3.14(b)中不稳定爆震那样形成爆震气泡向外围扩展;由于爆震射流的不稳定性,曲面爆震不能维持沿管道轴线对称传播,而是向其中一侧偏转,如图 3.17(b)所示。

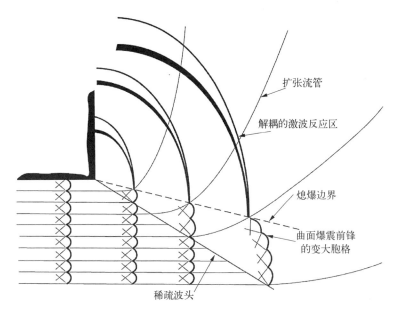

图 3.18　爆震波传入突扩区域时熄爆及再起爆过程示意图
(弱不稳定爆震传播机制)[1]

3.3.3　临界尺寸

以上表明,当爆震波在突扩截面传播时,小通道管道存在一临界尺寸。1979

年,Matsui 等通过试验获得了不同燃料-氧气混合物在各种当量比及初压下的临界起爆管径 d_{cr}。图 3.19(a) 给出了临界直径随当量比变化的趋势,可以看到临界管径在化学恰当比附近达到最小。图 3.19(b) 给出了临界管径随混合物初压变化的趋势,可以看到,临界管径与初压之间为反比变化关系。临界管径随当量比及初压的变化趋势与胞格尺寸 λ 受这些因素影响的趋势非常相似。

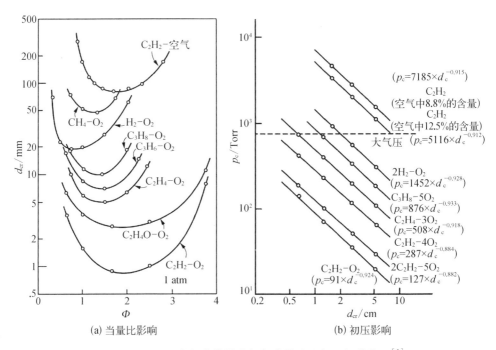

(a) 当量比影响 (b) 初压影响

图 3.19 不同混合物中临界直径与当量比及初压间的关系[1]

Mitrofanov 等在 1965 年首先指出,对于 $C_2H_2-O_2$ 混合物,其临界管径与胞格尺寸间存在经验关系,即 $d_{cr} \approx 13\lambda$。同年,Dremin 等建立了临界管径模型,他认为临界管径下,当稀疏波头传到管道轴线时,稀疏波头轨迹线与局部熄爆轨迹线之间的距离不能小于新形成胞格的横向尺寸。随后 Edwards 等对这一混合物内临界管径的变化趋势进行了确认,并认为这种经验关系也适用于其他混合物。1982 年,Knystautas 等通过系统的研究证实,临界管径与胞格尺间这种经验关系也适于其他燃料-氧气或燃料-空气混合物。然而并不是所有混合物的临界管径都满足 $d_{cr} \approx 13\lambda$ 经验关系,试验发现,对于如图 3.17 中高含量 Ar 稀释下的混合物,其临界管径 d_{cr} 将达到 30λ 甚至更高,其间差异的关键就是稳定和不稳定爆震通过突扩区域时熄爆机制的不同。

对于在狭缝突扩通道内传播的爆震波,如图 3.14 所示,如果引起爆震淬熄的原因是如图 3.18 所示曲面爆震的曲率,则临界通道高度与胞格尺寸之间的经验关

系为 $w_{cr} \approx 6\lambda$。Benedick 等在 1985 年试验研究了不同长宽比狭缝通道的临界高度,如图 3.20 所示,其中纵坐标为临界通道高度与胞格尺寸之比,横坐标为狭缝通道横截面的长宽之比。从图中可以看到:当长宽比 $L/w \approx 1$ 时(即矩形截面通道),进入突扩区域的爆震表现为三维特征,临界高度与胞格尺寸之间的关系约为 13λ 量级;当长宽比 $L/w \to \infty$,进入突扩区域的爆震表现为二维特征,临界高度与胞格尺寸之间的关系趋近于 3λ 而不是 6λ,这意味着对于不稳定爆震的传播,不稳定性控制着爆震传播的熄爆或再起爆过程。

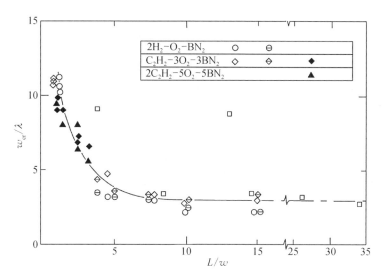

图 3.20　临界通道高度与通道横截面宽高之比的关系[1]

面积突扩是爆震波由小空间过渡到大空间的一种特殊形式,通过改善面积变化的速率(如锥面扩张段)可以更好地实现爆震的传播。图 3.21 给出了恰当比 $C_2H_2 - O_2$ 混合物中爆震波在不同锥角扩张段内传播的烟膜轨迹,可以看到面积扩张引起的稀疏波对胞格尺寸的影响及再起爆过程。

面积扩张的速率(即锥角)也会影响临界管径,Borisov 通过实验数据拟合出了临界管径与扩张锥角的变化关系,如图 3.22 所示。图中纵坐标为不同扩张锥角下临界管径与突扩段下临界管径 d_{cr} 之比,横坐标为扩张锥角。从图中可以看到,初始时随着扩张锥角的增加,临界管径也在增加,当锥角超过 $60°$ 时,临界管径趋近于常值。除了渐扩段可以大大减小临界管径,通过在小管道内使用高敏感混合物同样可以减小临界管径。Schults 等的试验表明,小管道采用 $C_3H_8 - O_2$ 混合物,大空间为氮气稀释的 $C_3H_8 - O_2$ 混合物,则临界管径比将减小为原来的 $4/7$(d_{cr}/λ 由 21 减小到 12)。过驱动爆震同样能减小临界管径,Desbordes 等指出,当过驱动爆震波速 u_D/u_{CJ} 达到 1.3 时,临界管径可以减小为原来的 $1/3$。

(a) $\varphi=10°$,初压4.0 kPa

(b) $\varphi=25°$,初压8.0 kPa　　　　　　　　(c) $\varphi=45°$,初压10.6 kPa

图 3.21　临界初压下 $C_2H_2-2.5O_2$ 混合物中爆震波在不同锥角扩张段内传播的烟膜轨迹[2]

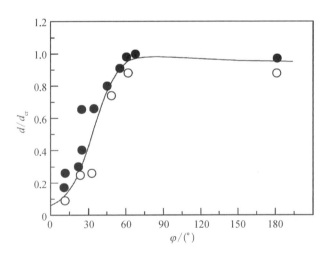

图 3.22　爆震波由小管过渡到大空间时临界
管径与扩张段锥角变化关系[2]

实心圆代表成功过渡;空心圆代表爆震发生淬熄

3.4　楔面对爆震波传播的影响

3.4.1　斜楔面的影响

当爆震波在收缩截面通道或弯曲通道内传播时,由于爆震波传播方向与壁面存在交错,爆震波必然会发生反射,并进而影响爆震结构。尽管爆震波具有复杂的三维结构,但其锋面特征为激波与化学反应区的耦合,同时根据 ZND 模型,其可理想化为耦合了化学反应区的一维强激波。因此,当化学反应区的厚度小于其他长度尺度时(对于马赫反射情况,马赫杆长度远大于反应区厚度),爆震波在楔面上的反射所呈现的模态将与无反应激波在楔面上反射非常类似。

当平面激波与斜楔面碰撞时,入射激波将在斜楔面发生反射,并使入射激波后的气流偏转一定角度。通过干涉及纹影技术试验研究表明,随着斜楔角、入射激波马赫数及气体初始状态的变化,至少有四种类型的激波反射,可归为如图 3.23(a)所示的常规反射(regular reflection, RR)和图 3.23(b)所示的马赫反射(Mach reflection)两种主要大类。马赫反射又可细分为单马赫反射(single-Mach reflection,SMR)、过渡马赫反射(transitional-Mach reflection, TMR)及双马赫反射(double-Mach reflection, DMR),这三种马赫反射都有类似的三波点结构特征(入射激波 IP、马赫杆 MP 及反射激波 RP),其间区别在于反射激波的形状。相比于入射激波,马赫杆是强激波,因此当爆震波发生马赫反射时,马赫杆处产生了过驱动爆震,其爆震波速要高于 CJ 速度,随着过驱动系数的增大,胞格尺寸逐渐减小,直到稳定极限。

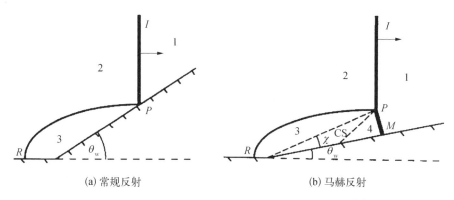

(a) 常规反射　　　　　　　　　　(b) 马赫反射

图 3.23　入射激波在斜楔面上的两种激波反射类型[3]

有关平面爆震在斜楔面绕射的研究最早见于 1955 年 Ong 所做的工作:基于准定常坐标下的运动方程,应用扰动方法计算了马赫反射下反射波的形状;在定比热假设下,应用双激波理论分析常规反射,计算了由常规反射过渡为马赫反射时的临界斜楔角;应用三激波理论计算了马赫反射下三波点的轨迹;通过实验获得了单马赫反射的纹影图。

20 世纪 60 年代中期,Gvozdeva 等应用纹影成像技术研究了 $CH_4 - O_2$ 混合物在 1 atm 下的爆震绕射,同时应用双激波及三激波理论,并结合实际化学过程计算了冻结化学反应过程及化学平衡反应过程下的临界斜楔角,然而计算结果与试验并不符合,同时试验也发现存在过渡马赫反射或双马赫反射过程。

20 世纪 70 年代末,Gavrilenko 等计算了 $2H_2 - O_2$、$H_2 - O_2$、$4H_2 - O_2$、$C_2H_2 -$ $2.5O_2$、恰当比 $C_2H_2 -$空气、$CO - 2O_2$、$CH_4 - 2O_2$ 及恰当比 $CH_4 -$空气混合物在初压 $0.1 \sim 1$ atm 下的临界斜楔角,其值为 $34° \pm 0.4°$,当使用 Ar 稀释时,临界斜楔角将增大 $3°$。然而基于试验获得的烟膜轨迹、纹影图及扫描图结果发现,恰当比氢氧混合物和乙炔氧混合物在初压 $0.05 \sim 1$ atm 下的临界斜楔角为 $40° \pm 1°$。

1984 年 Edwards 等研究了不同 Ar 稀释度下,化学恰当比氢氧混合物和乙炔氧混合物中爆震绕射对胞格尺寸的影响。1997 年 Ohyagi 等试验研究了化学恰当比氢氧混合物中的爆震绕射,2000 年又针对其试验结果开展了数值仿真研究。

目前有大量试验及理论研究关于无反应激波在斜楔面的反射,对于强激波反射现象已理解非常清楚,相比之下,爆震波在楔面反射研究还很少。与激波不同,在马赫结构内,爆震前锋由许多更小的反应激波结构组成,这些波相互作用将产生新的强放热化学反应区,而可爆燃气化学组分及初压的变化将改变这些能量释放过程的主导时间尺度,这也就决定了爆震前锋内复杂气流的尺度。爆震前锋结构内复杂的流动变化必然会影响爆震波在楔面反射的过程。

图 3.24 给出了 Thomas 等试验获得的爆震波在不同斜楔角下反射纹影图($2H_2 - O_2 - Ar$ 混合物)。从图中可以看到,与激波在斜楔面反射类似(图 3.23),

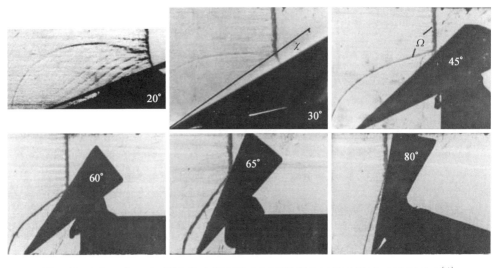

图 3.24　$2H_2 - O_2 - Ar$ 混合物中爆震波在不同斜楔角下的反射(初压 20 kPa)[4]

随着斜楔角的变化,爆震波在斜楔面也存在马赫反射和常规反射。当斜楔角小于某一值(约 46°),爆震波在斜楔面上的反射表现出宏观的三波结构,马赫杆和反射波被施加在主爆震前锋上,由此爆震前锋被三波点分割成两个部分,三波点沿着轨迹角 χ 运动。当斜楔角大于 46°后,马赫杆已很难分辨出来,马赫反射转变为常规反射。

　　图 3.25 给出了同样混合物中不同斜楔角下侧壁面烟膜轨迹,从图中可以看到,当存在马赫反射时,三波点轨迹两侧的胞格尺寸是不同的。基于纹影图及烟膜轨迹,图 3.26 给出了 $2H_2 - O_2 - 3Ar$ 混合物中三波点轨迹角 χ 和横波倾斜角 Ω 随斜楔角 θ 的变化。从图 3.26(a)可以看到,随斜楔角 θ 增大,三波点轨迹角 χ 减小,基于三激波理论在有无化学反应过程情况下所计算的理论三波点轨迹角 χ 存在较大差异。从图 3.26(b)可以看到,随斜楔角 θ 增大,横波倾斜角 Ω 逐渐增大,有无化学反应过程下的理论计算值也存在较大差异。

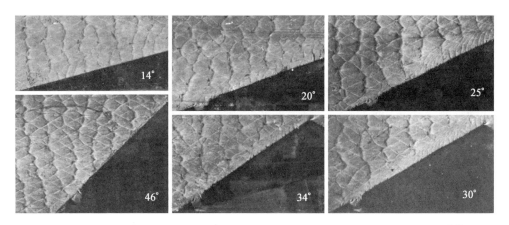

图 3.25　混合物 $2H_2 - O_2 - Ar$ 中不同斜楔角下侧壁面烟膜轨迹(初压 20 kPa)[4]

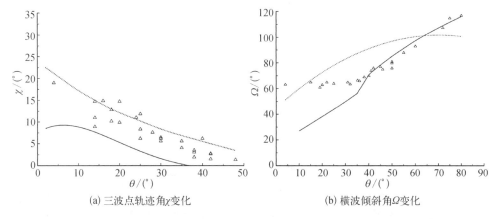

(a) 三波点轨迹角 χ 变化　　　　(b) 横波倾斜角 Ω 变化

图 3.26　不同斜楔角 θ 下爆震波传播特性($2H_2 - O_2 - 3Ar$,初压 20 kPa)[4]

△为试验数据点;实线为带反应三激波理论计算值;点线为无反应三激波理论计算值

3.4.2 曲面楔面的影响

目前几乎没有单独研究爆震波在曲面楔面反射的工作,比较相关的是爆震波在弯曲管道中的传播,弯曲管道中的凹壁面就是一个曲面楔面。然而由于管道中还存在凸壁面,由 3.3 节可知,当爆震波通过凸壁面(扩张)时,将产生中心稀疏波,进而影响爆震波前锋,这就使得爆震波在单独曲面楔面的反射与其在弯曲管道中凹壁面的反射间表现出不同的特征。有关爆震波在单独曲面楔面的反射,可以参照目前已经理解比较清楚的曲面激波反射,如图 3.27 所示。

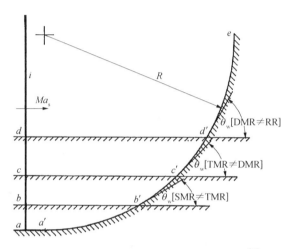

图 3.27　激波在圆柱弯曲曲面反射示意图[3]

对于图 3.27 中的曲面楔面,未扰动的激波碰撞到曲面不同位置时,其对应的等效斜楔角是不同的。因此,当入射激波马赫数足够大时,四种激波反射都可能出现。当初始形成的是单马赫反射(SMR)时,则在曲面上存在四个转变角:对于 $aa'e$,$\theta_w=0$,开始形成单马赫反射;对于 $bb'e$,θ_w 为单马赫反射转变为过渡马赫反射(TMR)的临界转变角;对于 $cc'e$,θ_w 为过渡马赫反射转变为双马赫反射(DMR)的临界转变角;对于 $dd'e$,θ_w 为双马赫反射转变为常规反射(RR)的临界转变角。随着初始角的不同,激波反射将经历不同的转变过程。图 3.28 从左到右分别给出了

图 3.28　SMR 全息干涉图、TMR 阴影图、DMR 阴影图及 RR 阴影图[3]

SMR 全息干涉图、TMR 阴影图、DMR 阴影图及 RR 阴影图。

3.5　弯曲段中的爆震传播

爆震波在弯曲段内的传播机理比较复杂,其在传播过程中同时受到如前所述的扩张弯曲壁面和曲面楔面的影响,早期一般出于安全技术研究的需要开展过一些研究。Edwards 等在 1983 年对带有 90°弯管的管道中爆震波绕射进行了实验研究,实验结果表明:在弯管凹壁面附近,由于马赫反射的作用,爆震波强度增加;而在弯管凸壁面附近,膨胀波的作用将造成爆震波的部分淬熄;横波可以实现新的爆震触发,进而实现爆震波的重新传播。2002 年,Thomas 等研究了不同初压下爆震波在横截面为 15 mm×6 mm 的弯曲管道内传播,如图 3.29 所示,从图中可以看到壁面引起的膨胀和压缩效应及弯管曲率的影响。2007 年,Frolov 等研究了爆震波在 U 形弯段内的传播,国内夏昌敬及王昌建等也进行过相关研究。近几年,随着连续旋转爆震发动机研究的升温,弯曲段中爆震的传播研究逐渐偏向爆震波在环形通道内的传播研究。

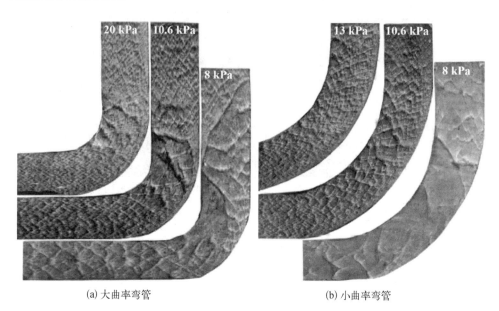

(a) 大曲率弯管　　　　　　　　　　　　　(b) 小曲率弯管

图 3.29　不同初压下爆震波在两种 90°弯管内传播烟膜轨迹(从左向右传播,$C_2H_2+2.5O_2$) [4]

2011 年,Kudo 等利用高速阴影摄影研究了恰当比 $C_2H_4 - O_2$ 混合物中爆震在矩形截面弯道内的传播,通过改变填充压力及弯道内壁面曲率半径 r_i,获得了爆震波的不同传播特性,如图 3.30 所示。对于图中的工况 1~8、10 及 13,爆震波在弯道内壁面出现局部熄爆,此时烟膜痕迹类似于图 3.29(a) 中 10.6 kPa 和 8 kPa 工况,所以爆震波传播模式是不稳定的。对于图中的工况 9、11、12、14、15,爆震波在弯道内的传播模式是稳定的,此时烟膜痕迹类似于图 3.29(b)中 13 kPa 和 10.6 kPa。进一步基于爆震前锋面在弯道内壁面处的法向爆震速度 $u_{n,i}$ 和 CJ 爆震速度 u_{CJ} 的关系,可将爆震在弯道内的传播模式分为三类:稳定模式($u_{n,i}/u_{CJ} \geqslant$ 0.8)、临界模式($u_{n,i}/u_{CJ} \geqslant 0.6$)及不稳定模式($u_{n,i}/u_{CJ} < 0.6$)。

稳定模式下,靠近弯道内壁面处变大的胞格内将演化出新的胞格,从而使得爆震能够稳定传播。不稳定模式下,靠近弯道内壁面处的胞格将持续变大,最终导致局部熄爆。基于加州理工学院爆炸动力实验室的胞格数据库,Kudo 等拟合了胞格尺寸与初压的关系式,即 $\lambda = 72.312 p_0^{-1.1362}$($\lambda$ 单位为 mm,p_0 单位为 kPa),进一步结合曲率影响发现,临界模式下弯道内壁面曲率半径与正常胞格尺寸之间的关系为 $17 \leqslant r_i/\lambda \leqslant 26$。

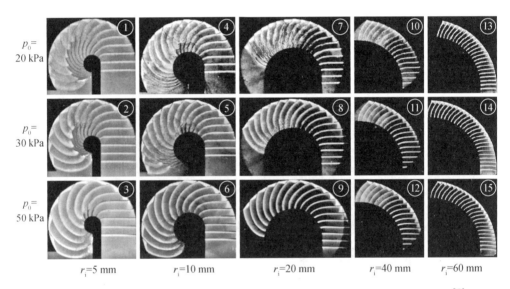

图 3.30   不同初压及弯道内壁面曲率半径下爆震波在弯道内的传播(间隔 2 μs) [5]

对于在环形弯道内稳定传播的爆震波,Kudo 等建立了描述爆震波传播过程中前激波几何形状模型,如图 3.31 所示。模型坐标系为二维极坐标,原点为通道内外圆的圆心,初始线为弯曲段与直段的交界,变量 r 代表离原点距离,θ 代表与初始线的角度。如果假设爆震波在环形通道内稳定传播时爆震前锋任意位置上的角速度都为常数,则爆震波在传播过程中爆震前锋将维持一特定形状。当 dr、dt 及 $d\theta$ 足够小时,可以认为图 3.31 中的灰色区域为直角三角形,则在爆震前锋上任意点 $P(r, \theta)$ 有

$$\sin\phi = \frac{u_n}{r\omega}, \quad \tan\phi = \frac{\sin\phi}{\sqrt{1 - \sin^2\phi}} = -\frac{1}{r}\frac{dr}{d\theta} \tag{3.17}$$

其中,ϕ 为爆震波在 $P(r,\theta)$ 点处旋转方向与切线方向夹角;u_n 为 $P(r,\theta)$ 点法向爆震波速;ω 为爆震波角速度。基于式(3.17)可以进一步得到如下微分方程:

$$\frac{\mathrm{d}\theta}{\mathrm{d}r} = -\frac{\sqrt{(r\omega)^2 - u_\mathrm{n}^2}}{u_\mathrm{n} r} \tag{3.18}$$

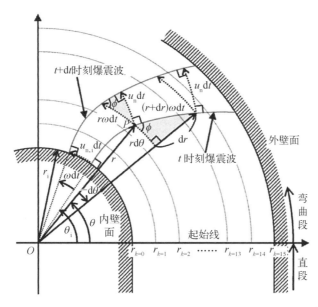

图 3.31　爆震波在矩形截面弯道内稳定传播时前激波几何关系[6]

　　如果在爆震前锋任何位置处 u_n 都等于 u_CJ,同时爆震前锋在弯道内壁面处垂直于壁面,则 u_n 又将等于弯道内壁面处曲率半径与角速度的乘积。因此,对式(3.18)进行积分就可以得到以 u_CJ 速度在弯道内传播的爆震波前锋几何构型,即

$$\theta - \theta_\mathrm{i} = -\sqrt{\left(\frac{r}{r_\mathrm{i}}\right)^2 - 1} + \tan^{-1}\sqrt{\left(\frac{r}{r_\mathrm{i}}\right)^2 - 1} \tag{3.19}$$

其中,θ_i 为爆震前锋在弯道内壁处与初始线的夹角。假设 u_n 为常值,故式(3.19)所描述的爆震前锋几何形状与 u_n 无关。Kudo 试验表明,内壁面膨胀波导致靠近弯道内壁面附近的 u_n 值要小于 u_CJ,因此式(3.19)仅适用于高的填充压力和大内壁面曲率半径情况。

　　2012 年 Nakayama 等引入了新的成像技术,即多帧短时开放快门成像(multi-frame short-time open-shutter photography,MSOP),进一步细化了 Kudo 等的研究。前面部分章节已提及开放快门成像(OP),短时开放快门成像(SOP)就是将曝光时间限定为某一时间段(如毫秒量级),故只有这一时间段内爆震波扫过区域的三波点轨迹被记录下来,三波点轨迹区域的前后边界反映了爆震波在该时刻的前导激波的形状,SOP 示意图见图 3.32。MSOP 就是借助高速摄影机多次进行 SOP 成像,并将这些成像进行叠加从而获得爆震波前激波轨迹及三波点轨迹。

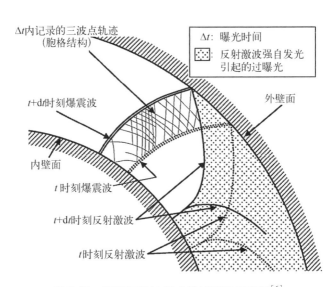

图 3.32　短时开放快门成像(SOP)示意图[6]

图 3.33(a)~(c)给出了恰当比 $C_2H_4 - O_2$ 混合物爆震波在内壁面半径为 40 mm 的通道内传播的 MSOP 图,其中通道高度 20 mm,箭头表示爆震波传播方向。基于图 3.33(a)~(c)不同时刻下前激波位置,图 3.33(d)给出了各试验下内壁面处法向前激波速度与直段爆震波速 u_{str} 的比值随角度的变化关系。沿用 Kudo 对爆震波传播模态的定义(但以试验 u_{str} 值替代理论 u_{CJ} 计算值,u_{str} 比 u_{CJ} 低 5%),图 3.33(a)为稳定传播模态,图 3.33(b)为临界传播模态,而图 3.33(c)为不稳定传播模态。

稳定传播模态下,当爆震波进入弯曲段后,由于内壁引起的膨胀效应,弯曲段内壁面附近的胞格开始变大。当胞格增大到约为正常值的两倍时,新的胞格在其内部演化出来;因为这些平缓出现的胞格,平滑的爆震前锋才得以在稳定模式下维持。当 $u_{n,i}/u_{str}$ 一直保持在 0.8 以上,θ_i 在 45°~90°时,爆震波传播过程中,其前锋维持特定形状,同时 MSOP 记录的爆震前锋间距保持不变。

临界传播模态下,虽然并未观察到局部的爆震熄爆,但当 θ_i 在 60°~90°时,胞格将增加到约为正常值的三倍,由于内壁面附近胞格尺寸的这一显著变大,$u_{n,i}/u_{str}$ 将会低于 0.8,同时 MSOP 记录的爆震前锋间距不再保持不变。

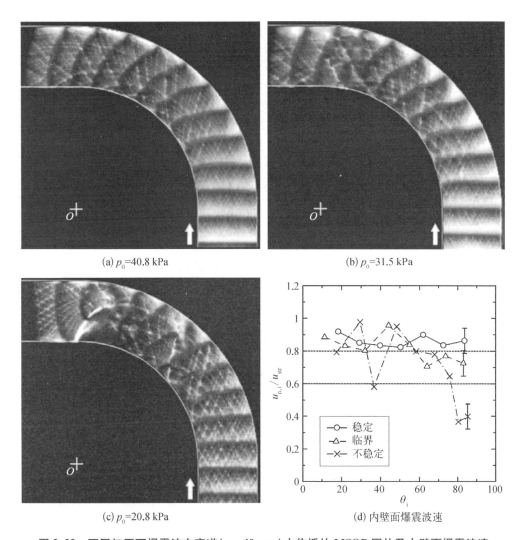

(a) p_0=40.8 kPa

(b) p_0=31.5 kPa

(c) p_0=20.8 kPa

(d) 内壁面爆震波速

图 3.33　不同初压下爆震波在弯道($r_i = 40$ mm)内传播的 MSOP 图片及内壁面爆震波速

不稳定传播模态下,熄爆将会发生,如图 3.33(c)所示。在 $\theta_i = 35°$ 的近内壁面处,胞格结构出现暂时性消失。在 $\theta_i = 45°$ 时,由于新的胞格产生,内壁面附近再次出现胞格结构。然而当 θ_i 在 70°～90° 时,胞格结构基本消失,此时 $u_{n,i}/u_{str}$ 小于 0.4,这表明该区域可能出现爆震向爆燃转变过程。

图 3.34 给出了给定初压下,爆震波在不同内壁面半径弯道内传播的 MSOP 图,其中图 3.34(a)为稳定传播模态,图 3.34(b)为临界传播模态,图 3.34(c)～(e)为不稳定传播模态。对比图 3.33 和图 3.34 可知,内壁面半径的增加和初压的增加对爆震在弯道内传播的稳定性具有相同的影响。因为初压的增加使胞格尺寸变小,内壁面半径的增加将会弱化膨胀效应对胞格的影响,所以无量纲尺度 r_i/λ

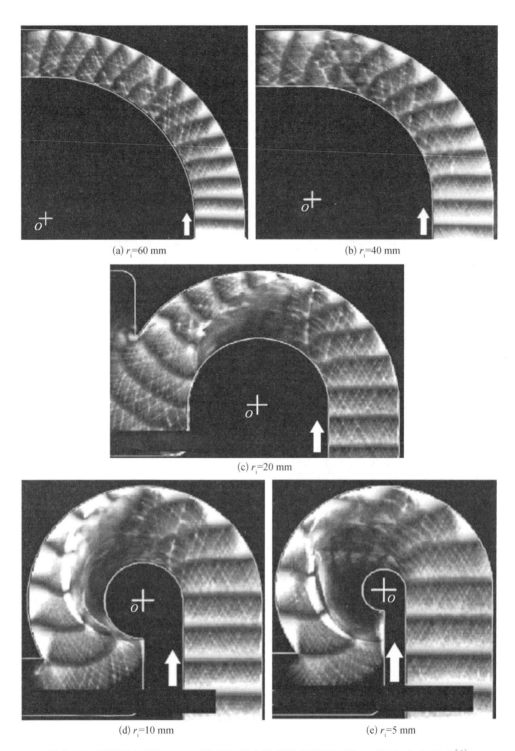

(a) r_i=60 mm   (b) r_i=40 mm

(c) r_i=20 mm

(d) r_i=10 mm   (e) r_i=5 mm

图 3.34   爆震波在不同内壁面半径弯道内传播的 MSOP 图 $(p_0 = 31.0 \pm 0.1 \text{ kPa})$[6]

能够反映爆震在弯道内传播模态。

　　基于直段内试验获得的胞格尺寸及加州理工学院爆震数据库，Nakayama 等拟合了胞格尺寸与初压的关系式，即 $\lambda = 72.020 p_0^{-1.1270}$（$\lambda$ 单位为 mm，p_0 单位为 kPa）；再基于 MSOP 试验结果，给出了恰当比 $C_2H_4\text{-}O_2$ 混合物爆震波在弯段内传播模态与内壁面半径 r_i 及正常胞格尺寸 λ 的关系，如图 3.35 所示。临界传播模态下，弯道内壁面曲率半径与正常胞格尺寸间关系为 $21 \leqslant r_i/\lambda \leqslant 32$。Nakayama 等进一步将爆震前锋不同位置的爆震波速 u_n 与四个参数（r_i、λ、r、u_{str}）联系起

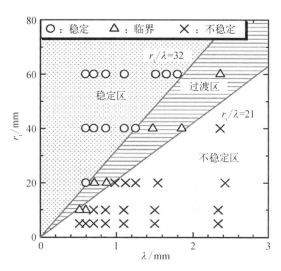

图 3.35　爆震波在弯段内传播模态与弯段内壁面半径及正常胞格尺寸间关系[6]

来，提出了与试验现象相符的 u_n 变化关系式，修正了爆震波前锋几何构型模型。

　　图 3.35 中试验器弯曲段的深度只有 1 mm，考虑到侧壁面动量损失的影响，Nakayama 等[7]进一步将弯段深度增加到 16 mm。试验结果表明：对于恰当比 $C_2H_4\text{-}O_2$ 混合物，临界传播模态下弯道内壁面曲率半径与正常胞格尺寸间关系为 $14 \leqslant r_i/\lambda \leqslant 23$；对于恰当比 $H_2\text{-}O_2$ 混合物，临界传播模态下弯道内壁面曲率半径与正常胞格尺寸间关系为 $13 \leqslant r_i/\lambda \leqslant 22$，其中胞格尺寸与初压的关系式满足 $\lambda = 157.15 p_0^{-1.0242}$；对于 $2C_2H_2\text{-}5O_2\text{-}7Ar$ 恰当比混合物，临界模式下弯道内壁面曲率半径与正常胞格尺寸之间的关系为 $14 \leqslant r_i/\lambda \leqslant 24$，其中胞格尺寸与初压的关系式满足 $\lambda = 61.522 p_0^{-1.1173}$。

　　Pan 等[8]在螺旋矩形截面（4 mm×30 mm）弯曲通道中针对恰当比 $C_2H_4\text{-}O_2$ 混合物也进行了相关研究，弯曲通道沿周向总旋转角度为 1 620°，试验获得的临界传播模态下弯道内壁面曲率半径与正常胞格尺寸之间的关系为 $16 \leqslant r_i/\lambda \leqslant 27$。当降低通道内压力使得 $r_i/\lambda<16$ 时，试验观察到两种不稳定爆震传播模式，如图 3.36 所示。当通道内初压在 5.5~11 kPa 时，爆震传播表现为"花瓣型"轨迹的类螺旋爆震形式，如图 3.36（a）所示，烟膜轨迹表现为周期性的生成、减少及内壁面胞格结构消失现象，此时胞格结构的消失仅发生在内壁面，横波在外壁面的碰撞反射会诱发内壁面附近的再次起爆；随着初始压力的降低，胞格结构消失的区域将逐渐由内壁面向外壁面拓展。当进一步降低初始压力使得反应物接近可爆极限时，爆震传播将表现为如图 3.36（b）所示的非平稳爆震形式，此时爆震波在弯曲通道内传播存在明显的熄爆过程，在环形通道的某些扇段内没有留下任何烟膜轨迹，随后外壁

面附近的局部爆炸又触发爆震,故在环形通道的某些扇段内又留下胞格结构。随后进一步对 $2H_2 - O_2 - 3Ar$、恰当比 $CH_4 - O_2$、恰当比 $C_2H_4 - O_2$ 反应物的试验研究表明[9]:爆震波在弯曲通道内传播的极限满足几何范围 $2.6 \leqslant r_i/\lambda \leqslant 4.8$,此时为非平稳爆震传播;在这三种混合物中,针对 $2H_2 - O_2 - 3Ar$ 混合物所获得爆震传播极限几何范围要更窄一些。

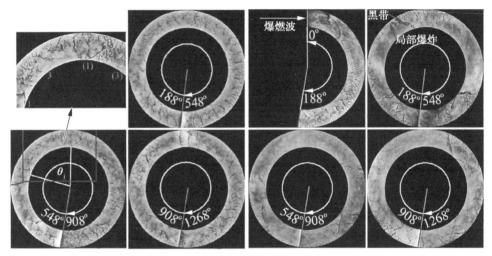

(a) 类螺旋爆震(spinning - like detonation)　　(b) 非平稳爆震(galloping detonation)

图 3.36　Pan 等试验获得的两种不稳定爆震传播模式[8]

3.6　侧向稀疏影响下的爆震传播

对于前面论述的爆震波由小管道传播到更大空间以及爆震波在弯曲管道中的传播,爆震波在反应物中的传播过程涉及侧向稀疏(包括产物侧向膨胀及反射横波的弱化)的影响。对于前者,侧向稀疏影响仅发生在过渡区局部;对于后者,侧向稀疏影响将与弯道外凹壁面产生的强压缩影响相耦合。实际爆震推进应用中会遇到爆震波在反应物-惰性层连续交界面的传播问题:为了实现爆震室的壁面冷却采用多孔介质壁面材料,此时爆震波不能在多孔介质壁面内传播,同时多孔壁面也会弱化横波在壁面处反射;爆震波在连续爆震室内传播时,要经过填充反应物和燃烧产物交界面,爆震波将连续受到单侧膨胀排气影响。在以上两种情况下,交界面的存在都将导致侧向稀疏进而影响爆震波的传播。

3.6.1　多孔壁面影响下的爆震波传播

早在 1955 年,Evans 等研究了多孔壁面对恰当比 $H_2 - O_2$ 反应物爆震波起爆特性的影响。结果表明,当 2 in① 管内壁嵌入多孔烧结铜套(孔隙度 40%~50%)后,爆震波起爆距离(燃烧波由初始形成到转变为爆震波所传播的距离)将延长 3 倍,其关键就是多孔壁面减弱了燃烧波传播过程中形成的前传系列压缩波,进而延长了前驱激波强化过程。为了进一步理解自持爆震波传播过程中横波所起的作用,Dupre、Vasil'ev、Teodorczyk 及 Radulescu 等都对多孔壁面管内爆震波传播开展了研究。研究表明:当爆震波传入到内壁嵌有多孔结构的管段后,爆震波强度都将发生衰减,传播速度也将降低;当降低反应物化学敏感度(如降低初始压力、添加稀释气体等)时,速度亏损将逐渐增大;对于给定的多孔壁面结构,当速度亏损达到临界值时,熄爆现象将会发生[1]。

图 3.37 和图 3.38 给出了 Radulescu 等获得的多孔壁面影响下爆震波传播特性试验结果。图 3.37 中给出了试验所采用的圆管及平面二维两种试验器结构,嵌入的多孔壁面由紧密叠加的 14 层钢丝网组成,单层钢丝网流通面积比为 30.3%。对于二维通道试验器,其由起爆段、固壁段及多孔壁面段组成,多孔壁面段分成三个通道(高 25.4 mm,厚 4 mm),图 3.38 给出了该试验器内不同初压下恰当比 $C_2H_2-O_2$ 反应物中爆震传播的开放快门图像。从图 3.38(b)可以看到:当爆震波传入多孔壁面段后,胞格尺寸变大,横波间的间距增加,这表明爆震波传播被抑制;同时也注意到,变大的胞格内也生成了新的胞格,进而实现爆震波在多孔壁面段内的自持传播。从图 3.38(c)可以看到,当初始压力降低到 2.7 kPa 时,爆震波进入多孔壁面段后,胞格的生成速率低于消失速率,熄爆现象发生,爆震波转变为解耦的爆燃波和前驱激波。

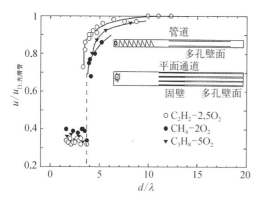

图 3.37　多孔壁面管段内强不稳定爆震波的速度亏损[10]

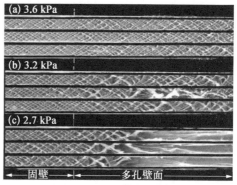

图 3.38　恰当比 $C_2H_2-O_2$ 反应物中爆震传播开放快门图像[10]

---

① 1 in = 2.54 cm。

　　当降低反应物初始压力时,反应物胞格尺寸将变大。针对多孔壁面段内爆震波传播,图 3.37 给出了试验获得的三种燃料氧气混合物的速度亏损与反应物胞格尺寸之间的变化关系。从图中可以看到:随着胞格尺寸的增加(反应物化学敏感性降低),速度亏损增大;当 $d/\lambda \approx 4$ 时,速度亏损达到 $30\% u_{D,光滑管}$($u_{D,光滑管}$ 为无孔固壁通道内爆震波速)量级,爆震波发生解耦;解耦后的爆燃波以 $35\% u_{D,光滑管} \sim 40\% u_{D,光滑管}$ 传播;当爆燃波通过多孔壁面段进入固壁通道,其将重新转变为爆震波。对于二维固壁通道,由第 2 章可知,稳定传播爆震波的临界状态是通道径向方向仅存在半个胞格(胞格轨迹为“之”字形),此时对应的临界几何约束为 $d/\lambda \approx 0.5$,这表明多孔壁面对爆震波传播具有明显的抑制作用。

　　多孔壁面通道内的熄爆过程受两种机理共同影响:第一种机理是多孔壁面弱化了爆震波结构中横波在壁面处的反射,Teodorczyk 等的高速纹影观察结果表明,多孔壁面对横波的抑制将使化学反应区变厚,并最终导致反应锋面与前导激波的解耦;第二种机理是燃烧产物在多孔壁面渗流引起的爆震波后扩张流动,反应区内流线的扩张将导致曲面爆震前锋,进而引起速度亏损,这种作用机理与前面提及的边界层影响非常类似。由 3.1 节可知,边界层影响下弱不稳定爆震和强不稳定爆震具有截然不同的传播特性,多孔壁面管内不同稳定性的爆震传播也具有类似特征。图 3.37 中给出的三种反应物内形成的是相对较强的不稳定爆震波,多孔壁面将引起横波的消失,但爆震波的不稳定性又会诱发新的横波。

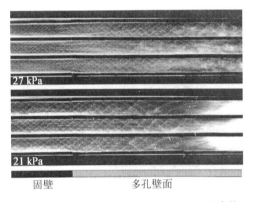

图 3.39　恰当比 C₂H₂ - O₂ - 75%Ar 反应物中爆震传播开放快门图像[10]

图 3.39 给出了 75%氩气稀释的恰当比 $C_2H_2 - O_2$ 反应物内形成的弱不稳定爆震波在多孔壁面通道内传播的开放快门图像。对比图 3.38 和图 3.39 可以看到,氩气稀释的 $C_2H_2 - O_2$ 反应物内形成的胞格结构更规则,横波也更弱,这表明爆震波为弱不稳定,ZND 模型所描述的激波点火机制可实现爆震波自持传播。当初始压力为 27 kPa 时,多孔壁面通道内爆震波传播将出现速度亏损,但未发生熄爆现象,在图 3.39 中未观察到横波的彻底消失及生成。由于爆震波后气体在多孔壁面的渗流,反应区内流线的扩张将导致爆震前锋弯曲变形,进而导致胞格尺寸的增大及爆震传播速度的降低。从图 3.39 可以看到,当初始压力降低到 21 kPa 时,多孔壁面通道内出现熄爆现象,熄爆机制主要是反应区内流线扩张导致的爆震前锋过度弯曲。

图 3.40 给出了试验获得的不同氩气含量下 $C_2H_2 - O_2$ 混合物的弱不稳定爆震波速度亏损与反应物胞格尺寸之间的变化关系。从图中可以看到：熄爆现象发生前爆震波的速度亏损不会超过 20%，这与光滑管道中边界层影响下流线扩张引起的熄爆特征是一致的；熄爆后形成的爆燃波以 $40\%u_{D,光滑管}$ 速度传播；与图 3.37 中强不稳定爆震发生熄爆的临界几何约束不同，此时临界几何约束为 $d/\lambda \approx 11$。

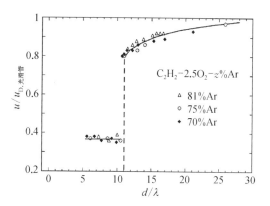

图 3.40　多孔壁面管段内弱不稳定
爆震波的速度亏损[10]

3.6.2　半受限通道内的爆震波传播

对于约束空间内的凝聚相（液体和固体）炸药，当爆震波在其内部传播时，由于爆震压力非常高，因此在分析爆震传播机制时必须考虑惰性约束材料的可压缩性所引起的侧向稀疏影响。针对此，早期 Sommers 等[11]试验研究了气相爆震波和无反应约束气体层之间的相互作用，结果表明，不同的约束气体对爆震波传播的影响不同。20 世纪 60 年代连续旋转爆震发动机概念被提出，爆震波在环形连续爆震室内连续传播时，爆震波前锋侧端面与燃烧产物间始终存在自由界面，燃烧产物的可压缩性将影响爆震波传播特性，早期 Dabora 等[12]对此开展了基础实验研究和理论分析。21 世纪初，大量研究机构开始研究连续旋转爆震发动机，而燃烧室中涉及的侧向稀疏影响下的爆震传播基础问题也得到了越来越多的关注，同时半受限空间内的爆震波传播也是氢安全领域里的重要研究课题。

图 3.41 给出了周朱林等[13]通过试验获得的侧向稀疏影响下的爆震波传播流场阴影图，试验器上侧通道填充不同当量比的 $H_2 - O_2 - N_2$ 预混气，试验器下侧通道填充 N_2，两通道间以聚乙烯薄膜分隔。试验结果表明：上侧通道越高（预混气填充高度越高），预混气活性越强（越接近恰当比，降低预混气 N_2 稀释比例），爆震波抵御侧向稀疏影响的能力越强，速度亏损越小，自持传播能力越强；侧向稀疏影响下爆震波自持传播的速度亏损极限为 7%～11%。

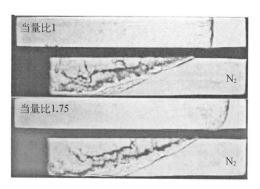

图 3.41　侧向稀疏影响下的爆震传播[13]

当将坐标系建立在前传的激波平面上时,图 3.42 给出了爆震波侧向稀疏影响下的简化流动分析模型。从图中可以看到,当来流反应物流过激波平面后,由于波后压力高于惰性介质,必然会衍射出一道斜激波,同时高压产物膨胀形成扩张流面。针对激波平面和扩张的 CJ 平面间的流动,可以采用式(3.2)~式(3.6)来描述,Dabora 等给出了以马赫数表达的速度亏损,即

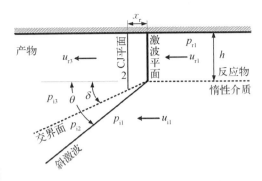

图 3.42   爆震波侧向稀疏影响下的流动分析模型

$$\frac{\Delta Ma_{r1}}{Ma_{r1}(\xi=0)} = 1 - \left\{ \frac{\left[1-\left(\frac{\varepsilon}{1+\gamma_{r2}}\right)\left(\frac{\xi}{1+\xi}\right)\right]^2}{\left[1-\left(\frac{\varepsilon}{1+\gamma_{r2}}\right)\left(\frac{\xi}{1+\xi}\right)\right]^2 + \gamma_{r2}^2\left[2\left(\frac{\varepsilon}{1+\gamma_{r2}}\right)\left(\frac{\xi}{1+\xi}\right) - \left(\frac{\varepsilon}{1+\gamma_{r2}}\right)^2\left(\frac{\xi}{1+\xi}\right)^2\right]} \right\}^{1/2}$$

$$(3.20)$$

其中,下标 r1 代表反应物;下标 r2 代表 CJ 平面产物;下标 r3 代表产物;下标 i1 代表斜激波前惰性介质;下标 i2 代表斜激波后惰性介质。

将式(3.10)代入式(3.12)也可以推导出式(3.20),当 $\xi \ll 1$ 时,公式(3.20)可近似简化为

$$\frac{\Delta Ma_{r1}}{Ma_{r1}(\xi=0)} \approx \gamma_{r2}^2 \frac{\varepsilon}{1+\gamma_{r2}}\xi \qquad (3.21)$$

式(3.21)中 ε 在 1~2 间更靠近 1 一侧。由式(3.21)可以看到,侧向膨胀引起的流面扩张比 ξ 越大,爆震波传播的速度亏损也越大。

对于二维流道,当流道内反应物填充高度为 h 时,基于图 3.42 的几何关系及公式(3.5)扩张比 ξ 的定义,可以推得 $\xi = x_r \tan\delta/h$。当给定反应物及惰性介质,由一维 ZND 理论确定的反应区厚度及简化流动分析模型确定的交界面偏转角 δ(计算方法参见第 6 章)都为定值,因此反应物填充高度越小,扩张比 ξ 越大,进而导致更大的速度亏损。当给定反应物及填充高度,惰性介质物性及气动参数将影响交界面偏转角 δ,进而影响爆震波传播特性;偏转角 δ 越大(例如采用更低密度的惰性介质或提高惰性介质温度等),爆震波传播的速度亏损也越大。

前述分析只涉及波后流体扩张带来的影响,对于多维爆震波结构,横波对实现爆震波自持传播也起到非常重要的作用。侧向稀疏的存在会削弱横波的作用,进而影响爆震波传播。为了对比评估这两种流动机制在影响半受限通道内爆震波传

播的相对重要性,Chiquete 等通过二维数值模拟(图 3.43)在爆震波坐标系下研究了两种物理边界条件下的爆震波传播特性:第一种是在爆震波其中一侧端面下游构建不同扩张角的固壁,进而形成偏转角 δ 的流动扩张,固壁的存在能够实现横波反射;第二种是采用不同密度惰性介质实现偏转角 δ 的流动扩张,横波将在交界面透射,进而弱化横波影响。数值仿真采用单步化学反应,反应物相对活化能($E_a/R_{r1}T_{r1}$)为 10,形成的爆震波属于弱不稳定范畴。

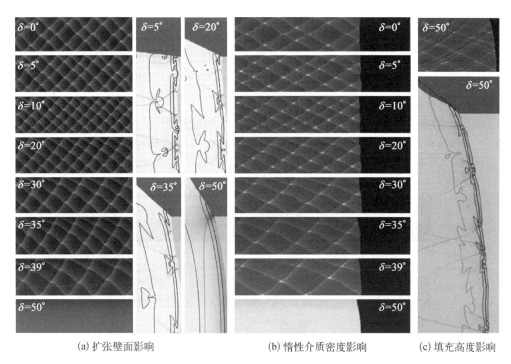

(a) 扩张壁面影响　　　　　(b) 惰性介质密度影响　　　　(c) 填充高度影响

图 3.43　Chiquete 等的数值模拟结果[14]

由图 3.43 可以看到:随着 δ 增大,激波前锋面将发生整体弯曲,相比平面爆震波,初始小曲率爆震波更不稳定,这使得通道内胞格数目先增大后减小;当两种物理边界条件下偏转角相同时,通道内具有相同的胞格数目和类似的胞格模式,此时爆震波传播速度及激波前锋面形状差异也不大;惰性介质边界会弱化横波影响,减小三波点峰值压力,进而使得该边界下的烟膜轨迹强度更弱;当 $\delta = 50°$ 时,横波消失,爆震波后流动表现为与图 3.42 相类似的层流流动特征。当将反应物填充高度增大 3 倍后,爆震波仍将表现为不稳定传播模式,如图 3.43(c)所示,侧向稀疏引起的曲面爆震影响主要出现在介质交界面附近。基于以上分析,Chiquete认为,爆震胞格模式的演化及稳定性主要由波后流动扩张引起的激波前锋弯曲控制。

对于爆震燃烧室常用的碳氢燃料-氧化剂反应物,其产生的爆震波具有强不稳定性,而横波在实现爆震波自持稳定传播上发挥重要作用,这必然会影响侧向稀疏下的爆震波传播特性。对于图 3.42 中的斜激波,斜激波角 θ 及激波后气动状态是由波前惰性介质马赫数 Ma_{i1} 决定的。在波前来流速度相同的情况下($u_{i1} = u_{r1}$),惰性介质的声速与物性及温度有关,低分子量或高温介质都会引起 Ma_{i1} 显著降低进而导致 θ 增大,过大的斜激波角 θ 会引起激波脱体,进而导致爆震波结构及传播特性的变化。Sommers 等对比了惰性介质分别为 He 和空气下的爆震波传播特性,当采用更轻的惰性介质时,试验观测到在惰性介质层存在脱体激波。

Houim 等通过二维数值模拟研究了在不同惰性介质与反应物声阻抗比 Z 下的强不稳定爆震波传播特性。由于仿真中两种介质物性及压力相同,所以 Z 仅与温比有关,即 $Z = (T_{r1}/T_{i1})^{0.5}$。声阻抗比越低代表惰性介质温度越高、密度越低。数值仿真采用单步化学反应表征恰当比 $C_2H_4 - O_2$ 反应过程,反应物相对活化能($E_a/R_u T_{ref}$)为 39.19,形成的爆震波属于强不稳定范畴,反应物填充高度 $h \approx 4\lambda \sim 5\lambda$,数值模拟结果如图 3.44 所示。

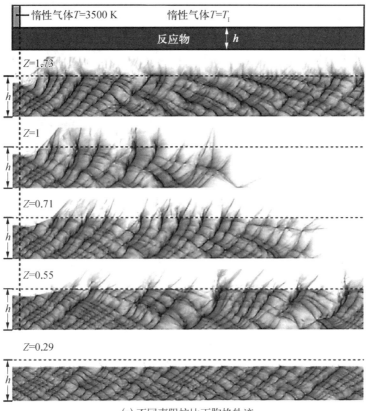

(a) 不同声阻抗比下胞格轨迹

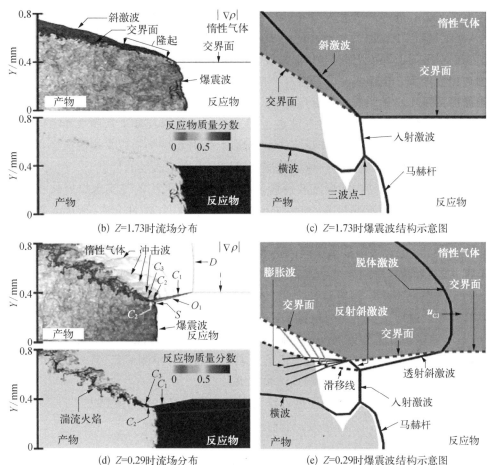

图 3.44　Houim 等的数值模拟结果[15]

从图 3.44(a) 数值烟膜轨迹可以看到：当 $Z=1.73$ 和 0.29 时，侧向稀疏影响下的爆震波能够实现稳定自持传播；当 Z 在 1 附近时，传播中的爆震波出现解耦熄爆现象；$Z=0.55$ 时为爆震波传播的临界状态，熄爆与起爆过程交替发生，仿真计算时间加长后，最终爆震波完全解耦。

图 3.44(b)、(c) 给出了 $Z=1.73$ 时流场结构，此时高密度惰性介质温度为 100 K。当爆震波马赫杆与两种介质交界面相作用后将折射出一道反射激波，反射激波最初依附于交界面。随着交界面附近爆震胞格的变大变弱，反射激波脱体并最终发展为新的马赫杆。马赫杆后的反应物燃烧释热速度高于前方反应物，该马赫杆加速前传并最终与前方爆震结构融合，进而形成新的三波点。这些三波点中一些比较强，进而可以触发强烈的燃烧放热过程；而另一些比较弱，仅仅表现为多道激波间的碰撞。

图 3.44(d)、(e)给出了 $Z=0.29$ 时的流场结构,此时低密度惰性介质温度为 3 500 K。从图中可以看到,原斜激波转变为在惰性介质中传播的脱体激波,该激波前锋面在爆震前锋面之前,脱体激波在反应物层转变为斜激波,并与爆震波的入射激波相互作用。当爆震波的马赫杆与斜激波碰撞后将形成新的三波点,进而在斜激波后预压反应物中诱发局部爆炸,形成的回传爆震波将在爆震的前导激波上产生新的马赫杆和三波点,这些三波点大都无法诱发化学反应。从图 3.44(a)可以看到,此时胞格轨迹高度低于反应物填充高度,部分反应物将以常规湍流燃烧方式进行化学能释放,这反映了连续旋转爆震燃烧室内燃烧流场的特点。

对于半受限通道内的爆震波传播,实际应用中更关注的是实现爆震波稳定传播的临界反应物填充高度 h_{cr}。针对 $H_2 - O_2$ 反应物、N_2 惰性介质,Dabora 等分析了三种熄爆准则下确定的最大速度亏损。相比于 Shchelkin 不稳定准则和 Patch 等温准则,Belle 爆炸极限准则预测的最大速度亏损与实验结果最吻合,在 8% ~ 10% 范围,试验中两介质间通过厚度 23 nm 的硝化纤维素膜隔开,试验获得的临界高度约为 3λ。Wang 等[16]针对 $C_2H_4 - O_2 - xN_2$ 反应物、空气惰性介质进行了试验研究,两介质间通过厚度小于 10 μm 的聚乙烯膜隔开,试验获得的临界高度约为 2λ,低于图 3.37 中多孔壁管道内确定的临界尺寸。一种原因可能是多孔壁管道存在周向或双侧侧向稀疏,而半受限通道内的爆震波传播只有单侧稀疏;另一种原因可能是两介质间的薄膜仍太厚,影响到试验结果。

尽管 Dabora 等认为薄膜厚度 l_f 满足如下关系时可以忽略薄膜边界的影响:

$$l_f/x_r \leqslant 0.1(\rho_{r1}/\rho_f) \tag{3.22}$$

其中,x_r、ρ_{r1} 及 ρ_f 分别为反应区厚度、反应物密度及薄膜材料密度。但一些研究人员通过特殊试验装置去除薄膜影响发现,临界尺寸高度将变大,通过二维数值仿真获得的临界尺寸高度也要大于试验结果。

针对恰当比 $H_2 - O_2$、N_2 惰性介质($Z=1.52$),Taileb 等[17]通过数值模拟研究了不同化学反应模型对临界高度的影响:当以数值模拟获得的胞格尺寸为参考,采用单步、三步及详细反应机理获得的临界高度分别约为 14λ、15λ 及 7.5λ;当以试验获得的平均胞格尺寸(1.75 mm)为参考,则分别约为 14λ、11λ 及 3λ。Reynaud 等[18]也通过数值模拟研究了不同声阻抗比、活化能下的爆震波传播特性及临界高度参数,汇总了已有文献中通过数值模拟和试验获得的临界尺寸高度。对于实际的连续旋转爆震波,Bykovskii 等[19]通过大量试验数据分析认为,反应物临界填充高度在 7λ ~ 17λ 范围。

3.7 小   结

爆震推进应用的前提是燃烧室内爆震波能够稳定传播,燃烧室几何构型的变化将改变爆震波传播的边界条件,进而影响爆震波传播特性。例如,对于微推进应用的微管爆震室,壁面边界层将显著影响爆震波传播特性;对于脉冲爆震发动机的爆震燃烧室,一些燃烧室结构带有各种形式的障碍物,障碍物的存在将影响爆震波自持传播的机制,进而表现出不同的爆震波传播特性;一些爆震室结构采用预爆管点火方式实现爆震波由小管径向大尺度受限空间过渡,理解其间爆震波稳定传播机制及获取关键几何参数是预爆管设计的关键;螺旋脉冲爆震室及环形连续旋转爆震室的弯曲构型通道将改变爆震波自持传播特性;连续旋转爆震室作为非完全受限空间,爆震波传播将持续受到侧向稀疏的影响。研究以上各种边界条件下的爆震波自持传播,不仅要考虑边界几何构型及尺寸带来的影响,而且必须考虑爆震波自身的稳定性。

参考文献

[1]　LEE J H S. The detonation phenomenon[M]. New York: Cambridge University Press, 2008: 204 – 234, 329 – 339.

[2]　ROY G D, FROLOV S M, BORISOV A A, et al. Pulse detonation propulsion: Challenges, current status, and future perspective[J]. Progress in Energy and Combustion Science, 2004, 30(6): 545 – 672.

[3]　BEN-DOR G. Shock wave reflection phenomena[M]. NewYork: Springer Berlin Heidelberg, 2007: 250 – 253.

[4]　THOMAS G O, WILLIAMS R L. Detonation interaction with wedges and bends[J]. Shock Waves, 2002, 11(6): 481 – 492.

[5]　KUDO Y, NAGURA Y, KASAHARA J, et al. Oblique detonation waves stabilized in rectangular-cross-section bent tubes[J]. Proceedings of the Combustion Institute, 2011, 33: 2319 – 2326.

[6]　NAKAYAMA H, MORIYA T, KASAHARA J, et al. Stable detonation wave propagation in rectangular-cross-section curved channels[J]. Combustion and Flame, 2012, 159(2): 859 – 869.

[7]　NAKAYAMA H, KASAHARA J, MATSUO A, et al. Front shock behavior of stable curved detonation waves in rectangular-cross-section curved channels [J]. Proceedings of the Combustion Institute, 2013, 34: 1939 – 1947.

[8]　PAN Z H, QI J, PAN J F, et al. Fabrication of a helical detonation channel: Effect of initial pressure on the detonation propagation modes of ethylene/oxygen mixtures[J]. Combustion and Flame, 2018, 192: 1 – 9.

[9]　PAN Z H, CHEN K P, QI J, et al. The propagation characteristics of curved detonation wave: Experiments in helical channels[J]. Proceedings of the Combustion Institute, 2019, 37(3): 3585 – 3592.

[10]　RADULESCU M I, LEE J H S. The failure mechanism of gaseous detonations: Experiments in porous wall tubes[J]. Combustion and Flame, 2002, 131(1 – 2): 29 – 46.

[11]　SOMMERS W P, MORRISON R B, GORANSON R W, et al. Simulation of condensed-

explosive detonation phenomena with gases[J]. The Physics of Fluids, 1962, 5(2): 241 - 248.

[12] DABORA E K, NICHOLLS J A, MORRISON R B. The influence of a compressible boundary on the propagation of gaseous detonations [J]. Tenth Symposium (International) on Combustion, 1965, 10(1): 817 - 830.

[13] 周朱林,刘卫东,刘世杰,等. 基于侧向膨胀影响爆震波的自持机理[J]. 航空动力学报, 2013,28(9): 1967 - 1974.

[14] CHIQUETE C, SHORT M, QUIRK J J. The effect of curvature and confinement on gas-phase detonation cellular stability [J]. Proceedings of the Combustion Institute, 2019, 37(3): 3565 - 3573.

[15] HOUIM R W, FIEVISOHN R T. The influence of acoustic impedance on gaseous layered detonations bounded by an inert gas[J]. Combustion and Flame, 2017, 179: 185 - 198.

[16] WANG Z C, WANG K, ZHAO M H, et al. Experimental investigation on the propagation characteristics of detonations in a semi-confined straight channel[J]. Experimental Thermal and Fluid Science, 2021, 123: 110329.

[17] TAILEB S, MELGUIZO-GAVILANES J, CHINNAYYA A. Influence of the chemical modeling on the quenching limits of gaseous detonation waves confined by an inert layer[J]. Combustion and Flame, 2020, 218: 247 - 259.

[18] REYNAUD M, TAILEB S, CHINNAYYA A. Computation of the mean hydrodynamic structure of gaseous detonations with losses[J]. Shock Waves, 2020, 30(6): 645 - 669.

[19] BYKOVSKII F A, ZHDAN S A, VEDERNIKOV E F. Continuous spin detonations [J]. Journal of Propulsion and Power, 2006, 22(6): 1204 - 1216.

第 4 章
爆燃向爆震转变

爆燃和爆震是两种不同的燃烧方式,它们在传播速度大小、燃烧波的膨胀/压缩特质及传播机制都有很大区别。同时,一般爆燃的触发仅需要毫焦耳级的点火能量,而对于爆震的直接起爆,即使是敏感的燃料-氧气混合物,也需要焦耳级甚至千焦耳级的点火能量。由于两种燃烧方式的起爆难易程度的差异,所以混合物点燃后,通常爆燃是更可能的燃烧方式。然而自持传播的爆燃波一般是不稳定的,在适当的边界条件下,爆燃燃烧火焰将连续加速。当达到临界条件时,爆震的触发(onset of detonation)将会在火焰区的局部发生,爆燃波将突然转变为爆震波。

4.1 直接起爆能量

4.1.1 Zeldovich 关系式

直接起爆所需的能量必须以高速率释放出来,同时在该能量大小下所产生冲击波(blast wave)的强度至少应接近以 CJ 速度传播的激波强度,其压力脉冲持续的时间应长于或相当于化学反应诱导时间。由于爆震前锋后的热量是在有限时间内释放出来的,所以直接起爆所需的临界能量必须大于某一值,即

$$E_1 \geqslant \int_0^{r_{cr}} \left(\rho e + \rho \frac{u^2}{2} \right) \mathrm{d}r \qquad 平面几何 \qquad (4.1)$$

$$E_2 \geqslant \int_0^{r_{cr}} 2\pi r \left(\rho e + \rho \frac{u^2}{2} \right) \mathrm{d}r \qquad 圆柱几何 \qquad (4.2)$$

$$E_3 \geqslant \int_0^{r_{cr}} 4\pi r^2 \left(\rho e + \rho \frac{u^2}{2} \right) \mathrm{d}r \qquad 球形几何 \qquad (4.3)$$

式中,r_{cr} 为某临界直径,其对应冲击波前锋后下游边界,而冲击波的能量应足够支撑爆震波的传播;e 为区域内气体的内能。为便于运算,式(4.1)~式(4.3)中的气体参数也可以基于带有限反应区的稳定 CJ 爆震来预估。

对于多维爆震,其前导激波与有效 CJ 平面的距离 L_{CJ} 大于胞格的纵向尺度 L_c,同时起爆器产生的冲击波后紧随强稀疏波,故混合物内贮存的能量必须能够使反应波维持更长的距离,以抵消强稀疏波对其的衰减,因此可以认为 r_{cr} 远大于 L_{CJ}。若将式(4.1)~式(4.3)中的$[0, r_{cr}]$区段的平均总能移出积分项,则临界起爆能量满足如下关系:

$$E_v = k_v r_{cr, v}^v \tag{4.4}$$

式中,下标和指数 v 等于1、2和3时,分别对应平面、圆柱及球面情况;k_v 为相应常值。

若进一步假设诱导区长度 $l_{ind} = t_{ind} u$ 与 r_{cr} 之间存在近似比例关系,则式(4.4)可进一步写为

$$E_v = k l_{ind}^v \tag{4.5}$$

式中,k 为常数,这一等式是由 Zeldovich 等首先推导出来的。

需要指出的是,式(4.1)~式(4.4)在推导时基于的是一维爆震波理论,没有考虑爆震的实际结构。然而不同几何下爆震波后气流的状态是不同的,故平均总能与 r_{cr} 之间也存在依赖关系。因此,基于这些等式所确定的临界起爆能量与真实值有很大差异,这些等式仅能预测基本的变化趋势。图4.1给出了试验获得的不同混合物中临界起爆能量。

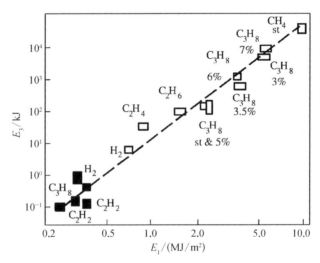

**图 4.1　不同燃料-氧气(实心标记)和燃料-空气(空心标记)混合物中的
球形爆震临界起爆能量(E_3)和平面爆震临界起爆能量(E_1)[1]**

st 为化学恰当比

从图4.1可以看到:燃料-空气混合物的临界起爆能量要远高于燃料 氧气混合物;试验获得的各临界起爆能量基本位于斜率为3的直线附近。根据 Zeldovich

关系式(4.5),球形爆震的临界起爆能量 E_3 与诱导区长度的三次方成正比,而平面爆震的临界起爆能量 E_1 与诱导区长度的一次方成正比。因此在对数坐标系 $\lg E_3 - \lg E_1$ 中,E_3 与 E_1 之间为斜率 3 的线性依赖关系。尽管这一关系是基于维度分析推导出来的,未考虑两种几何下前导激波后反应进程的差异,但试验测量值与这一关系具有惊人的相似性。

这一支撑基本理论模型的经验关系非常有用,其可以用来评估低敏感混合物的可爆特性。当已知某一混合物平面爆震的临界起爆能量时,基于该经验关系可预估非受限区域内其球面爆震的临界起爆能量。例如,对于非受限区域内甲烷-空气混合物的临界起爆能量试验数据缺少一致性,从 1 kg TNT 到 100 kg TNT,基于该经验关系,10 kg TNT 最为合理[1]。

4.1.2　半经验关系

理论计算临界起爆能量的一种方式是基于 ZND 模型,然而初步计算表明,计算值与测量值存在很大差异(对于球形爆震,有时高于 10^4 J),计算获得的起爆能量都高于测量值,这主要是因为爆震触发的实际过程是三维的。一方面,对于多维爆震,当冲击波前锋面积变小后,强横波将会形成,进一步大量扰动将会产生,由横波形成的热点会进一步加速爆震的形成。对于一维起爆模型,起爆机制仅仅依赖于冲击波与反应区间的耦合。另一方面,理论计算值与测量值间的差异还归因于理论计算中常采用总反应机理,由于放热机制的不确定性,数值计算也不能提供有关临界起爆能量更可靠的数据。因此,研究人员提出了半经验方法。

1979 年,Troshin 将 r_{cr} 定义为同时满足两个条件的半径值:具有能量 E_3 的强点源爆炸形成的冲击波在该半径位置上的传播速度为 u_{CJ};在 $[0, r_{cr}]$ 区域内释放的化学能等于起爆能量。基于此,可以推导出 E_3 满足如下关系:

$$E_3 = \frac{4}{3}\pi r_{cr,3}^3 \left[0.31 \frac{\rho_{CJ} u_{CJ}^2}{2} + \frac{0.59 p_{CJ}}{\gamma_{CJ} - 1} - \frac{p_0}{\gamma_{CJ} - 1} - \rho_0 q_u \right] \tag{4.6}$$

式中,q_u 为化学反应放热量;下标 0 为未扰动状态。对于恰当比 $H_2 - O_2$ 混合物,临界直径与诱导区长度满足以下关系:

$$r_{cr,3} = 40 \frac{l_{ind}}{\gamma_{CJ} - 1} \tag{4.7}$$

式(4.7)表明临界起爆直径远长于诱导区长度,其一般也比胞格的纵向尺寸 L_c 长。

式(4.6)不便于对 E_3 进行快速预估,若假设对于其他混合物也满足式(4.7),则不同混合物间的 E_3 与 t_{ind}^3 的比值差异在 1.4 以内,实际应用中可以取平均值 4.2×10^{20} J/s^3。表 4.1 给出了以此获得的计算值及相应的试验测量值,可以看到两者比较相符。

表 4.1   不同恰当比燃料空气混合物起爆能量 E_3 的计算及试验值

	C_2H_6	C_2H_4	C_3H_6	CH_4
$E_{3,\text{计算}}$/(kg TNT)	0.018	0.007	0.07	120
$E_{3,\text{试验}}$/(kg TNT)	0.035	0.015	0.08	10 – 100

到目前为止,约有 20 种一维爆震起爆近似模型,由此可以预估 E_v。对于多维爆震结构,爆震前锋不同位置处的诱导区长度具有很大差异,故一维模型中所采用的均匀点火延迟完全不能反映起爆状态,同时实际起爆过程中往往涉及横波相互碰撞所引起的热点,热点中的局部高温控制着点火。因此在 1978 年,Vasilev 提出了多点起爆模型,根据该模型的最新版本,各热点能量 E_{hs} 及临界起爆能量可表示为

$$E_{hs} = 4\varepsilon^2 \alpha_r \rho_0 u_{CJ}^2 L_c^2 \tag{4.8}$$

$$E_1 = \frac{\pi(d_{cr}/\lambda)}{4L_c} E_{hs} = A_1 \rho_0 u_{CJ}^2 L_c \tag{4.9}$$

$$E_2 = \frac{\pi(d_{cr}/\lambda)}{2} E_{hs} = A_2 \rho_0 u_{CJ}^2 L_c^2 \tag{4.10}$$

$$E_3 = 2\pi \tan\varphi (d_{cr}/\lambda)^2 L_c E_{hs} = A_3 \rho_0 u_{CJ}^2 L_c^3 \tag{4.11}$$

式中, $\tan\varphi = \lambda/L_c$, λ 和 L_c 分别为胞格横向和纵向尺寸; ε 为爆震胞格模型中的参数; d_{cr} 为爆震由小管过渡到大管的临界起爆直径; $\alpha_v(v=1,2,3)$ 为强爆炸模型参数; A_v 为常数。

1986 年,Benedick 等将球形爆震的临界起爆能量定义为

$$E_3 = \frac{2197\pi\gamma_0 J Ma_{CJ}^2}{16} p_0 \lambda^3 \tag{4.12}$$

式中, Ma_{CJ} 为 CJ 爆震传播马赫数; $J \approx q_u/(v u_{CJ}^2)$ 。

基于半经验关系,直接起爆点火能量可以根据测量的胞格尺寸、点火延迟、起爆临界直径以及管中直接起爆能量等进行预估。然而,测量胞格尺寸的不确定性以及近似预估方程忽略的诸多因素,使得半经验方法在实际预估中存在很大误差。

4.1.3   其他影响因素

前面分析针对的是所有起爆能量一次性施加于可爆混合物情况,典型的就是以烈性炸药(high explosives)或可爆燃气(detonating gases)作为起爆源。实际中还

存在将起爆能量随时间持续施加于可爆混合物情况,典型的就是以放电装置作为起爆源。对于前一种情况,其控制参数就是炸药爆炸所释放的能量,由该能量所引起的冲击波强度必须高于 CJ 前导激波强度。对于后一种情况,试验和计算表明,临界能量取决于能量的功率或能量施加的特征时间。快速的能量施加意味着所有放电能量在爆震触发前就已释放完全,因此这种能量的施加方式可近似处理为瞬时爆炸起爆方式。当能量施加较慢或能量功率较低时,则有一部分能量将无法强化冲击波,最终将导致起爆失败。

实际中,即使起爆能量低于临界值也可以实现爆震起爆,这可以通过改变几何约束形状来实现:例如先实现管内的爆震起爆(可认为平面爆震),再通过爆震传播来起爆非受限区域(球面爆震);在冲击波的传播路径上安置障碍物;以硬壳包裹烈性炸药,硬壳可以减缓爆炸形成冲击波的衰减速度。对于半受限区域,通过改变炸药的几何形状,可以实现以更少的炸药起爆球形爆震,例如将炸药黏附于固壁上,其厚度不能小于实现平面爆震起爆的炸药厚度,同时在冲击波传播到临界直径之前稀疏波不能传播到炸药。

爆震起爆也可以通过采用不产生强激波的起爆源来实现。2003 年,Frolov 等试验验证了以能量相对较弱的起爆源实现爆震起爆的技术,其以分散排布的多个外部能量源来触发弱激波后的放热反应,进而实现激波和能量释放的强耦合。试验在直径为 2 in 的光滑管中进行,可爆混合物为标况下的恰当比 C_3H_8-空气混合物。在激波沿管内传播过程中,试验通过同步触发 7 个放电装置,来加速在反应混合物中传播的弱激波,最终在 0.6~0.7 m 处实现了类爆震模态。试验发现,总的临界直接起爆能量远小于以单个放电所需的临界直接起爆能量。

Frolov 等通过一维计算对这种起爆方法进行了解释,如图 4.2 所示。图 4.2(a)为仅以位于管道封闭端的起爆器作为点火源下的管内压力历经曲线,可以看到起爆器形成的主激波在逐渐衰减。图 4.2(b)为额外采用外部点火源时的点火过程,外部点火源位于封闭端下游某一位置(图中带箭头的水平线),但外部点火源在主激波到达之前触发,此时外部点火源促进了混合物的点火并形成了局部高压,主激波也被轻微强化了。图 4.2(c)为外部点火源的触发几乎与主激波同步。图 4.2(d)为外部点火源的触发与主激波同步,外部点火源实现了爆震起爆。需要指出的是,这种采用一系列外部点火器来起爆爆震的想法可追溯到 Zeldovich 等的研究工作。

化学添加剂的使用也可以降低临界起爆能量,这可以根据 Zeldovich 关系式来评估其影响。由于直接起爆能量与反应时间有关,所以降低反应诱导时间 t_{ind} 或放热时间 t_{er} 都可以降低起爆能量 E_v。有很多种化学添加剂可以在高温下使 t_{ind} 降低一个数量级,然而放热时间 t_{er} 对目前所研究的添加剂都不太敏感,因此化学添加剂对 E_v 的降低程度并不如其对 t_{ind} 的影响。试验表明,向简单碳氢气体(甲烷、乙烷、丙烷)内添加少量的有机硝酸盐、亚硝酸盐、含有 NF_2 的复合物以及不饱和或更高碳氢燃料(浓度不超过 $15\% \sim 20\%$)时,可以将球面爆震的起爆能量 E_3 降低到满足实际应用的程度。需要强调的是,这种提升的效果强烈依赖于燃料和添加剂的特性。因此,对于每一种燃料,都有其最适合自身的添加剂类型及最佳浓度。

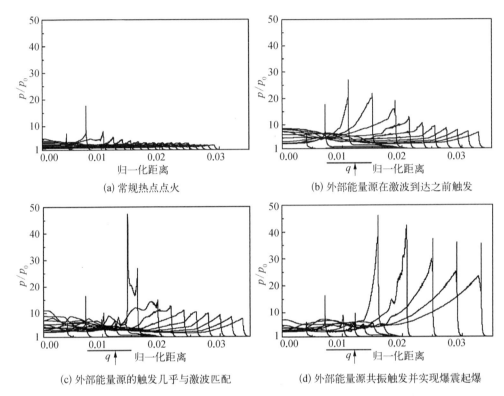

(a) 常规热点点火　　(b) 外部能量源在激波到达之前触发

(c) 外部能量源的触发几乎与激波匹配　　(d) 外部能量源共振触发并实现爆震起爆

图 4.2　外部能量源在不同时刻施加于系统时对爆震起爆的影响[1]

4.2　爆　　燃

4.2.1　一维模型分析

由第 1 章一维燃烧波分析可知,爆燃对应 Hugoniot 曲线的下分支,其反应前锋或火焰面后的压力和密度都低于初始状态值(p_1, ρ_1),同时爆燃波的传播速度相对于前方未燃烧反应物是亚声速的,这表明爆燃波下游边界条件的变化或任何扰动都将影响燃烧波之前反应物的状态。

对于在单端封闭管中传播的爆燃波,由于封闭端处气流速度为零,则气流通过火焰面后的膨胀将使上游反应物发生位移,进而使得反应物也沿着火焰传播方向移动。气流通过火焰面的膨胀也会产生沿火焰传播方向传播的压缩波,多道压缩波的追赶将形成前驱激波(precursor shock wave)。最终单端封闭管中传播的爆燃波的流场,将由前驱激波及其后跟随的火焰锋面组成,火焰在预压缩(不是未扰动初始状态)的反应物中传播。由于火焰面后为亚声速流,为满足封闭端边界条件,故相应的气流速度为零。由于火焰面和前驱激波传播速度的不同,所以火焰面和前驱激波间的距离也逐渐增加。由此,可以得到如图 4.3 所示的单端封闭管中爆燃波传播的一维双不连续模型,图中速度以地面作为坐标参考系。

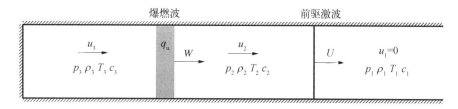

图 4.3　单端封闭管中爆燃波传播的一维双不连续模型

由图 4.3 可以看到,由于前驱激波对未反应物的预压缩,使得爆燃波前反应物状态发生改变,进而导致爆燃后的气体状态有别于第 1 章中 Hugoniot 曲线计算值。对于前驱激波,在运动激波坐标系下,由激波前后状态守恒关系可得

$$\rho_1 U = \rho_2 (U - u_2) \tag{4.13}$$

$$p_1 + \rho_1 U^2 = p_2 + \rho_2 (U - u_2)^2 \tag{4.14}$$

$$h_1 + \frac{U^2}{2} = h_2 + \frac{(U - u_2)^2}{2} \quad h = \frac{\gamma}{\gamma - 1} \frac{p}{\rho} \tag{4.15}$$

其中,U 为前驱激波相对地面坐标系的传播速度;u_2 为激波后气流相对地面坐标系的流动速度;下标 1 和 2 分别代表激波前后状态。根据气动理论,激波前后气动状态都可以用激波传播马赫数 Ma_s 表示,即当已知激波马赫数 $Ma_s = U/c_1$ 时,激波后状态也就确定了。

对于爆燃波,在燃烧波坐标系下可得到如下所示的守恒方程:

$$\rho_2 (W - u_2) = \rho_3 (W - u_3) \tag{4.16}$$

$$p_2 + \rho_2 (W - u_2)^2 = p_3 + \rho_3 (W - u_3)^2 \tag{4.17}$$

$$h_2 + q_u + \frac{(W - u_2)^2}{2} = h_3 + \frac{(W - u_3)^2}{2} \tag{4.18}$$

其中,W 为燃烧波相对地面坐标系的传播速度;u_3 为燃烧波后气流相对地面坐标系的流动速度;下标 2 和 3 分别代表燃烧波前后状态;q_u 为单位质量放热量。

由式(4.16)可得

$$\frac{\rho_2}{\rho_3} = \frac{W - u_3}{W - u_2} \tag{4.19}$$

联立式(4.16)和式(4.17)整理可得

$$\frac{(W - u_2)^2}{c_1^2} = \frac{1}{\gamma_1} \frac{T_2}{T_1} \frac{(p_3/p_2 - 1)}{(1 - \rho_2/\rho_3)} \tag{4.20}$$

联立式(4.19)和式(4.20),能量方程(4.18)可整理得

$$\left(\frac{\rho_2}{\rho_3} - \frac{\gamma_3 - 1}{\gamma_3 + 1}\right)\left(\frac{p_3}{p_2} + \frac{\gamma_3 - 1}{\gamma_3 + 1}\right) = \frac{\gamma_3 - 1}{\gamma_3 + 1}\left(\frac{\gamma_2 + 1}{\gamma_2 - 1} + \frac{2\gamma_2 q_u}{c_2^2} - \frac{\gamma_3 - 1}{\gamma_3 + 1}\right) \tag{4.21}$$

当前驱激波马赫数 Ma_s 给定时,则激波后状态 2 唯一确定,故此时式(4.19)~式(4.21)有四个未知数 W、u_3、ρ_2/ρ_3 及 p_3/p_2。

当爆燃波相对于产物的传播速度为亚声速时,即 $W < c_3$,为满足固壁边界条件,必有

$$u_3 = 0 \quad 当 W < c_3 \tag{4.22a}$$

当爆燃波相对于产物的传播速度为超声速时,即 $W \geqslant c_3$,下游边界条件将不能影响火焰面后状态,火焰后将跟随稀疏波以满足边界条件。相应地,满足这一条件的最小速度称为第一临界火焰速度。稀疏波头传播速度为 $u_3 + c_3$,可以用式(4.22b)CJ 爆燃火焰速度替代式(4.22a)边界条件,即

$$W = u_3 + c_3 \quad 当 W \geqslant c_3 \tag{4.22b}$$

当爆燃波传播速度满足式(4.22b)时,则其为 CJ 爆燃波。相应地,当以火焰前状态作为初始状态(前驱激波后状态)计算 Hugoniot 曲线时,此工况点位于 Rayleigh 线与 Hugoniot 曲线下分支的相切点。由此可以看出,CJ 爆燃波是在前驱激波预压后的反应物(p_2,ρ_2)中传播的,而 CJ 爆震波在未扰动反应物(p_1,ρ_1)中传播。对于给定初始条件的未反应物,存在多个可能的 CJ 爆燃波速,而 CJ 爆震速度仅有一个值。

当 CJ 爆燃波传播速度继续增大时,将会出现火焰传播速度与前驱激波传播速度相当的情况,即

$$U = W = u_3 + c_3 \tag{4.23}$$

其对应的就是第二临界火焰速度,此时前驱激波和火焰面间间距保持不变。可以证明,此时的 CJ 爆燃波速与 CJ 爆震波速相等,所不同的是,CJ 爆震解对应的是以(p_1,ρ_1)为初始状态的 Rayleigh 线与 Hugoniot 曲线在上分支的切点,CJ 爆燃解对应的是以

(p_2, ρ_2) 为初始状态的 Rayleigh 线与 Hugoniot 曲线在下分支的切点。

以上给出了爆燃向爆震转变的一种可能路径。当反应物在封闭端点燃后,火焰加速并达到第一临界火焰速度,此后火焰以 CJ 爆燃波速传播并继续加速,最终达到第二临界火焰速度,爆燃波转变为爆震波。然而在实际中,在爆燃波加速到第二临界火焰速度之前,前驱激波将达到足够的强度,反应物经过前驱激波的绝热压缩将被点燃,此时火焰的传播速度为第三临界火焰速度。

大多数碳氢气体燃料与氧气混合物的自点火温度为 1 200 K 量级,当前驱激波马赫数达到 3.5 时波后气流温度能达到该点火温度,此时前驱激波后的爆燃波传播速度约为第二临界速度的一半。当自点火发生后,反应前锋将与前驱激波耦合起来,其与前驱激波的间距取决于激波后温度所确定的诱导距离。如果前驱激波是由火焰驱动加速到自点火极限,则在火焰之前将出现第二道反应前锋,随后两反应前锋间反应物的剧烈燃烧(爆炸)将产生更强的激波,激波追赶上前驱激波后,爆震将可能被触发。

若 $\gamma_1 = \gamma_2 = \gamma_3 = 1.4$, $q_u = 5.9$ MJ/kg, $\rho_1 = 1$ kg/m^3, Adams 等计算了 p_2、p_3、U、u_2、c_2 和 c_3 随无量纲爆燃速度 W/c_1 的变化关系,如图 4.4 所示。可以看到,第一临界火焰速度为 $W/c_1 = 4.3$,当火焰速度低于此值时,燃烧产物处于静止状态 $(u_3 = 0)$;当火焰速度高于此值时,火焰以 $W = u_3 + c_3$ 大小的 CJ 爆燃波速传播,如图中虚线所示;图中也给出了此时若仍以 $u_3 = 0$ 为条件时的计算结果,如图中实线所示。对比实线和虚线可看出两种条件下计算结果的差异,第二临界火焰速度为 $W = U = 9.1c_1$,此时对应就是 CJ 爆震状态,当 $W/c_1 < 9.1$ 时,$U > W$。

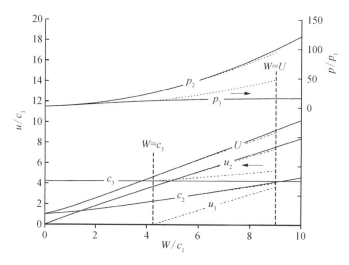

图 4.4　封闭管中激波和火焰参数随火焰速度的变化关系[2]

实线对应式(4.22a)条件,虚线对应式(4.22b)条件

4.2.2　火焰不稳定性

可燃混合物经弱点火源点燃后首先形成亚声速传播的爆燃波。初始爆燃引起的流体压缩效应较弱,若初始流体流动不是湍流,则初始火焰前锋是层流的,即为层流火焰,此时火焰的传播由能量和组分输运控制。然而,膨胀火焰具有固有的不稳定性,燃烧产物的膨胀所引起的气动效应,将使初始光滑的层流火焰面出现皱褶,即所谓的流体动力学不稳定性(Landau-Darrieus instability,L-D不稳定性)。

L-D不稳定性示意图见图4.5。当火焰面出现微小弯曲时,火焰面凸起部分之后的已燃气体内的流线是收敛的,而火焰面凹部分之后的已燃气体内的流线是扩张的,流线的变化将引起火焰面前后压差的变化,并进而产生额外驱动力使得火焰面进一步弯曲。L-D不稳定性可以在自由传播的球形火焰中观察到。根据Landau和Darrieus的线性稳定性分析,平面层流火焰对各种波长的扰动都是不稳定的,然而理论L-D不稳定性所引起的指数型变化在实际中并没有观察到,对于波长远大于层流火焰厚度的扰动,火焰面凹凸部分存在不同的非线性发展差异,这使得扰动稳定在某一水平,小波长扰动将由于热扩散效应而趋于平衡。

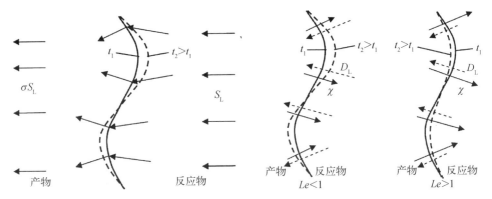

图4.5　流体动力学不稳定性示意图[2]　　图4.6　热扩散不稳定性示意图[2]

热扩散效应也会引起火焰不稳定,即扩散不稳定性(diffusive instability)。对于轻微皱褶火焰面,除了L-D不稳定会引起火焰面前后的气动不平衡,组分和能量扩散通量间也会存在差异,进而引起不同的火焰面变化,这可以通过路易斯数 Le(能量扩散通量 χ 与组分扩散通量 D_L 之比)来表征,如图4.6所示。当 $Le<1$ 时,对于火焰面凸起部分,由于组分质量扩散的增加及热损失的减小,火焰局部温度将增加,进而使得局部燃烧速度增加;对于火焰面凹进部分,火焰局部温度将减小,局部燃烧速度降低,这些都将使得火焰面进一步弯曲。当 $Le>1$ 时,情况正好相反,皱褶的火焰将趋于平滑。

火焰不稳定将引起胞格火焰(cellular flame)现象,图 4.7 给出了不同路易斯数 Le 下火焰传播的初始阶段。从图中可以看到:当 $Le<1$ 时(10%H$_2$+空气),火焰传播结构表现为非定常胞格火焰;当 $Le>1$ 时(70%H$_2$+空气),传播中的火焰面非常光滑;当 Le 接近 1 时,光滑火焰面上形成了一些大扰动。需要指出的是,当特征火焰半径不是很大时,膨胀火焰的 L-D 不稳定性将会被抑制,这取决于佩克莱数 Pe (Peclet number)的大小(火焰半径与火焰厚度之比),当火焰半径非常大时,即 Pe 超过临界值,胞格火焰结构必定会出现。

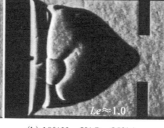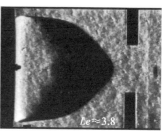

(a) 10%H$_2$-空气　　　　(b) 10%H$_2$-5%O$_2$-85%Ar　　　　(c) 70%H$_2$-空气

图 4.7　火焰传播初始纹影照片[2]

L-D 不稳定性和热扩散不稳定性属于弱不稳定机制,其诱发了火焰传播初始阶段或非受限火焰传播中的不稳定现象。火焰传播过程中会产生声波或弱扰动,对于在受限区域内传播的火焰,声波在壁面或障碍物反射后将与火焰面相互作用,在各种不稳定机制作用下,火焰扰动将被诱发。

对于无障碍物的受限区域(如光管),相对低速的火焰往往会受到声不稳定性影响。在这种不稳定机制下,火焰与声波相互作用将引起火焰扭曲。当声波与放热耦合后,扰动将被放大,通过在壁面安置吸声材料,可以抑制声不稳定性。

对于有障碍物的受限区域,湍流及障碍物引起的湍流将减弱声不稳定性对火焰传播及压力振荡的相对贡献,更强的不稳定机制将作用于火焰的传播,即开尔文-亥姆霍兹(Kelvin-Helmholtz, K-H)不稳定性和瑞利-泰勒(Rayleigh-Taylor, R-T)不稳定性。K-H 不稳定性是在有剪切力的连续流体内部或有速度差的两个不同流体的界面之间发生的不稳定现象。R-T 不稳定性是低密度介质在高密度介质中加速所发生的不稳定现象。在可压缩流体中,激波通过两种不同密度气体(如火焰前后)时就会引起流动不稳定,此时称为里克特迈耶-梅什科夫(Richtmyer-Meshkov, R-M)不稳定性。当火焰通过障碍物或小孔突然加速时,K-H 不稳定性和 R-T 不稳定性都将被诱发,足够强的快速火焰可以产生激波,激波在壁面反射并随后会与火焰相互作用,从而引起火焰的剧烈扭曲并进而使火焰加速,极端情况下可使湍流燃烧转变爆震。

4.3   爆燃向爆震转变现象

早期在爆震的试验研究过程中,一般通过在光管中采用弱点火源以爆燃向爆震转变(DDT)的方式实现爆震的起爆,研究的目标落在火焰加速终了所形成的稳定爆震波。相比于火焰瞬时加速现象的复杂性,采用数学方法可以较容易分析爆震波的稳定传播过程,爆震波的 CJ 理论也就最先被提了出来。由于当时有关湍流的研究还处于初期,同时还未发展有关湍流火焰传播的理论,所以对火焰加速过程知之甚少。

1926 年 Chapman 和 Wheeler 第一次将障碍物(孔板)置于光滑管中以促进火焰的加速。在直径 5 cm 的光管中,甲烷-空气混合物的最大火焰传播速度为 10 m/s 量级。以间距 5 cm 安装孔板障碍物后,他们测量到最大火焰传播速度高于 400 m/s。由于爆震传播存在临界管径,试验中并没有观察到爆震的转变。随后几十年,Shchelkin 和他的同事在爆燃向爆震转变方面开展了非常重要的研究工作。Shchelkin 认为,火焰前未燃反应物中的湍流振荡控制着火焰加速,湍流振荡将使火焰面积增加,由于未燃反应物的速度与火焰速度有关,所以火焰速度与火焰面积存在反馈回路,这就形成了有效的火焰加速。为了强化火焰前未燃反应物中湍流流动,1940 年,Shchelkin 通过在管内安装金属螺旋线以增大壁面粗糙度,这种所谓的 Shchelkin 螺旋已普遍用于脉冲爆震燃烧室中以缩短爆燃向爆震转变距离。

早期在研究光管中 DDT 现象时,火焰的加速及其向爆震的转变是通过基于不同位置传感器数据获得的离散火焰传播速度来表征的,更直观的是借助条纹成像技术获得连续的火焰和激波传播图像,采用这些测量方法能够获得 DDT 过程中的一维特征,如图 4.8 和图 4.9 所示。

光管内典型 DDT 过程火焰传播条纹照片如图 4.8 所示(Lee 等于 1966 年获得),图片纵坐标为时间,横坐标为光管轴线方向,可爆混合物为 $C_2H_2-O_2$,火焰自左向右传播。孔板(对应图 4.8 中的位置 3)上游为爆震燃烧,爆震波传播到孔板后发生反射,燃烧产物经小孔(图 4.8 中的位置 2)排出后形成热产物射流并点燃下游混合物。点燃后,初始形成的层流火焰将加速传播,并转变为湍流火焰(图 4.8 中的位置 5),在图中位置 6 处实现爆震触发。初始形成的过驱动爆震(图 4.8 中的位置 7)逐渐衰减为 CJ 爆震。爆震触发时也形成了回传爆震波(retonation wave,图 4.8 中的位置 9),其传向燃烧产物中。爆震触发时也形成了横波,其在管壁间来回反射并对产物进行压缩,形成了周期的发光带。从点火位置 2 到爆震触发位置 6 之间的距离称为起爆距离(run-up distance)L_{DDT},起爆距离不仅与可爆混合物的特性有关,还取决于初始和边界条件(如点火源的类型、强度和位置,管道的几何形状,壁面粗糙度以及管道是否封闭等)。

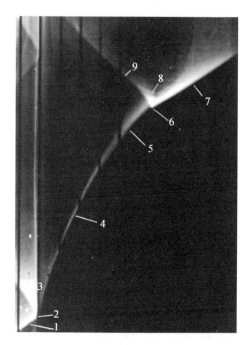

图 4.8　热燃烧产物射流点火方式下典型 DDT 过程条纹照片[3]

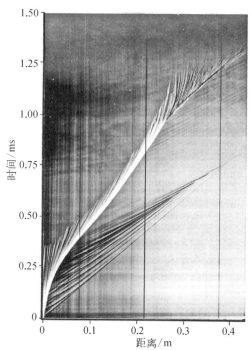

图 4.9　DDT 过程中火焰燃烧速率增加所引起压力变化的条纹纹影照片[3]

　　火焰加速最重要的特征就是在火焰前锋形成了压力波,图 4.9 给出了 2005 年 Urtiew 等获得的条纹纹影照片。电火花点火后形成了球形火焰,由于球形火焰持续加速,所以形成了一系列的压缩波,在位置 0.1 m 处(或者 0.5 ms 处)初始球形火焰碰撞到管壁后,火焰传播速度衰减。在 1 ms 时刻,由于火焰转变为湍流火焰,火焰传播速度再一次加速,并形成一系列压缩波。

　　20 世纪 60 年代,频闪纹影成像技术(stroboscopic flash Schlieren photograpy)被引入到 DDT 试验研究中。1966 年,Urtiew 和 Oppenheim 给出了爆震触发时高分辨率频闪纹影照片,如图 4.10 所示,照片清晰显示出激波火焰复合区域内的局部爆炸(即爆炸中的爆炸)导致了爆震的触发,局部爆炸可能发生在火焰前锋处或激波前锋处,这开启了 DDT 研究的新阶段。

　　图 4.10(a)给出了一种爆震触发方式。从最上一帧可以看到,在强波纹湍流火焰(corrugated turbulent flame)之前有多道激波,在上壁面处的火焰尖部已经产生曲面激波(产生过程图中并未给出),曲面激波在下壁面反射形成马赫杆和反射激波。5 μs 之后(第二帧),由于曲面激波对反应物的进一步增压增温,在上壁面处的火焰尖部处发生爆炸,并发展为爆震波,爆震波后紧随横波。随后,爆震波扫过整个通道并追赶上之前的激波。从图中也可以看到由爆炸形成的向上游传播的回传爆震波。

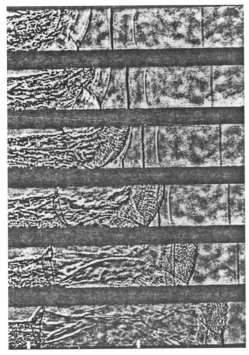 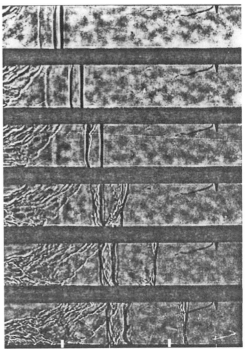

(a) 火焰前锋位置触发   (b) 激波间触发

图 4.10   初压 82.7 mmHg[①] 的等摩尔 H₂ – O₂ 混合物中爆震触发过程的频闪纹影照片[2]

帧间隔 5 μs,最下一帧中的白色标记间距 5 cm

图 4.10(b)给出了由于两激波合并而触发爆震的过程。从最上面一帧可以看到,火焰刚传播到左上角,火焰右侧不连续间断为两激波合并后形成的前驱激波,两激波合并后还形成了前驱激波之后的第二道接触间断面(contact discontinuity),相比于火焰之前任何区域的未燃气体,接触间断面的温度更高。从第三帧可以看到,在上壁面接触间断面处发生点火,并形成了平面爆震波。

20 世纪 80 年代初,针对工业爆炸安全,障碍物对火焰加速并引起 DDT 过程的现象得到了显著关注。1981 年第一届国际燃料空气爆炸专家会议上多篇论文涉及障碍物对火焰加速的影响。随后 Lee 等对安装有孔板型障碍物(间距等于管径)的管内火焰加速和 DDT 过程进行了深入研究,研究了燃料类型、反应物组成、管径及孔板阻塞比等对火焰速度的影响。结果表明,要实现 DDT 转变,首先在爆震触发前,火焰必须加速到足够高的速度,该速度至少为燃烧产物声速量级;其次孔板开孔直径必须足够大,至少应为反应物胞格尺寸量级。

DDT 过程非常复杂,爆燃可以以各种方式实现向爆震的转变,因此不可能建立

① 1 mmHg = 1.333 22×10² Pa。

描述 DDT 现象的统一理论。根据 1980 年 Lee 等和 1991 年 Shepherd 等对 DDT 过程特征的详细综述，DDT 现象通常可以分成两个阶段：① 爆震触发条件形成阶段，这可以通过火焰加速、涡旋的产生、热射流的形成及反应物与产物的掺混来实现；② 爆震的触发阶段，第一阶段与研究对象特定的初始和边界条件有关，光管、障碍物管及大空间中的各自火焰加速过程受不同的物理机制控制，相比之下，爆震触发阶段是以一种更普遍的方式发生的[2]。

4.4　光管内的火焰加速

4.4.1　火焰加速过程

光管内反应物经弱点火源点燃后，初始形成的光滑层流火焰面在 L-D 不稳定机制下将出现皱褶，热扩散效应可以抑制或放大火焰面处的不稳定。火焰面的不稳定形成了胞格火焰，随着胞格火焰的发展，火焰面生长，同时燃烧产物膨胀引起气流的加速流动。然而，L-D 不稳定性所引起的扰动增长是有限的，此机制引起的火焰面生长速率非常慢。燃烧产物的热膨胀将驱动未燃燃气流动，这种流动与受限界面的相互作用将使火焰面进一步生长，进而引起气流速度和火焰速度的适度增加。Bychkov 等和 Akkerman 等曾分析过火焰加速过程中的初始层流火焰传播阶段。当火焰传播到管壁时，火焰面演化将使火焰传播速度降低，若存在管壁热损失，额外的速度损失将会发生，层流郁金香形火焰可能暂时出现，其发生机制与湍流郁金香形火焰是不同的。

图 4.11 定性给出了火焰加速过程的气流演化。反应物被点燃后，燃烧产物的膨胀产生前传压缩波，以声速传播的压缩波将驱使未燃燃气流动，最初气流沿轴线速度分布 $u(x)$ 比较平滑，如图 4.11 中 t_1 时刻所示。当管道足够长时，随着火焰加速及一系列压缩波的影响，速度分布曲线 $u(x)$ 将随着时间变得越来越陡峭。在某一时刻，多道压缩波的追赶最终形成前驱激波，气流速度分布出现阶跃，如图 4.11 中 t_2 时刻所示。气流流动与壁面相互作用将形成湍流边界层，火焰位置处的边界层厚度（图中 Δ）随时间增长。火焰与边界层相互作用使得靠近管壁的燃烧速率显著增加，形成了湍流郁金香火焰形状，如图 4.11 中 t_3 时刻所示，Salamandra 等最先报道过这种火焰形状，其形状如图 4.12 所示。

图 4.12 给出了湍流郁金香火焰传播时序阴影图（帧间隔 0.1 ms）。火焰在初压 0.6 bar 的恰当比 H_2-O_2 混合物中由左向右传播，管壁粗糙度 1 mm，火焰前锋传播速度约为 320 m/s，图中上壁面黑色区域和下壁面较亮区域为边界层。需要指出的是，当火焰在管内传播时，核心流将形成湍流，进而可能产生不同的火焰形状，这取决于反应物特性及管道尺寸，湍流郁金香火焰形状可能会形成，并在随后火焰传播阶段消失。

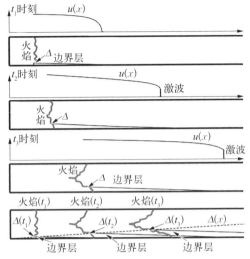

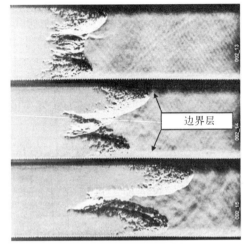

图 4.11   火焰加速和边界层演化示意图[2]   图 4.12   加速火焰阴影时序图[2]

Shchelkin、Salamandra 及 Soloukhin 指出,光滑管中的火焰加速受到管壁粗糙度的强烈影响。在相同条件下,管壁粗糙度越大,边界层的增长越快,因此管壁粗糙度是控制火焰加速快慢的一个重要参数。对于阻塞比相对较小的障碍物管(小于10%),其管内火焰加速过程的特征及火焰结构与光滑管中非常相似,障碍物增加了管壁的粗糙度进而使边界层更快地增长。

4.4.2   加速到超声速火焰的距离

当管子足够长时,典型燃料-空气混合物中的火焰可以加速达到 600~1 000 m/s。若管径足够大,试验观察到,一旦火焰速度达到燃烧产物声速量级(相对未燃反应物为超声速火焰),爆震燃烧将会形成。在光管中,火焰加速到 600~1 000 m/s 后往往会观察到爆震的触发,尽管在爆震燃烧模式建立之前,有时火焰仍需传播一定距离,但当前大部分文献给出的火焰加速到超声速火焰(达到燃烧产物声速量级)的距离数据指的就是起爆距离 L_{DDT},即基于爆震触发位置计算。

早期试验研究过无障碍物管内管径、初压和温度对起爆距离 L_{DDT} 的影响。试验数据表明,混合物初压 p 降低,起爆距离 L_{DDT} 减小。若将它们之间的关系用指数形式描述,则有 $L_{DDT} \propto p^{-m}$,初压 p 为 0.1~6.5 bar,m 为 0.4~0.8,具体值与混合物特性有关。这些试验也发现,管径越大,起爆距离越长,起爆距离与管径之比 L_{DDT}/d 为 15~40。但 Bollinger 等指出,只有富油 H_2 混合物的起爆距离与管径有关。管径对起爆距离的不同影响趋势表明,可能存在其他隐含的影响因素,如管壁粗糙度和管长。Salamandra 等指出,短管中火焰与管端壁反射压力波的相互作用可以促进爆燃向爆震转变。

Lindstedt 等和 Kuznetsov 等对管内的火焰加速进行了系统化研究,并对管壁粗糙度进行参数化,这些研究给出了火焰加速的详细描述,进而可以获得火焰速度与传播距离的函数关系。2007 年,Dorofeev 基于这些试验所获得的数据分析了反应物特性、管道尺寸及粗糙度对火焰加速到超声速距离的影响,建立了计算火焰加速到燃烧产物声速 c_p 时传播距离的简单分析模型,如图 4.13 所示。

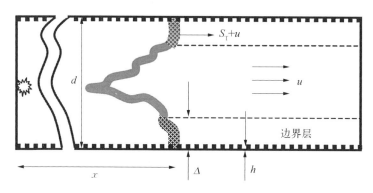

图 4.13 火焰传播模型示意图[2]

图 4.13 给出了火焰传播到距离点火位置 x 处的模型示意图,其中管径为 d,管壁粗糙度为 h,当火焰传播到图中位置时火焰前边界层厚度为 Δ。气流与边界层相互作用后,边界层厚度随时间逐渐增长,边界层内火焰相对于未燃反应物的传播速度为 S_T,其相对静止坐标系的传播速度为 S_T+u,其中 u 为火焰前气流速度,气流核心处的燃烧速度小于边界层处的 S_T。模型以 Bradley 的湍流速度关系式和边界层厚度为未知参数建立了管内气流流动平衡关系。

定义 x_S 为火焰速度加速到燃烧产物声速时的传播距离,则最终可以获得如下所示的无量纲传播距离,即

$$\frac{x_S}{d} = \frac{\xi}{C}\left[\frac{1}{\kappa}\ln\left(\xi\frac{d}{h}\right) + K\right] \tag{4.24}$$

其中,κ、K 和 C 为与反应物组分无关的常数:$\kappa=0.4$, $K=5.5$ 及 $C=0.2$;d/h 可以以阻塞比表达,即 $d/h = 2/[1 - (1 - BR)^{1/2}]$。$\xi = \Delta/d$ 可进一步表达为

$$\xi = \left[\frac{c_p}{\eta(\sigma - 1)^2 S_L}\left(\frac{\delta}{d}\right)^{1/3}\right]^{1/(2m+7/3)} \tag{4.25}$$

其中,S_L 为层流火焰速度;$\delta = v/S_L$ 为层流火焰厚度;v 为运动黏性系数;η 和 m 为未知参数,由试验数据确定,可取为 $\eta=2.1$, $m=-0.18$。模型所预测的传播距离与试验测量值间的误差在 $\pm25\%$。

图 4.14 给出了应用式(4.24)和式(4.25)所计算的恰当比 CH_4、C_3H_8、C_2H_4 及 H_2 与空气混合物中无量纲火焰传播距离与管径间的关系。从图中可以看到,CH_4 和 C_3H_8 空气混合物的传播距离与管径之比 x_S/d 为 C_2H_4 及 H_2 空气混合物中的两倍,这就是没有光管内这些混合物中火焰传播距离可靠数据的原因。1981 年,Bartknecht 给出了湍流燃料空气混合物(H_2、CH_4 及 C_3H_8)中火焰加速传播距离 x_S。由于点火时混合物已经是湍流流动,所以其试验数据不能与模型预测结果直接对比,但若将初始反应物湍流引起的初始燃烧速度增加等效为 S_{Leff},约为 $S_{Leff} = 2.5S_L$,则模型预测值与试验数据较符合。

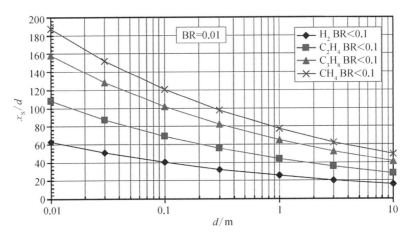

图 4.14　阻塞比为 0.01 时模型计算的火焰传播距离与管径的关系曲线

4.5　障碍物管内的火焰加速

4.5.1　火焰加速过程

障碍物管中的火焰加速机制在定性上已经理解比较清楚,图 4.15 分别给出了两种工况下带障碍物管中火焰传播阴影时序图。弱点火源点火后,初始火焰传播与光管中类似,初始形成的光滑层流火焰面在 L−D 不稳定机制下将出现皱褶,而热扩散效应可以抑制或放大火焰面处的不稳定。火焰面的不稳定形成了胞格火焰,如图 4.15(a)所示,胞格火焰将使火焰面生长。当膨胀火焰通过障碍物后,将使火焰面迅速增长,燃烧产物的热膨胀将使未燃气体流动,障碍物附近的气流流动进一步使火焰面增长,这使得气流速度和火焰传播速度进一步增加,这种反馈机制可以使火焰持续加速。此外 K−H 不稳定机制和 R−M 不稳定机制也会使火焰面增长。

在火焰传播初始阶段,图 4.15 阴影图仅能获得火焰之后燃烧产物的流动特征。为获得火焰之前未燃燃气的流动特征,Johansen 等采用了一种新的测试技术。

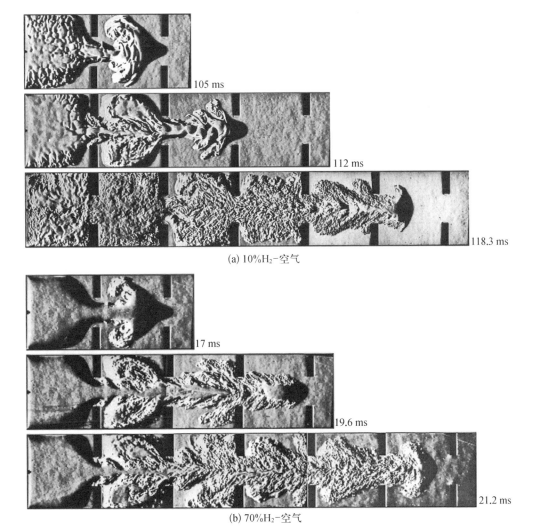

105 ms

112 ms

118.3 ms

(a) 10%H$_2$-空气

17 ms

19.6 ms

21.2 ms

(b) 70%H$_2$-空气

图 4.15　障碍物管中火焰传播阴影图(阻塞比 **BR = 0.6**,管道宽度 **80 mm**)[2]

试验中,在点火前将氦气填充到两个障碍物之间,进而形成由可爆燃气和氦气组成的低密度气泡,如图 4.16(a)所示。当点燃后,燃烧产物膨胀将驱动气流流动,氦气稀释的燃气将向下游流动,而未稀释的燃气将流入原氦气稀释燃气所占的空间。流体的突然流动将在每一个障碍物下游形成漩涡对,这可以从图 4.16(a)示意图和图 4.16(b)纹影图看出。这些漩涡将成长为大的回流区并最终占据相邻障碍物与同侧壁面所围成的空间,同时湍流剪切层将使回流区和核心流分离,这从图 4.16(b)最后一帧可以看出。当火焰在其初始传播阶段进入漩涡中时,例如紧邻点火端的障碍物区,火焰将被拖拽入漩涡中并使其中的燃气燃烧,如图 4.15 中第一帧所示。如果火焰在剪切层形成后到达漩涡位置,则火焰先在核心流中传播,随后传入回流区。在火焰传播的以后阶段,火焰前的气流流动将出现很大的随机性,进而形成强湍流,如图 4.17 所示。

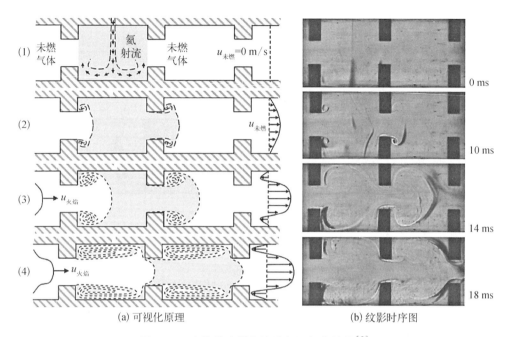

(a) 可视化原理   (b) 纹影时序图

图 4.16   火焰前未燃气流流场可视化结果[2]

湍流增加了火焰面面积和质量/能量输运,进而提高了局部燃烧速率,燃烧速率的增加使未燃燃气的流体速度进一步升高,这种湍流反馈机制使火焰传播速度加速。然而湍流燃烧速度 S_T 一般存在极限值,湍流燃烧饱和速度通常为层流燃烧速度的 $10\sim20$ 倍,湍流强度的进一步增加将会导致局部燃烧过程的淬熄,进而使有效放热速率降低。在不同的反应物特性和边界条件影响下,火焰与未燃燃气中湍流的相互作用将导致弱火焰加速或强火焰加速。

弱火焰加速将产生传播速度相对较慢的非定常湍流火焰(低速火焰)。这种湍流火焰在高湍流未燃燃气中传播时已接近淬熄极限,因此不完全燃烧或火焰传播某阶段的淬熄常常会被观察到。然而,火焰常常会在障碍物间来回运动进而使原未燃燃气燃烧。图 4.17 给出了弱火焰加速阴影图,图中左端边界距离点火 $1.6\,\mathrm{m}$,可爆混合物为 $10\%\mathrm{H_2}$-空气,火焰以约 $100\,\mathrm{m/s}$ 传播速度穿过管道的中心部分,并在其后留下未燃燃气,随后火焰回传点燃其中部分未燃燃气。

强火焰加速产生的快速湍流火焰为超声速燃烧波(快速火焰),其由前驱激波和跟随的湍流火焰刷组成。尽管火焰刷的燃烧速率受能量和组分的分子输运控制,但整体放热速率足以形成超声速传播的火焰。此时火焰传播速度通常接近燃烧产物声速,有时还存在强速度振荡的不稳定传播模态。当条件合适时,这种快速湍流爆燃模态可以转变为爆震。图 4.18 给出了强火焰加速阴影图,图中左端边界距离点火 2.4 m,可爆混合物为 70%H_2-空气,从图中可以看到尾随激波系的湍流火焰,平均火焰传播速度约为 800 m/s。

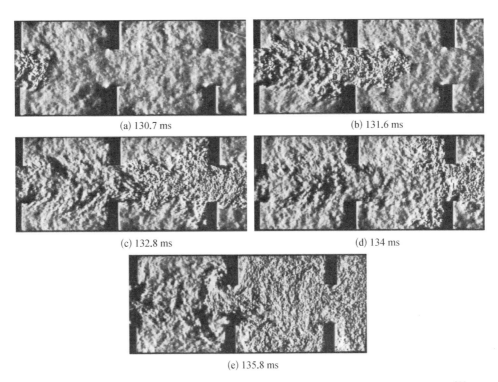

(a) 130.7 ms　　　　　　　　　　(b) 131.6 ms

(c) 132.8 ms　　　　　　　　　　(d) 134 ms

(e) 135.8 ms

图 4.17　阻塞比 BR=0.6 障碍物管中 10%H_2-空气混合物中低速爆燃传播阴影图[2]

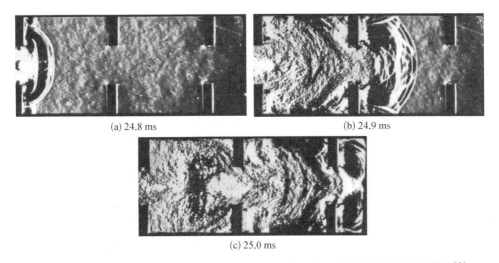

(a) 24.8 ms　　　　　　　　　　(b) 24.9 ms

(c) 25.0 ms

图 4.18　阻塞比 BR=0.6 障碍物管内 70%H_2-空气混合物中快速爆燃传播阴影图[2]

4.5.2　火焰传播特征

Lee 等和 Peraldi 等提出孔板型障碍物管中存在几种火焰传播模态。图 4.19 给出了相似孔板阻塞比下,环境状态丙烷-空气混合物在不同管径管中的火焰最终传播速度,可以看到存在四种火焰传播模态:火焰淬熄、壅塞火焰(chocked flame)、准爆震(quasi-detonation)及 CJ 爆震。

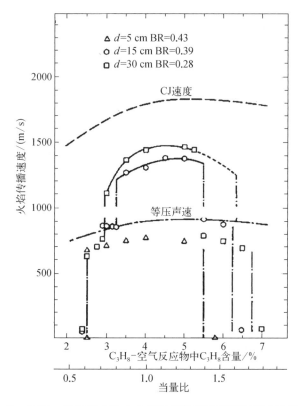

图 4.19　C_3H_8-空气混合物中火焰最终传播速度与丙烷含量关系[2]

在淬熄模态下,火焰首先加速一段距离,随后发生熄灭。1985 年,Lee 等认为,此模式下火焰能够传播是由于燃气在相连腔道(由高阻塞比孔板障碍物围成)内连续点燃而得以维持的。当燃烧产物以射流形式从一腔道流入含未燃燃气的紧邻腔道内时,腔道内的未燃气将被点燃。当燃烧产物与未燃气的掺混时间小于化学反应时间时,火焰淬熄将会发生,火焰传播也会终止。Matsukov 等指出:在阻塞比 BR=0.9 的管道内观察到这种淬熄现象;当 BR 等于 0.6 和 0.3 时,并未观察到射流现象,燃烧并不是以腔道到腔道的方式延续下去的,而是以图 4.17 所示的火焰结构传播的,此时火焰会发生局部淬熄,进而导致不完全燃烧甚至火焰完全熄灭。

如果火焰淬熄没有发生,则火焰能加速到燃烧产物声速量级(600～1 000 m/s)

的稳定传播速度。当光滑管中火焰加速到此速度量级时,爆燃通常会转变为爆震。然而在障碍物管中,湍流可以使火焰以此速度无限稳定地传播下去,Lee 等将这种燃烧模式称为壅塞火焰。在这种火焰传播模式下,湍流火焰刷之前会形成压缩波,如图 4.18 所示。光滑管中的火焰-激波结构相对来说是比较有序的,而在障碍物管中,火焰之前的激波将在障碍物和管壁间来回反射,因此激波会向各个方向发散。1993 年,Chue 等试验发现,壅塞模态下火焰最终的稳定传播速度不受管径和管壁粗糙度影响,故认为这种激波-火焰结构为 CJ 爆燃,相比于湍流输运的影响,火焰的传播更主要由混合物释热控制。

当孔板开孔直径大于混合物胞格尺寸时,DDT 将会发生。对于图 4.19 中管径 5 cm 的障碍物管,这一条件并不满足,所以未出现爆震传播模式。对于管径 15 cm 和 30 cm 的障碍物管,相比于 CJ 爆震,管内形成爆震的传播速度存在较大亏损,属于准爆震模式,阻塞比越大,这种速度亏损也越大。1988 年,Gu 等试验研究了孔板间距分别为 0.5、1 及 2 倍管径时的爆震速度亏损,发现爆震速度亏损与孔板间距成反比。光管中的爆震速度亏损较小,一般为 1%~2%,这是由边界层效应引起的,粗糙壁面引起的动量及热损失可能进一步增大速度亏损。但对于带大阻塞比孔板障碍物的管道,试验发现,速度亏损是由于爆震波在传播过程中存在淬熄和再起爆。当孔板直径大于临界管径时,爆震波的传播速度将接近 CJ 速度,这是因为当流通管径大于临界管径后爆震波的传播与壁面边界条件无关。

壅塞火焰通常用来描述障碍物管内以低于燃烧产物等压声速的速度传播的快速火焰,然而障碍物管内这种高速湍流爆燃的传播机制还不是很清楚。快速火焰的传播速度与障碍物几何形状有关,它与准爆震的不同点在于,快速火焰前方的前驱激波强度相对较弱,激波强度不足以实现混合物的自点火。Teodorczyk 等认为高速爆燃的点火机制是由于障碍物引起的燃烧产物与反应物掺混,常规湍流火焰由于传播速度太慢,所以不足以提供高超声速传播火焰所需的快速燃烧速率。2002 年,Veser 认为,当足够大的火焰面快速发展时,低速常规湍流火焰也可以提供足够的燃烧速率。通过对带孔板障碍物管内以给定速度 S_T 传播的湍流火焰的三维数值仿真计算表明,火焰面会通过自我修正来满足火焰传播的需求,火焰传播速度 S_T 越高,火焰面越大;反之亦然,这使得火焰传播速度可以接近燃烧产物声速。

4.5.3　火焰速度与传播距离关系

Kuznetsov 等在 1999 年和 2002 年分别试验研究了氢燃料-空气混合物和碳氢燃料-空气混合物中湍流火焰传播特性。在安装不同结构障碍物管内可以观察到不同的火焰行为。图 4.20 是 H_2-空气可爆混合物中阻塞比 BR 为 0.3 和 0.6 时火焰传播到管内不同位置时的传播速度。图 4.21 是 C_3H_8-空气可爆混合物中的结果。

(a) BR=0.3 (b) BR=0.6

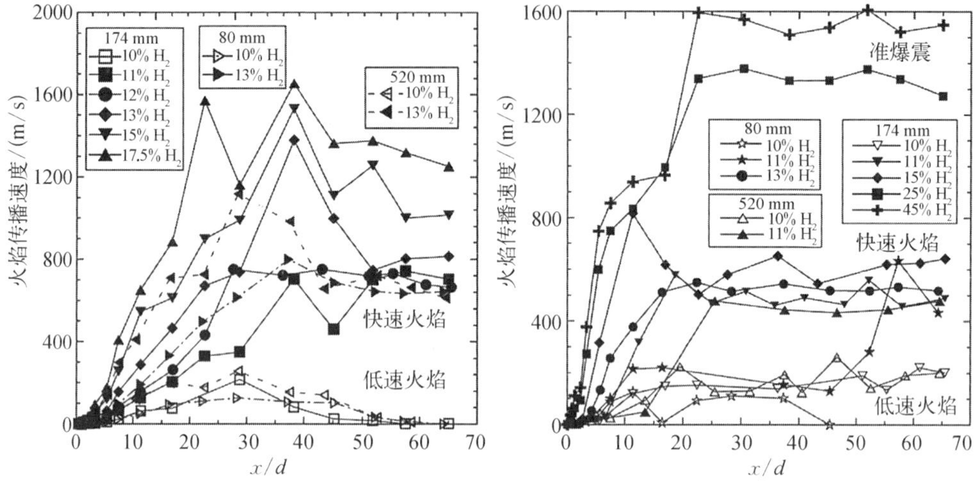

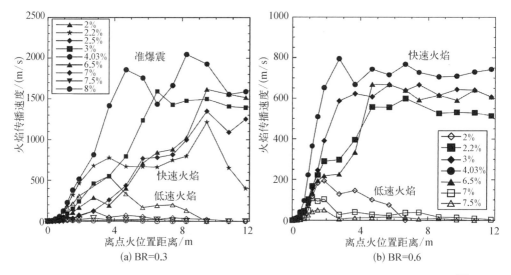

图 4.20 H_2-空气可爆混合物中不同位置处火焰传播速度

(a) BR=0.3 (b) BR=0.6

图 4.21 C_3H_8-空气可爆混合物中不同位置处火焰传播速度(管道直径 174 mm)[2]

从图 4.20 和图 4.21 可以看到,火焰加速存在低速亚声速火焰、快速超声速火焰(壅塞火焰)及准爆震。在一些低速火焰情况下,火焰会发生淬熄。低速火焰和快速火焰的区别比较明显,但对于 BR=0.3 情况,快速火焰和准爆震不容易区分。相比于阻塞比小于 0.6 的情况,阻塞比较大时(BR=0.6 和 0.9),更容易发生不稳定低速火焰。当 BR≤0.1 时,试验未观察到火焰淬熄,同时壅塞火焰也未观察到,火焰会持续加速,类似于光滑管中的情况。

虽然火焰最终所加速到的稳定传播状态区别不大,但火焰加速过程存在很大区别,正如前面所提到的,可分为弱火焰加速和强火焰加速。在弱火焰加速情况下,火焰由初始状态迅速加速到层流火焰,但其传播速度仍低于反应物声速值,这意味着能量释放热速率较慢,燃烧不能产生足够强度的压缩波系。而在强火焰加速情况下,能量释放速率非常快,火焰能够产生强压缩波系及强前驱激波,进而能够形成快速超声速爆燃,也可能转变为爆震。

4.5.4　加速到超声速火焰的距离

光滑管中,通常很难区分火焰加速到燃烧产物声速的距离 x_S 和起爆距离 L_{DDT},但在障碍物管中,其间差异往往是比较明显的,如图 4.21(a)所示。2002 年,Veser 等首先指出了这种差异,并通过试验和数值模拟研究了障碍物管中火焰加速到燃烧产物声速时的最小传播距离 x_S。试验在直径 0.35 m、长 12 m 的障碍物管中进行,孔板障碍物阻塞比分别为 0.3、0.45、0.6 及 0.75。Veser 等也提出了孔板障碍物管中的火焰传播模型,如图 4.22 所示。模型假设火焰为变形锥体形状,火焰持续延伸,直到火焰尖部传播速度达到燃烧产物声速,基于此时火焰尖部所到达的位置预估火焰传播距离,此后火焰不再延伸,并以准稳态速度向下游传播。

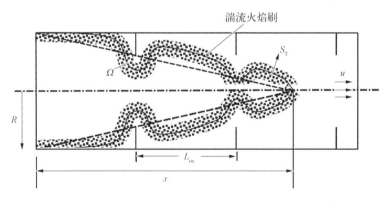

图 4.22　孔板型障碍物管中火焰面 Ω 传播模型示意图[2]

图 4.22 火焰传播模型下的无量纲火焰传播距离与混合物特性有关,如层流火焰传播速度 S_L、产物与反应物的密度比 σ 及燃烧产物声速 c_p。当阻塞比较大时,在火焰加速初始阶段,模型假设湍流火焰速度 S_T 约为 $10S_L$ 量级的饱和值。此后火焰加速主要由湍流火焰刷的面积增长引起,正如图 4.17、图 4.18 和图 4.22 所示。无量纲火焰加速距离为

$$\frac{x_S}{R}\frac{10S_L(\sigma-1)}{c_p} \approx a\,\frac{1-BR}{1+b\cdot BR} \tag{4.26}$$

其中,R 为管半径;a 和 b 为未知参数。基于阻塞比 BR 在 0.3~0.75 的试验和三维

数值仿真数据,研究发现,等式(4.26)左侧计算值位于数据的±25%范围之内。当$a=2$和$b=1.5$时,式(4.26)右侧给出的BR影响与数据符合较好。

2005年,Card等研究了不同燃料-空气混合物在不同初温和初压下的火焰加速和DDT过程。燃料包括H_2、C_2H_4、C_2H_2及JP-10,初温最高达到573 K,初压最高达到2 atm,试验在内径10 cm、长3.1 m的带等间距布置孔板障碍物的加热管中进行。研究发现,碳氢燃料下的试验结果非常符合式(4.26),对于H_2燃料,当温度为473 K(特别是573 K)时,试验结果与式(4.26)不符。

2005年,Ciccarelli等研究了障碍物大小和间距对火焰加速初始阶段的影响(火焰传播速度达到未反应物声速)。研究发现:阻塞比BR越大,火焰传播距离越小;当BR为0.6和0.75时,火焰传播距离随障碍物间距L_{os}的增加略微减小,而当BR=0.43时变化趋势相反。在更大阻塞比下,Ciccarelli等认为火焰折叠是火焰加速早期阶段的关键机制。当孔板下游未燃燃气回流区预测长度约等于孔板间距时,火焰获得最佳加速过程。当回流区小于孔板间距时,火焰的一部分将与壁面碰撞进而抑制火焰面增长。当孔板间距太小时,回流区将在孔板间延伸进而抑制核心流的膨胀和收缩。Veser等并没有分析孔板间距L_{os}不等于管径d的情况,对于$d \neq L_{os}$的火焰面预估,可以用$b \cdot d/L_{os}$代替公式(4.26)右侧的b,这使得x_S/d随L_{os}/d的增加而缓慢增加,当L_{os}/d在0.5~1.5变化时,x_S/d的变化在±20%之内。

式(4.26)给出了各种因素影响下的火焰加速到燃烧产物声速量级时火焰传播距离的简单尺度关系,其预测的准确度在±50%以内,然而当S_L未知时(高初始温度或敏感混合物),式(4.26)的预估可能不正确。图4.23给出了恰当比CH_4、C_3H_8、C_2H_4及H_2与空气混合物中不同BR下预估的x_S/d,其中当BR<0.1时,基于式(4.24)式(4.25)计算,当BR>0.3时,采用式(4.26)计算。可以看到光滑管中的火焰传播距离远大于障碍物管中,这与试验观察到的趋势是一致的。

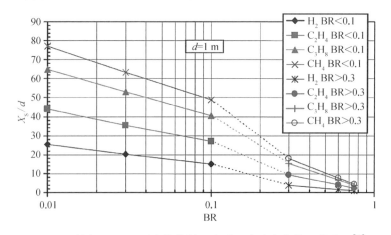

图4.23   管径$d=1$ m时火焰传播距离随阻塞比变化的预估关系[2]

4.6　弯管内的火焰加速

4.6.1　火焰加速过程

为缩短直管脉冲爆震室的轴向长度,实际应用中会采用弯曲或螺旋构型的爆震室结构。对于连续旋转爆震室,燃烧波将在环形爆震室内连续传播。对于直管道内的火焰加速,燃烧产物膨胀将驱动燃烧波前方未燃反应物流动,由于管道结构沿轴线对称,因此加速过程的火焰面基本是轴对称的。对于弯曲管道,管道结构及未燃反应物流动都是非对称的,这必然会给火焰传播加速过程带来影响。

对于弯曲管中火焰加速的研究可以追溯到 20 世纪 90 年代。Phylaktou 等[4]采用一段直光管接 90°弯管的试验装置,研究了弯道对甲烷-空气预混火焰传播的影响。试验发现弯道能显著提升火焰加速过程,火焰在弯道内壁面处(通道大曲率一侧)的传播速度远高于弯道外壁面(弯道小曲率一侧),这主要由火焰面前的未燃反应物内外壁面间高压差引起(外壁面处压力高)。Sato 等[5]也对 90°弯管内甲烷空气预混火焰传播进行了数值与试验对比研究,其认为弯道内火焰面前未燃反应物流场特征决定了火焰传播特征,弯道内壁面附近反应物更高的流速导致内壁处更高的火焰传播速度,弯道内火焰面持续拉伸促进了火焰传播速度的快速提升。Xiao 等[6]对预混丙烷空气四瓣郁金香形火焰在 90°弯管内的传播进行了数值与试验对比研究,研究表明,靠近外壁面小曲率一侧的火焰锋面将被抑制,火焰传播将由内壁面大曲率一侧火焰锋面主导,四瓣郁金香形火焰转变为两瓣舌形火焰,其认为壁面热损失是一个重要的影响因素。一些研究认为,壁面弯曲引起的湍流及漩涡也是引起弯道内火焰加速的原因。

针对全环道内的火焰加速过程,Gai[7,8]及 Pan 等[9,10]进行了大量的试验研究。图 4.24(a)给出了近 360°封闭环形管道内的乙炔空气预混火焰传播单次实验自发光图。整个火焰传播过程包括射流点火阶段、初始的火焰缓慢加速阶段、进气段二次点火阶段、火焰稳定传播阶段、火焰前锋处新火焰前锋形成阶段、火焰再次加速及减速阶段。初始低速射流火焰进入环道后,火焰撞击到内壁面,破坏了火焰原有的薄火焰面结构,显著增大了火焰燃烧面积,这种热释放速率的增加有助于火焰的加速传播。从图 4.24 中 0~1.77 ms 的图像可以看到,射流点火产生的环道内初始火焰面是比较复杂的,但随着火焰向下游传播,火焰面最终将转变为靠近内壁面一侧的"舌形"火焰。燃烧膨胀将持续产生压缩波诱使燃烧波前气流流速增大,进而使得火焰传播速度增大。由于管道下游封闭,压缩波反传、反应物流动滞止,进而在火焰尖峰诱导新的火核,如图 4.24(b)阴影图所示。当试验打开环道下游出口时,燃烧波前反应物未流动滞止,火焰锋面仅仅表现为褶皱的增加,如图 4.24(c)所示。当反应物当量比增加到 1.1 时,反传压缩波增强,火焰前锋特征变化类似,如图 4.24(d)、(e)阴影图所示。

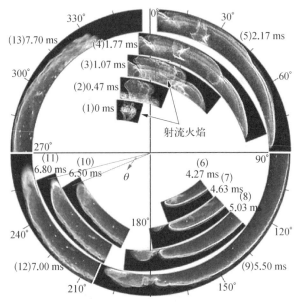

(a) 当量比0.8火焰自发光图(封闭管道)

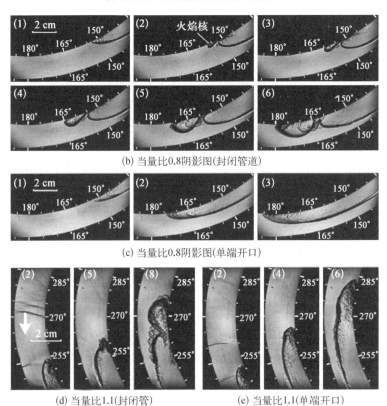

(b) 当量比0.8阴影图(封闭管道)

(c) 当量比0.8阴影图(单端开口)

(d) 当量比1.1(封闭管)　　(e) 当量比1.1(单端开口)

图 4.24　乙炔空气预混火焰传播[7]

当反应物为恰当比乙炔富氧空气时,图 4.25(a)给出了与图 4.24(a)相同环道结构下(内外壁面直径分别为 216 mm 和 256 mm)的火焰加速过程阴影图,该图为相同工况下多次试验结果的拼接图。试验采用头部火花点火方式,整个火焰传播过程包括初始火核形成阶段、球形火焰传播阶段、指尖型火焰传播阶段、舌形火焰加速传播阶段、爆燃向爆震转变阶段及爆震波传播阶段。图 4.25(b)给出了同样环道宽度下不同内壁直径对初始火焰传播的影响,可以看到环道直径越大,火焰传播到相同环道角度时火焰面拉伸得越明显。从图 4.25(a)也可以看到,当火焰形状为舌形时,靠近外壁面一侧的火焰面有明显的两条分界面;从图 4.25(b)中火焰自发光图也可以看到,火焰尖峰处也有明显的两条边界。作为对比,图 4.26 给出

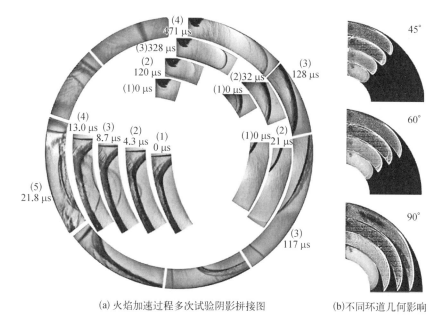

(a) 火焰加速过程多次试验阴影拼接图 (b)不同环道几何影响

图 4.25 恰当比乙炔富氧空气(47.47%空气+52.53%O_2)预混火焰加速(封闭管道)[8]

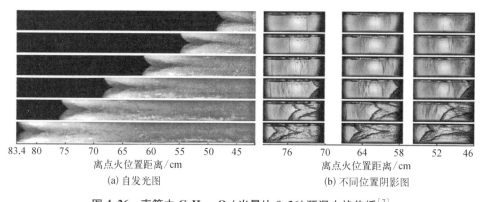

(a) 自发光图 (b) 不同位置阴影图

图 4.26 直管中 C_2H_2 - O_2(当量比 0.36)预混火焰传播[7]

了直方管中乙炔氧气预混火焰自发光图和阴影图,可以看到火焰型面与图 4.12 非常相似,不同的是图 4.26(b)阴影图有两个 V 形边界,结合 4.26(a)自发光形状,此时应为四瓣形郁金香火焰。考虑到 Xiao 等的研究结论,图 4.25 中舌形火焰应为中线内凹的两瓣形火焰。

4.6.2　火焰传播速度及加速距离

针对不同几何结构封闭弯曲环道内的火焰连续加速过程,盖景春等给出了恰当比乙炔富氧空气条件下火焰尖峰速度变化曲线,如图 4.27 所示,图中方框内是各环道的内外壁面直径(单位:mm)。从图 4.27(a)可以看到,四种环道内火焰加速的趋势基本一致,稍有不同的是,火焰传播到同一环道角度时,总体趋势上环道曲率越小传播速度越高,在爆震触发前,环道曲率越大则爆震触发所需要的临界火焰速度越小。

图 4.27(b)反映火焰传播加速度的大小,由于试验中点火时刻较难分辨,故将爆震触发时刻设为 0 时刻。从图中可以看到:在-400 μs 之前,环道曲率的增大可以有效促进火焰加速,火焰加速到相同水平的速度所需时间更短;在起爆前的400 μs 内,三种小曲率环道的速度曲线斜率基本相同,加速度没有明显差别;对于(96+136)环道(其中,96 表示内径为 96 mm;136 表示外径为 136 mm),火焰传播在一段时间内处于匀速状态。从图 4.27 也可以看到,各环道内都存在火焰加速减缓阶段,例如对于图 4.27(a)中环道 90°位置之后,对于图 4.27(b)中最大直径环道,在-550 μs 之后火焰加速减缓。Pan 等的试验研究表明,当环道出口敞开时,火焰加速减缓阶段将进一步延长。

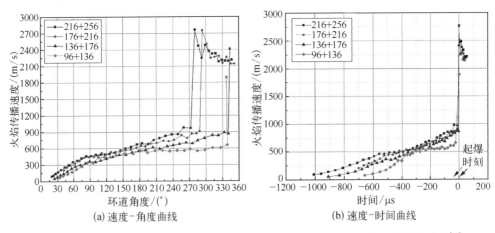

(a) 速度-角度曲线　　　　　(b) 速度-时间曲线

图 4.27　恰当比乙炔富氧空气(47.47%空气+52.53%O₂)预混火焰尖峰传播速度[8]

图 4.28 给出了与图 4.27 相同试验器下多次试验获得的起爆位置与火焰加速

距离,此处起爆位置指的是爆炸中心在环道中所处的角度。由于火焰尖峰在环道中沿内壁面传播,所以火焰加速距离定义为沿环道内径从点火位置到爆炸中心的路程。从图中可以看到,虽然同样环道结构下起爆位置及加速距离存在一定变化范围,但在总体趋势上,随着环道直径的减小,起爆位置越靠近环道出口,火焰加速距离也越短。需要指出的是,由于试验中环道出口采用聚乙烯薄膜封闭,因此起爆位置越靠近环道出口,环道出口边界引起的压力波反射将影响火焰传播。图 4.29给出了 Pan 等基于 270°环道获得的不同初压下 DDT 距离,可以看到:随着初压升高,DDT 距离变短,根据拟合关系,其间满足 $L_{DDT} = kp^{-m}$ 关系;试验数据也表明,相比于直管中的 DDT 过程,弯曲环道可以加速火焰传播,大大缩短 DDT 时间和 DDT距离。

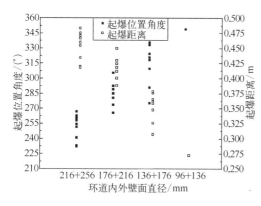

图 4.28 盖景春等获得的火焰加速距离[8]   图 4.29 Pan 等获得的火焰加速距离[10]

4.7 爆 震 触 发

4.7.1 爆震触发现象的分类

当管道内火焰通过加速形成满足爆震触发的条件时,爆震触发将可能会发生,其关键的特征就是混合物中某处局部爆炸的形成。尽管观察到的爆震触发过程千差万别,但其可以分为两类:① 激波反射或激波聚集引起的爆震起爆;② 不稳定性和掺混引起的爆震触发[2]。

第一类类似于直接起爆过程,激波强度足够引起燃气的自点火并促进爆震的形成。当管道中的火焰加速时,火焰加速将形成前驱激波,前驱激波强度足够大时,爆震触发就会发生,若激波在拐角处或凹壁面处发生反射,直接起爆过程更容易发生。激波起爆是维持管道中或障碍物管中准爆震稳定传播的一种非常重要的机制,当火焰通过孔板、拐角或凹壁面时,激波机制在诱发爆震触发上非常有效。

图 4.30 给出了这种情况下的爆震触发过程,当快速爆燃的前驱激波从带障碍物的管道中传出后,在其进入更大空间时,前驱激波在上壁面的马赫反射引起了爆震的触发。

图 4.30　快速爆燃前驱激波的马赫反射所引起的爆震触发过程阴影图[2]

　　第二类爆震触发过程非常复杂,它涉及各种不稳定性和掺混过程:① 火焰前锋附近的不稳定性;② 火焰与压力波、其他火焰或壁面的相互作用;③ 已淬熄可燃气囊的爆炸;④ 流体及边界层内压力和温度的振荡。对于光滑管中的 DDT 过程,这种爆震触发过程很容易区分,它可以发生在湍流火焰刷之前、前驱激波附近、火焰刷之内及边界层中,火焰前锋与反射激波间的相互作用也会诱发这种爆震触发过程。图 4.10(a) 就是火焰刷内爆震触发的例子。图 4.31 给出了边界层内爆震触发的例子,边界层内火焰前端与压力波间的复杂相互作用诱发了爆震的触发,从 t_2 时刻球形激波的中心来看,爆震波形成点应该在下壁面附近。

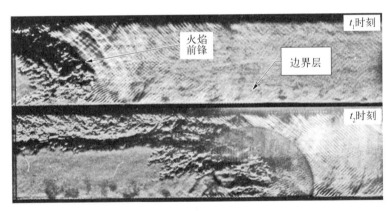

图 4.31　边界层内爆震触发的阴影图[2]

4.7.2　SWACER 机制

　　尽管各种爆震触发的现象看起来毫无关联,但越来越多的证据表明,这些现象或许仅受一种机制所控制。Zeldovich 等在理论研究自燃及 Lee 等在试验研究光化学爆震起爆时发现,温度梯度和浓度不均性所引起的化学反应诱导时间梯度可以导致爆震的起爆。随后，Lee 等、Shepherd 等及 Zeldovich 等进一步认为，各种爆震起爆现象或许最终都受诱导时间梯度机制控制。在这种机制下，诱导时间梯度将形成能量释放的时空序列，如图 4.32 所示的诱导时间梯度 τ_i 与距离 X 的关系，混合物的顺序点火将形成自发火焰（spontaneous flame），其在混合物中的传播速度为 $u_{sp} = (\mathrm{d}\tau_i/\mathrm{d}X)^{-1}$。传播中的自发火焰前将形成如图 4.33 所示的压缩波，当自发火焰中的能量释放与气动过程耦合后，压缩波将逐渐增强为可实现混合物自点火的强激波，最终实现爆燃向爆震转变，这种机制通常称为能量释放诱发激波增强机制（shock wave amplification by coherent energy release，SWACER）。1978 年，Lee 等基于这种机制解释了气相爆震的光化学起爆现象。

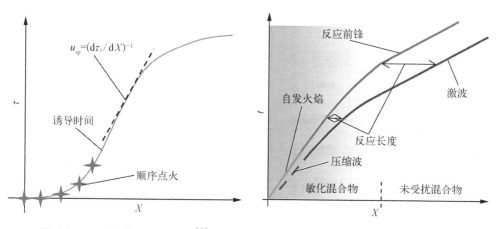

图 4.32　自发火焰概念示意图[2]　　　　图 4.33　自发火焰传播的示意图[2]

很多过程都会导致温度和浓度梯度出现，因此很多爆震现象都受 SWACER 机制控制。包括：① 前驱激波后温度梯度所引起的直接爆震起爆；② 激波聚焦所引起的爆震起爆；③ 边界层内或快速火焰与前驱激波之间的温度梯度所引起的管内 DDT；④ 低速火焰前的预压缩所引起的 DDT；⑤ 粗糙或障碍物管中的 DDT；⑥ 火焰或涡结构内的温度和浓度梯度所引起的射流起爆；⑦ 多相系统中粒子引起的温度弛豫所导致的 DDT。尽管上面所列中有些涉及强激波（如直接起爆、激波聚集及障碍物管中的 DDT），但试验观察到，当接近临界条件时，在初始衰减的激波之后的燃气存在诱导时间梯度，二次爆炸将会诱发；在 SWACER 机制下，激波将会发展为耦合的激波-火焰结构，当其追赶上前驱激波后将导致爆震的触发。

尽管有大量文献通过数值计算研究了 SWACER 机制，但很难将这些结果比较信服地直接与特定的试验结果相联系起来，特别是当实际研究对象涉及湍流掺混时。此时温度或浓度梯度的形成涉及各种湍流掺混和燃烧机制，这些机制又会引起其他的不稳定性，因此为正确预测，数值计算中必须考虑这些因素。

　　针对此,1997 年,Thomas 等通过试验研究了激波-火焰相互作用引起的 DDT 过程,其涉及 R-M 不稳定性,即反射激波与火焰前锋相互作用,这种不稳定性将使火焰剧烈扭曲进而导致 K-H 不稳定,最终引起火焰面及燃烧速率的增加。1999 年,Khokhlov 等通过高分辨率数值仿真计算,分辨出这些不稳定性并捕获了温度梯度内发生的 DDT 过程。尽管这些数值仿真不能直接获悉精细尺度的湍流掺混,但从中可以清楚看出 SWACER 机制在这一类 DDT 过程中所起的作用。图 4.34 给出了火焰刷附近热点点火的数值仿真结果,图 4.35 给出了诱导时间及自发火焰传播速度在这热点附近的云图,这意味着 SWACER 机制控制着爆震的触发。在 Khohlov 等的研究工作之后,其他研究人员也对不同初始和边界条件的 DDT 过程进行了高分辨率的数值研究,详见 Oran 等的综述[11]。

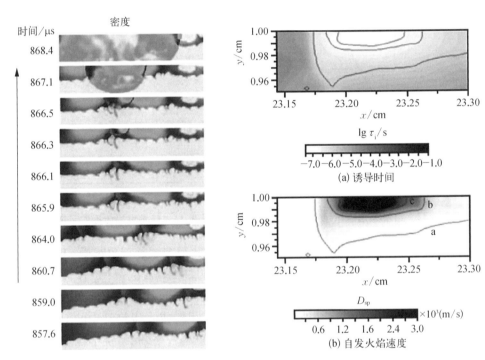

图 4.34　火焰刷附近热点点火[2]　　　　图 4.35　热点处诱导时间及自发火焰速度[2]

　　以上对 SWACER 机制的研究表明,爆震的自发形成受以下几个重要因素影响:首先,敏感区域中混合物特性(如自点火延迟时间)的局部分布能够实现化学反应和气动过程耦合,从而触发爆炸波(耦合的激波/反应区结构)的形成;其次,爆炸波能够实现由敏感区域向未扰动、低敏感区域的传播;最后,爆炸波能够根据环境混合物的反应区长度进行自我调整,如图 4.33 所示。其中第二条表明,爆震要能形成,敏感区域的大小存在最小值,对这一最小值的测量可以建立爆震触发的必要准则。一些文献以温度梯度分布、快速反应组分梯度或产物和反应物的掺混程度来模拟敏感区域,通过数值和解析方法以确定敏感区域的最小尺寸,并研究了局部敏感混合物中爆震形成的临界条件。

通过对敏感区域最小尺寸的研究表明:为实现爆震的触发,敏感区域的特征尺寸必须大于一个最小值;这个最小尺寸与包围敏感区域的混合物特性有关;其特征长度尺度约为 10λ 量级(λ 为敏感区域周围混合物的胞格尺寸),针对不同的条件,其尺寸在几个到几十个胞格长度变化。爆震形成的不同过程会影响最小尺寸:例如对于由温度梯度形成的敏感区域(温度升高则密度降低),敏感区域内所含的体积能量越低,则最小尺寸越大;对于激波反射引起的自点火过程,由于在预压缩区域内温度越高,密度也越大,故易于形成爆震触发;当爆震波是以膨胀波的形式形成时(如球形爆震),则曲率越大,最小尺寸也越大。由于以上这些因素都会存在于DDT 过程中,因此很难获得确定爆震触发所需敏感区域最小尺寸的通用准则。

针对典型的燃料空气混合物,假设敏感区域内体积能量均匀分布,同时爆震波初始为平面波,Dorofeev 等采用一维数值仿真模拟了非均匀混合物中爆震形成过程,获得触发爆震的敏感区域最小尺寸约为 7λ。1998 年,Kuznetsov 等试验研究了爆震波能够由高敏感混合物(恰当比 H_2-空气)传播到低敏感混合物(不同当量比 H_2-空气)的临界条件,试验中管道内的混合物由高敏感混合物、具有梯度的过渡带区域及低敏感混合物组成。通过改变高敏感混合物的长度、过渡区域的宽度 Δx 及低敏感混合物的敏感性,研究发现:存在临界敏感梯度 $(\Delta\lambda/\Delta x)^*$($\Delta\lambda$ 为低敏感混合物与高敏感混合物的胞格尺寸之差),当 $(\Delta\lambda/\Delta x) > (\Delta\lambda/\Delta x)^*$ 时,爆震波将在过渡区域衰减;两种混合物的敏感性差异越大,临界敏感梯度 $(\Delta\lambda/\Delta x)^*$ 也越大;试验数据插值表明,$(\Delta x/\Delta\lambda)^* \approx 10$。

4.7.3 光滑管中爆震触发准则

当管径大于某一最小值,火焰速度达到燃烧产物声速量级时,爆震触发将可能发生。Kogarko 和 Zeldovich 认为,单头螺旋爆震的触发可近似作为爆震触发的准则,单头螺旋爆震的极限管径要求是 $d_s = \lambda/\pi$。然而 Peraldi 等和 Guirao 等发现,爆震触发的最小管径必须大于混合物的胞格尺寸,即 $d > \lambda$;Lindstedt 等的试验结果表明,$d > \lambda/\pi$ 可作为光滑管中爆震触发的准则,这与 Kogarko 等的结论是相符的。这种差异性或许是因为 Lindstedt 等所采用的是相对不敏感混合物,而管道也比较长(200 倍管径),所观察到的爆燃向爆震转变发生在管道末端,因此相比于在管道初始端或管道中部发生 DDT 情况,火焰加速引起的混合物压缩和加热效应更强,故 DDT 出现位置处的混合物胞格尺寸远小于初始混合物的胞格尺寸。当采用敏感混合物时,DDT 过程发生在管道初始段,火焰加速引起的预压缩效应不是很明显,故 DDT 出现位置处的混合物胞格尺寸与初始混合物的胞格尺寸相当。尽管以上可以解释结果的矛盾,但对于实际应用来说,管道直径可以采用更保守的准则,即 $d > \lambda/\pi$。

当火焰加速到燃烧产物声速量级后,爆震往往并不是立刻触发的,即使对于敏感的恰当比 $H_2 - O_2$ 混合物,火焰常常需要传播更长距离。Kuznetsov 等认为:火焰加速引起的前方气流中的湍流边界层不仅对火焰加速有影响,同时控制着气流的湍流运动尺度;对于非常敏感的混合物($\lambda \ll d$),在火焰加速过程中,当湍流脉动尺寸增加到当地胞格尺寸大小的 15 倍或初始混合物胞格尺寸的 10 倍时,爆震将会触发。尽管这给出了光滑管中敏感混合物的爆震触发准则,但一些试验数据也表明,火焰加速到超声速的传播距离与起爆距离间的差异不是很明显,这意味着还需要更多的试验以评估这一准则的适用范围。

综上,从实际应用角度,保守来说,光滑管中实现 DDT 的两个必要条件就是最小火焰速度(加速到超声速火焰的距离)和最小尺度需求 $d > \lambda/\pi$。

4.7.4　障碍管中爆震触发准则

通过对孔板型障碍管道中 DDT 过程的详细研究,1986 年 Peraldi 等和 1989 年 Guirao 等认为,无障碍通道直径 d_k(即孔板通孔直径)必须大于胞格尺寸 λ,才能实现爆震的触发。其他一些障碍管中的 DDT 试验研究表明,临界值 d_k/λ 与障碍物结构有关:临界值 d_k/λ 随障碍物间距的缩小($4.28d_k$ 减小到 $1.07d_k$)而增加;临界值 d_k/λ 随阻塞比 BR 的增加(0.1 增加到 0.8)而增加,当 BR 由 0.3 变化到 0.6 时,临界值 d_k/λ 由 0.8 增加到 5.1。当采用 Shchelkin 螺旋障碍物时,临界值 d_k/λ 可进一步降低为 0.7。

障碍管中爆震的形成还需满足最小长度尺度 L_{min} 的要求,其中 L_{min} 为填充可燃混合物空间的特征大小或混合物气云的特征大小。2000 年,Dorofeev 等给出了带连续障碍物通道的特征尺寸 L_{min},即

$$L_{min} = \frac{(H_1 + S_1)/2}{1 - d_k/H_1} \qquad (4.27)$$

其中,H_1 和 S_1 为两个连续障碍物围成空间的最大横向尺寸,例如通道高度和障碍物间距;d_k 为无障碍通道直径。

对于带障碍物的圆管,式(4.27)变为

$$L_{min} = \frac{(d + L_{os})/2}{1 - d_k/d} \qquad (4.28)$$

其中,d 为管径;L_{os} 为障碍物间距。式(4.27)和式(4.28)适用于阻塞比大于 0.1 的管道。

Dorofeev 等基于大量试验数据拟合出了最小特征尺寸与胞格尺寸的关系,如

图 4.36 所示,其中黑色实心标记代表发生 DDT 情况,灰色实心标记代表未发生 DDT 情况,数据点上的不同字母代表不同研究人员的试验结果。从图中可以看到,DDT 发生的必要条件为 $L/\lambda > 7$,数据在边界线 $L/\lambda = 7$ 的偏差在±30%以内,远小于胞格数据的误差。由于图 4.36 中的试验数据对应各种不同几何结构,所以关系式 $L/\lambda > 7$ 可作为爆震触发的必要条件,需要指出的是,实际应用中还需考虑 L 和 λ 的不确定性。

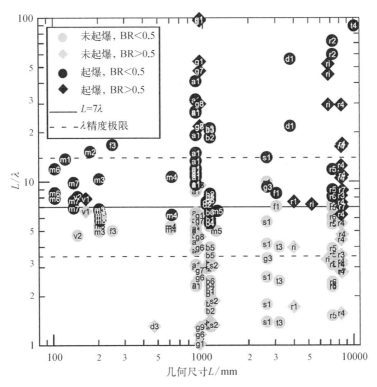

图 4.36　爆震触发情况汇总(只包含快速爆燃和 DDT 数据)[2]

4.7.5　弯管中爆震触发准则

Frolov 等[12]通过实验研究表明,要实现恰当比丙烷空气预混火焰在 180°的 U 形弯管内实现爆震触发,位于火焰锋面之前的前驱激波速度在 U 形段进口必须高于 $850\sim940$ m/s($0.47u_{CJ}\sim0.52u_{CJ}$)。针对乙烯空气混合物,邱华等[13]在 180°的 U 形弯管内实验研究表明:前驱激波速度在 $870\sim908$ m/s($0.478u_{CJ}\sim0.5u_{CJ}$)范围内时,弯曲段外侧壁面会产生高温高压热点,进而引起爆震触发;当前驱激波速度大于 934 m/s($0.513\ u_{CJ}$)时,激波速度和燃烧波速度在弯曲段入口位置很快匹配,燃烧波锋面由斜面状转化为与环道截面相齐的平面状,爆燃波转化为爆震波。Frolov

等的研究也表明,当采用双 U 形结构时,可以减小该临界激波速度,Li 等[14]采用 S
形弯道,将临界激波速度降低到 500 m/s。Gai 及 Pan 等的火焰加速流场观测试验
表明,尽管弯道内火焰传播过程中火焰都表现为弯向内壁面的舌形火焰,但火焰加
速过程形成的热点(即爆炸中心)都出现在外壁面附近。

　　图 4.37 给出了盖景春等试验获得的环形弯道内爆震触发特征及前驱激波传
播速度。图 4.37(a)给出了环道(内外壁面直径分别为 216 mm 和 256 mm)内爆震
触发时其中一种流场特征。在第(1)帧图像中,前驱激波与火焰面清晰可见,火焰
面前存在与火焰前沿相同形状的弯曲激波,图中的横波正是由这一系列激波在外
壁面反射形成的,这种反射激波与火焰的相互作用存在于整个火焰加速过程,这是
曲管中火焰加速比直管快的原因之一。在第(3)帧图像中可以发现,爆炸中心生
成于外凹壁面与火焰面之间狭窄的掺混区域,它的起源可以用 SWACER 机制加以
解释。当生成的爆炸中心向周围扩展时,压力脉动能够与具有感应时间梯度的反
应物的能量释放相耦合,形成过驱动爆震波,正如第(6)帧图像所示,此时出现了
爆震波-横波-回波共存的结构。当过驱动爆震波超越前驱激波后,其强度会减弱
至 CJ 状态。图 4.37(b)给出了爆震触发时另一种流场特征:这种情况下的前驱激
波强度较弱,跨过它的未燃混合物不足以创造生成爆炸核心的条件;由火焰面生成
的一系列压缩波汇聚后,首先在外壁面发生了规则反射,继而过渡为马赫反射,形
成了具有入射激波、反射激波、马赫杆、剪切层的结构,并且在传播过程中伴随着马
赫杆的增长;在前驱激波与马赫杆的共同压缩下,在外壁处发生了局部爆炸。

　　图 4.37(c)给出了四种环道内爆震触发前内外壁面激波速度。沿环道径向,
前驱激波不同位置处的旋转角度基本相同,这表明外壁激波速度要大于内壁激波
速度。对于三种大尺寸环道(内壁面直径≥136 mm):内壁面激波速度呈现出明显
的差异,内壁激波速度随曲率增大而减小,这与火焰传播速度变化的规律是一致
的,这种现象似乎与环道的内外径之比有关;在通道宽度相同的情况下,前驱激波
以近似相同的角速度在内外壁面传播,增大曲率,环道的内外径比值减小,则内壁
激波速度或者火焰传播速度降低,临界火焰速度的降低则会缩短爆燃火焰加速距
离;外壁面激波速度差异不大,尤其是爆震触发时刻(0 μs)的速度值,前驱激波速度
在环道外壁都达到约 1 150 m/s($0.52u_{CJ}$),这似乎是触发爆震的必要条件,与几何约
束条件没有关系,只取决于混合物的特性。对于(96+136)环道,由于爆震触发点接近
环道出口(图 4.28),在环道出口边界条件影响下将表现出不同的爆震触发特征。

　　从前面论述可以看到,实现弯管内爆燃向爆震转变的其中一个必要条件与光滑
直管中一样,火焰传播速度必须达到最小火焰速度,进而使得前驱激波达到临界速
度。实现弯管内 DDT 过程的另一个必要条件就是几何约束,即弯道几何结构能够满足
爆震波稳定传播要求。从实际应用角度,保守来说,若以单头螺旋爆震为爆震波临界传
播状态,则弯曲通道直径需满足 $d > \lambda/\pi$,弯曲通道内壁面曲率半径应满足 $r_i > 20\lambda$。

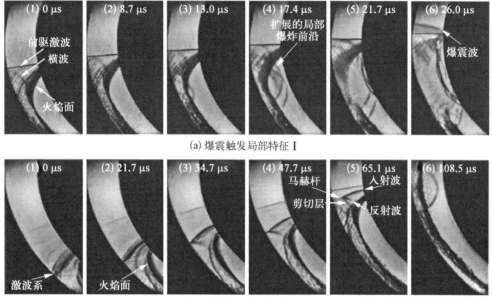

(a) 爆震触发局部特征 I

(b) 爆震触发局部特征 II

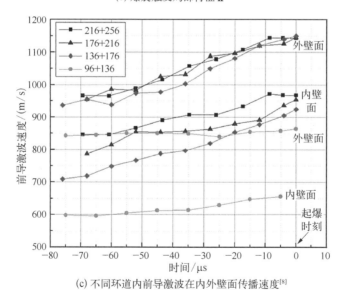

(c) 不同环道内前导激波在内外壁面传播速度[8]

图 4.37　环形弯道内爆震触发及前驱激波传播速度

4.7.6　火焰加速和 DDT 发生的基本准则

由前面对火焰加速和 DDT 论述可知,可燃混合物中弱点火源点燃后的燃烧过程非常复杂,由于此过程涉及可压流、湍流和化学反应,所以对这些过程的详细描述非常困难,因此目前对火焰加速和 DDT 的理解本质上还是基于试验数据。通过对这些数据的分析所形成的准则框架,可以预估火焰加速和 DDT 可能发生时的初始和边界条件。但需要指出的是,当前给出的仅仅只是必要条件,因此准确预测火焰加速和 DDT 是否会发生仍是非常困难的。以下给出了火焰加速或 DDT 可能发生的基本准则,这些是基于目前试验数据分析所得,仍需进行进一步研究[2]。

(1) 不论管道中有无障碍物,可燃燃气经弱点火源点燃后火焰将会加速;障碍物为火焰加速提供了最有效的途径。

(2) 强火焰加速要求未燃和已燃燃气间的膨胀比($\sigma = \rho_u / \rho_b$)足够大,而临界膨胀比与混合物组分、初温及初压有关。

(3) 若膨胀比足够大,则管道横向尺寸至少需要大于层流火焰厚度的两个数量级时,强火焰加速才可能发生,这一条件非常重要,尤其是对于富油的碳氢燃料混合物(其火焰厚度相对比较大)。

(4) 当强火焰加速可能发生时(膨胀比和管道横向尺度超过临界值),超声速燃烧模态的形成还要求火焰有足够长的传播距离,而最小火焰传播距离与混合物特性(如层流火焰速度、层流火焰厚度及燃烧产物内等压声速)、初始条件及管道尺寸有关。

(5) 爆震触发条件形成之前,火焰加速必须发展为超声速燃烧模态。

(6) 当火焰加速到超声速燃烧模态后,管道或混合物空间的物理尺寸必须远大于代表混合物反应性活性的特征长度。通常选择爆震胞格尺寸 λ 作为特征长度尺度,试验数据表明,DDT 发生的必要准则是:① 障碍管中 $d_k \geqslant \lambda$,即障碍管内无障碍通道横向尺寸大于胞格尺寸;② 障碍管内 DDT 形成还需满足纵向尺寸要求 $L \geqslant 7\lambda$,L 为障碍管的特征长度尺度;③ 光滑管内管径需满足 $d \geqslant \lambda/\pi$;④ 弯曲光管内管径需满足 $d \geqslant \lambda/\pi$,弯管内壁面曲率半径需要满足 $r_i > 20\lambda$。

图 4.38 给出了足够长管内燃烧模态在组分浓度及管径坐标系的分布,管内安装有阻塞比 0.3 的孔板型障碍物。图 4.38(a) 为采用 CH_4-空气混合物时的结果,图 4.38(b) 为采用 H_2-空气混合物时的结果,初温和初压分别为 300 K、1 bar。从图中可以看到:在可燃范围之内存在仅发生低速火焰的混合物组分浓度区域;在这一浓度区域之内快速火焰将可能形成;而 DDT 燃烧模式的组分浓度区域位于快速火焰所对应区域之内。值得注意的是,不同燃烧模式间的分界不是简单地对应一个固定的浓度值,而是表现为如图 4.38 所示的与物理尺度相关的关系。快速火焰和 DDT 边界还与混合物的热力状态(如温度和压力)有关。管道几何特征也会影响燃烧模式边界:例如对于 BR = 0.6 下的 DDT 极限,要明显比图 4.38 中给出的窄;对于甲烷-空气混合物、BR = 0.6 情况,管径为 174 mm 和 520 mm 时未观察到 DDT。

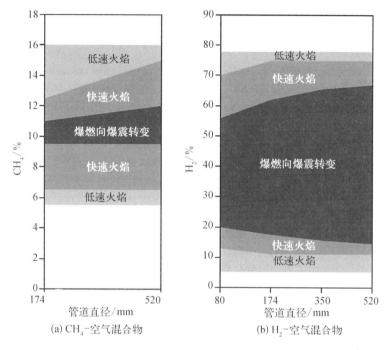

图 4.38 不同管径不同混合物中燃烧模式与燃料组分浓度的关系[2]

4.8 小 结

在爆震推进系统中，可以采用两种方式在可爆混合物中实现爆震燃烧，即直接起爆和间接起爆。直接起爆是在可爆混合物中不经过其他燃烧模式而直接形成爆震波，但直接起爆需要很大的能量和极高的能量释放速率。对多相非均匀混合物，直接起爆难度更大，因此其往往只能用于单次起爆过程。所以在爆震推进领域一般采用通过爆燃向爆震转变(DDT)的间接起爆方式来实现爆震燃烧。虽然其所需的点火能量要远低于直接起爆，但随之带来的多种燃烧模式并存、DDT 转变时间及转变距离等因素将影响爆震室的工作特性，要评估这些因素影响并进而提出减弱这些因素影响的方法，就必须对 DDT 特性及机制开展深入研究，进而为形成优化的点火系统及爆震室结构提供设计准则。

参考文献

[1] ROY G D, FROLOV S M, BORISOV A A, et al. Pulse detonation propulsion: Challenges, current ctatus, and future perspective[J]. Progress in Energy and Combustion Science, 2004, 30(6): 545 – 672.

[2] CICCARELLI G, DOROFEEV S. Flame acceleration and transition to detonation in ducts[J].

Progress in Energy and Combustion Science, 2008, 34(4): 499 – 550.

[3] LEE J H S. The detonation phenomenon[M]. New York: Cambridge University Press, 2008: 250 – 294.

[4] PHYLAKTOU H, FOLEY M, ANDREWS G E. Explosionenhancement through a 90° curved bend[J]. Journal of Loss Prevention in the Process Industries, 1993, 6(1): 21 – 29.

[5] SATO K, SAKAI Y, CHIGA M. Flame propagation along 90° bend in an open duct[J]. Symposium on Combustion, 1996, 26(1): 931 – 937.

[6] XIAO H, HE X, DUAN Q, et al. An investigation of premixed flame propagation in a closed combustion duct with a 90° bend[J]. Applied Energy, 2014, 134: 248 – 256.

[7] GAI J C, QIU H, XIONG C, et al. Experimental investigation on the propagation process of combustion wave in the annular channel filled with acetylene-air/oxygen mixture[J]. Flow, Turbulence and Combustion, 2022, 108: 797 – 817.

[8] 盖景春,邱华,熊妮,等.环道内预混火焰爆燃向爆震转变实验研究[J].工程热物理学报, 2022,43(11):3110 – 3116.

[9] PAN Z H, ZHANG Z H, ZHANG P G, et al. Experimental investigation and comparison of flame acceleration, hot spot ignition, and initiation of detonation in curved and straight channels[J]. Combustion and Flame, 2022, 242: 112154.

[10] PAN Z H, ZHANG Z H, YANG H Y, et al. Experimental and numerical investigation on flame propagation and transition to detonation in curved channel[J]. Aerospace Science and Technology, 2021, 118: 107036.

[11] ORAN E S, GAMEZO V N. Origins of the deflagration-to detonation transition in gas phase combustion[J]. Combust and Flame, 2007,148(1 – 2): 4 – 47.

[12] FROLOV S M, AKSENOV V S, SHAMSHIN I O. Reactive shock and detonation propagation in U-bend tubes[J]. Journal of Loss Prevention in the Process Industries, 2007, 20(4 – 6): 501 – 508.

[13] 邱华,王玮,范玮,等.U 型方管中爆燃向爆震转变特性试验研究[J].航空学报,2015, 36(6):1788 – 1794.

[14] LI L, LI J M, TEO C J, et al. Experimental study on incident wave speed and the mechanisms of deflagration-to-detonation transition in a bent geometry[J]. Shock Waves, 2018, 28(2): 1 – 12.

第5章
脉冲爆震发动机

脉冲爆震发动机(pulse detonation engine,PDE)是一种利用脉冲式、周期性爆震波所产生的高温、高压燃气来产生推力的动力装置,其核心就是以脉冲爆震燃烧组织方式替代现有传统发动机近等压燃烧实现发动机推进性能的增益。相关研究起始于 20 世纪 40 年代[1-4],在 20 世纪 60 年代后期,由于错误的研究结论,PDE 的研究被迫中止。20 世纪 80 年代后期,Helman 等[5] 的研究重新点燃了人们对 PDE 研究的热情。从 20 世纪 80 年代后期到 21 世纪,美国、法国、俄罗斯、日本及中国等国家都实施了脉冲爆震发动机的研究计划,研究工作由最初的以脉冲爆震燃烧室(pulse detonation chamber, PDC)替代传统冲压/火箭发动机燃烧室的基准型脉冲爆震发动机[6],逐渐拓展为以 PDC 替代传统涡轮发动机主燃烧室/加力燃烧室的脉冲爆震涡轮发动机(pulse detonation turbine engine, PDTE) [7-14]。

5.1　脉冲爆震发动机工作原理

5.1.1　脉冲爆震燃烧室工作过程

对于当前的脉冲爆震发动机结构方案,就是以脉冲爆震燃烧室替代现有常规发动机燃烧室后形成的新型动力装置,其间的差异仅是燃烧室工作原理及爆震室非定常工作与上下游部件间的耦合影响。理解了脉冲爆震燃烧室的工作过程,也就对脉冲爆震发动机的工作原理及涉及的关键技术有了进一步认识。脉冲爆震燃烧室一般由进气装置(阀门结构)、爆震室、点火装置、喷油装置及爆震频率控制系统等组成,其典型的工作过程如图 5.1 所示,包括以下几个过程:

(1)隔离介质填充,以防止可燃混气与高温燃烧产物直接接触时提前燃烧;

(2)燃料氧化剂喷射混合填充,混气填充爆震管,隔离气被推向爆震管出口;

(3)点火起爆,在封闭端点火形成爆燃波;

(4)爆震波形成及传播,爆燃波向爆震波转变及爆震波向开口端传播;

(5)出口膨胀波回传,膨胀波回传进而使头部压力降低;

(6)排气过程,爆震产物排出。

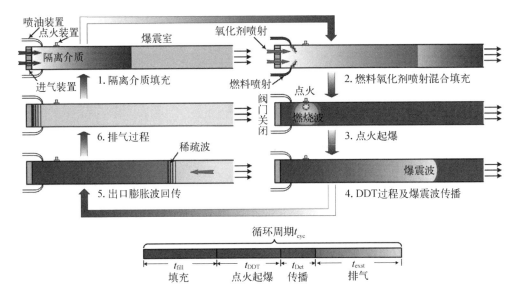

图 5.1   脉冲爆震燃烧室典型工作过程及循环时间

由图 5.1 可见,脉冲爆震燃烧室工作过程是一个周期性的非定常气动热力学过程。爆震室进气装置存在阀门结构,封闭端阀门打开,隔离介质首先进入爆震室以防止可燃混气与高温燃烧产物直接接触导致提前燃烧,对于不同的爆震组织方案,隔离介质可以是惰性气体、氮气、氧化剂或燃料。随后燃料与氧化剂在一定的压力和温度下由进气装置喷入并混合,形成的可爆混合物填充爆震室,当可爆混合物接近爆震室敞口端时,关闭爆震室进口阀门。然后,在爆震室封闭端附近点火,通过起爆装置,在较短的距离内实现爆燃波向爆震波的转变,在爆震波与封闭端之间产生一个膨胀区,使波后的压力和速度下降,以满足封闭端速度为零的条件,同时爆震波以一定的速度向爆震室敞口端传播。当爆震波传出爆震室出口时,由于敞口端燃气压力大于环境压力,在环境介质中产生透射冲击波,同时向燃烧产物反射一系列膨胀波,反向传入爆震室内,降低爆震室内压力。当膨胀波到达推力壁时,以膨胀波形式反射回来,膨胀波使燃烧产物加速,并高速排出爆震室,并在此过程中产生推力。当膨胀波及反射波的综合作用使爆震室内的压力低于进气压力时,进气阀门再次打开,隔离介质进入爆震室,开始下一个爆震循环。爆震室完成一个循环所需的时间称为循环周期 t_{cyc},其倒数即为脉冲爆震室工作频率 f_{PDC}。

对于采用机械阀控制供给的脉冲爆震燃烧室,根据阀门的工作顺序,其一个循环周期 t_{cyc} 由阀门关闭时间 t_{close} 和阀门开启时间 t_{open} 组成。从爆震室实际工作过程角度,如图 5.1 所示,一个循环周期 t_{cyc} 由填充时间 t_{fill}、点火并形成爆震波时间 t_{DDT}、爆震波传播时间 t_{Det} 和排气时间 t_{exst},即

$$t_{cyc} = t_{fill} + t_{DDT} + t_{Det} + t_{exst} \tag{5.1}$$

其中,所有反应物燃烧完的时间(t_{comb})等于$t_{DDT}+t_{Det}$,燃烧时间t_{comb}和排气时间t_{exst}之和等于阀门关闭时间t_{close},而燃烧时间t_{comb}又可细分为爆燃向爆震转变时间t_{DDT}和爆震波传播时间t_{Det}。需要指出的是,点火过程还存在着火延迟时间t_{dly},根据不同的点火策略,其隐含在填充时间t_{fill}或t_{DDT}之中。填充时间t_{fill}等于阀门开启时间t_{open},其包含隔离介质填充时间t_{purge}和反应物填充时间。

　　脉冲爆震燃烧室工作频率是脉冲爆震发动机其中的一个关键性能指标,可以用如下方式预估爆震频率。考虑一管长L的直接起爆爆震室,可爆混合物填充时间$t_{fill}=L/u_{fill}$,u_{fill}为填充速度。由于采用直接起爆,故爆燃向爆震转变时间$t_{DDT}=0$,因此燃烧时间$t_{comb}=t_{Det}=L/u_D$,u_D是爆震波速。试验表明,排气时间$t_{exst}\approx 9t_{Det}$(直管),进一步可得爆震频率为

$$f_{PDC}=\frac{1}{t_{cyc}}=\frac{1}{t_{Det}+t_{exst}+t_{fill}}\approx\frac{1}{L}\frac{1}{\dfrac{10}{u_D}+\dfrac{1}{u_{fill}}}\qquad(5.2)$$

　　从式(5.2)可以看到,爆震频率与爆震管长度成反比。对于化学恰当比 JP - 10/空气混合物,在$p_1=100\,kPa$、$T_1=300\,K$时,$u_D=1\,783.5\,m/s$,假设填充速度$u_{fill}=100\,m/s$和$200\,m/s$,爆震管长度$L=1\,m$,则爆震频率f_{PDC}分别为 64 Hz 和 94 Hz。

5.1.2　脉冲爆震发动机分类

　　无论何种形式的脉冲爆震发动机,基本上都是由进气/压缩系统、脉冲爆震燃烧室和功率提取装置/排气系统组成。根据是否自带氧化剂,脉冲爆震发动机可分为脉冲爆震火箭发动机(pulse detonation rocket engine, PDRE)和吸气式脉冲爆震发动机(air-breathing pulse detonation engine, APDE)两种类型。

　　图 5.2 给出了脉冲爆震火箭发动机的结构示意图,其主要由燃料-氧化剂-隔离介质供给系统、爆震室及喷管等三大部件组成。爆震室可细分为头部喷射结构、

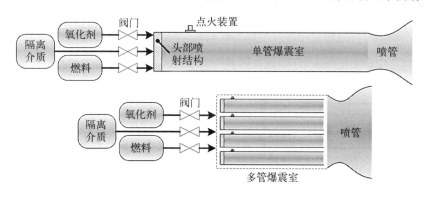

图 5.2　脉冲爆震火箭发动机结构示意图

阀门结构、点火装置、爆震管和控制系统。根据爆震管数目又可将脉冲爆震火箭发动机分为单管/多管 PDRE。

单管 PDRE 结构简单,但是其存在可调工作频率范围窄、推力较小的缺点。虽然增大单管直径可以增大推力,但在爆震室内实现 DDT 起爆过程对管道长径比有最低要求,这导致爆震室变长,因此一般采用多管策略。

多管 PDRE 的每个爆震管都分别包含一个独立的燃料和氧化剂入口端和一个排放燃烧产物的出口端,燃料供给系统能够按一定时序为所有的爆震管提供燃料,工作时,依次对各爆震管进行点火,以实现对发动机工作频率的控制。值得一提的是,多管 PDRE 工作时,每个爆震管并不一定都工作,可以通过一定的组合方式,使其中若干个爆震管工作,以达到增大推力调节范围的目的。多管 PDRE 虽然具有很多优点,但由于它的结构较为复杂,因此也存在一些本身无法克服的缺点,例如:① 由于每个爆震管都拥有进气和点火装置,较大的重量和体积限制了爆震管的数目;② 需要数个高频循环的起爆装置和结构复杂、快速循环的阀门来控制燃料、氧化剂的喷注,否则频率的提高将受到限制。

最简单的吸气式脉冲爆震发动机以替代传统冲压发动机为应用背景,即冲压式 PDE,如图 5.3 所示,其由进气道、爆震室、燃油供给系统及尾喷管组成,爆震室又可细分为进气结构、喷油混合结构、点火装置、爆震管和控制系统,根据爆震管数

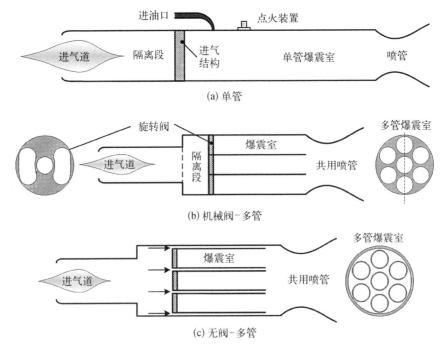

(a) 单管

(b) 机械阀-多管

(c) 无阀-多管

图 5.3　冲压式脉冲爆震发动机结构示意图

目又有单管/多管冲压式 PDE 之分。

与 PDRE 存在阀门结构一样,为防止爆震室增压形成的压力反传或返流,冲压式 PDE 也存在阀门结构,其隐含在图 5.3(a)中的进气结构中,根据阀门结构的不同有无阀和机械阀之分。无阀结构,有时也称气动阀结构,是通过气动喉道设计以实现正向流动和反向流动时不同的总压恢复系数,具有结构简单、自适应控制反应物供给的特点。机械阀结构可以极大抑制压力反传及阻隔返流的发生,但存在结构较复杂、需主动控制反应物供给的缺点,如图 5.3(b)所示的旋转阀。现在也出现了结合型阀门结构,其可以根据爆震室的工作状态自适应地开启/关闭阀门,即自适应机械阀门结构。

采用多管爆震室是提高 PDE 推力的常用方式,如图 5.3(b)、(c)所示,这种方式对减弱爆震室与进气道间的耦合影响也是有利的。机械阀型多管 PDE 一般都采用旋转阀结构,如图 5.3(b)所示,通过分时填充点火策略实现对各爆震管工作过程的控制。图 5.3(c)给出了一种无阀多管 PDE 的一种形式,进气道下游的气流可以流入爆震室,也可以通过爆震管间的空隙直接流出发动机,这种方式一方面可以减弱爆震室与进气道间的耦合影响,另一方面也起到冷却爆震室的作用。另一种无阀多管 PDE 形式就是去掉图 5.3(b)中的旋转阀,即所有气流都通过爆震室。

图 5.2 和图 5.3 给出的脉冲爆震发动机结构形式可称为纯脉冲爆震发动机或基本型脉冲爆震发动机。当将脉冲爆震燃烧室替换传统涡轮发动机的燃烧室(主燃烧室或加力燃烧室)时,就构成了脉冲爆震涡轮发动机(PDTE)。

图 5.4(a)左图为替代传统涡喷发动机主燃烧室后的 PDTE 结构示意图。一方面,由于原燃烧室为环形空间,因此脉冲爆震燃烧室必须采用多管形式,多管 PDC 也可以替换涡轴、涡扇、燃气轮机等发动机的主燃烧室;另一方面,由于 PDC 具有自增压特性,所以也可以用来替换涡扇发动机的核心机,如图 5.4(a)右图所示,进而在实现相同推进性能下减轻发动机重量、提高发动机的推重比。

多管 PDC 也可作为涡轮发动机的加力燃烧室。图 5.4(b)左图给出了脉冲爆震外涵加力型涡轮发动机结构示意图,发动机内涵通道仍采用传统燃烧模式,这种形式可以在发动机长度约束下获得更高的推力。图 5.4(b)右图给出了带脉冲爆震常规加力的涡轮发动机结构示意图,即以多管 PDC 替代现有用于涡扇发动机的加力燃烧室,然而,由于此时爆震室来流为高温产物,在其中喷油混合形成混合物后,混合物在填充带障碍物爆震室时很容易提前燃烧并驻定,因此针对这一形式的研究仅停留在性能论证层面。

脉冲爆震发动机还有很多其他形式,例如将以上各种形式组合在一起可以形成以替换现有火箭基组合循环发动机和涡轮基组合循环发动机的基于脉冲爆震燃烧的组合循环发动机,但当前研究的重点仍主要瞄准的是脉冲爆震火箭发动机、冲压式脉冲爆震发动机及脉冲爆震主燃烧室涡轮发动机。

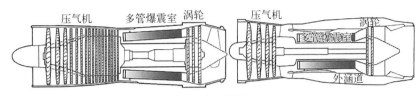

(a) 脉冲爆震主燃烧室

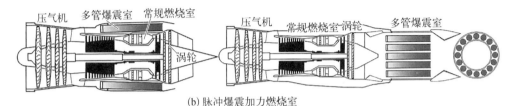

(b) 脉冲爆震加力燃烧室

图 5.4　脉冲爆震涡轮发动机结构示意图

5.2　脉冲爆震火箭发动机

5.2.1　研究概况

5.2.1.1　基本结构概况

20 世纪 50 年代,美国密歇根大学 Nicholls 等[2]在如图 5.5 所示的脉冲爆震管试验器上进行了多循环爆震试验,其中光滑爆震管直径 2.54 cm、长度 1.83 m,燃料和氧化剂采用连续喷注形式,点火采用汽车用火花塞。试验最初采用氢气-氧气作为可爆混合物,然而实验发现,在第一次点火并产生爆震波后,在火花塞下游或壁面会形成火焰稳定区,这将影响第二次点火起爆过程。当改用氢气-空气作为可爆混合物后,试验实现了 35 Hz 工作频率,并通过抛物摆方式测量了试验器的推进性能。Nicholls 等的试验表明,对于以氧气为氧化剂的脉冲爆震火箭发动机多循环过程,必须考虑循环间高温产物的隔离,对燃料和氧化剂的喷射进行控制。根据爆震

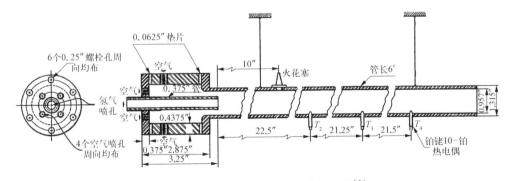

图 5.5　Nicholls 等的多循环脉冲爆震管[2]

室反应物喷注的控制方式,当前相关 PDRE 研究可以按反应物喷注阀门类型分为全电磁阀式、气动机械阀式、旋转阀式及半/全无阀式。

1. 全电磁阀式

针对 Nicholls 等的爆震管采用连续喷注燃料和氧气所出现的连续燃烧问题,美国海军研究生院的 Helman 等[5]在他们的多循环爆震试验器上采用电磁阀对乙烯-氧气进行供给控制,如图 5.6 所示,这是一种通过预爆管起爆主爆震室的结构方案。乙烯和氧气经电磁阀控制流入掺混管混合后喷入直径较小的预爆管(长10 cm)。预爆管头部安装有用于点火的火花塞,预爆管通过扩张段连接主爆震室。主爆震室为同轴双腔结构(横截面积相等),外环腔出口封闭,内空腔出口排气,乙烯在内空腔出口下游喷射,其与由主爆震室低压吸入的环境空气掺混。试验油气比范围为 0.25~0.35、供给压力为 0.16~0.31 MPa,三个电磁阀同步开启与关闭,电磁阀关闭时点火触发。试验获得了最高 25 Hz 的工作频率(受限于电磁阀),由于环境空气吸入主爆震室,因此试验器比冲达到 1 000 s 以上。

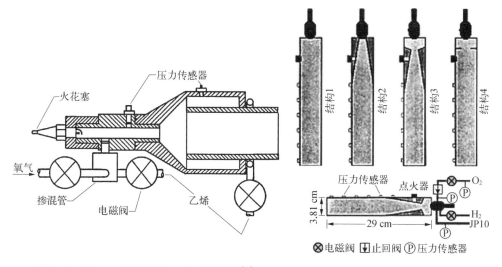

图 5.6　Helman 等的多循环脉冲爆震管[5]　　　**图 5.7　Brophy 等的多循环脉冲爆震管[15]**

为使用体积能量密度更高的液体燃料,美国海军研究生院的 Brophy 等[15]设计了如图 5.7 所示的以 JP - 10/O₂ 为反应物的多循环脉冲爆震管。爆震管直径3.81 cm、长度 29 cm,其通过爆震管头部的气动雾化喷嘴(BETE XA - FPR200)实现燃料与氧化剂的喷注及掺混,通过电磁阀实现反应物的多循环供给/切断。当JP - 10 的供给压力为 0.276 MPa、O₂ 供给压力为 0.345~0.62 MPa 时,雾化粒度可以控制在 10 μm 以下。Brophy 试验研究了未加扰流装置(可以缩短 DDT,但容易引起液滴碰壁沉积)四种结构爆震管的工作特性,获得了最高 10 Hz 的工作频率。从循环重复性好坏及缩短 DDT 距离的角度,具有收扩型面的结构 3 最佳(喉道面积比 9.29),具有扩张型面的结构 2 循环重复性不太好,而直管结构 1 的 DDT 距离最长。

日本筑波大学 Kasahara 等[16-19]设计研制了与图 5.6 和图 5.7 中具有相似扩张型面爆震管结构的若干种几何尺寸脉冲爆震火箭发动机,并进行了地面飞行/滑行演示验证。图 5.8 给出了代号"TODOROKI"的 PDRE 结构图。爆震室直段为 800 mm、内径 70 mm,点火及反应物喷注在长 122 mm、扩张角 30°的扩张段内进行,其结构与其内径 100 mm 尺寸的 PDRE 类似,如图 5.8(d)所示,供给系统采用电磁阀进行控制。试验采用乙烯和氧气作为燃料和氧化剂、氦气作为隔离气体,当初始供给压力分别为 5.2 MPa、13.6 MPa 及 9.6 MPa 时,获得了 6.667 Hz 的工作频率。从图 5.8(b)供给压力变化可以看到,其控制时序为燃料、氧化剂阀门同步开启关闭,阀门关闭后点火触发,随后氦气阀门开启,填充一段时间后关闭。

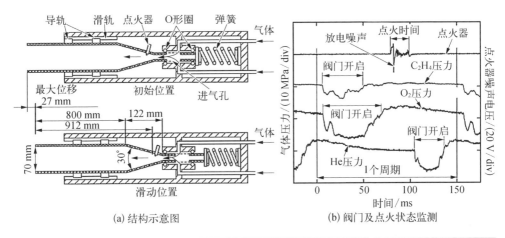

(a) 结构示意图　　　　　　　　(b) 阀门及点火状态监测

(c) 地面演示系统

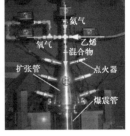

(d) 扩张段结构[19]

图 5.8　Kasahara 等的代号"TODOROKI"PDRE[18]

西北工业大学严传俊等[20]设计研究了与图 5.5 连续喷注类似、采用液体燃料汽油的脉冲爆震发动机模型试验系统,如图 5.9(a)所示。汽油通过直射喷嘴从爆震管头部中心径向向外喷射,与切向进入的旋流空气掺混后通过汽车火花塞以

50 mJ 点火能量点燃,管道内安装有 Shchelkin 螺旋 DDT 强化装置。以内径 5.6 cm、长 2 m 爆震管试验器为例,其 Shchelkin 螺旋外径为 56 mm、螺距为 56 mm、金属螺线直径为 6.5 mm(阻塞比 0.41)、总长为 1 m[21]。尽管图 5.9(a)的进气结构形式可以实现汽油/空气最高 30 Hz 的工作频率[21],但采用煤油/氧气作为反应物时,第一次爆震循环后极易引起连续燃烧,通过添加 N₂ 稀释剂后才能实现多循环工作[22]。另一种方式就是采用电磁阀进行多循环控制,通过对煤油、氧气及氮气隔离气体的喷射时序控制,在采用 O_2/N_2 轴向喷射进气方式、煤油采用直射喷嘴喷注下,实现了在内径 25 mm、长 0.8 m 爆震管中当量比 1.2 下 8 Hz 的工作频率,试验器简图如图 5.9(b)所示[23]。进一步采用离心喷嘴喷射加温煤油(100℃,0.5 MPa)、径向喷射 O_2 及 N_2 隔离气体(1.5 MPa),采用大流量高速电磁阀,在内径 30 mm、长 0.8 m 的如图 5.9(c)所示的 PDRE 试验器上实现 49 Hz 工作频率[24]。通过对 PDRE 进行系统集成,开展了小车及地面滑跑演示验证研究,如图 5.9(d)所示。

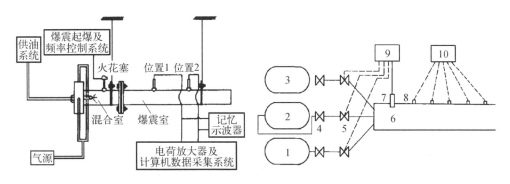

(a) 连续进气PDRE模型试验系统[20]　　　　　　(b) PDRE模型试验器简图[23]

(c) 内径30 mm的PDRE试验系统[25]　　　　　　(d) PDRE样机演示[26,27]

图 5.9　西北工业大学脉冲爆震火箭发动机

1. 氧化剂容器;2. 燃料容器;3. 隔离气体容器;4. 停止阀;5. 电磁阀;6. 爆震管;
7. 火花塞;8. 压力传感器;9. 频率控制及点火系统;10. 数据采集系统

对于全电磁阀控制的 PDRE,电磁阀响应时间、流量特性及可控性决定了 PDRE 所能达到的工作频率、流量及推力,实际应用中还需要考虑阀门价格、重量、体积及驱动系统。从高频工作角度,美国 ASI 公司在其内径 24.2 mm、长度 0.914 4 m 的 PDRE 上实现了氢气/氧气最高 145 Hz 工作频率[28]。为实现发动机大流量工作,必须采用多路电磁阀,图 5.10 给出了用于火箭基组合循环发动机的脉冲爆震火箭发动机[29],其中发动机内径 12.7 mm、长 1.637 m,为实现大流量、高爆震室填充压力(20 atm),其采用 18 个电磁阀控制氢气和氧气的供给(油气比 4),连续喷注的氦气作为隔离气体,通过同步控制电磁阀实现了最高 120 Hz 工作频率,最大氢气/氧气总流量为 0.177 kg/s。当电磁阀频率受限,如果期望通过提高发动机工作频率来提升推力,可以采用电磁阀分组异步相位控制来实现,也可以采用多管同步点火策略实现推力的提升。图 5.11 给出了采用航空煤油为燃料、氧气为氧化剂、氮气作为隔离气体的双管 PDRE(内径 30 mm,长 880 mm),通过采用 6 路电磁阀,实现了双管同步起爆最高 25 Hz 的工作频率[30],美国 ASI 公司实现了六管氢气/氧气 480 Hz 工作频率(单管 80 Hz)[31]。对于以上 PDRE 结构,反应物喷注都位于爆震室头部,当爆震管过长时,势必导致填充时间太长,进而降低发动机工作频率上限,此时可以采用沿爆震管的多点喷注方式减少填充时间,进而提升工作频率。

图 5.10   应用于 RBCC 的 PDRE[29]   图 5.11   双管 PDRE[30]

2. 气动机械阀式

电磁阀的驱动需要电源系统及控制单元,这增加了系统及控制的复杂性。Matsuoka 等在前人研究基础上设计了一种内流驱动阀门[32],该阀门基于弹簧活塞系统,如图 5.12 所示。阀门有高压气流进口和低背压气流出口,活塞向左运动使得左端腔室与高压进口相连时,高压气流将驱动活塞向右运动。活塞向右运动将切断高压进口并最终与气流出口相连,腔室内气流流出。当腔室压力降低后,被压缩的弹簧将推动活塞向左运动。通过对乙烯、氧气及氮气应用该阀门,试验实现了脉冲爆震火箭发动机 10.2 Hz 的工作频率,比冲达到 279 s,但产生的推力低于图 5.8 中电磁阀式 PDRE。

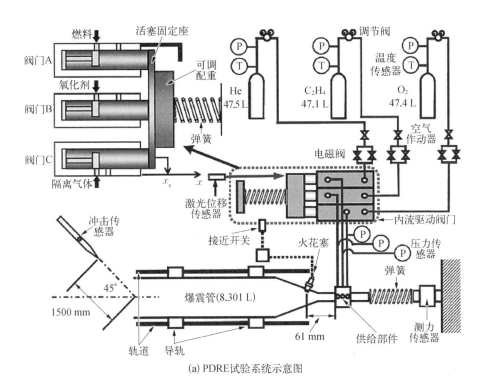

(a) PDRE试验系统示意图

(b) 内流驱动阀工作原理

图 5.12　采用内流驱动型阀门的 PDRE[32]

3. 旋转阀式

为进一步提高 PDRE 工作频率、增大流量及推力,另一种方式就是采用旋转阀结构,利用高速转动的旋转部件实现供给的周期性开关,并通过转动位置监测实现点火控制。早期,针对以空气为氧化剂的脉冲爆震发动机,提出了各种旋转阀结构[33,34],而对于 PDRE,由于一般采用高压供给及多种工作介质喷注,因此对装置密封性及功能性有更高的要求。

针对液体煤油、氧气及氮气隔离气体,Wang 等[35]设计了如图 5.13(a)所示的齿轮驱动式旋转阀。对于每一路供给工质,工质径向向心流入阀门,流经旋转轴上分布的 8 个径向通路中的一个,轴向流出阀门,该阀门可实现 PDRE 最大设计工作频率 66.7 Hz 的工作。实验最终在内径 30 mm、长 0.9 m 的带有 350 mm 长 Shchelkin 螺旋(螺距为 30 mm,阻塞比为 0.46)的 PDRE 中实现 1~10 Hz 工作。为进一步提高工作频率,陈帆等[36]研究了如图 5.13(b)所示的凸轮式旋转阀,最大设计工作频率为 120 Hz,其通过旋转的曲面凸轮控制每一路阀门的开启和关闭。试验最终实现了 PDRE 在最大 30 Hz 下的稳定工作。上两种阀门结构的主要缺陷是阀门关闭处与喷注位置存在较长距离,管路残留的工质势必影响 PDRE 的高频工作。

Matsuoka 等[37-39]基于 Bussing 等[33,34]提出的旋转阀门方案,设计了如图 5.13 (c)所示的单路及多路旋转阀式 PDRE,其通过开槽的旋转盘控制供给的开关。对于单管旋转阀式 PDRE,对比图 5.8 中电磁阀式 PDRE,其供给孔直径增大到 5 mm,乙烯、氧气及氮气的供给压力分别降低到 2 MPa、2 MPa 及 2.5 MPa。试验实现了内径 35 mm、长 1 071 mm 的 PDRE 在 160 Hz(可爆混气填充系数 0.15)下的稳定工作,PDRE 产生了 71 N 的推力,约为图 5.8 中 PDRE 的两倍。对于四管旋转阀式 PDRE,如图 5.13(d)所示,其以乙烯/液体 N_2O 为推进剂、氦气为隔离气体。当飞行演示验证时,推进剂流量达到 0.228 kg/s,单管工作频率为 107±29 Hz(基于发

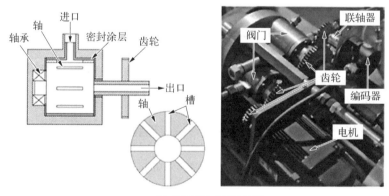

(a) 齿轮驱动式旋转阀[35]

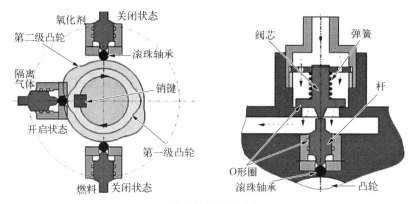

(b) 凸轮式旋转阀[36]

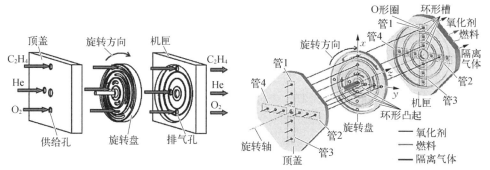

(c) 单路/四路旋转阀[37,38]

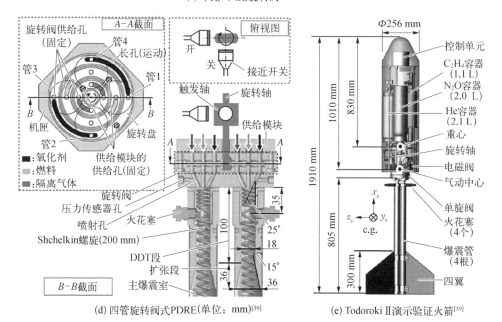

(d) 四管旋转阀式PDRE(单位：mm)[39]　　　(e) Todoroki II演示验证火箭[39]

图 5.13　几种旋转阀式 PDRE

动机出口火焰高速摄影测量),推力为 239±61 N,发动机推重比为 2.5±0.7,接近传统双组元火箭发动机水平(推重比 3~9)。

4. 半/全无阀式

PDRE 使用阀门系统势必增加系统的结构复杂性、重量及控制难度,其初衷是为了防止在使用以氧气为氧化剂下,高敏感性可燃混合物的连续燃烧,从解决这一问题角度,实际 PDRE 可以采用半无阀或全无阀结构使发动机工作频率接近气动上限。

对于半无阀式 PDRE,其只针对燃料、氧化剂及隔离介质中的某一路使用电磁阀结构,主动控制供给开闭。图 5.14 给出了两种隔离介质采用有阀控制的半无阀式 PDRE 及控制时序图[40,41],此时燃料和氧化剂都采用连续喷注形式。连续喷注压力要低于电磁阀形式,以图 5.14(b) 中的 PDRE 为例,其喷注压力为 0.4 MPa,该压力低于爆震燃烧在爆震管头部形成的高压,燃烧产物将返流至供给管路,进而切断燃料和氧化剂供给。对于图 5.14(a),其采用两路相同工作频率的电磁阀控制 N_2 隔离气体,通过改变两电磁阀的控制相位,最终实现 30 mm 内径 PDRE 在 60 Hz 下的稳定工作(电磁阀频率 30 Hz)。对于图 5.14(b),其采用液体水作为隔离介质

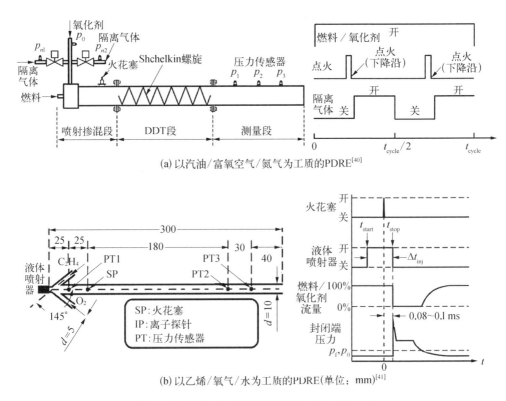

(a) 以汽油/富氧空气/氮气为工质的PDRE[40]

(b) 以乙烯/氧气/水为工质的PDRE(单位：mm)[41]

图 5.14　隔离介质有阀控制的半无阀式 PDRE

(供给压力 7 MPa),通过水的蒸发吸热降低爆震管头部产物的温度,实现了最高 350 Hz 的工作频率。半无阀式 PDRE 的阀门控制时序与全阀门式 PDRE 存在较大差异。全阀门式 PDRE 隔离气体的喷注开始于燃烧完低压排气段之后、推进剂填充之前,而图 5.14 中半阀门式 PDRE 的隔离介质喷注开始于推进剂填充最后或点火时刻附近。

　　为避免使用隔离介质带来的 PDRE 系统复杂性增加及发动机比冲降低问题,Matsuoka 等[42,43]研究了采用电磁阀控制燃油喷射的无隔离气体半无阀式 PDRE,如图 5.15 所示。对于图 5.15 中左图结构,斜向连续喷注氧气的供给压力为 0.5 MPa,采用高密度超临界乙烯作为燃料,供给压力为 6.49 MPa。喷入爆震管内的超临界乙烯将迅速膨胀降温,其与氧气掺混形成低温可爆混合物,期望以此吹除高温产物。实验最终在长 190 mm 的爆震管内实现了当量比 0.76 下 500 Hz 的工作频率。进一步分析表明,在 PDRE 实际工作过程中,氧气更早进入爆震管,进而起到了隔离高温产物的作用。为进一步提高工作频率,Matsuoka 等采用了图 5.15 右图结构的 PDRE,氧气连续轴向进入,供给压力为 0.54~0.56 MPa,电磁阀控制的乙烯燃料供给压力为 6.6 MPa,并在图中 S 形试验器中实现了 1916 Hz 工作频率。利用液滴蒸发降温进而实现无隔离气体的控制方式,也可以用于全电磁阀式 PDRE,Matsuoka 等[44]采用 C_2H_4 -液体 N_2O 作为推进剂实现了爆震管在 50 Hz 下的稳定工作。

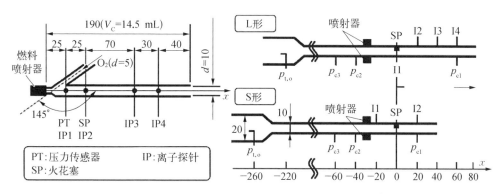

图 5.15　燃油有阀控制的半无阀式 PDRE(单位: mm)[42,43]

　　当 PDRE 采用全无阀结构形式,必须采用隔离气体或稀释的氧化剂来实现发动机的稳定工作。图 5.16 给出了 Endo 等[45]的用于热喷涂的无阀式带壁面水冷脉冲爆震管,其实现了以 150 Hz 频率连续稳定工作 15 min。$C_2H_4/O_2/Ar$ 在爆震管头部同一截面以不同入射角度在不同周向位置连续喷注,其中 C_2H_4/O_2 的喷注压力为 0.6 MPa,Ar 的喷注压力为 1.09 MPa。由于氩气喷注压力高,因此在填充阶段,氩气首先进入爆震管,进而起到隔离气体作用。当爆震管头部压力低于 $C_2H_4/$

O_2 供给压力时,三种工质同时填充爆震管,此时氩气将稀释可爆混合物,降低了可爆混合物的化学反应敏感性及单位质量放热量,进而导致更长的 DDT 起爆距离及 DDT 时间,这限制了爆震管所能达到的频率上限及比冲性能。针对内径 24 mm、长 0.66 m 的脉冲爆震管,Wang 等[46] 实现了以汽油/富氧空气(45%氧气)为推进剂的发动机在 10~110 Hz 下的无阀稳定工作,试验器产生的预估最大单位面积推力低于 Li 等[24] 全电磁阀式 PDRE 在 49 Hz 下获得的单位面积推力。

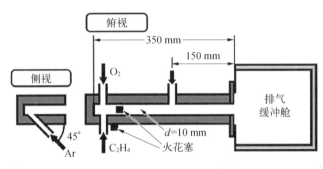

图 5.16   无阀式 PDRE[44]

5.2.1.2   推进性能概况

针对当前各种脉冲爆震火箭发动机结构形式,表 5.1 汇总了各发动机工作参数及相应推进性能,其 PDRE 结构大都是采用不带喷管的直管爆震室。实验数据一般在大气环境下获得,所不同的是 "C_2H_4/液体 N_2O[44]" 试验,其环境压力为 35 Pa,爆震室出口为阻塞比 0.91 的小孔,而 "$H_2/O_2/He$[29]" 试验采用了收敛比 2.04、扩张比 5.09 的收扩喷管。

对于 PDRE,可以定义基于燃料/氧化剂的推进剂比冲和基于所有工作介质的总比冲。从表 5.1 中可以看到,为实现 PDRE 高频稳定工作而引入的惰性隔离气体将降低发动机总比冲。比冲大小与推进剂在爆震室内所占空间(定义为填充系数)有直接关系。当填充系数大于 1 时,此时爆震室处于完全填充或过填充状态,即有部分推进剂在点火前流出了发动机,这将降低发动机的比冲。当填充系数小于 1 时,此时爆震室处于部分填充或欠填充状态。一般来说,填充系数越小,PDRE 比冲越高。存在比冲变化趋势拐点,当推进剂填充系数满足不了爆震室 DDT 起爆距离的需求时,PDRE 的比冲将降低。

表 5.1 中 PDRE 的最大比冲为 305 s,其结构如图 5.8 所示,此时推进剂填充系数为 0.13,爆震室其余部分将填充其他工质,如隔离气体、燃烧产物、环境空气。实际上爆震室内燃气过膨胀将在发动机内形成低压区,环境空气将在发动机出口被吸入到爆震室内填充一部分爆震室。理论分析表明,此时性能相当于剩下部分填充了 50%的燃烧产物和 50%的环境空气的计算值。当剩下部分填充的全是吸入

表 5.1 当前不同脉冲爆震火箭发动机工作参数及推进性能

结构	工作介质	内径/长度/(cm/m)	喷注压力/MPa	当量比	工作频率/Hz	填充系数	推力/N	单位面积推力/kN	推进剂比冲/s	总比冲/s
	煤油/O₂/N₂[24]	3/0.8	0.5/1.5/1.5	1	49 30	0.65 1	62 42	87.7 59.4	195 142	N/A
	煤油/O₂/N₂[47]	3/1.47	0.5/1.7/—	1	5 10 15	2.12 1.06 0.71	24.57 33.42 54	34.8 47.3 76.4	123.3 167.7 271	N/A
	C₂H₄/O₂/He[16]	10.4/1.47	6.5/7/8.9 5.4/7.1/8.2 5.5/7.3/8.5	1.8 1.99 2.2 1.29	9.52 9.52 12.5 12.5	0.482 1.07 1.013 0.6	176.6 333.2 345.1 282.6	20.8 39.2 40.6 33.3	233.9 189.8 166.1 225.9	198.1 169.2 148.5 209.3
全电磁阀	C₂H₄/O₂/He[19]	10/2	3/3/3	1.93 1.79 1.84	2.5 5.9 8.3	0.26 0.13 0.075	35 53.04 29.05	4.5 6.8 3.7	N/A	240 305 190
	C₂H₄/O₂/He[32]	N/A	0.8/1.6/2.6 0.95/1.9/2.6	1.4 1~1.36	10.2 10.2	N/A	20 22.6	N/A	N/A	279 265
	C₂H₄/液体 N₂O[44]	1/0.557	1.8/4.5/—	1	50	N/A	N/A	N/A	174	174
	H₂/O₂/He[29]	1.27/1.64	点火前室压 20 atm	N/A	60 90	N/A	388.3 315.4	3065.3 2489.8	225.7 182.4	157.7 127.2

续　表

结构		工作介质	内径/长度/(cm/m)	喷注压力/MPa	当量比	工作频率/Hz	填充系数	推力/N	单位面积推力/kN	推进剂比冲/s	总比冲/s
旋转阀		$C_2H_4/O_2/He$[37]	3.5/1.07	2/2/2.5	N/A	159 101 40	0.15 0.22 0.57	71 44 45	73.8 45.7 46.8	232 154 158	187 122 126
		$C_2H_4/O_2/He$[48]	3.7/1.6	2/2/3	0.99 1 0.93	129×4 160×4 40×4	0.091 0.074 0.295	242 225 166	56.3 52.3 38.6	251 230 171	216 200 153
		$C_2H_4/N_2O/He$[39]	3.6/0.8	5.5/5.3/9.6	1.05	96×4	0.42	256	62.9	130	N/A
无阀		煤油/富氧空气[49]	2.4/0.62	0.4/1.0/—	1.9	60	1	33	72.9	N/A	122
		$C_2H_4/O_2/Ar$[45]	1/0.35	0.6/0.6/1.09	1.1	150	平均流量26.57 g/s				
半无阀式		$C_2H_4/O_2/H_2O$[45]	1/0.35	0.5/0.5/7.1	1.1	150	平均流量13.1 g/s				
		C_2H_4/O_2[43]	1/0.04	6.6/0.56/—	0.38	1 916	平均流量预估54.17 g/s				

的环境空气时,PDRE 预估比冲可以达到 500 s。当剩下部分填充的都是燃烧产物时,PDRE 预估比冲仅有 150 s[19]。作为对比,表 5.2 给出了几种常规火箭发动机工作参数及推进性能,可以看到,发动机的比冲与燃烧室压力具有正相关性。

表 5.2　几种常规火箭发动机工作参数及推进性能[50]

型　号	推进剂	混合比	喷注压力 /MPa	室压 /MPa	(直径/cm) 扩张比	海平面推力 /真空推力	海平面比冲 /真空比冲
LR - 105 - NA - 7	煤油/LO$_2$	2.46	6.84/6.74	5.06	—/25.8	267 kN/ 375 kN	219.7 s/ 308.7 s
LR - 101 - NA - 11	煤油/LO$_2$	1.82	6.22/5.94	2.43	—/5.6	4.5 kN/ 5.3 kN	208.5 s/ 245.7 s
LR - 101 - NA - 7	煤油/LO$_2$	1.8	N/A	1.46	—/5.6	2.3 kN/ 3.06 kN	174.8 s/ 234.1 s
RD - 8	煤油/LO$_2$	N/A	N/A	7.65	—/82.6	—/19.6 kN	—/342.3 s
R - 4D(姿控)	混肼 50/N$_2$O$_4$	2	N/A	0.669	4.9/40	0/445 N	—/285.2 s
AJ - 10 - 138	混肼 50/N$_2$O$_4$	2	N/A	0.723	—/40	0/35.6 kN	—/302.3 s
DK600 - 3 (姿控)	一甲基肼/ N$_2$O$_4$	1.65	N/A	0.8	1.02/85	—/10 N	—/280 s
RL - 10	LH$_2$/LO$_2$	5	6.83/4.12	2.76	26/57	0/66.7 kN	—/444.3 s
YF - 73	LH$_2$/LO$_2$	5.06	4.36/4.7	2.63	—/40	—/44.4 kN	—/420.3 s

对比表 5.1 和表 5.2,对于推进剂为煤油/液氧的火箭发动机,仅从比冲数值大小来看,当前 PDRE 获得的试验比冲要低于常规火箭发动机。但需要指出的是两种发动机处于不同的工作状态,此时 PDRE 由于采用不带喷管的直管爆震室,部分高压产物不经喷管直接排出将带来性能损失。另外,由于 PDRE 工作频率较低,爆震室内填充压力接近环境压力,在此填充压力下,传统火箭发动机比冲要远低于PDRE。对于推进剂为液氢/液氧的常规火箭发动机,其真空比冲要远高于表 5.1中数据,虽然表 5.1 中 PDRE 填充压力与其相当,但其喷管扩张比为 5.09,同时发动机出口为地面环境大气压。

需要指出的是,当前 PDRE 的喷注落压比远高于常规火箭发动机,过小的推进剂流量也导致其推力一般也远低于连续喷注常规火箭发动机。但对比表 5.1 和表5.2 中以氢气/氧气为推进剂的发动机可以发现,PDRE 可实现远高于常规火箭发动机的单位面积流量。

5.2.2 直管 PDRE 推进性能分析

5.2.2.1 性能分析模型

如何确定脉冲爆震发动机的性能参数(如推力、比冲、耗油率等)是脉冲爆震发动机研究中的一个关键性问题。第1章给出了基于热力过程的爆震循环性能分析方法,其假定爆震发动机排出气流为定常流,因此可以确定爆震发动机的最大极限性能。然而对于脉冲爆震发动机,其爆震燃烧室工作过程是间歇式、周期性的,所以发动机内气流的流动与时间有关。脉冲爆震发动机特有的间歇式工作和非稳态流动的特性,一方面使得常规发动机的性能分析方法对其不再适用,另一方面也加大了建立其性能估算理论模型的难度。因此,需要发展一种能够对其性能进行快速、有效估算的性能分析方法,建立相应的理论模型。目前,国内外解决这一问题的途径主要有两类:一类是完全通过数值模拟,获得脉冲爆震发动机工作时各种参数的瞬时值,再通过进一步计算对脉冲爆震发动机的性能参数进行评估,由于计算量较大,不适于快速性能评估;另一类是根据气体动力学,利用公式推导和实验数据,建立起脉冲爆震发动机各个工作过程的简单分析模型,进而实现对脉冲爆震发动机性能的评估。

当多循环 PDRE 稳定工作后,每一个工作循环产生的冲量 I_{cyc} 相同,因此发动机产生的总平均推力满足

$$F = I_{cyc} \cdot f_{PDC} \tag{5.3a}$$

由 PDRE 工作循环过程可知,单个循环产生的冲量又可分为阀门关闭期间爆震燃烧及排气产生的冲量 I_{cls} 和阀门开启期间反应物填充及排气产生的冲量 I_{fill},所以可以得到式(5.3a)的另一种形式,即

$$F = (I_{cls} + I_{fill}) \cdot f_{PDC} = I_{cls} \cdot f_{PDC} + F_{fill} \tag{5.3b}$$

式(5.3b)表明,PDRE 产生的平均推力由阀门关闭期间爆震燃烧及排气产生的平均推力和阀门开启时填充阶段产生的平均推力 F_{fill} 两部分组成。当阀门开启后排气速度较低以至可以忽略式(5.3b)中的 F_{fill} 项时,则有

$$F \approx I_{cls} \cdot f_{PDC} \tag{5.3c}$$

当前存在各种模型以预估式(5.3c)中的 I_{cls}。

1. 直管爆震室完全填充模型

对于仅由直光管爆震室构成的脉冲爆震火箭发动机,如图 5.17(a) 所示,Wintenberger 等[51]给出了单次爆震时发动机推进性能的评估方法。点火前爆震室内完全填充有可爆混合物,当在封闭端点火后,理想情况下,爆震波在爆震管封闭端(或推力壁)瞬间形成,推力壁处压力瞬时达到爆震波后压力 p_2(即 CJ 压力)并迅速衰减为压力 p_3。爆震波在管内传播,为满足左端固壁边界条件,推力壁处压力

p_3 保持不变。爆震室内波系传播的时空图如图 5.17(b) 所示：①区是爆震波前未燃可爆混合物静止区；在爆震波后有一束 Taylor 膨胀波向前传播，波头在 CJ 爆震波面上，形成简单波区②；由于封闭端为固壁，在简单波区②后跟着一个静止区③。经过 t_1 时间后，爆震波到达发动机出口，向空气中传入一透射冲击波，同时产生一束向封闭端传播的中心膨胀波，在此过程中推力壁处压力始终保持 p_3 值。经过 t_2 时间后，第一道膨胀波到达推力壁，推力壁处压力开始减小，并最终降至初始状态压力 p_1。推力壁处典型的压力变化曲线如图 5.17(c) 所示。

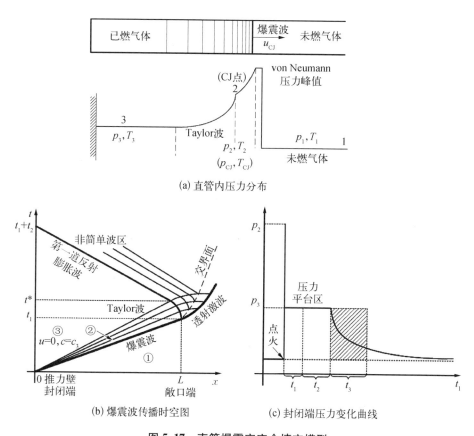

(a) 直管内压力分布

(b) 爆震波传播时空图　　　(c) 封闭端压力变化曲线

图 5.17　直管爆震室完全填充模型

对于一端开口一端封闭的直管爆震室，推力来源于封闭端两侧的压差，假定在 $t=0$ 时开始产生爆震波，基于图 5.17(c) 中推力壁上压力与时间关系的理想变化曲线，通过对压力变化曲线推力壁两边压力差进行积分，可得到如下形式的直管爆震室单次爆震冲量计算公式：

$$I_{\text{cls}} = A\int_0^\infty \Delta p(t)\,\mathrm{d}t = A\left[\Delta p_3(t_1 + t_2) + \int_{t_1+t_2}^\infty \Delta p(t)\,\mathrm{d}t\right] \tag{5.4}$$

其中,A 为爆震室横截面积;Δp 为某时刻推力壁两侧压力差。

对于式(5.4)中括号内的第一项中的时间项 t_1 和 t_2,其都具有解析解形式,这可以通过对管内气动过程进行分析推导求得。对于第二项的积分项,可以用如图 5.17(c)中的等效平台时间 t_3 来计算,由于此时排气过程涉及复杂波系,很难获得解析形式,可依据数值仿真或试验数据确定经验常数。进一步,式(5.4)可以变换为如下形式,即

$$I_{\text{cls}} = (p_3 - p_{\text{b}})A\frac{L}{u_{\text{CJ}}}\left[1 + (\alpha + \beta)\frac{u_{\text{CJ}}}{c_3}\right] \tag{5.5}$$

其中,L 为爆震室长度;p_{b} 为环境压力。推力壁处燃烧产物处于压力平台区状态时的声速 c_3 和压力 p_3 满足如下关系:

$$c_3 = u_{\text{CJ}}\frac{\gamma_{\text{u}}Ma_{\text{CJ}}^2 + \gamma_{\text{b}}}{2\gamma_{\text{u}}Ma_{\text{CJ}}^2} \tag{5.6}$$

$$p_3 = p_{\text{CJ}}\left[\frac{2\gamma_{\text{b}}}{1 + \gamma_{\text{b}}} \cdot \frac{\gamma_{\text{u}}Ma_{\text{CJ}}^2 + 1}{\gamma_{\text{u}}Ma_{\text{CJ}}^2 + \gamma_{\text{b}}}\right]^{-\frac{2\gamma_{\text{b}}}{\gamma_{\text{b}}-1}} \tag{5.7}$$

式(5.5)中的 α 反映 t_2 的大小,满足如下关系:

$$\alpha = \frac{c_3}{u_{\text{CJ}}}\left[2\left(\frac{\gamma_{\text{b}} - 1}{\gamma_{\text{b}} + 1}\frac{\gamma_{\text{u}}Ma_{\text{CJ}}^2(\gamma_{\text{b}} - 1) + \gamma_{\text{b}}(\gamma_{\text{b}} + 3)}{2\gamma_{\text{b}}(\gamma_{\text{u}}Ma_{\text{CJ}}^2 + 1)} + \frac{2}{\gamma_{\text{b}} - 1}\right)^{-\frac{\gamma_{\text{b}}+1}{2(\gamma_{\text{b}}-1)}} - 1\right] \tag{5.8}$$

式(5.5)中的 β 为经验常数,反映了 t_3 的大小。当反应物为 H_2、C_2H_2、C_2H_4、C_3H_8 与氧气或空气的混合物时,α 和 β 在如下范围:$1.07<\alpha<1.13$,$0.53<\beta<0.66$。

Wintenberger 等[51]的模型含有经验常数 β,对此,Endo 等[52]建立了无须经验参数的直管爆震室性能模型。Endo 对压力平台区参数的计算与 Wintenberger 模型相同,所不同的是,其对推力壁压力衰减过程构建了理论计算模型,并给出了直管爆震室头部压力曲线的理论计算公式,同时也建立了直管爆震室排气时间(从点火到推力壁处压力降低到点火前压力)的解析表达式,进而可以预估直管爆震室的极限工作频率,并指出模型适用于 $1<Ma_{\text{CJ}}<7.3$ 情况。

需要指出的是,直管爆震室解析模型建立的前提条件是光滑爆震管内爆震波直接起爆。对于以氧气为氧化剂的 PDRE,由于 DDT 距离比较短,其占反应物填充长度的比例非常小,因此试验测量值与模型预估值非常吻合[53]。当 DDT 距离接近反应物填充长度时,试验测量值将大大低于模型预测结果,例如爆震管变短或以空气为氧化剂而导致 DDT 距离变长情况[53]。当爆震管内安装有 DDT 强化障碍物

时,虽然能缩短 DDT 距离,但相比光滑爆震管,障碍物引起的额外阻力将使得单循环冲量平均降低 25%[53]。

考虑到实际爆震室具有不同结构及起爆方式,当考虑爆震室初始填充压力 p_1 时,通常将式(5.5)表达为如下形式:

$$I_{cls} = K\frac{p_3 - p_1}{u_{CJ}}V + (p_1 - p_b)A \cdot t_{cls} \tag{5.9}$$

其中,V 为爆震室体积;K 为经验常数,可以根据试验及仿真数据拟合。当应用 Wintenberger 模型时,若 $\alpha = 1.1$、$\beta = 0.53$、$u_{CJ}/c_3 = 2$,则 $K = 4.3$。

对于单次爆震过程,由于爆震室头部始终处于封闭状态,不存在阀门开启后填充过程,此时单次循环冲量满足 $I_{cyc} = I_{cls}$,进一步可以得到单位容积冲量为

$$I_V = \frac{I_{cyc}}{V} \tag{5.10}$$

混合物比冲为

$$I_{sp} = \frac{I_{cyc}}{\rho_1 Vg} = \frac{I_V}{\rho_1 g} \tag{5.11}$$

其中,ρ_1 为初始充填混合物密度;g 为当地加速度。

燃料比冲:

$$I_{spf} = \frac{I_{cyc}}{\rho_1 X_F Vg} = \frac{I_V}{X_F \rho_1 g} \tag{5.12}$$

2. 直管爆震室部分填充模型

完全填充模型可以用来计算当爆震室内填充满可爆混合物时的脉冲爆震发动机单次爆震推进性能,如图 5.18(a)所示,此时第一道反射膨胀波的起始位置在爆震室出口,如图 5.17(b)所示。当直管爆震室只填充部分可爆混合物,如图 5.18 中的 AB 段,在不同填充状态下,爆震室剩下部分填充有隔离气体、高温燃烧产物或环境空气,此时爆震室工作在部分填充状态。爆震波到达可爆混合物与不反应介质的交界面后,第一道膨胀波从此交界面开始向推力壁传播,高温、高压、高速燃烧产物开始对不反应介质做功传热,能量在这两部分介质中重新分配,最终影响脉冲爆震发动机的推进性能。

为了定量评估部分充填对直管 PDE 性能的影响,这里需要引入填充系数 φ 的概念,若直管爆震室长度为 L,点火起爆前可爆混合物的填充长度为 L_f,则填充系数 $\varphi = L_f/L$。

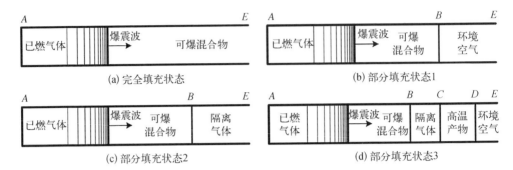

图 5.18   直管爆震室内可爆混合物几种填充状态

Li 等[54]通过对爆震管内单次爆震过程的二维数值模拟,研究了直管爆震室部分填充 $C_2H_4 - 3O_2$ 可爆物混合物时爆震室性能,其部分填充状态如图 5.18(b)所示,即爆震室剩余部分填充空气。根据数值模拟得到的性能数据,以完全填充下燃料比冲数据($I_{spf} \mid_{\varphi=1}$)为参考值拟合的经验公式满足如下关系:

$$\frac{I_{spf}}{I_{spf} \mid_{\varphi=1}} = a - \frac{a - 1}{\exp[(\varphi^{-1} - 1)/8]} \tag{5.13}$$

这里的常数 a 根据式(5.14)求取,即

$$a = \frac{I_{spf} \mid_{\varphi=0}}{I_{spf} \mid_{\varphi=1}} \tag{5.14}$$

其反映了填充系数接近 0 时爆震管比冲的大小。通过调节 a 值的大小,可以改变部分填充下 PDE 性能的变化趋势,针对所有计算的可爆混合物,常数 a 的值为 3.2~3.5。

基于可爆混合物为 $C_2H_2 - O_2$ 和 $C_2H_4 - O_2$ 时试验及数值仿真获得的爆震管比冲结果,Cooper 等[55]给出了如下形式的部分填充下混合物比冲经验公式:

$$\frac{I_{sp}}{I_{sp} \mid_{\varphi=1}} = \begin{cases} 0.814 + 0.186\varphi^{-1}, & 0.0676 \leqslant \varphi \leqslant 1 \\ 3.56, & 0 < \varphi < 0.0676 \end{cases} \tag{5.15}$$

由于当爆震室填充系数为 0 时,PDE 的各项性能指标应为 0,因此经验公式将填充系数分成两个区间:当 φ 为 0.0676~1 时,经验公式通过试验数据拟合获得;当 φ 为 0~0.0676 时,公式应用 Li 等[54]的数值模拟结果给出近似常数。由于该经验公式是基于 C_2H_2 和 C_2H_4 燃料,因此当采用该模型计算以 H_2 为燃料的爆震管比冲时,计算结果与试验测量结果存在一定偏差。

经验公式(5.13)和公式(5.15)建立了填充系数与比冲之间的关系,从填充系数的定义可以看到,其表征的是可爆混合物的体积百分数,然而同样体积百分数的可爆混合物在不同状态下将具有不同的放热量,进而影响到经验公式的适用性。对此,Sato 等[56]给出了一个更简洁的经验公式,即

$$\frac{I_{\mathrm{sp}}}{I_{\mathrm{sp}}\mid_{\varphi=1}} = \frac{1}{\sqrt{Z}}, \ 0.05 < Z < 1.0 \tag{5.16}$$

其中,Z 为爆震管内填充的可爆混合物质量分数。该模型计算结果与采用可爆混合物为 $H_2 - O_2$、$C_2H_4 - O_2$ 时获得的爆震管试验及数值计算比冲比较吻合。

需要指出的是,以上经验公式仅适合于图 5.18(b)所示的部分填充状态,此时爆震室尾部填充的空气由外部环境吸入。基于经验公式计算的就是 PDRE 的总比冲,从公式的表达式可以看到,填充系数越小,PDRE 的总比冲越大,但单个循环产生的冲量越低。从 PDRE 的实际工作循环可以知道,为实现高频稳定工作,一般需要采用隔离气体,此时的部分填充状态如图 5.18(c)、(d)所示。当部分填充状态为图 5.18(c)所示时,虽然减小填充系数可以提升 PDRE 的可爆混合物比冲及燃料比冲,但将导致基于所有工质的总比冲的降低。当部分填充状态如图 5.18(d)所示时,即有部分燃烧产物残留在爆震室内,若填充系数减小导致燃烧产物残留增多时,PDRE 的可爆混合物比冲、燃料比冲及总比冲都将降低,但当有额外空气从爆震室尾部进入爆震室时,可以提升 PDRE 推进性能。

鉴于经验公式应用的局限性,Endo 等[57]建立了纯理论的部分填充性能模型——均匀稀释模型,其基本思想是在总的燃料放热量及总质量相同的前提下,将部分填充状态转化为完全填充状态来处理,进而可以采用完全填充模型[52]来评估爆震管的推进性能,并以均匀稀释后单位质量内能 e_1 与可爆混合物单位质量放热量 q_u 之比来评估模型的适用范围。当计算比冲时,模型适用于 $e_1/q_u < 0.1$ 的情况,当计算排气时间时,模型适用于 $e_1/q_u < 0.06$ 的情况。

5.2.2.2　推进性能分析

1. 单次爆震性能影响因素分析

标况下,若爆震管内完全填充满恰当比乙烯/氧气,当点燃起爆后爆震管内燃烧产物最终膨胀到环境大气压时,爆震管内残留的燃烧产物量将低于可爆混合物的 8.5%。当头部阀门开启,PDRE 处于填充阶段时,如果排气速度比较低以至于可以忽略此期间产生的冲量时,则多循环 PDRE 的平均推力可以用式(5.3c)计算,此时 PDRE 的推进性能与发动机单次爆震冲量及工作频率有关。

公式(5.9)给出了爆震室完全填充时单次爆震冲量的计算方法,当填充压力 p_1 与环境压力 p_b 相等时,该式可以转变为如下形式:

$$I_{\mathrm{cls}} = K \cdot \rho_1 V \cdot u_{\mathrm{CJ}}^{-1} \cdot f(M_{\mathrm{CJ}}, \gamma_u, \gamma_b) \tag{5.17}$$

式(5.17)表明,循环冲量与爆震室内填充工质的总质量 $\rho_1 V$ 成正比,因此增大填充

压力 p_1、降低填充温度 T_1 及采用更大几何尺寸的爆震室都可以提升单次循环产生的冲量。

对式 (5.17) 进一步简化，可以得到如下关系[51]：

$$I_{cls} \propto \rho_1 V \sqrt{q_u} \tag{5.18}$$

即循环冲量与单位质量放热量 q_u 的平方根成正比，考虑到比冲与冲量之间的关系式 (5.11)，则混合物比冲满足如下关系[51]：

$$I_{sp} \propto \sqrt{q_u} \tag{5.19}$$

这表明采用更高热值的燃料、减少稀释气体的含量都有利于提升循环冲量和比冲。

需要指出的是，在不考虑物性参数变化时，式 (5.18) 和式 (5.19) 反映出的关系与实际比较相符，当反应物当量比变化引起物性参数发生变化时，各种参数的影响还需基于式 (5.9) 和式 (5.11) 进行具体计算分析。对此，Wintenberger 等[51]计算分析了各种燃料/氧化剂在不同当量比及不同工况下的冲量、容积比冲、混合物比冲及燃料比冲。

正如前面所论述的，爆震室内 DDT 过程中存在的爆燃燃烧过程及爆震室内采用障碍物带来的流动阻力也将影响循环冲量。对于不带障碍物的直管爆震室，壁面摩擦同样也会产生影响。对此，Kawane 等[58]通过试验及一维数值模拟对比，研究了不同爆震室长径比 L/d 下壁面损失(传热和摩擦)对单次爆震比冲性能的影响。结果表明，当 L/d 分别等于 49、103 和 151 时，试验比冲只能达到理论计算比冲的 89%、70% 及 64%。因此，爆震室应采用尽可能小的长径比，但最小长径比又受限于 DDT 距离，实际中要进行折中选择。

2. 多循环下性能影响因素分析

对于高填充速度的多循环 PDRE，此时不能忽略阀门开启时产生的推力，其平均推力计算公式采用式 (5.3b) 计算。如果 PDRE 的供给状态不变以及供给阀门关闭时间 t_{close} 固定，那么当 PDRE 在较低工作频率工作时，则爆震室一直处于过填充状态，此时阀门关闭期间产生的冲量 I_{cls} 一般不随工作频率变化，各种因素对 I_{cls} 的影响特性与对循环冲量 I_{cyc} 的影响特性相似，PDRE 产生的推力与工作频率满足线性关系。随着工作频率的增加，爆震室开始由过填充状态逐渐转变为部分填充状态，一方面由于流场的非定常特性影响加强，另一方面由于爆震室填充状态的改变，工作频率的变化将影响 I_{cls} 的大小。

图 5.19 给出了以恰当比 $C_2H_4 - O_2$ 为可爆混合物的多循环 PDRE 推进性能随工作频率变化特性。直管 PDRE 长 40 cm、直径 3 cm，采用一维、绝热、无黏、考虑面积变化的数值模拟方法[59]进行性能计算，仿真计算中固定供给压力 p_s 为 2 bar、供给温度 T_s 为 300 K，不同工作频率下的 PDRE 性能如图 5.19 所示。对于同样结构

及工况下的常规火箭发动机,其平均推力 F_{Rkt}、比冲 I_{sp_Rkt} 及流量 m_{Rkt} 分别为 71 N、108.3 s 及 0.067 kg/s。

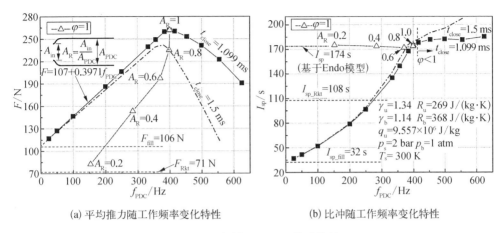

(a) 平均推力随工作频率变化特性　　　　(b) 比冲随工作频率变化特性

图 5.19　多循环 PDRE 推进特性

当阀门关闭时间 t_{close} 固定为 1.099 ms 时(进口面积比 $A_R = 1$),随着工作频率的增加,可爆混合物在爆震室内的填充状态将由过填充向部分填充转变。在工作频率 f_{PDC} 小于 400 Hz 时:从图 5.19(a)可以看到,此时发动机平均推力与工作频率成线性变化关系,进而可以拟合出如图中所示的推力计算公式,当发动机处于过填充状态时,该预估推力公式计算结果与仿真结果非常吻合;此时每个工作循环阀门关闭阶段产生的冲量 I_{cls} 为 0.397 1 N·s,I_{cls} 在低工作频率下几乎保持不变,填充阶段产生的平均推力 F_{fill} 为 107 N,该推力与工作频率为 0 Hz 时发动机冷态推力的理论计算值 106.5 N 非常接近;由于此时爆震室处于过填充状态($\varphi > 1$),部分可爆混合物将流出发动机,工作频率越高则可爆混合物流出越少,因此混合物比冲随工作频率的增加而升高,如图 5.19(b)所示。当工作频率 f_{PDC} 继续升高时:推力与工作频率间表现出非线性关系,并在 f_{PDC} 升高到 400 Hz 时平均推力达到极值;混合物比冲增加趋势变缓,此时爆震室处于部分填充状态。剩余部分填充的是上一循环的高温燃烧产物及一部分反流低温气体,高温产物的存在将大大减弱采用部分填充效应提升比冲带来的收益,进而表现出与前面部分填充模型不一样的变化特性。Matsuoka 等[37,48]的试验结果也证实了这点,实际 PDRE 在应用场景下一般都处于这样的工况,此时发动机处于高供给压力、大流量、低背压工况下,环境空气无法进入爆震室,进一步降低填充系数将大大降低发动机产生的推力。

当阀门关闭时间 t_{close} 延长为 1.5 ms 时,发动机推力与比冲随爆震室工作频率变化的趋势与 $t_{close} = 1.099$ ms 相同,不同的是,增加阀门关闭时间将减小发动机产生的推力,但可以获得更高的比冲,如图 5.19 所示。实际上,当延长阀门关闭时间时,爆震室排气时间将加长,这意味着阀门开启时爆震室内的压力将降低得更多。此时爆震室尾部存在负压区,部分填充情况下,对应图 5.19(b) 中高于工作频率 400 Hz 的数据,更多的环境空气将进入爆震室,进而强化了部分填充效应。当供给压力提高后,同样阀门关闭时间下爆震室尾部负压区将逐渐减少,低压吸入的环境空气将减少,相应地,部分填充效应将减弱,如图 5.20 所示。

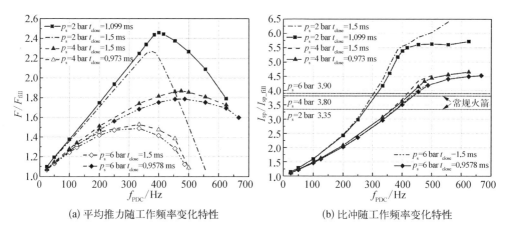

(a) 平均推力随工作频率变化特性　　　　(b) 比冲随工作频率变化特性

图 5.20　不同供给压力下多循环 PDRE 推进特性

图 5.20 给出了供给压力分别为 2 bar、4 bar 及 6 bar 下 PDRE 平均推力及比冲随发动机工作频率的变化特性,图中 PDRE 平均推力及比冲以相应工况下的发动机冷态排气推力及比冲进行无量纲化。表 5.3 给出了发动机冷态排气性能及同样供给条件下常规火箭发动机性能。可以看到,随着供给压力增高,PDRE 的比推力及比比冲都将降低,即 PDRE 性能增益随供给压力的增高而衰减,这与第 1 章的理论分析趋势是一致的,而常规火箭发动机性能变化趋势正好相反。

表 5.3　不同供给状态冷态排气及常规火箭发动机性能

供给状态	冷态排气性能			常规火箭发动机性能			
	推力	比冲	流量	推力	比冲	比推力	比比冲
$p_s = 2$ bar, $T_s = 300$ K	106 N	32.3 s	0.335 kg/s	71 N	108.3 s	0.67	3.35
$p_s = 4$ bar, $T_s = 300$ K	285 N	43.3 s	0.672 kg/s	216 N	164.6 s	0.76	3.80
$p_s = 6$ bar, $T_s = 300$ K	463 N	46.9 s	1.007 kg/s	360 N	182.7 s	0.78	3.90

从图 5.20(a) 推力变化曲线可以看到,增大供给压力将使得推力与工作频率之间的线性变化转变为非线性变化,增大阀门关闭时间将使推力大大降低。从图

5.20(b)比冲变化曲线来看,高供给压力下,延长阀门关闭时间对比冲影响较小,这表明发动机流量大大降低。

图 5.19 也给出了爆震室不同进口面积比 A_R 下 PDRE 的推进特性,此时爆震室在点火前的可爆混合物填充系数 φ 都为 1。从图 5.19(a)可以看到,PDRE 的推力受 A_R 影响较大,进口面积的减小(即 A_R 减小)将大大减小发动机的平均推力,由于供给条件不变,相应流量减小,工作频率降低。相反地,从图 5.19(b)可以看到,此时 PDRE 的比冲为 171~175 s,即比冲受 A_R 影响不大。当填充压力和温度为 1 atm 和 300 K 时,基于 Endo 的直管完全填充模型[52]计算得到的比冲为 174 s,两者比较接近。

考虑一个一维发动机,基于发动机出口参数的比冲表达式如下:

$$I_{sp} = \frac{F}{mg} = \frac{\int_0^{t_{cyc}} m_e(t) u_e(t) \left\{ 1 + 1/[\gamma_b M_e^2(t)] \right\} dt - p_b A_e}{g \int_0^{t_{cyc}} m_e(t) dt} \tag{5.20}$$

式(5.20)表明比冲实际上是一个质量流量加权参数。对于 PDRE,大部分工质将在阀门关闭期间排出,以图 5.19 中 PDRE 在标况下单次爆震为例,90%的工质将在 1.6 ms 内排出。因此基于公式(5.20)计算的比冲实际反映的是 PDRE 在此期间的推进性能。

PDRE 推进性能与 A_R 间的变化关系与常规火箭发动机存在较大差异。对于同样结构尺寸、同样供给条件下的常规火箭发动机,当可爆混合物以常规定常燃烧方式放热,只要在燃烧室进口不出现流量壅塞,对于图 5.19 中的供给工况,当进口面积比 A_R 在 0.2~1 变化,常规火箭发动机流量、比冲及推力都将保持不变。从图 5.20 也可以看到,PDRE 推力及比冲受阀门关闭时间的影响也不同,这表明对 PDRE 推进性能的评估不能仅基于比冲性能指标。

3. 流量及增压特性

由式(5.20)可以看到,发动机推力由比冲和流量共同决定。对于常规火箭发动机,当燃烧室几何结构固定后,由于燃烧引起的流动热壅塞,发动机流量大小取决于燃烧当量比或温升,当壅塞发生在燃烧室出口截面时,燃烧室进口面积在一定范围变化时不会影响流量。对于脉冲爆震燃烧室,燃烧当量比仅仅是影响发动机流量的其中一个因素,图 5.21 给出了与图 5.20 对应工况下 PDRE 的流量特性,流量数据以对应工况下冷态排气流量(表 5.3)进行无量纲化处理。从图中可以看到,爆震室工作频率、阀门关闭时间及燃烧室进口面积都会影响 PDRE 的流量。图 5.22 给出了同样工况下基于爆震室推力壁处时均总压计算的部件增压特性,从图中可以看到爆震室燃烧室部件增压比也受到各种因素影响。

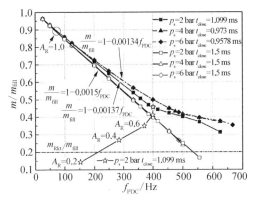

图 5.21　PDRE 流量特性

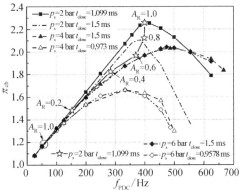

图 5.22　爆震室增压特性

当阀门关闭时间固定时,一定频率范围内 PDRE 的流量比与工作频率满足线性关系,即

$$m/m_{\text{fill}} = 1 - bf_{\text{PDC}}, \quad b \geq t_{\text{close}} \tag{5.21}$$

当阀门关闭时间过长时(如图 5.21 中 $t_{\text{close}} = 1.5 \text{ ms}$),过长的排气时间将导致阀门开启时爆震室内压力过低,进而使得爆震室进口一直处于声速填充状态,此时不同供给压力下的流量比直线是重合的,且式(5.21)中的 b 满足 $b = t_{\text{close}}$,此时 bf_{PDC} 实际代表阀门关闭时间占周期的比例(定义为阀门占空比)。缩短阀门关闭时间将使得爆震室进口存在亚声速填充阶段,进而影响流量线斜率。当发动机工作在高频、部分填充状态下时,燃烧室进口几乎始终处于亚声速填充状态,流量比与工作频率间表现为非线性关系。

图 5.21 也给出了常规火箭发动机的流量特性,由于反应物燃烧放热后流体始终处于热壅塞状态,因此不同供给压力下流量比为定值,其大小取决于温升。从图中可以看到,尽管 PDRE 的反应物为间歇喷注,但由于喷注速度远高于常规火箭发动机燃烧室内反应物填充速度,因此 PDRE 的流量一般更高。但从 PDRE 流量公式(5.21)可以看到,当阀门占空比增加到一定程度时(对应图 5.21 中 0.699),PDRE 流量将低于常规火箭发动机;缩小进口面积比 A_{R} 也会进一步降低该临界值(对应图 5.21 中 0.234)。

尽管脉冲爆震燃烧室进口流量是间断供给的,但燃烧室出口气流却是连续脉动流动的。在脉冲爆震燃烧室处于低压排气阶段时,若排气压力与常规燃烧室压力相同,由于爆震室排气温度更低(因为爆震燃烧熵增低),其排气流量要高于常规燃烧室;而爆震室处于高压排气阶段时,其排气流量要高于低压排气段。这意味着,对于几何结构相同的爆震室与常规燃烧室,当平均流量相同时,爆震室低压排气阶段时压力要远低于常规燃烧室,而低压排气时的压力大小又决定了爆震室反应物填充压力,这表明此时爆震室在相对更低的压力下组织爆震燃烧,这对实现爆震室部件增压是不利的。

基于公式(1.81)可以计算理论增压比,当填充马赫数由 0 增加到 1 时,理论增压比将由 7.31 衰减为 2.43,实际直管爆震室增压比都低于理论计算值。从图 5.22 通过数值仿真获得的燃烧室增压特性 π_{cb} 可以看到,爆震室增压比与供给压力、工作频率、阀门关闭时间及进口面积比 A_R 有关。当供给压力较低时,增大供给压力将增大反应物填充马赫数,进而导致增压比降低;但当供给压力增加到使反应物填充马赫数达到定值时,增压比将与供给压力无关,对于图 5.22,此时供给压力为 4 bar 和 6 bar 的增压比曲线将重合。当延长阀门关闭时间,以图 5.22 中供给压力 6 bar 为例,t_{close} 由 0.957 8 ms 延长到 1.5 ms 时,爆震室推力壁处压力曲线将存在低于供给总压的时间区段,在同样工作频率下,进而导致增压比降低。对于图 5.22 中不同 A_R 下数据,爆震室填充系数都为 1,由于供给压力相同 (2 bar),排气时间几乎不受 A_R 影响(1.01~1.09 ms),但进口面积的减小将导致填充时间加长、工作频率减小、推力壁压力曲线高压区间占比减小,最终导致增压比的降低。对比增压特性图 5.22 和推力特性图 5.20(a)可以看到,增压比与比推力受各种因素影响的变化趋势是基本一致的,这表明增压比也是评价 PDRE 性能的重要指标。

需要指出的是,前面的分析都是针对理想瞬开瞬关的机械阀门,当考虑阀门开关过程时,实际爆震室工作过程将涉及产物回流、推力壁处高压区段缩短、低压区段延长,这些因素都将导致 PDRE 推进性能的降低。当爆震室采用无阀结构时,由于燃烧产物返流,在反应物填充系数不变前提下,填充时间将延长,进而导致增压比及流量的降低。同时从表 5.1 可以看到,当前大部分试验一般采用电磁阀小孔进气、高压供给,此时将带来极大的总压损失,填充压力一般为环境大气压,因此预估增压比一般都小于 1,此时发动机流量与推力将低于在同样供给压力下不考虑总压损失的常规火箭发动机。

5.2.3 带喷管 PDRE 推进性能分析

5.2.3.1 性能分析模型

当直管爆震室后接有收敛型或收扩型喷管后,一方面,压缩波/激波将在推力壁与喷管收敛段间来回反射,爆震管内涉及复杂波系运动,因此无法建立爆震室推力壁处的压力计算理论模型;另一方面,此时发动机推力不仅取决于推力壁处的压力,还与喷管所受压力有关,即发动机产生的推力必须沿整个发动机内壁面进行压力积分。对于非定常排气的动力装置,取发动机内的流体为控制体,则基于动量守恒可得发动机产生的瞬时推力为

$$F(t) = -\int_{S_w} [p(t) - p_b] \cdot n \mathrm{d}S$$

$$= \int_{CV} \frac{\partial \rho u}{\partial t} \mathrm{d}V + \int_{CS} \rho u u \cdot n \mathrm{d}S + \int_{S_i + S_e} [p(t) - p_b] \cdot n \mathrm{d}S \tag{5.22}$$

其中，p_b 为环境压力；CV 为控制体体积；CS 为控制面，控制面可进一步分为入口平面 S_i、出口平面 S_e 以及发动机内表面 S_w。公式(5.22)等式右侧第一个积分项为控制体内非稳态效应引起的动量变化，当发动机内的气流为周期性变化时，该积分项的周期平均值为零。

当仅考虑一维流动时，为计算 PDRE 的周期平均推力，式(5.22)可以简化为

$$F = \frac{1}{t_{cyc}} \int_0^{t_{cyc}} \{ m_e(t) u_e(t) + [p_e(t) - p_b] A_e \} \mathrm{d}t \tag{5.23}$$

对于式(5.23)中涉及的发动机出口瞬时参数，一般需要对脉冲爆震发动机工作过程通过数值模拟仿真获得，由于计算量较大，不适于快速性能评估。

由于爆震波的传播速度非常快，可达 5~10 倍声速，因此在 PDRE 实际运行过程中，爆震波传播过程的时间非常短。以 1 m 长的爆震管为例，假设 PDRE 的工作频率为 100 Hz，爆震波速度为 2 000 m/s，爆震波的传播时间仅占发动机一个运行周期的 5%。试验结果也表明，爆震波的起始和传播的时间远小于排气时间，同时当爆震管后接有带收敛段的喷管后，爆震波传播时间不变而排气时间将进一步延长。因此，在爆震传播过程中，从爆震管中所排出的气体质量可以忽略不计，同时由第 1 章可知，爆震循环热效率接近等容循环热效率，这表明可以采用等容燃烧模型近似爆震燃烧模型。基于此，Talley 等[60]提出了如图 5.23 所示的等容循环模型，其由等压填充过程、等容燃烧过程、等容排气过程和等压排气过程组成。该模型假设：燃烧室内

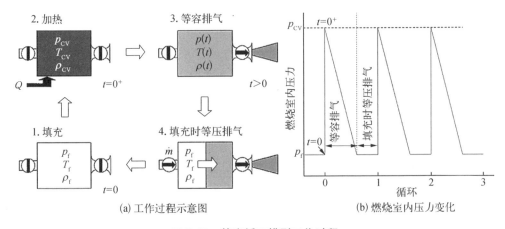

(a) 工作过程示意图　　　　　　　　(b) 燃烧室内压力变化

图 5.23　等容循环模型工作过程

气动热力参数随时间变化,在空间上均匀分布;喷管内流动为一维准定常流。

模型首先进行等压填充过程,如图 5.23(a)所示,此时进气阀打开,等压填充可燃气体,填充压力和温度分别为 p_f 和 T_f。当 $t = 0$ 时,填充过程结束,关闭进气阀,此时燃烧室内的压力、温度和密度分别为 p_f、T_f 和 ρ_f。在填充过程结束后,燃烧过程立刻开始。

填充完毕后开始等容燃烧过程,此时燃烧室进出口阀门关闭,可以利用等容放热计算燃烧后状态(p_{CV}, T_{CV}),即

$$T_{CV} = \frac{c_{vf}T_f + q_u}{c_{vb}} \qquad (5.24)$$

其中,q_u 为放热量;c_{vf} 和 c_{vb} 分别为燃烧前后比定容热容;T_f 和 T_{CV} 分别为燃烧前后温度,进一步采用气体状态方程可得到燃烧后压力 p_{CV}。基于燃烧前气体状态,也可以利用化学平衡法(如 CEA)确定燃烧后状态参数;也可以采用直管爆震管推力壁处压力平台区处的压力和温度作为燃烧后状态。

燃烧完毕后开始等容排气过程,此时燃烧室进口阀门仍关闭,出口阀门打开。基于控制体流量及能量守恒,可得燃烧室内气体状态满足如下微分形式:

$$\begin{cases} \dfrac{\mathrm{d}\rho(t)}{\mathrm{d}t} = -m_e(t)/V \\ \dfrac{p(t)}{p_{CV}} = \left(\dfrac{T(t)}{T_{CV}}\right)^{\frac{\gamma_b}{\gamma_b - 1}} = \left(\dfrac{\rho(t)}{\rho_{CV}}\right)^{\gamma_b} \end{cases} \qquad (5.25)$$

其中,V 为燃烧室体积;m_e 为燃烧室出口瞬时流量。随着排气过程的进行,当燃烧室内压力 p 等于填充压力 p_f 时,等容排气过程结束,因此对式(5.25)在压力区间 $[p_{CV}, p_f]$ 进行积分,可获得排气过程中燃烧室内气体状态的变化及等容排气时间。

当排气过程中燃烧室压力低于供给压力时,燃烧室进口阀门打开,填充的新鲜可爆混合物与残留燃烧产物存在间断面,间断面两侧满足压力、速度分别相等,此时按定常流动计算。当给定填充压力 p_f 时,燃烧产物的气体状态保持在等容排气过程终了时状态。基于残留产物质量及产物排出流量可以确定等压填充时间,基于排出流量可以计算出燃烧室内产物速度。由于间断面两侧速度相等,进而可以基于供给总温确定填充静温 T_f 及填充流量。基于供给状态及流量守恒可以确定燃烧室进口几何面积。当给定燃烧室进口几何条件,则填充压力 p_f 需要多循环迭代求解,直到满足间断面条件及流量守恒。

当假设气流在喷管内的流动是一维准定常时,则基于燃烧室内瞬时压力 $p(t)$、温度 $T(t)$ 及传统稳态喷管计算方法,可以计算出喷管出口气流状态参数(如 m_e、u_e 和 p_e),进而采用数值方法可以求解方程(5.25),并基于式(5.23)获得平均推力。

若燃烧室压力 $p(t)$ 降低到填充压力时喷管扩张段内始终为超声速流动,则整个排气过程中喷管扩张段内流动都为超声速流动,此时微分方程(5.25)是可解析的,可直接求解平均推力的解析公式。Qiu 等[59]给出了发动机平均总推力 F_g 解析公式,即

$$F_g = p_f \cdot A_e \cdot \pi(Ma_e) \cdot (1 + \gamma_b Ma_e^2) \cdot (p_{cb\_av}/p_f) - p_\infty A_e \quad (5.26)$$

其中,p_{cb_av} 为燃烧室时均压力;$\pi(Ma_e)$ 为静总压比函数,满足

$$\pi(Ma_e) = \left(1 + \frac{\gamma_b - 1}{2} Ma_e^2\right)^{-\frac{\gamma_b}{\gamma_b - 1}} \quad (5.27)$$

其中,发动机出口马赫数 Ma_e 与收扩喷管面积比 A_R(喉道面积与出口面积之比)满足如下关系:

$$A_R = Ma_e \left[\frac{2}{\gamma_b + 1}\left(1 + \frac{\gamma_b - 1}{2} Ma_e^2\right)\right]^{-\frac{\gamma_b + 1}{2(\gamma_b - 1)}} \quad (5.28)$$

当不考虑填充马赫数且填充阶段产物排气流量基于填充压力计算时,燃烧室部件平均增压比满足

$$\pi_{cb\_CV} = \frac{p_{cb\_av}}{p_s} = \frac{p_f}{p_s} \cdot \frac{1 + \dfrac{2}{\gamma_b + 1}\left[\left(\dfrac{p_{CV}}{p_f}\right)^{\frac{1+\gamma_b}{2\gamma_b}} - 1\right]}{1 - \dfrac{2}{\gamma_b - 1}\left[\left(\dfrac{p_{CV}}{p_f}\right)^{\frac{1-\gamma_b}{2\gamma_b}} - 1\right]} \quad (5.29)$$

5.2.3.2　推进性能分析

对于带喷管的 PDRE,发动机几何参数、供给状态及阀门控制策略都将影响 PDRE 的工作特性及推进特性。图 5.24 给出了完全填充恰当比 $C_2H_4 - O_2$ 可爆混合物时,多循环 PDRE 推进性能随供给压力变化特性,性能数据以同样结构及工况下的常规火箭发动机总推力 F_{g_Rkt} 和比冲 I_{sp_Rkt} 进行无量纲化。PDRE 直管段长 40 cm、直径 3 cm;收扩喷管长 4 cm,收缩段和扩张段等长,喉道面积比 A_{R_out}(喉道面积与爆震室面积之比)等于 0.4,扩张面积比 A_{R_nzl}(喷管出口面积与喉道面积之比)为 2.5。采用两种方法计算 PDRE 推进性能:一种为一维绝热无黏考虑面积变化的数值模拟方法[59];另一种为 5.2.3.1 节介绍的等容循环模型。

从图 5.24 可以看到,基于等容循环模型计算获得的推进性能略高于一维爆震数值仿真结果。由于供给总温不变,供给压力变化几乎不影响燃烧室部件增压比,等容燃烧室增压比 π_{cb_CV} 约为 2.87,爆震燃烧室增压比 π_{cb_PDC} 约为 2.81,而常规火箭发动机燃烧室总压恢复系数保持为 0.968 不变。采用等容循环模型计算获得

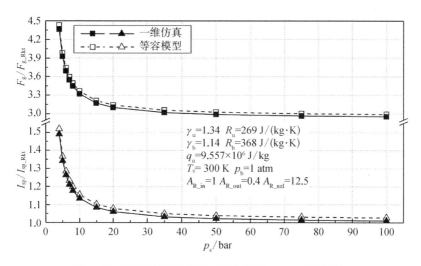

图 5.24 不同供给压力影响下多循环 PDRE 推进特性

的工作频率、阀门关闭时间及填充时间分别为 185 Hz、3.8 ms 和 1.61 ms,而一维爆震数值仿真获得的分别为 194 Hz、3.06 ms 和 2.08 ms,其差异主要在于阀门控制策略。对一维爆震数值仿真,阀门开启是在当爆震室头部压力恰好低于供给压力之时,而对于等容循环模型,为了满足等压排气过程条件,阀门开启时爆震室头部压力处于更低值。更长的填充时间意味着更高的燃气流量,因此,一维爆震数值计算的流量比等容循环模型高约 0.4%。

从图 5.24 也可以看到,PDRE 的比推力及比比冲随供给压力的增加而逐渐衰减。在低供给压比下,相比常规火箭发动机,采用 PDRE 可以显著提升发动机的推进性能。这表明 PDRE 其中一个比较适合的应用背景就是针对低海拔高度使用挤压式循环火箭发动机时的应用需求。在高供给压比下,相比于现有的燃气发生器循环火箭发动机、补燃循环发动机及大气层外工作的姿控挤压式循环发动机,采用 PDRE 不能获得显著比冲增益。特别地,在真空环境下,当喷管面积比固定时,不同燃烧方式下发动机的比冲是相当的[60,61]。从图中也可以看到,在高供给压比下,PDRE 产生的推力几乎为常规火箭发动机的 3 倍,其原因是,在发动机出口壅塞条件下,由于爆震燃烧具有更低的熵增,因此 PDRE 能够实现更高的流量。对于图 5.24 中工况,PDRE 流量约为常规火箭发动机的 2.9 倍,这表明 PDRE 另一个比较适合的应用背景就是针对发动机几何条件受限时需提供更高推力的应用需求。

图 5.25 给出了不同进出口几何条件下完全填充时多循环 PDRE 推进特性。从图中可以看到,当喷管喉道面积比 A_{R_out} 较小时,不同几何因素影响下两种性能模型的计算结果及变化趋势是比较一致的,以 $A_{R\_in} = 1$ 为例,其对应 $A_{R\_out} < 0.4$ 情况。当 $A_{R\_out} > 0.4$ 时,喉道面积比的影响出现完全相反的变化趋势,其原因是对于

等容循环模型,由于假设填充过程为等压排气且介质交界面需满足相应边界条件,这使得新鲜反应物以超声速流填充,同时 A_{R_out} 越大,填充马赫数越高,而实际填充过程不可能出现,进而导致两模型的差异。这反映了 5.2.3.1 节介绍的等容循环模型的适用范围,其适用于低亚声速填充、小出口面积比情况。为拓展等容循环模型应用范围,需将燃烧室处理为纯非定常过程,即在整个循环过程求解以燃烧室为控制体的质量守恒方程和能量守恒方程,填充过程不考虑交界面,而处理为同时存在进排气的均匀掺混过程。

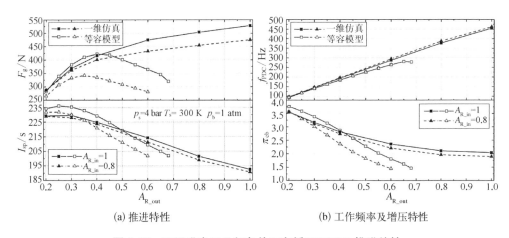

(a) 推进特性　　　　　　　　(b) 工作频率及增压特性

图 5.25　不同进出口几何条件下多循环 PDRE 推进特性

与直管 PDRE 相同,减小爆震室进口面积(即 A_{R_in} 减小)也将减小带喷管 PDRE 的推力及流量。这意味着,当燃烧室出口面积相等时,尽管理论上采用 PDRE 可以获得比常规火箭发动机更高的流量及推力,但在应用中还取决于爆震室头部阀门进口面积,以文献[29]为例,为实现大流量而 PDRE 采用了 18 个电磁阀,这大大增加了系统的复杂性。尽管增大喷管喉道面积(即 A_{R_out} 增加)可以获得更高的流量、推力及工作频率,但发动机比冲及燃烧室增压比将降低。

5.3　冲压式脉冲爆震发动机

5.3.1　研究概述

　　冲压式脉冲爆震发动机是一种以环境空气为氧化剂、不带转动增压部件的吸气式脉冲爆震发动机(APDE),由于来流总压一般远低于燃料供给总压,因此为实现发动机高频工作,需要尽可能提高发动机填充阶段爆震室进气面积,以获得更高的空气流量。早期 APDE 进气结构基于 PDRE 氧化剂喷射结构方案设计,如图 5.5 和 5.9(a)所示,但这种方案将限制发动机的工作频率上限。由于脉冲爆震室具有自增压特性,这使得冲压式 PDE 性能理论上要优于同工况下常规冲压发动机。然而,由于在低马赫数飞行范围内来流速度冲压较低,故冲压式 PDE 在低飞行马赫数下不具有相比传统涡轮发动机更显著的推进性能优势,故一般将其作为高马赫数下(2 以上)常规冲压发动机的替代动力。

20 世纪末,美国航空航天局(National Aeronautics and Space Administration,NASA)兰利研究中心和洛克希德·马丁战术飞机系统公司联合论证了[62]飞行马赫数为 1.2 和 3 时,以 C_2H_4 为燃料的脉冲爆震发动机作为 NASA 马赫数 5 乘波体飞行器推进系统的可行性,如图 5.26 所示。围绕当时各种 PDE 专利结构,特别是基于旋转阀控制侧向进气和轴向进气的 PDE,分别如图 5.26(c)、(e)所示,论证研究表明:侧向旋转阀结构可以提供尽可能大的进气面积进而满足爆震室 100 Hz 工作频率需求;通过将 3 组 4×2 个爆震管进行组合构成爆震室,如图 5.26(b)所示,当爆震室工作频率在 70~100 Hz 量级时,脉冲爆震发动机产生的推力可以满足飞行器的任务需求;数值仿真结果也发现,进气道内激波串与 PDE 非定常工作存在强耦合特性。

美国 ASI 公司的 Bussing 在 1994 年申请了一项旋转阀式多管脉冲爆震发动机专利[63],如图 5.27(a)所示。为实现燃料与空气混合物的快速起爆,其提出两种起爆方案:第一种方案就是针对每个爆震管采用独立的预爆管进行起爆;另一种方案就是通过阀门控制供给时序,在填充最后,以氧气取代空气填充,进而在爆震室头部形成由燃料与氧气混合物构成的预爆区,实现以高敏感混合物起爆低敏感混合物的起爆方法,如图 5.27(b)所示。在美国空军和 NASA 的小型企业创新研究计划资助下,Hinkey 等[64]针对后一种起爆方案,通过试验开展了旋转阀式单管及双管 PDE 方案论证研究,如图 5.27(c)、(d)所示,其目的就是为了验证跨声速和超声速飞行下多管爆震室增推的可行性及旋转阀阻隔增压燃烧的有效性。其爆震室长 91.44 cm、内径 5.08 cm,采用 1.5 J 能量的火花塞点火,燃料和氧气供给采用电磁阀控制,而空气供给采用旋转阀控制。对于单管旋转阀式 PDE,Hinkey 等试验研究了各种气态燃料,包括 C_2H_4、H_2 及不同气态碳氢燃料混合物,由于驱动旋转阀的伺服电机转速受限,发动机最大工作频率为 6 Hz。对于双管旋转阀式 PDE,实验以 H_2 为燃料,实现了每个爆震管最大 11.67 Hz 的工作频率。随后,美国 ASI 公司与美国海军合作设计研制了面向飞行级、以气体碳氢化合物为燃料的旋转阀式双管脉冲爆震发动机原理样机[65],其瞄准的是亚声速飞行器对 2.22~4.45 kN 推力量级吸气式动力的需求。试验在美国海军研究生院燃烧实验室开展,实现了以 C_2H_4 为燃料单管 40 Hz、双管 80 Hz 的工作频率(异步点火控制),通过对燃烧室部件进行水冷实现了 30 s 的工作时间(无冷却不超过 3 s),获得了与理论预估一致的推力性能,同时发现发动机具有快速的推力调节性能。

1999 年,美国 ASI 公司与美国波音幻影工厂、普惠公司及联合技术研究中心组成联合团队,在海军研究办公室为期 3 年的脉冲爆震发动机风险降低计划资助下,基于

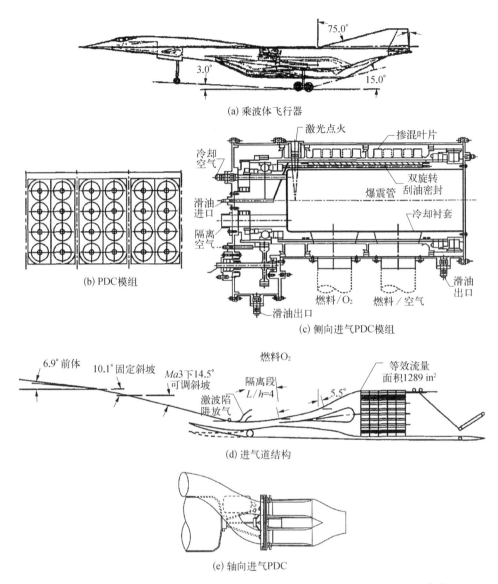

(a) 乘波体飞行器

(b) PDC 模组

(c) 侧向进气 PDC 模组

(d) 进气道结构

(e) 轴向进气 PDC

图 5.26 冲压式脉冲爆震发动机作为乘波体飞行器动力系统的总体方案[62]

发动机早期论证方案,在海军航空武器中心搭建了旋转阀式多管 PDE 集成演示验证平台[66,67],并由最初的单管 ITR-1 发展为五管 ITR-2,如图 5.28 所示。ITR-2 是第一台在飞行尺度、飞行频率、飞行条件下进行系统集成试验的脉冲爆震发动机,爆震管内径为 12.065 cm、长度为 137.16 cm,以 C_2H_4 为燃料,其应用背景就是飞行马赫数 2.5 的攻击导弹用动力系统。试验获得了 80 Hz/管的工作频率,研究了不同喷管下发动机的推进性能,给出了模拟飞行马赫数 0.55、飞行高度 670 m 和飞行马赫数 2.5、飞行高度 12.3 km 工况下发动机无量纲单位推力和耗油率。

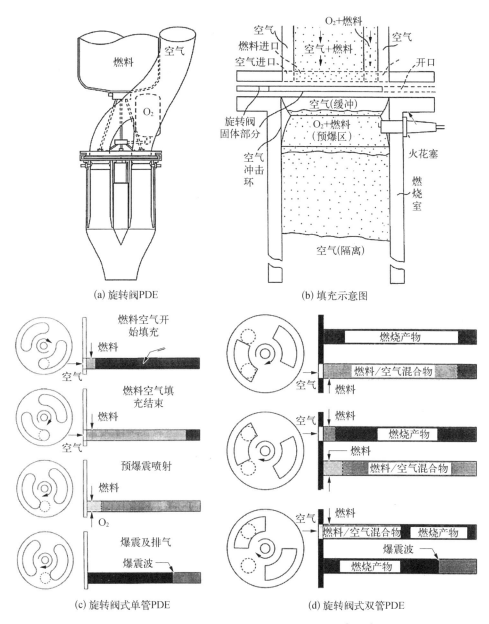

(a) 旋转阀PDE
(b) 填充示意图
(c) 旋转阀式单管PDE
(d) 旋转阀式双管PDE

图 5.27　美国 ASI 旋转阀式脉冲爆震发动机[63,64]

虽然旋转阀能有效抑制增压燃烧对上游进气道的影响并实现发动机更高的工作频率,但其将增加 PDE 的重量、结构复杂性及控制难度,因此美国海军研究生院采用了无阀连续进气结构形式的冲压式 PDE[68,69]。早期的 PDE 结构形式如图 5.29(a) 所示[70],发动机采用 JP - 10/O_2 预爆管起爆方式,预爆管为图 5.7 中结构 3 形式。发动机进口节流结构位于主空气供给管路中,其可以抑制下游压力脉动

图 5.28　美国 ASI/普惠公司/波音公司/UTRC 团队旋转阀式 PDE[66,67]

对空气加热器的影响,主空气供给管路与主爆震室间通过四根内径 3.81 cm、长 45 cm 的支空气管路相连,预爆管位于四根支空气管路中间。每根支空气管路上游安装有空气雾化喷嘴,以实现燃料的喷注掺混,每根支空气管路下游与带孔锥面相连,以实现对主爆震室的填充。试验研究了主爆震室填充 JP-10/空气和 C_2H_4/空气时发动机的工作特性,受限于预爆震管工作频率,发动机最大工作频率为 10 Hz。

为进一步提高发动机工作频率,美国海军研究生院改用了如图 5.29(b)所示的预爆管结构形式[71]。当采用气体燃料(C_2H_4)时,其可以实现最高 80 Hz 工作频率,当采用液体燃料(JP-10)时,可以实现 30 Hz 工作频率。进一步搭建了如图 5.29(c)所示的 PDE 试验器[69],其仍为四管进气形式,燃料和氧气喷射采用电磁阀控制,预爆管出口内径 4.45 cm,主爆震室内径约 10 cm。预爆管与主爆震室间设计有超声速喉道隔离段,以期实现阻隔增压燃烧引起的压力回传,但全尺寸数值模拟表明[72],当发动机周期性工作时,超声速喉道中存在周期性的回传激波及气流回流。当采用乙烯为燃料及模拟来流对应飞行马赫数 2.1、飞行高度 9.0 km 下的总压(10 atm)总温状态(430 K)时,发动机工作频率达到 40 Hz,实现了约 180 N 的推力增益(当量比 1.28)。当预爆管体积占主爆震室体积的 4.4% 时,发动机静燃料比冲($C_2H_4+O_2$)为 800~1 400 s(当量比为 1.75~0.65);当体积占比降为 1.5% 时,发动机燃料比冲为 1 500~1 800 s(当量比为 1.1~0.9)。

20 世纪末,在法国武器装备总署(Direction Générale de l'Armement, DGA)的支持下,法国相关研究机构也开始进行 PDE 相关研究。针对低成本亚声速战术导弹对 500~1 000 N 推力量级动力的需求,法国 AMM(Aérospatiale-Matra Missiles)公司联合 ENSMA(École Nationale Supérieure de Mécanique et d'Aérotechnique)的燃烧与爆震实验室(Laboratoire de Combustion et de Détonique, LCD)开展了吸气式无阀 PDE 方案及试验论证[73,74],如图 5.30(a)所示。PDE 位于导弹中部,采用以 C_2H_4/O_2

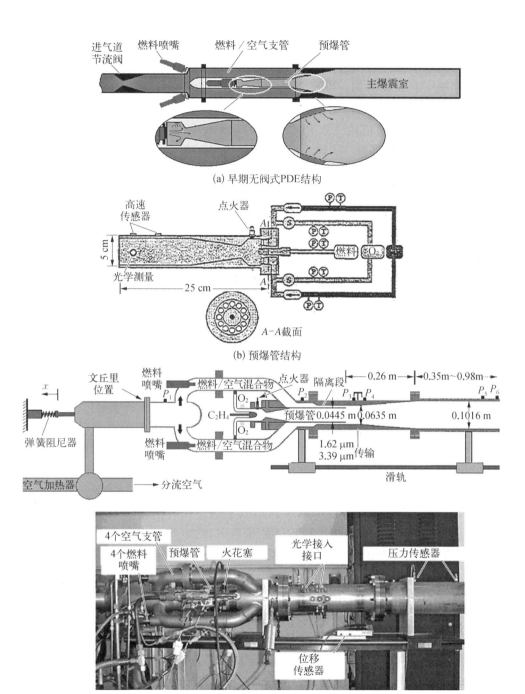

(a) 早期无阀式PDE结构

(b) 预爆管结构

(c) 无阀式PDE

图 5.29 美国海军研究生院无阀式脉冲爆震发动机[69-71]

为可爆混合物的预爆管起爆方式,可实现最高 80 Hz 的工作频率,主爆震室为侧向四管连续进气结构,以 H_2 为燃料。

针对长航程导弹或无人飞行器对低成本、低重量发动机需求,法国 ROXEL 公司和国家航空航天科研局(Office National d'Etudes et de Recherches Aerospatiales, ONERA)提出了如图 5.30(b)所示的 PDE 结构方案,并进行了模拟飞行马赫数 0.3~0.75 的半自由流试验[75]。PDE 采用内径 3 cm、长 15 cm 的预爆管起爆方式,使用 $H_2/O_2/He$ 为推进剂。主爆震室内径 10 cm、长 70 cm,采用侧向四管连续进气结构,以 H_2 为燃料,为实现爆震波快速形成,爆震室内安装有阻塞比为 0.55 的挡板。试验结果表明:由于燃料喷注阶段的浪费,实际测量比冲不高,当仅考虑爆震室内的燃料时,修正后的燃料比冲为 1 700~3 800 s(对应当量比为 1.28~0.4);通过光学观测发现,无阀式连续进气结构无法阻隔爆震燃烧阶段引起的压力回传及产物返流,这必然带来推进性能损失,相关文献对此也进行了定量研究[73,76]。为优化无阀式 PDE 推进性能,欧洲导弹集团(MBDA)联合新加坡 DSO 国家实验室提出了新的吸气式双预爆管起爆 PDE 方案[74],以期通过"浮动推力壁"和仅在主爆震室实现高速爆燃火焰(壅塞模式)来实现性能提升[77]。

由于预爆管起爆需携带额外 O_2 及隔离气体,这将降低发动机比冲并增加对发动机工作过程控制的复杂性。针对此,另一类冲压式脉冲爆震发动机在爆震室内采用低能量点火的间接起爆方式,通过爆震室内各种形式的障碍物实现爆燃向爆震的转变。燃料及空气的供给可以通过前述方案中提及的电磁阀或旋转阀进行主动控制,但为了进一步降低发动机控制的复杂性、实现发动机低成本长航程需求,APDE 方案通常采用液体燃料连续喷注、无机械阀结构、基于压差实现供给开启/切断转换的自适应控制方式,即全无阀式冲压两相脉冲爆震发动机,以西北工业大学、南京航空航天大学为代表的相关大学及研究机构对其涉及的相关关键技术开展了大量研究工作。

西北工业大学脉冲爆震发动机研究团队早期研究的冲压式 PDE 方案是多孔喷注型连续进气进油(汽油和煤油)、低能量点火、通过 Shchelkin 螺旋来强化爆震形成,如图 5.31(a)所示[78],其可以实现最高 66 Hz 的工作频率(受限于占比 60% 以上的点火延迟时间)。然而爆震室过低的喷注面积比(0.2)导致空气供给压力较高及进气总压损失大,这限制了该 PDE 方案在低飞行速度下来流总压较低时的应用。针对此,后期吸气式 PDE 改用了中心锥形进气结构以增大进气面积。图 5.31(b)给出了爆震室内径 5 cm 时 PDE 的进气结构[79],中心锥等截面处环缝进气面积等于爆震室横截面积,中心锥后端面安装有离心喷嘴或空气雾化喷嘴,中心锥下游流道面积缩小,最小流通面积比大于 0.3。通过半自由射流试验(来流面积高于发动机进口面积)研究表明,该结构可以实现 30 Hz 工作频率并产生约 40 N 平均推力,仅达到火箭型 PDE 推力(不考虑阻力)的 50%,其核心问题就是增大流通面积比也将加剧增压燃烧引起的压力反传及产物返流,必须进一步优化进气结构,

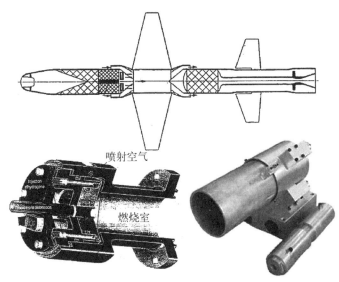

(a) AMM 和 LCD的研究

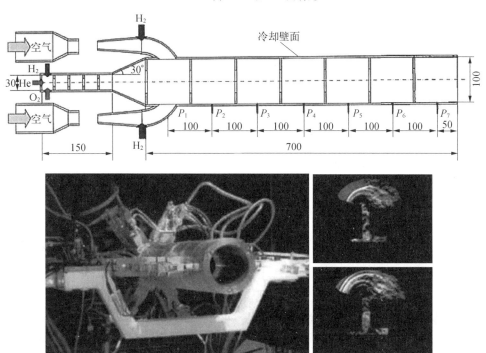

(b) ROXEL 和 ONERA的研究(单位：mm)

图 5.30　法国武器装备总署(DGA)支持的吸气式 PDE 研究[73-75]

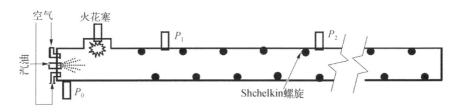

(a) 喷注型5 cm PDE

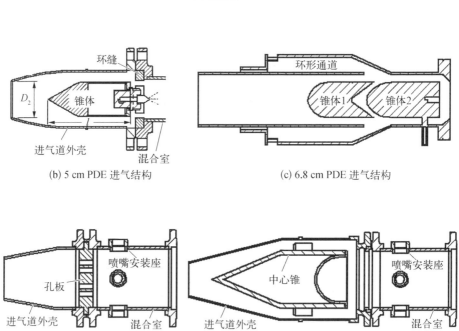

(b) 5 cm PDE 进气结构

(c) 6.8 cm PDE 进气结构

(d) 12 cm PDE 进气结构

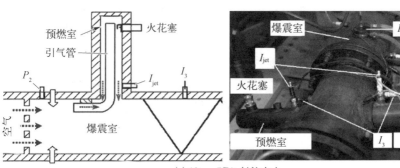

(e) 12 cm PDE 射流点火

(f) 增推装置

(g) 6管6 cm PDE和3 cm PDE

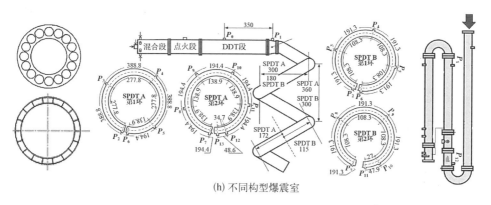

(h) 不同构型爆震室

图 5.31　西北工业大学进行的部分吸气式 PDE 研究(单位: mm) [78–80,82,83,89,90]

图 5.31(c)给出了一种型式[80]。需要指出的是,各种喉道型进气结构的防反能力都是有限的,一种可行的进气结构就是压差驱动的机械阀结构[81]。为实现大管径吸气式 PDE 的稳定工作,采用四个空气雾化喷嘴沿径向进行喷注以促进燃油与空气的掺混,如图 5.31(d)所示[82],同时为实现在高速气流中高频可靠点火,采用射流点火方式,如图 5.30(e)所示[83]。为进一步提高推力,可以采用各种固定喷管[82]、引射器及流体喷管[84],如图 5.31(f)所示,也可以采用多管并联方案[85-87],如图 5.31(g)所示。对于多管爆震室,为充分利用流通面积,可以采用扇形截面构

型的爆震室[88]。针对两相爆震 DDT 转变距离过长引起的长爆震室问题,可以采用螺旋爆震室[89]或 U 形爆震室[90]以缩短轴向距离,如图 5.31(h)所示。

南京航空航天大学的冲压式 PDE 总体技术方案同样采用连续进气进油(汽油和煤油)、低能量点火、通过各种形式障碍物来强化爆震形成,如图 5.32(a)[91,92]所示。由于采用喷油孔喷注燃料,为实现液滴雾化及与空气掺混,PDE 头部结构采用类似航空发动机主燃烧室的进气结构设计,通过液滴碰壁形成油膜,并利用各种旋流器或环缝空气流实现油膜破碎、雾化及掺混,如图 5.32(b)[93]和图 5.32(c)[94]所示,一些方案也会在点火位置上下游安装额外的掺混装置[95]。为实现在高速气流中可靠点火,一般会在点火位置上游设有钝体以形成低速回流区[92,95]。为缩短DDT 距离,早期采用的强化 DDT 过程的装置以圆环形障碍物为主,有时也会安装平板或锥面激波反射器,后期开始引入 Shchelkin 螺旋及各种障碍物组合[91,92,94]。试验一般采用半自由射流形式模拟亚声速来流,可以实现直径 2.9 cm 的 PDE 在62.5 Hz[91]、直径 5.8 cm 的 PDE 和直径 6.1 cm 的 PDE 在 50 Hz[94,95]、直径 18 cm的 PDE 在 20 Hz 工作频率下的稳定工作[96],然而测量得到的发动机平均有效推力

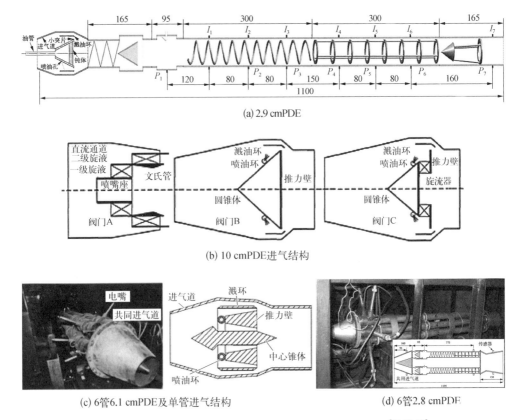

(a) 2.9 cmPDE

(b) 10 cmPDE进气结构

(c) 6管6.1 cmPDE及单管进气结构

(d) 6管2.8 cmPDE

图 5.32　南京航空航天大学进行的部分冲压式 PDE 研究[91~94,99]

并不理想[97-99]，这一方面与发动机外部阻力有关，但最重要的还需要对 PDE 内部结构进行优化。

当冲压式 PDE 采用连续进气结构形式时（通常称为无阀或气动阀结构），这种无阀或气动阀结构对抑制增压燃烧引起的压力反传及产物返流影响是有限的，进而带来极大的推进性能损失。因此，另一种冲压式 PDE 进气结构就是采用压差驱动的机械阀门结构，其可以兼顾轻质、低成本、控制简单及具有较好防反性能等优点。

马虎[100]采用 0.15 mm 厚簧片设计了簧片式机械阀，如图 5.33 所示，阀门的开启和关闭基于阀门上下游的压力差，通过该阀门实现了 PDE 在 12.5 Hz 频率下稳定工作。Frolov 等[101]通过数值模拟和试验研究了一种采用压差驱动的花瓣式止回阀（check valve）的冲压式 PDE 工作特性及推进特性（图 5.34），航空煤油 TS-1 的供给采用连续喷注形式，发动机进口面积为 10 cm×10 cm，在阀门上下游压差驱动下，阀门上的花瓣结构将绕轴旋转进而实现阀门的开

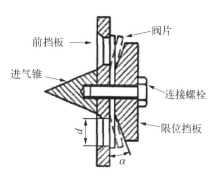

图 5.33　簧片式阀[100]

启和关闭。当自由来流速度为 65 m/s、爆震室内径为 10 cm 时，发动机可以实现 14 Hz 的工作频率，获得 950 s 的燃料比冲并产生 50 N 的有效推力，推力仅达到数值模拟结果的三分之一。通过进一步优化几何结构及喷射方式，当爆震室内径增大为 11 cm 时，发动机可以实现 1 000 s 量级的燃料比冲并产生 180~200 N 的有效推力。

一方面，对于当前设计的压差驱动阀门及阀门材料，实现阀门快速响应与长寿命是需要折中考虑的因素。另一方面，燃油的高压连续喷注将导致燃油的浪费及过低燃料比冲，一种策略就是采用基于氧浓度的燃油主动控制间歇喷注[102]。

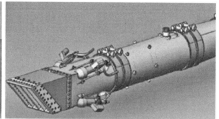

图 5.34　采用花瓣式止回阀的冲压式 PDE[101]

5.3.2　冲压式 PDE 推进性能分析

5.3.2.1　性能分析模型

针对冲压式 PDE，可以采用以下三类性能模型。

1. 等效定常流性能分析模型

虽然冲压式 PDE 内的工质流动具有强非定常特性,但从性能分析角度,可以基于能量守恒和/或动量守恒将其转化为等效定常流动,进而可以采用传统稳态发动机性能分析方法进行评估。

1) 爆震推进热力循环模型

冲压式 PDE 作为吸气式喷气动力装置,工质在其内部将经历压缩、爆震燃烧及膨胀过程,从热力学角度,就可以构建 PDE 内工质的热力循环过程,进而可以评估循环过程中能量转化的程度。Heiser 等[103] 基于经典热力循环分析方法建立了爆震循环模型,分析了理想爆震循环的循环热效率,建立了爆震发动机理想推进性能与循环热效率的关系。第 1 章中在分析爆震发动机理想推进性能时就采用了类似的方法。对于实际的热力循环过程,压缩和膨胀过程存在损失,从而带来额外熵增的变化,这种影响可以用部件效率的形式引入到循环效率计算公式中,进而可以评估考虑部件损失时脉冲爆震发动机的理论推进性能。为考虑隔离气体的影响,可以引入隔离气填充时间占比对循环工质及加热量进行修正[104]。由于模型假设发动机排出的气流为稳态连续均匀流,排出的气体理想膨胀到环境压力及循环可用能全部转化为工质的动能,因此基于该模型获得的是当爆震发动机工作频率趋于无穷大时的极限推进性能。

2) 状态等效模型

与传统发动机的性能分析方法类似,脉冲爆震发动机的性能分析模型也可以分解为多个部件模型。虽然脉冲爆震发动机的脉冲爆震燃烧室部件是非定常工作的,由此也将引起部件间的非定常耦合影响,但从性能分析角度,通过一定的方式可以获得脉冲爆震燃烧室出口的定常等效状态,以此等效状态作为燃烧室下游部件的进口参数计算部件性能,进而可以获得脉冲爆震发动机的推进性能。

爆震室出口质量加权平均总焓 $\bar{h}_{t4}$ 为

$$\bar{h}_{t4} = \frac{\int_0^{t_{cyc}} (h_{t4} \rho_4 u_4) \, dt}{\int_0^{t_{cyc}} (\rho_4 u_4) \, dt} \tag{5.30}$$

若燃烧室出口平均比热容为 c_{p4},则出口平均总温满足如下关系:

$$\bar{T}_{t4} = \bar{h}_{t4} / c_{p4} \tag{5.31}$$

其中,该总温为质量加权总温。

燃烧室进口状态对应其上游部件(进气道或压气机)出口状态,可认为是近似定常流,则燃烧室进口平均总焓 $\bar{h}_{t3} = c_{p3} T_{t3}$。取爆震室为控制体,基于能量守恒,爆震室出口平均总焓应等于进口平均总焓和燃烧室燃烧放热量之和,即

$$\bar{m}_3 \cdot \bar{h}_{t3} + \bar{m}_3 \cdot (1 - \alpha) \cdot q_u = \bar{m}_4 \cdot \bar{h}_{t4} \tag{5.32}$$

其中，$\bar{m}_3$ 为考虑燃油流量的燃烧室进口总平均流量；α 为隔离空气用量占总进口流量百分比；q_u 为单位质量可爆混合物放热量；$\bar{m}_4$ 为燃烧室出口总平均流量。由流量守恒其满足 $\bar{m}_4 = \bar{m}_3$，进一步可以得到燃烧室进出口总焓比 h_R：

$$h_R = \frac{\bar{h}_{t4}}{\bar{h}_{t3}} = 1 + (1 - \alpha) \cdot \frac{q_u}{c_{p3} T_{t3}} \tag{5.33}$$

其中，q_u 与燃料热值 H_f 间满足 $q_u = H_f \cdot f/(1+f)$，f 为油气比。当给定油气比及隔离气用量，基于式（5.33）可以得到出口总焓 $\bar{h}_{t4}$，进而基于式（5.31）可以求得出口平均总温 $\bar{T}_{t4}$。

对于燃烧室出口平均总压 $\bar{p}_{t4}$，可以采用两种方法获得。第一种方法是将 CJ 状态（p_{CJ}，T_{CJ}）以某一热力过程膨胀到给定出口总温 $\bar{T}_{t4}$ 下的定常等效状态来确定 $\bar{p}_{t4}$，考虑到脉冲爆震室内存在各种损失，设这一膨胀过程的效率为 η_{PDC}，则有

$$\frac{\bar{p}_{t4}}{p_{CJ}} = \left(1 - \frac{1 - \bar{T}_{t4}/T_{CJ}}{\eta_{PDC}}\right)^{\frac{\gamma_b}{\gamma_b - 1}} \tag{5.34}$$

相应的脉冲爆震燃烧室部件增压比 $\pi_{cb\_Det} = \bar{p}_{t4}/p_{t3}$。当 $\alpha = 0$ 和 $\eta_{PDC} = 1$ 时，脉冲爆震燃烧室增压比满足公式（1.81）。

第二种方法是 Paxson 提出的部件特性图法[105] 和 Goldmeer 等提出的传递函数法[106]，获得的脉冲爆震室部件增压比和进出总焓比间关系都满足如下形式：

$$\pi_{cb\_Det} = a \cdot h_R^{\theta^{\frac{\gamma_b}{\gamma_b - 1}}} \tag{5.35}$$

其中，a 和 θ 为待定常数。Paxson 通过一维数值仿真计算了脉冲爆震发动机平均单位推力，在平均单位推力相同及理想膨胀假设的前提下，进一步获得了爆震室出口等效总压，同时考虑燃烧室的进出口平均总焓变化，给出了针对其计算状态下的 $\theta = 0.12(a = 1)$。Goldmeer 等通过监测爆震室出口时均总压，给出了针对其计算状态下的 $\theta = 0.105(a = 1)$。

2. 零维非定常流性能分析模型

为快速评估非定常流动对发动机推进性能的影响，同时考虑到相比于爆震室内高压排气过程时间，爆震波形成及传播时间可以忽略，可认为爆震燃烧过程接近等容燃烧过程，故可近似基于等容燃烧建立简化冲压式 PDE 性能评估模型。

发动机简化模型由进气道、等容燃烧室及固定面积喷管组成，如图 5.35(a) 所示。来流空气经进气道压缩后达到稳定的燃烧室进口状态，等容燃烧室及喷管分析模型基于 Talley 等[60] 提出的等容燃烧排气模型，其中假设气流在喷管内的流动是一维准稳态过程，即不考虑压力波在喷管内的传播时间。

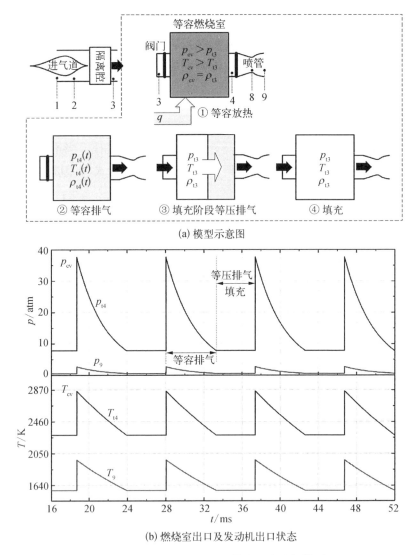

(a) 模型示意图

(b) 燃烧室出口及发动机出口状态

图 5.35　冲压式 PDE 近似等容燃烧排气模型

等容燃烧排气模型由三个过程组成：① 等容燃烧放热过程，此时燃烧室进口阀门关闭，基于等容放热可计算燃烧室内瞬时燃烧后状态(p_{cv}，T_{cv})；② 等容排气过程，此时头部阀门仍关闭，取燃烧室为控制体，可建立燃烧室内气体状态所满足的常微分方程；③ 等压填充/排气过程，当燃烧室内压力等于燃烧室进口压力 p_{t3} 时，头部阀门开启，填充过程开始，填充的新鲜混合物与残留燃烧产物存在间断面，间断面两侧压力都为 p_{t3}，燃烧产物的气体状态保持在等容排气过程结束时的状态。

图 5.35(b)给出了飞行马赫数为 2、燃烧室特征长度为 2.34(燃烧室体积与喷管

喉道面积之比)、拉瓦尔喷管扩张面积比为 0.34 时,燃烧室内及发动机出口处压力及温度变化,此时等压填充时间等于等压排气时间,可以看到,当前简化模型考虑了流动的非定常性,但由于喷管的一维准稳态假设,不同位置处压力不存在相位差。

针对爆震燃烧过程,Wintenberger 等[107]构建了单管冲压式 PDE 模型,其包括稳态超声速进气道、容腔、阀门及不带喷管的直管爆震室,如图 5.36(a) 所示。当容腔体积足够大时,可以忽略爆震室头部阀门的开关对上游流动的影响,进而可以用稳态分析方法获得进气道出口及容腔内气动状态。性能模型将发动机一个周期内产生的冲量分成阀门开启和关闭两部分,如图 5.36 所示。当阀门关闭时,模型在原有直管爆震室完全填充模型[51]基础上,通过引入填充速度影响来计算此期间产生的冲量。当阀门开启时,其构建了爆震室内激波、介质交界面及气体状态间的气动关系,进而基于开口系统控制体获得了发动机进出口动量关系。图 5.36(b)给出了基于该模型计算获得的采用恰当比 H_2 -空气和 JP10 -空气反应物下发动机的比冲性能。从图中可以看到,随着马赫数的增加,冲压式 PDE 的比冲逐渐降低,当马赫数高于 1.35 时,冲压式 PDE 的比冲将低于常规冲压发动机,其关键问题在于模型采用的是直管爆震室。在高飞行马赫数下,爆震室内填充速度将增加,进而带来推进性能损失,关于此影响在第 1 章中有理论分析,通过引入收扩喷管可以优化冲压式 PDE 的推进性能。

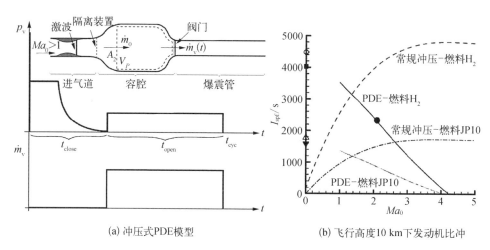

(a) 冲压式 PDE 模型　　　　　(b) 飞行高度 10 km 下发动机比冲

图 5.36　Wintenberger 等的冲压式 PDE 性能模型[107]

3. 多维数值仿真性能分析模型

当采用发动机全场数值仿真来获得推进性能时,流场或爆震燃烧波的精细结构将不再那么重要,为减少计算量,目前一般普遍采用欧拉方程来描述流场,同时采用单步不可逆化学反应过程来描述实际燃烧放热过程,典型的二维空间轴对称坐标系下的欧拉形式控制方程为

$$
\frac{\partial}{\partial t}\begin{bmatrix} \rho \\ \rho u \\ \rho v \\ \rho e_t \\ \rho Y_i \end{bmatrix} + \frac{\partial}{\partial x}\begin{bmatrix} \rho u \\ \rho u^2 + p \\ \rho uv \\ u(\rho e_t + p) \\ \rho u Y_i \end{bmatrix} + \frac{\partial}{\partial y}\begin{bmatrix} \rho v \\ \rho uv \\ \rho v^2 + p \\ v(\rho e_t + p) \\ \rho v Y_i \end{bmatrix} = \begin{bmatrix} 0 \\ 0 \\ 0 \\ 0 \\ \dot{\omega}_i \end{bmatrix} - \frac{1}{y}\begin{bmatrix} \rho v \\ \rho uv \\ \rho v^2 \\ v(\rho e_t + p) \\ \rho v Y_i \end{bmatrix}
$$

$$(5.36)$$

为进一步减少计算量,也可以采用考虑面积变化的一维欧拉形式控制方程,即

$$
\frac{\partial}{\partial t}\begin{bmatrix} \rho \\ \rho u \\ \rho e_t \\ \rho Y_i \end{bmatrix} + \frac{\partial}{\partial x}\begin{bmatrix} \rho u \\ \rho u^2 + p \\ u(\rho e_t + p) \\ \rho u Y_i \end{bmatrix} = -\frac{1}{A}\frac{\mathrm{d}A}{\mathrm{d}x}\begin{bmatrix} \rho u \\ \rho u^2 \\ u(\rho e_t + p) \\ \rho u Y_i \end{bmatrix} + \begin{bmatrix} 0 \\ 0 \\ 0 \\ \dot{\omega}_i \end{bmatrix}
$$

$$(5.37)$$

式(5.36)、式(5.37)中,Y_i、$\dot{\omega}_i$ 分别为组分 i 的质量分数和生成速率,组分 i 可以是单一物质或混合物。如 Ma 等[104] 计算基于 H_2-空气系统的脉冲爆震发动机性能时,考虑了三种组分,即恰当比 H_2-空气混合物 Y_1、恰当比混合物反应后的产物 Y_2 及空气 Y_3,组分 1 和 2 的生成速率分别为

$$
\dot{\omega}_1 = -A\rho Y_1 \exp(-T_a/T), \quad \dot{\omega}_2 = -(W_2/W_1)\dot{\omega}_1
$$

$$(5.38)$$

其中,A 为指前因子;T_a 为活化温度;W 为分子量。A 和 T_a 的大小对爆震前锋结构的影响很大,但由于爆震前锋很窄,这种影响对推进性能的作用可以忽略,故 A 和 T_a 的选取满足起爆要求即可。

压力和温度满足

$$
p = (\gamma - 1)\rho\{e_t - (u^2 + v^2)/2 - Y_1 q_{u1}\}, \quad T = p/(\rho R)
$$

$$(5.39)$$

其中,q_{u1} 为单位质量组分 1 的放热量;气体常数 R 和比热比 γ 满足

$$
R = \sum Y_i R_i, \quad \gamma = \frac{\sum Y_i R_i \gamma_i/(\gamma_i - 1)}{\sum Y_i R_i/(\gamma_i - 1)}
$$

$$(5.40)$$

式(5.40)中的物性常数一般基于 NASA 的 CEA 程序进行确定,放热量 q_{u1} 的选取应使得基于 CJ 理论所计算的爆震波特性参数与 CEA 程序计算结果相当。由于爆震前锋结构的差异对推进性能的影响可以忽略,因此计算网格不用精细到可以分辨出爆震波前锋结构的程度,网格大小以可以获得 CJ 状态参数即可。

脉冲爆震发动机性能的非定常一维仿真模型,可以模拟爆震波非稳态传播过程和整个循环过程,如打开阀门、填充可燃混合气体、关闭阀门、直接起爆、排气过

程、循环结束、重新打开阀门等[59,108]，在一定假设条件下，一维模型也可以模拟多管或复杂构型 PDE 工作过程。综合来说，由于一维模型可以分析大部分脉冲爆震发动机的实际工作过程，因此其比较适用于评估不同结构脉冲爆震发动机的推进性能水平，并可以为脉冲爆震发动机的调节策略和工作方式提供参考性建议，但由于其不能处理出口与环境复杂的相互作用，因此当要考虑这些因素影响时，需要二维或多维结果进行修正。

相比于一维模型，脉冲爆震发动机性能的非定常二维/三维仿真模型[72,104]，可以较真实地模拟实际发动机工作过程，研究对象可拓展为不同构型爆震室、不同结构形式的阀门及不同点火方式等；在对脉冲爆震发动机多循环工作过程的模拟过程中，目前所采用的模拟起爆数值方法尚不能准确地预测由爆燃向爆震的转变过程，因此理论计算值与实际测量值有一定差异。

5.3.2.2　推进性能分析

针对火箭式脉冲爆震发动机，前面已分析了阀门控制策略对其性能的影响，它也同样会对冲压式脉冲爆震发动机推进性能产生类似影响。不同的是，对于冲压式 PDE，其进气道、爆震室及喷管之间存在强耦合特性，同时爆震室不同进出口结构及进口阀门类型也将影响发动机的工作特性及推进特性，本节将重点围绕此基于一维数值仿真进行分析。

1. 物理模型及计算方法

这里研究的冲压式 PDE 结构如图 5.37 所示，包括内压式进气道、隔离段、阀门、爆震室及尾喷管。发动机进气道长度 $L_{inlet} = 0.1$ m，进口面积 $A_1 = 0.004$ m^2，喉道面积 $A_2 = 0.002\ 4$ m^2。隔离段长度 $L_{iso} = 0.3$ m。爆震室长度 $L_{cb} = 0.3$ m，横截面积 $A_{3a} = 0.02$ m^2。喷管长度 $L_{nzl} = 0.04$ m，出口面积 $A_9 = 0.02$ m^2，其收敛和扩张型面基于维托辛斯基公式确定。爆震室进口面积比 $A_{R\_in}(A_{R\_in} = A_{3th}/A_{3a})$、爆震室出口面积比 $A_{R\_out}(A_{R\_out} = A_8/A_{3a})$ 以及喷管面积比 $A_{R\_nzl}(A_{R\_nzl} = A_8/A_9)$ 作为设计变量。

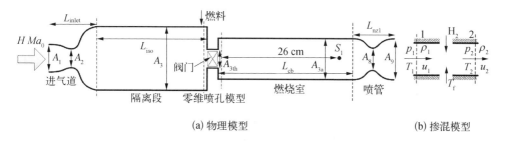

(a) 物理模型　　　　　　　　　　　　　　(b) 掺混模型

图 5.37　冲压式脉冲爆震发动机模型示意图

数值仿真采用如式(5.37)给出的一维绝热无黏模型，离散及求解方法见参考文献[108]。为研究阀门对发动机工作特性的影响，将计算域分成进气道隔离区和爆震室喷管区,两区通过零维阀门模型进行搭接。进气道隔离区进口条件基于给定的飞行高度和飞行马赫数确定空气来流条件。爆震室喷管区出口为压力出口,环境压力基于给定的飞行高度确定。零维阀门模型分气动阀和机械阀两种工作方式:在气动阀方式下,阀门模型为零维节流孔模型[109],气流流动的方向基于隔离段出口和爆震室头部间的压差来确定,高压燃烧产物将会返流进隔离段内;在机械阀方式下,当爆震室头部压力高于隔离段出口压力时,阀门处理为固壁,当爆震室头部压力低于隔离段出口压力时,即爆震室处于填充阶段,阀门模型处理为零维节流孔模型。

采用 H_2 作为燃料在隔离段末端进行喷射,基于如图 5.37(b)所示的一维稳态掺混模型确定喷射混合后状态。掺混模型为等截面通道,燃料为垂直喷射,喷射流量基于给定的燃烧当量比 Φ_{des} 确定。若定义此当量比 Φ_{des} 下空气质量分数为 Y_{a_min},当模型进口截面 1 的空气质量分数 Y_a 高于 Y_{a_min} 时,则燃料喷射后模型进出口满足如下流量守恒关系:

$$\rho_2 u_2 = \rho_1 u_1 \left[1 + (Y_a - Y_{a\_min}) f_{st} \right] \tag{5.41}$$

其中,f_{st} 为恰当油气比。

由于燃料垂直喷射,模型进出口间满足动量及能量守恒关系:

$$p_2 + \rho_2 u_2^2 = p_1 + \rho_1 u_1^2 \tag{5.42}$$

$$\rho_1 u_1 c_{p1} T_{t1} + \rho_1 u_1 (Y_a - Y_{a\_min}) f_{st} c_{pf} T_f = \rho_2 u_2 c_{p2} T_{t2} \tag{5.43}$$

其中,T_{t1} 和 T_{t2} 分别代表掺混模型截面 1 和 2 处的总温;截面 1 和 2 处的比定压热容 c_{p1} 和 c_{p2} 基于组分质量分数确定;T_f 和 c_{pf} 分别为喷射燃料 H_2 的温度和比定压热容,这里分别取 298 K 和 14 268 J/(kg · K)。联立式(5.41)~式(5.43)即可确定掺混模型截面 2 处的气动状态。

模型采用三组分物性模型,即化学恰当比 H_2 -空气反应物、化学恰当比反应物下的燃烧产物及空气,如表 5.4 所示,分别对应表中标 1、2 和 3。流场中某点物性参数基于该处三组分质量分数应用公式(5.40)确定。当图 5.37(a)中爆震室末端 S_1 处的当量比达到 0.8 时,爆震室头部将设置对应当地 CJ 状态的高温高压产物区以实现爆震起爆。

表 5.4　三组分物性参数

f_{st}: 0.029	q_{st}: 5.470 4×10⁶ J/kg	A: 1×10⁹/s	T_a: 15 100 K
γ_1(反应物): 1.396 1	γ_2(产物): 1.165 3		γ_3(空气): 1.4
R_1: 395.75 J/(kg · K)	R_2: 346.2 J/(kg · K)		R_3: 287.0 J/(kg · K)

2. 流动特性

图 5.38 给出了飞行高度 $H = 9.3$ km、飞行马赫数 $Ma_0 = 2.1$ 时,分别采用机械阀和气动阀下一个周期内发动机内部流动特性。两种进气阀下的工作循环周期 t_{cyc} 分别为 3 ms 和 3.165 ms,以循环周期将时间无量纲化并作为纵坐标,以发动机轴向位置为横坐标,可以得到如图 5.38(a)、(b)所示一个工作周期内总压和静温 $x-t$ 图。

当采用机械阀时,爆震室内点火形成的高温高压产物被阀门完全隔绝。当爆震波传播到反应物与上一循环产物交界面时,激波锋面与燃烧波锋面将解耦,继续

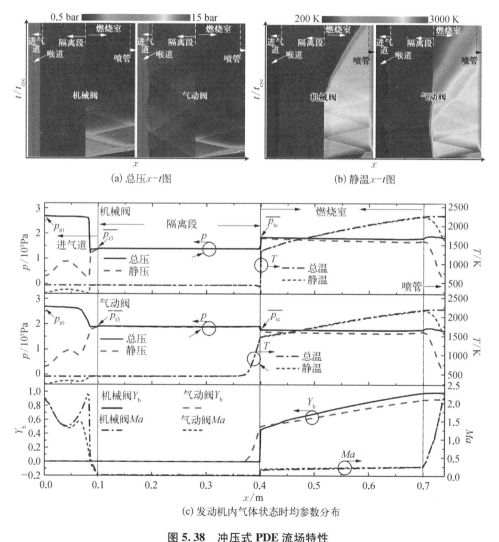

(a) 总压 $x-t$ 图　　　　　　　　　　(b) 静温 $x-t$ 图

(c) 发动机内气体状态时均参数分布

图 5.38　冲压式 PDE 流场特性

$A_{R\_in} = 0.4$, $A_{R\_out} = 0.4$, $A_{R\_nzl} = 0.4$, $A_3 = 10A_{3a}$

向下游传播的激波将在喷管收敛处反射,进而形成向上游传播的强压缩波,该压缩波在燃烧室内来回反射传播。机械阀门的关闭将阻隔上游气流流动,进而在上游隔离腔内产生振荡传播的压缩波,由于隔离腔内气流流速较低,故压缩波的强度较弱。当采用气动阀时,从图 5.38(b)温度图可以看到,燃烧室内高温高压燃烧产物将越过阀门返流入隔离腔内,这将在隔离腔内产生更强的振荡传播的压缩波。

由于模型不考虑摩擦损失,从图 5.38(a)可以看到,进气道存在部分定值总压分布区,在进气道扩张段存在总压分布间断,这是由结尾正激波引起,正激波隔离了下游压力振荡对激波上游气流的影响。当爆震室采用机械阀门时,在当前的隔离段横截面设置下($A_3 = 10A_{3a}$),正激波几乎稳定在进气道扩张段某一固定位置。当爆震室采用气动阀时,正激波在进气道扩张段周期振荡,所达到的最上游位置接近进气道喉道,此时减小 A_3 将使正激波越过喉道,进而造成进气道不启动。

图 5.38(c)给出了发动机内气体状态的时均参数分布曲线,可以看到,当发动机采用不同阀门结构时,进气道进口总温、总压相同,即 $p_{t0} = 2.686 \times 10^5 \text{ Pa}$, $T_{t0} = 428.3 \text{ K}$。当采用机械阀时,尽管正激波在进气道扩张段某一平衡位置几乎无振荡,但平衡位置接近进气道扩展段出口,进而带来极大的总压损失,此时进气道平均总压恢复系数(定义为 $\sigma_{\text{inlet}} = \bar{p}_{t3}/p_{t0}$, $\bar{p}_{t3}$ 为进气道出口时均总压)为 0.52,低于爆震室采用气动阀时的进气道时均总压恢复系数 0.71。通过降低爆震室出口面积,即减小 $A_{\text{R\_out}}$,可以使正激波平衡位置向进气道喉部移动,进而降低进气道总压损失。

若定义爆震室部件增压比为 $\pi_{\text{cb}} = \bar{p}_{\text{tc}}/\bar{p}_{t3}$,其中 $\bar{p}_{\text{tc}}$ 为爆震室头部时均总压,则爆震室分别采用机械阀和气动阀时的部件增压比分别为 $\pi_{\text{cb}} = 1.319$ 和 $\pi_{\text{cb}} = 0.924$,这表明尽管爆震室都实现了脉冲爆震燃烧,但采用气动阀进气结构未实现部件增压。当不考虑填充损失时,爆震室的理想部件增压比为 $\pi_{\text{cb\_ideal}} = 2.736$。沿爆震室轴线出口方向,时均总温逐渐升高,爆震室采用机械阀和气动阀时出口时均总温分别为 2 264 K 和 2 198 K。采用气动阀下爆震室具有更低出口总温,这主要是因为,产物返流导致在爆震室末端具有更宽的反应物浓度梯度分布。

图 5.39 给出了阀门瞬时静压恢复系数 σ_{inj}(定义为阀门下游瞬时静压与阀门上游瞬时总压之比)曲线,图中也给出了阀门下游产物质量分数 Y_{b} 曲线。当爆震室采用机械阀时,$Y_{\text{b}} = 1$ 对应阀门处于关闭状态,此时 σ_{inj} 在大部分时间段都远高于 1;当阀门开启后,在无量纲时间段 0.7~1 时,σ_{inj} 小于 0.71,进气填充损失必然影响爆震室部件增压特性。当爆震室采用气动阀时,在无量纲时间段 0~0.22 时,气动阀的 σ_{inj} 远低于机械阀,这对实现部件增压是非常不利的,其关键原因是此期间存在强压力反传及产物返流;在无量纲时间段 0.22~0.55 时,燃烧产物重新回流进爆震室,此时 σ_{inj} 低于 0.65,流动损失将进一步降低燃烧室性能。需要指出的是,瞬时静压恢复系数 σ_{inj} 与瞬时总压恢复系数之间的最大相对差异低于 6%。

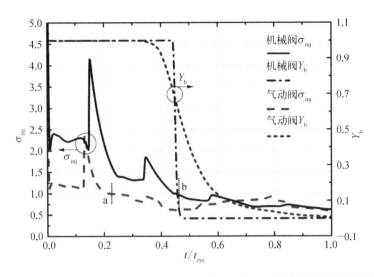

图 5.39　不同阀门下瞬时静压恢复系数曲线及阀门下游产物质量分数曲线

3. 喷管结构的影响

图 5.40 给出了不同喷管喉道收敛面积比(即爆震室出口面积比 A_{R_out})下 PDE 内气体状态的时均参数分布曲线,此时飞行状态仍为 $H = 9.3\,\text{km}$、$Ma_0 = 2.1$。由于喷管出口面积 A_9 等于爆震室面积 A_{3a},故喷管扩张段面积比 A_{R_nzl} 等于喷管喉道收敛段面积比 A_{R_out}。

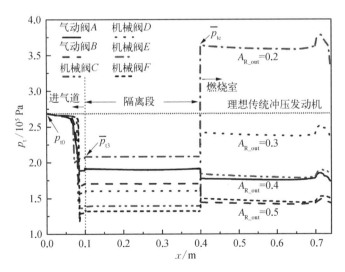

图 5.40　不同喷管喉道面积比下 PDE 内时均总压参数分布($A_{R\_in} = 0.4$)

从图 5.40 中可以看到,总压分布曲线存在两个阶跃:第一个位于进气道扩张段处,其代表进气道结尾正激波对流动的影响,反映了一个周期内进气道总压损失特性;第二个阶跃在爆震室进口处,当爆震室采用气动阀时,时均总压是衰减的,相反地,当爆震室采用机械阀时,时均总压增大,爆震室部件表现出压力增益特性。需要指出的是,尽管爆震室采用机械阀和气动阀时具有不同的部件增压特性,但当两者的 A_{R_out} 相同时,爆震室内时均总压基本相当,这实际反映了流量守恒特性。图 5.40 也给出基于理想 Brayton 循环的冲压发动机总压分布曲线,由于不考虑部件损失,其总压为常值。

表 5.5 给出了对应图 5.40 工况下不同喷管结构下 PDE 工作特性,可以看到,随着喷管喉道面积减小(即 A_{R_out} 减小),进气道时均总压恢复系数($\sigma_{inlet} = \bar{p}_{t3}/p_{t0}$)及爆震室部件增压比($\pi_{cb} = \bar{p}_{tc}/\bar{p}_{t3}$)都逐渐增加。若定义喷管进口前的总压恢复系数或总增压比 σ_{all} 等于 $\bar{p}_{tc}/p_{t0}$,可以看到,A_{R_out} 减小也将提升 σ_{all}。表 5.5 中也给出了 PDE 出口时均总温 $\bar{T}_{t9}$,其都要低于发动机采用等压燃烧时出口总温 2 486 K。表 5.5 中也给出了不同工况下 PDE 产生的单位推力与理想 Brayton 循环冲压发动机单位推力$[F_{s\_Bray} = 1\ 209\ (\mathrm{N} \cdot \mathrm{s})/\mathrm{kg}]$之比数据,可以看到,在当前喷管扩张段面积比 A_{R_nzl} 下,冲压式 PDE 推进性能要低于基于理想 Brayton 循环的冲压发动机。

表 5.5　不同喷管结构下 PDE 工作特性

阀门	A_{R_out}	A_{R_nzl}	$\bar{p}_{t3}/p_{t0}$	$\bar{p}_{tc}/\bar{p}_{t3}$	$\bar{p}_{tc}/p_{t0}$	t_{cyc}/ms	$\bar{T}_{t9}/\mathrm{K}$	F_s/F_{s_Bray}
气动阀 A	0.4	0.4	0.72	0.92	0.66	3.165 1	2 199	0.777
气动阀 B	0.5	0.5	0.64	0.84	0.54	2.390 4	2 191	0.721
机械阀 C	0.4	0.4	0.52	1.31	0.686	3.001 5	2 264	0.825
机械阀 D	0.3	0.3	0.6	1.5	0.9	4.065 4	2 281	0.897
机械阀 E	0.2	0.2	0.78	1.74	1.35	6.247 5	2 289	0.992
机械阀 F	0.5	0.5	0.496	1.13	0.56	2.398 7	2 245	0.763

为优化 PDE 推进性能,当 A_{R_out} 固定时,通过改变喷管扩张段面积比 A_{R_nzl} 可以获得 PDE 最佳推进性能,如图 5.41 所示,A_{R_nzl} 的改变对 σ_{inlet}、π_{cb} 和 σ_{all} 几乎无影响。当 $A_{R\_out} = 0.4$ 时,尽管爆震室采用气动阀不能实现爆震室部件的压力增益,但此时发动机推进性能与爆震室采用机械阀下发动机推进性能相差在 5% 以内。需要指出的是,当爆震室采用气动阀时,部分燃料将流出发动机,同时点火前爆震室填充的新鲜混合物具有较宽的浓度梯度分布,故可以通过改变燃料喷注策略及点火策略进一步提升发动机推进性能。这意味着,当 PDE 几何结构相同并且爆震室采用机械阀和气动阀都能实现稳定工作时,从工程应用角度,结构简单的气动阀

是更好的选择。对于当前飞行工况下采用气动阀的 PDE 结构,$A_{R\_out}=0.4$ 是能够实现 PDE 稳定工作的最小值,继续减小 A_{R_out} 将导致内压式进气道不启动,PDE 将进入不稳定工作状态。

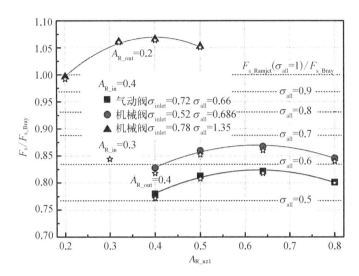

图 5.41　不同喷管喉道面积比下 PDE 比推力与喷管扩张面积比的变化曲线
☆数据点 $A_{R\_in}=0.3$;其他数据点 $A_{R\_in}=0.4$

图 5.41 也给出了传统冲压发动机在不同 σ_{all} 下单位推力 F_{s_Ramjet} 与理想单位推力之比,可以看到,当机械阀 PDE 的 σ_{all} 与传统冲压发动机的相当时,两者产生推进性能也相当。因此可以用 σ_{all} 或爆震室时均总压评估 PDE 推进性能。当 $A_{R\_out}=0.2$ 时,$\sigma_{all}=1.35$,冲压式 PDE 产生的单位推力比基于理想 Brayton 循环的冲压发动机高 6%。

4. 爆震室进口面积比的影响

爆震室进口面积比 A_{R_in} 也将影响爆震室工作特性,图 5.42 给出了爆震室不同进出口面积比下(A_{R_in}, A_{R_out})发动机部件特性。从图 5.42(a)可以看到,对于当前采用的阀门模型,当 A_{R_out} 固定时,减小爆震室进口面积(即 A_{R_in} 减小)将增大填充损失,进而使爆震室部件增压比 π_{cb} 降低,因此从改善爆震室增压特性角度,宜尽量增大爆震室进口面积。然而需要指出的是,PDE 推进性能取决于 σ_{all},其包括进气道总压恢复系数 σ_{inlet} 和爆震室部件增压比 π_{cb}。尽管 A_{R_in} 的减小将使得 π_{cb} 降低,但 σ_{inlet} 得到了改善,从图 5.42(b)看,σ_{all} 仅与爆震室出口面积比 A_{R_out} 相关,几乎不受阀门类型及爆震室进口面积比 A_{R_in} 影响。由于 PDE 进口为超声速来流,所以不同工况下发动机的质量流量是相同的,因此这些变化特性实际反映了发动机进出口间的流量平衡。对于工况(0.3, 0.2)和(0.3, 0.4),即 $A_{R\_in}=0.3$,图 5.41 中

也给出了不同 A_{R_nzl} 影响下 PDE 的单位推力比变化特性,可以看到其推进性能与 $A_{R\_in}=0.4$ 时几乎相当,这表明爆震室进口面积对冲压式 PDE 性能的影响较小。

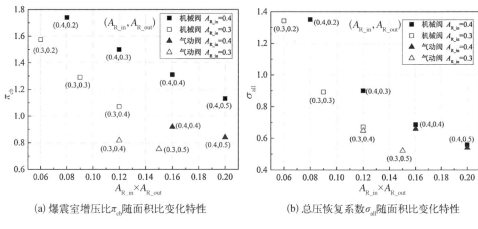

(a) 爆震室增压比 π_{cb} 随面积比变化特性　　(b) 总压恢复系数 σ_{all} 随面积比变化特性

图 5.42　不同 A_{R_in} 和 A_{R_out} 下 PDE 工作特性

5. 飞行状态的影响

表 5.6 给出了不同飞行状态下冲压式 PDE 的工作特性,由于当飞行马赫数低于 2.1 时,气动阀式 PDE 的进气道将进入不启动状态,因此表中给定的飞行马赫数都高于 2.1。从表 5.6 中可以看到,当发动机进口总温 T_{t0} 保持不变时,爆震室部件增压比 π_{cb} 与飞行状态无关,当 T_{t0} 增加时,机械阀式 PDE 的 π_{cb} 减小,这些变化趋势与公式(1.81)理论预测趋势是一致的。然而对于气动阀式 PDE,T_{t0} 的增加将使爆震室部件增压比 π_{cb} 略微增大,这主要是因为更高的进口温度可以抑制爆震室增压燃烧后引起的产物返流流量,进而改善爆震室部件增压特性。对于当前冲压式 PDE 几何结构,飞行马赫数的增加将减小进气道总压恢复系数,这对提升发动机推进性能不利。

表 5.6　不同飞行状态下 PDE 工作特性($A_{R\_in}=0.4$, $A_{R\_out}=0.4$, $A_{R\_nzl}=0.4$)

阀　门	H/km	Ma_0	T_{t0}/K	σ_{inlet}	π_{cb}	σ_{all}
气动阀	9.3	2.1	429	0.717	0.922	0.661
气动阀	11	2.21	429	0.649	0.922	0.598
气动阀	9.3	2.5	512	0.47	0.933	0.439
气动阀	1.5	2.1	524	0.668	0.933	0.623
气动阀	9.3	3	638	0.288	0.954	0.275

续　表

阀　门	H/km	Ma_0	T_{t0}/K	σ_{inlet}	π_{cb}	σ_{all}
机械阀	9.3	2.1	429	0.523	1.313	0.686
机械阀	11	2.21	429	0.473	1.312	0.621
机械阀	9.3	2.5	512	0.364	1.251	0.456
机械阀	1.5	2.1	524	0.523	1.24	0.648
机械阀	9.3	3	638	0.231	1.226	0.283

5.4　脉冲爆震涡轮及组合式发动机

5.4.1　研究概述

从 20 世纪 80 年代后期到 21 世纪初,大量学者的研究工作都主要集中在用爆震室直接产生推进推力的火箭式脉冲爆震发动机和冲压式脉冲爆震发动机上。为了进一步利用爆震燃气所携带的高熔能量,实现发动机的自吸气工作,1997 年美国 Scragg[7]首先提出了基于爆震循环的涡轮发动机专利方案,其主要由罗茨鼓风机、佩尔顿水轮机及脉冲爆震燃烧室组成,脉冲爆震燃烧室采用文丘里进气结构,燃料在进气结构下游喷射并与氧化剂掺混,他指出,该发动机与现有活塞发动机相比燃油消耗率可减小 1/3,燃油污染物排放可降低 30% 以上。随后各种采用脉冲爆震燃烧室替换现有动力装置燃烧室的结构方案及相关研究开始涌现,同时为实现脉冲爆震发动机在更宽马赫数范围工作,也出现了多种多模态组合式脉冲爆震室发动机方案。

1. 组合式活塞脉冲爆震发动机

美国 Schauer 提出如图 5.43(a) ~ (c)所示的组合式活塞脉冲爆震发动机方案[110],他通过图 5.43(c)转接结构将普通 4 缸 4 冲程活塞发动机与爆震室相连接,原气缸头部进排气结构作为燃烧室公共的进气结构。当进气阀(即原气缸的进气活门)开启后,预混燃料空气混合物填充燃烧室。随后进气阀关闭、火花塞点火,形成的火焰通过爆震室内安装的 Shchelkin 螺旋实现 DDT 过程,同时气缸内形成的高压也将推动活塞运动。爆震室排气最后,隔离气阀(即原气缸的排气活门)开启,隔离空气填充燃烧室。随后隔离气阀关闭、进气阀开启,新的循环过程开始。在以上过程中,活塞的往复运动将带动进气阀、隔离气阀联动。

美国空军研究实验室(Air Force Research Laboratory, AFRL)联合 ISSI 公司对该方案开展了相关研究,成功实现了 11 ~ 21 Hz 多循环自吸气试验[111],该组合发动机在产生推力(最大222.5 N)的同时能够输出定量的轴功(14.71 kW),从而为爆震发动机功率提取开创了一条道路。2008年1月31日,以该组合式PDE为动力的Long-EZ飞机进行了首飞试验[112]。试验在加利福尼亚州的Majove发射场进行,配备的PDE由4管组成,单管频率为20 Hz,总的工作频率为80 Hz,燃料为精炼的辛烷,平均推力为890 N。脉冲爆震发动机工作10 s左右,飞行了100 ft①的距离。试验结果表明,发动机排气噪声在195~200 dB,飞行器和脉冲排气的PDE能够协调工作,并且没有带来结构方面的问题。也需要指出的是,对比80 kg量级涡喷发动机的尺寸及重量,图5.43(d)中的组合式PDE原理样机在结构简化设计及减重方面仍需进一步优化设计。

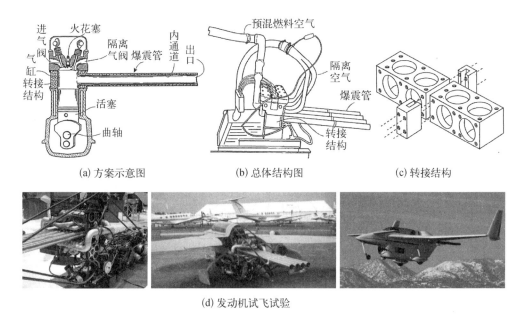

(a) 方案示意图　　　　　(b) 总体结构图　　　　　(c) 转接结构

(d) 发动机试飞试验

图 5.43　组合式活塞脉冲爆震发动机[110,112]

2. 带脉冲爆震主燃烧室的涡轮发动机

2000年美国GE公司的Johnson等[113]首先提出了将脉冲爆震燃烧室应用于传统航空发动机上的设想,其申请的专利见图5.44(a),主要想法是用脉冲爆震燃烧室替换传统涡扇发动机中的核心机,将发动机从等压循环转变为爆震循环,以期提高发动机的总体性能。2003年该公司Venkataramani等[114]提出将脉冲爆震燃烧室应用于大涵道比涡扇发动机中,其结构见图5.44(b)。从图中可以看到,发动机中的等压主燃烧室被爆震室所替代,采用爆震燃烧后压气机级数减小到3级,涡轮

---

①　1 ft = 3.048×10⁻¹ m。

级数降为 1 级。2004 年该公司 Orlando 等[115]申请了考虑部件冷却的脉冲爆震涡轮发动机专利技术,如图 5.44(c)所示,主要由风扇、中压压气机、增压压气机、脉冲爆震燃烧系统及涡轮组成。为解决爆震室冷却问题,方案从中压压气机分出两股压缩空气,一股压缩空气提供给燃烧系统作为氧化剂,另一股压缩空气经增压压气机压缩后冷却脉冲爆震燃烧室及涡轮。

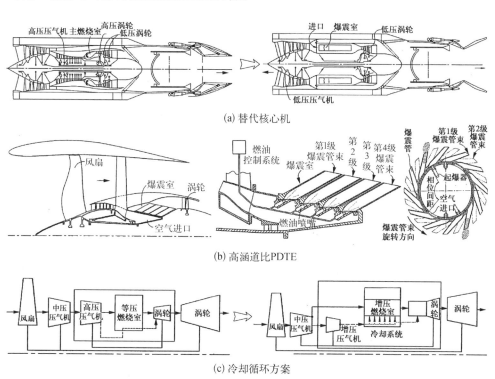

(a) 替代核心机

(b) 高涵道比PDTE

(c) 冷却循环方案

图 5.44　美国 GE 公司的脉冲爆震涡轮发动机相关专利[113-115]

针对图 5.44 中以爆震室替代核心机的方案,2002 年 NASA 格林研究中心 Petters 等[116]应用 NPSS(Numerical Propulsion Systems Simulation)仿真系统对高涵道比涡扇发动机进行了推进性能分析。计算结果表明,当飞行高度为 10 668 m、飞行马赫数为 0.85 时,在发动机进气流量相等的条件下,相比原型常规发动机,脉冲爆震涡轮发动机推力可提高 2%,单位燃油消耗率将降低 8%~10%。2004 年该中心的 Paxson 等[117]进一步研究了不同冷却方案对脉冲爆震涡轮发动机总体性能的影响。计算结果表明,各冷却方案都不同程度地增加了发动机单位燃油消耗率,采用最佳冷却方案下的发动机单位燃油消耗率比传统发动机降低 3%~6%,而无冷却时单位燃油消耗率可降低 5%~12%。美国 GE 全球研究中心的 Goldmeer[106]及 Ma 等[118]建立了考虑爆震室非定常工作过程的传递函数模型,进而构建了脉冲爆震涡轮发动机极限理想循环模型,考虑了飞行条件、填充比、隔离气体比例等对发动机性能的影响。计算结果表明,在燃烧室出口温度相等的条件下,爆震循环与传统等压循环相比效率更高,提高隔离气体比例可降低 PDC 出口温度,同时可略微提升发动机性能。

针对以爆震室替代主燃烧室方案,2002 年 Smith 等[119]分析了以爆震燃烧室替代主燃烧室时超声速巡航下涡扇发动机推进性能。计算结果表明,在飞行马赫数 2.4 下 PDTE 单位燃油消耗率可减小 5%,在海平面静止状态则可减小 15%。2007 年美国空军理工学院 Andrus 等[9]以 TF39 - GE - 1C 高涵道比涡扇发动机为对标发动机,应用 AEDsys 和 NPSS 计算分析了脉冲爆震涡轮发动机推进性能。计算结果表明,若可无损耗地将脉冲气流平稳地转化为稳态气流,则采用脉冲爆震燃烧后的涡扇发动机在推力相同的情况下单位燃油消耗率可下降 8%。中国西北工业大学脉冲爆震发动机研究团队也建立了脉冲爆震涡轮发动机的热力循环模型及性能计算模型,理论分析了爆震涡轮发动机的推进性能优势[120-122]。为解决采用爆震主燃烧室的涡轴发动机涡轮冷却问题,郑华雷等[123]分析了带额外压缩系统下涡轴发动机推进性能优势,循环方案类似图 5.44(c)右图。

需要指出的是,当前针对脉冲爆震涡轮发动机的理论推进性能分析还存在很多假设,特别是针对爆震室模型及爆震室下游非定常流下涡轮部件性能分析模型的建立还很不成熟,因此还有赖于试验对各种模型进行验证。当前相关试验研究仍处于原理性探索阶段,一般通过爆震室与涡轮增压器相组合或爆震室与轴流涡轮相连接,研究压气机、爆震室及涡轮间的匹配工作特性。

美国 AFRL 联合 ISSI 公司在 2002 年采用双管脉冲爆震燃烧室与涡轮增压器(Garrett T3)相组合,对 PDTE 开展了原理性论证试验[8],其试验原理图见图 5.45(a)。试验中采用氢气为燃料、空气为氧化剂,高压压缩机供给的压缩空气通过供给管路进入爆震室,如图 5.45(b)所示[124]。爆震室头部采用通用汽车公司的 Quad 4 发动机进气气缸阀门结构,如图 5.45(c)所示[124]。爆震室排出的燃烧产物进入涡轮增压器向心涡轮,涡轮带动离心压气机,环境空气经离心压气机压缩后进入供给管路,如图 5.45(d)[124]、(e)[125]所示。试验结果表明,发动机能在自吸气模式下短时间工作(30~60 s),涡轮最高转速达 80 000 r/min,发动机工作频率最高达 15 Hz,试验中爆震管填充隔离空气仍由试验室高压压缩机供给。此外发现,爆震室后加装涡轮后,发动机推力比无涡轮时减小 20%,且涡轮壳体温度比爆震管壁温度高。随后,该研究机构重点围绕爆震室与涡轮增压器向心涡轮之间的相互作用开展相关研究,试验中涡轮增压器压气机出口与大气相通,末端安装有调节阀门以控制压气机的背压和流量。Rouser 等[125]研究了同一燃烧室采用稳态等压燃烧和脉冲爆震燃烧下,燃烧室与 GT28R 涡轮增压器的向心涡轮匹配工作特性,研究发现,在燃烧室总工质流量相同的条件下(稳态等压燃烧需采用更高的进气总压),爆震室驱动下的涡轮性能在单位功率方面可提高 41.3%,燃油消耗率可降低 28.7%。若爆震室采用孔板作为爆震强化结构[126],试验结果发现,爆震室在 10 Hz、当量比为 0.64 下工作时,涡轮比功与同流量等压燃烧室下相比可提高 70%,涡轮单位功随着当量比和工作频率的增加而增加,但点火频率对涡轮单位功的影响更大。Rouser 等进一步开展了脉冲爆震波冲击下涡轮效率的研究。试验结果表明,发动机在 30 Hz 时利用平均方法计算得到的涡轮效率为 40%,它所产生的涡轮功与稳态燃气作用下涡轮效率为 60% 时相当[124],但需要指出的是[127],利用稳态涡轮效率公式计算非稳态燃气作用下涡轮的瞬态效率有时会出现非物理解,如效率超过 100% 或低于 0。因此计算积分平均的涡轮等熵效率时必须引入流体流动参数进行加权修正,而不能仅仅进行瞬时效率时间平均。

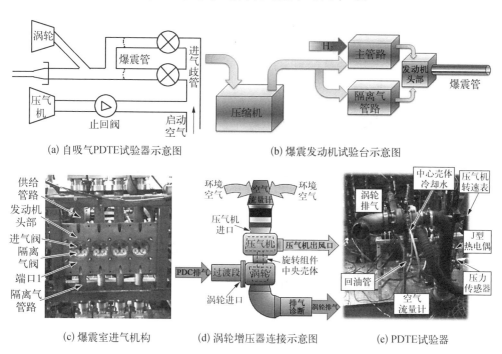

(a) 自吸气PDTE试验器示意图   (b) 爆震发动机试验台示意图

(c) 爆震室进气机构   (d) 涡轮增压器连接示意图   (e) PDTE试验器

图 5.45 美国 AFRL 与 ISSI 的 PDTE 试验器[8,124-126]

为研究脉动增压燃烧装置与涡轮机械系统的相互作用特性,2008 年 NASA 格林研究中心 Paxson 等[10]将燃烧器与涡轮增压器相组合,构建了如图 5.46 所示的试验器。其燃烧器为采用气动簧片阀的脉动燃烧器,燃烧器下游安装有引射器,通过管路将涡轮增压器的压气机和涡轮与燃烧器相连,形成了闭式系统,涡轮出口下游安装有推力平板测量排气动量。试验以汽油作为燃料,空气为氧化剂,在加热比为 2.2、涡轮前温度为 750 K 时,试验器实现了自吸气循环工作模式,燃烧室获得 1.04 的增压比,发动机共产生了 22 N 的推力,脉冲燃气经涡轮后,声压级可衰减 20 dB。试验结果也发现,脉冲燃气驱动下的涡轮效率与稳态工作条件相当。

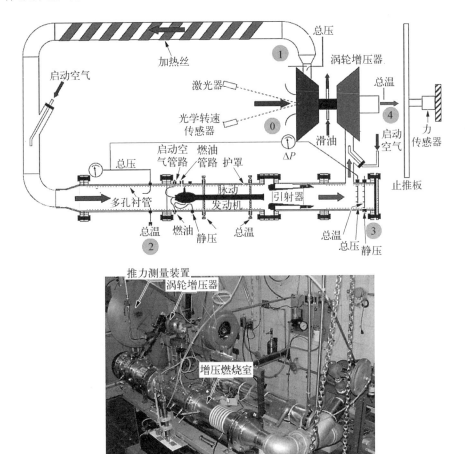

图 5.46　NASA 格林研究中心试验器[10]

中国西北工业大学郑龙席等[128,129]在 2009 年构建了基于涡轮增压器以汽油为燃料的脉冲爆震涡轮发动机原理性试验系统,脉冲爆震室(内径 6 cm、长 1.5 m)采用类似图 5.31(a)结构形式,通过对爆震室独立供气,试验研究了爆震室工作特性及压气机涡轮流量特性。尽管在爆震室各工作频率下(小于 10 Hz)试验测得的压气机流量高于爆震室供气量,但后期试验表明,当前进气结构只能实现爆震频率 4 Hz 以下压气机-爆震室-涡轮匹配工作,其核心问题在于对进气总压损失及压力反传的控制[130]。通过优化进气结构,采用新的阀门结构,最终形成如图 5.47 所示的结构形式[131]。

图 5.47 中的爆震室前部进气段内径为 10 cm、长 30 cm,内部中心锥安装有气

动雾化喷嘴,爆震室后段为内径 6 cm、长 128 cm 直管道。试验表明,当前进气结构能够显著抑制压力回传,原理样机可在 6~18 Hz 以自吸气模式长时间稳定连续工作,涡轮叶片经上万次爆震波冲击后,目测未现任何裂纹及烧蚀情况,发动机转速最高达 20 600 r/min,压气机压比最高达 1.13。后期进一步实现了双管脉冲爆震涡轮发动机原理样机的自吸气工作模式[132],单管最高工作频率达到 20 Hz,不加喷管时原理样机推力为 114.95 N,加装尾喷管后最大推力达到 143.3 N[单位推力为 749.87(N·s)/kg],加装引射喷管后推力达到 200.67 N。

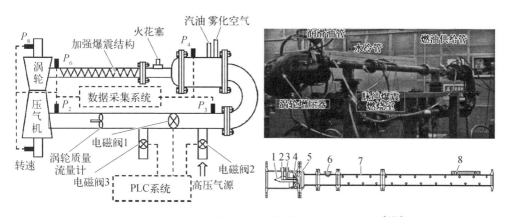

图 5.47 西北工业大学脉冲爆震涡轮发动机原理样机[131]

1. 进气锥;2. 雾化空气;3. 汽油;4. 气动阀;5. 气动雾化喷嘴;
6. 火花塞安装座;7. 加强爆震结构;8. 水冷安装座

美国得克萨斯大学 Li 等[133]提出了用脉冲爆震燃烧室驱动涡轮带动发电机发电的构想,并申请了专利,如图 5.48(a)所示,其主要由风扇、脉冲爆震燃烧室、高低压涡轮、减速器及发电机组成。为了缩短燃烧室的长度,专利中采用了多管螺旋形脉冲爆震燃烧室。该机构的 Panicker 等[134]针对这一应用方案开展了相关试验研究,其将一直径为 1.9 cm、长 100 cm 的爆震室与涡轮增压器相组合,并将涡轮轴通过减速器连接一小型发电机,其原理简图见图 5.48(b)。试验中,爆震室分别采用丙烷和氧气作为燃料和氧化剂,发动机工作频率为 15 Hz,联机运行了 20 s,发电机功率为 27 W,涡轮转速达 127 000 r/min,压气机流量为 0.055 kg/s,涡轮出口温度为 800℃。研究指出,由于径向涡轮将气流方向改变了 90°,造成了很大的损失,与轴流涡轮相比,后者可能更适用于 PDC。

前述研究重点围绕爆震燃气驱动向心涡轮来开展。2005 年,美国辛辛那提大学 Caldwell 等[135]构建了六管爆震室驱动轴流涡轮的试验器,其结构如图 5.49(a)所示[136]。爆震室直径 25.4 mm、长 635 mm,采用 C_2H_4 作为燃料和 N_2 稀释后氧气作为氧化剂,燃料和氧化剂的供给采用电磁阀控制,轴流涡轮为 JFS-100-13A 燃

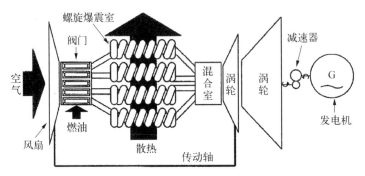

(a) 发动机系统专利[133]

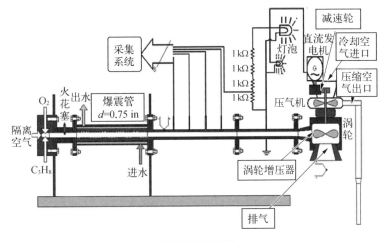

(b) 试验器原理[134]

图 5.48　美国得克萨斯州大学爆震涡轮发电系统专利及试验器原理图

气轮机的动力涡轮。随后 Glaser 等[137] 基于该试验器研究了涡轮在脉冲爆震波驱动下的功率提取问题。试验结果表明：当爆震室单管工作频率为 10 Hz 时,涡轮比功和涡轮效率随爆震室填充系数和燃烧当量比的增加而增加;通过对比研究单级轴流涡轮在脉冲爆震燃烧和稳态等压燃烧驱动下的涡轮比功与涡轮效率,结果发现,涡轮比功和涡轮效率在两种燃烧模式下具有可比性,两者试验数据在涡轮特性图上几乎落在同一特性曲线上[136]。Caldwell 等[138] 利用同一试验器研究了爆震室填充系数、当量比、点火频率以及氧化剂中氮气的稀释比例对爆震波压力衰减的影响,试验发现,爆震波压力衰减的大小与涡轮前爆震波的强度有关,爆震波越弱,其经涡轮后压力衰减越多,且涡轮静叶对爆震波的衰减幅度要大于涡轮动叶。2013 年该机构的 Munday 等[139] 进一步改进了试验器,如图 5.49(b) ~ (d)所示,将爆震室进气结构由电磁阀改为车用六缸发动机进气结构,每个进气结构与图 5.45(c)相似,可连接 5~7.6 cm 直径爆震室,轴流涡轮结构及特性参数如图 5.49(c)所示[140]。

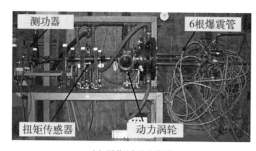

（a）早期试验器[136]

（b）2013 年改进后的试验器[139]

特性参数	数据	单位
落压比	1.66	
进口温度	1055	K
转速	60400	r/min
换算流量	0.89	kg/s
额定输出功	67.1	kW
等熵效率	61.6%	
静叶数	22	
动叶数	36	
平均进口半径	5.18	cm
平均出口半径	6.55	cm
静子进口面积	58.0	cm²
转子出口面积	121.0	cm²

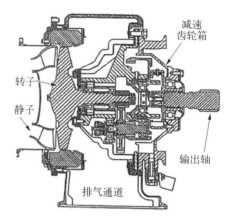

（c）轴流涡轮及特性参数[140]

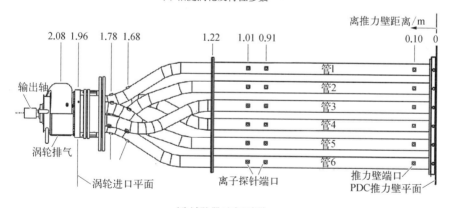

（d）试验器示意图[141]

图 5.49　美国辛辛那提大学试验器

　　基于图 5.49（d）试验器，George 等[140] 通过试验研究发现，相比采用面积平均方法计算的脉冲爆震燃气驱动下的涡轮性能，采用质量平均方法所得结果与实际更为相符，并指出涡轮在高频低脉动燃气冲击下效率较高，但高脉动性燃气能使涡轮输出更多的功。2019 年，Anand 等[141] 进一步获得了工作频率为 5 Hz 和 10 Hz 下试验器工作特性,试验结果表明,涡轮输出功随爆震室填充系数和隔离空气填充系数的增大而增大,并且在最佳转速下达到最大值,同时也发现基于循环热效率预估的涡轮效率远低于涡轮设计效率,其核心原因是相邻爆震室排出气流进入涡轮时的气流偏转角不同,进而导致涡轮对排出的隔离空气做功。

GE 全球研究中心的 Rasheed 等[142]在 2005 年构建了以乙烯为燃料的 8 管脉冲爆震室驱动单级轴流涡轮的试验器,具体结构见图 5.50。单个爆震室内径为4.9 cm、长 80 cm(起始于燃料空气掺混下游),轴流涡轮直径 35.6 cm,取自于流量3.6 kg/s、工作转速 25 000 r/min、功率 745.7 kW 的涡轮增压器。爆震室采用双路空气供给,主气流用于填充爆震室,二次气流用于冷却爆震室,在爆震室下游两股气流掺混后驱动涡轮。试验研究了爆震室采用恰当比 C_2H_4/空气混合物、不同点火策略时爆震室及涡轮工作特性,单个爆震室最高工作频率达到 30 Hz。结果表明,轴流涡轮对爆震波具有很强的反射作用,叶片对爆震波也具有很强的衰减作

(a) 试验器三维图

(b) 多管爆震室

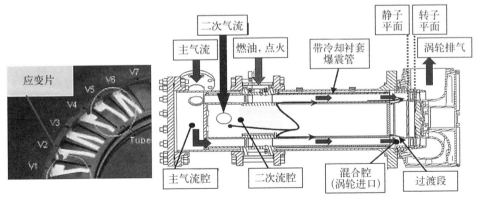

(c) 涡轮静叶上的应变片

(d) 试验器示意图

图 5.50　美国 GE 全球研究中心的试验器[142,143]

用,且涡轮转速越高衰减越大[142]。Baptista 等[143]在 6 个相邻涡轮静叶贴了 12 个高温电阻式应变片,试验结果表明,爆震室各管分时点火下,涡轮静叶应力峰值比各管同时点火小,同时可以降低共振幅值,涡轮静叶在爆震波作用下应力强度都在材料允许的弹性极限之内,涡轮可与爆震室长时间稳定安全工作。

GE 全球研究中心的 Rasheed 等[144]进一步开展了脉冲爆震涡轮发动机的噪声问题试验研究,结果表明,爆震波经单级轴流涡轮后,峰值压力衰减 20 dB,宽频压力可衰减 10 dB,进而认为将脉冲爆震涡轮发动机应用于商业领域不存在噪声问题。Rasheed 又利用同一试验器研究了各管 PDC 间的相互影响[145],并指出,对于共用进气道和尾喷管的爆震室设计方案,各管爆震波之间的相互干扰在一定程度上将影响 PDC 的最佳工作环境。Tangirala 等[146]对比研究了 PDC 和稳态气流驱动下的涡轮效率问题,试验结果表明两者涡轮效率相似,此外发现在脉冲爆震涡轮发动机理论性能计算方面,所假设的非稳态涡轮效率对发动机总效率的计算影响很大。2009 年 Rasheed 等[147]试验研究发现,爆震室与涡轮间的转接结构对爆震室的影响很大。随后,Rasheed 等[148]对比研究了涡轮在爆震燃烧与等压燃烧两种燃气作用下的效率问题,结果表明两者涡轮效率相近,两者试验数据在涡轮特性图上几乎落在同一特性曲线上,并指出,基于爆震燃烧的发动机在性能方面具有较传统发动机提高 25% 的潜能。

3. 带脉冲爆震加力燃烧室的涡轮发动机

21 世纪初,美国 GE 公司的 Johnson 等[113]首先提出了将多管脉冲爆震燃烧室作为传统涡扇发动机加力燃烧室燃烧方式的设想,即脉冲爆震加力燃烧室(pulse detonation afterburner, PDA),如图 5.51(a)所示。Mawid 等[149,150]提出了如图 5.51(b)所示的 PDA 方案,其采用沿周向及径向排布的多管扇形截面 PDC 结构,部分核心流将通过径向方向 PDC 间的间隙,多管 PDC 的进气采用旋转阀控制,旋转阀通过齿轮机构与低压轴或高压轴相连,JP-8 燃料在外涵道喷入。性能优化计算表明,相比传统加力,采用 PDA 可以实现单位燃料消耗率降低 26%,单位推力增加 6%。需要指出的是,对于图 5.51(a)、(b)的 PDA 方案,PDC 进口气流温度较高,一方面给提升爆震推进性能带来不利影响,另一方面,PDC 内一般安装有爆震强化装置,高的进气温度极易引发自燃及火焰驻定。

Mawid 等[151]提出了如图 5.51(c)所示的在涡扇发动机外涵道安装多管 PDC 的外涵加力方案。性能计算表明,当 PDC 工作频率达到 100 Hz 时,外涵爆震加力方案可以获得两倍于常规加力发动机的推力或单位推力。Chen 等[152]对不同爆震外涵加力循环方案进行了论证,分析了不同飞行马赫数、飞行高度、涵道比、分排/混排等对发动机推进性能的影响。卢杰等[153]对比了涡扇发动机外涵分别采用爆震燃烧加力和常规等压燃烧加力下发动机的推进性能,论证了爆震外涵加力所具有的增推优势。

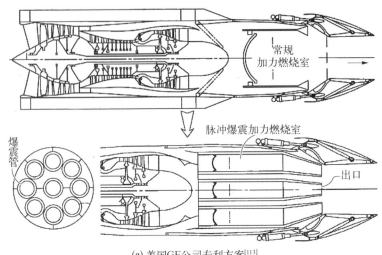

(a) 美国GE公司专利方案[113]

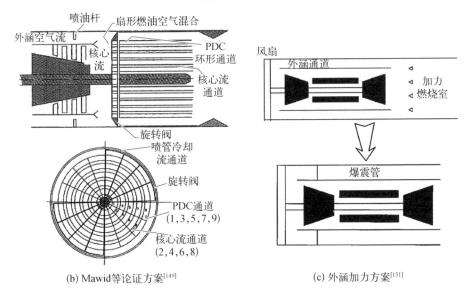

(b) Mawid等论证方案[149]　　　　　(c) 外涵加力方案[151]

图5.51　几种脉冲爆震加力燃烧室的涡轮发动机方案

当涡扇发动机外涵道内存在爆震加力燃烧室时,加力燃烧室的启动将影响风扇的工作状态,进而影响发动机整机工作状态。对此,Lu等[154]基于涡轮增压器构建了离心压气机与四管PDC的组合试验系统,如图5.52所示。试验结果表明:相比冷态填充过程,四管PDC点火工作后的压气机工作线将更靠近喘振边界;尽管四管PDC同步点火时爆震增压燃烧产生的压力回传将引起压气机出口更高的压力脉动(20 Hz时达到115%),但四管PDC顺序点火时的压气机工作线更靠近喘振边界。

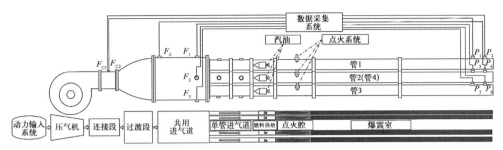

图 5.52 离心压气机与四管 PDC 组合试验系统[154]

4. 多模态脉冲爆震发动机

为实现飞行器在更宽马赫数范围工作,同时考虑到脉冲爆震燃烧替代传统动力装置燃烧方式后带来的推进性能提升,基于爆震燃烧的组合模态发动机也被提了出来。针对传统火箭基组合循环发动机,Munipalli 等[155]提出了基于爆震燃烧的四模态组合循环方案,如图 5.53 所示。第一模态为带引射器增推的 PDRE 模态,来流空气经进气道压缩后,与 PDRE 排出的高温燃烧产物进行掺混,混气由喷管排出发动机,该模态工作于马赫数 0~3。第二模态为脉冲正爆震模态,此时 PDRE 内仅间隙喷射燃料,进气道后气流为低于 CJ 爆震波速度的超声速流,超声速气流在下游楔面形成斜激波,高速气流与燃料掺混并在斜激波后点燃产生逆流而上的正爆震波,当爆震波传播到没有燃料的区域时变为激波,激波强度逐步衰减并向后退出,以上过程周而复始,该模态工作于马赫数 3~7。针对该模态,Wilson 等[156]、李牧等[157]、Li 等[158]围绕脉冲正爆震波的起爆、传播及推进性能开展了相关研究。第三模态为驻定斜爆震模态,此时 PDRE 内仅持续喷射燃料,进气道后气流为高于 CJ 爆震波速度的高超声速流,高速气流与燃料掺混后将在下游楔面处形成驻定的斜爆震波,该模态工作于马赫数 7~17。第四模态为纯 PDRE 模态,此时进气道关闭。初步的发动机推进性能分析表明[155],该组合循环推进方案具有潜在的推进优势。

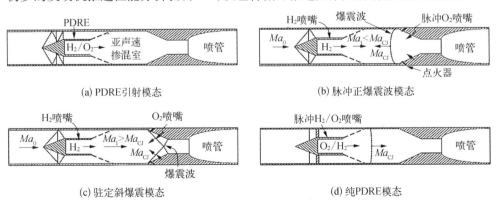

(a) PDRE引射模态

(b) 脉冲正爆震波模态

(c) 驻定斜爆震模态

(d) 纯PDRE模态

图 5.53 火箭基爆震组合循环方案[156]

针对传统涡轮基组合循环发动机,Qiu 等[159] 提出了一种基于脉冲爆震燃烧的双模态循环推进方案,如图 5.54 所示。第一模态为脉冲爆震涡轮发动机模态,如图 5.54(b)所示,对应工作马赫数为 0~3。此时压气机进口导流叶片打开、外侧的调节板关闭,来流首先经压气机进行增压。增压后的空气通过开启的进气阀门流入外涵中处于填充过程的爆震管中,同时与该爆震管相应的分气阀门处于关闭状态。当爆震管填充完毕并点火后,该爆震管上游进气阀门关闭,分气阀门打开,产生的爆震波向下游传播并通过喷管排出发动机。爆震室头部部分高温高压工质通过分气阀门流经内涵中的涡轮部件做功,涡轮带动压气机进而实现来流增压。第二模态为冲压式 PDE 模态,对应工作马赫数为 3~5。此时压气机进口导流叶片关闭、外侧的调节板打开,来流空气将通过压气机外的空气涵道流入爆震室。多管爆震室的工作模式与模态一相同,所不同的是此时所有多管爆震室头部分气阀门关闭,爆震燃烧产物仅由外涵排出。针对该组合动力,Qiu 等[159] 建立了发动机性能

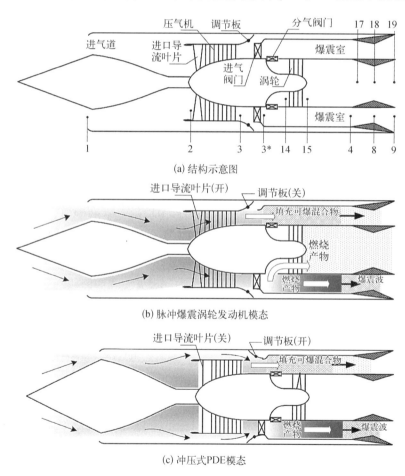

(a) 结构示意图

(b) 脉冲爆震涡轮发动机模态

(c) 冲压式PDE模态

图 5.54　涡轮基脉冲爆震组合循环方案[159]

分析模型,研究了各种循环参数及结构参数对部件特性及推进性能的影响,并通过与传统组合循环方案性能进行对比,论证了该组合循环推进方案潜在优势。

5.4.2　PDTE 推进性能分析

5.4.2.1　性能分析模型

与冲压式 PDE 性能分析方法相同,脉冲爆震涡轮发动机也可以采用三大类性能模型,即等效定常流性能分析模型、零维非定常性能分析模型及多维数值仿真性能分析模型,但由于 PDTE 涉及压气机及涡轮转动部件,因此当前对 PDTE 的推进性能分析主要采用的是等效定常流性能分析模型,包括前面提及的爆震推进热力循环模型及状态等效模型。

当分析传统涡轮发动机采用爆震燃烧后所能达到的最大推进性能时,一般采用的就是爆震推进热力循环模型,此时不考虑燃烧组织过程及爆震传播过程,仅从工质热力学状态变化角度,分析爆震循环的循环热效率,建立 PDTE 推进性能与循环热效率的关系。通过引入压气机增压比、压气机效率、涡轮效率、进气损失等参数,进而评估不同循环参数对 PDTE 理论推进性能的影响。例如,基于第 1 章中的式(1.81)、式(1.87)和式(1.88)可以获得不同增压比及不同放热量下 PDTE 推进性能,Heiser 等[103]、Qiu 等[159]都采用了这种方法分析了 PDTE 性能。

为利用已有传统涡轮发动机性能分析模型构建 PDTE 性能模型,更常见的方法是建立爆震室的状态等效模型,即通过一定的方式获得 PDC 出口的定常等效状态,以此等效状态作为燃烧室下游部件的进口参数计算部件性能,进而可以获得 PDTE 的推进性能。PDC 出口平均总温基于能量守恒确定,即取 PDC 为控制体,PDC 平均出口总焓等于进口平均总焓和燃烧室加热量之和,见式(5.31)~式(5.33)。PDC 出口平均总压的确定有三种方式:第一种为引入膨胀效率,将 CJ 状态燃气膨胀到 PDC 平均出口总温时的压力作为出口平均总压[见式(5.34)];第二种为 Paxson 提出的部件特性图法[105]、Goldmeer 等[106]提出的传递函数法[见式(5.35)]以及 Ma 等[118]给出的 PDC 增压比公式,其共同特征都是基于给定结构 PDC 的试验及数值模拟结果拟合而来;第三种为基于直管 PDC 工作特性[51]获得,如郑华雷等[123]根据直管 PDC 头部瞬时压力理论瞬时变化曲线取平均获得,卢杰等[153]基于直管 PDC 平均推力换算出等效平均出口总压。

5.4.2.2　工作特性及推进性能

针对脉冲爆震涡轮发动机,将前面提及的 PDC 模型替换传统涡轮发动机性能分析模型中的燃烧室模块,就可以构建 PDTE 性能模型,进而可以评估各种循环参数下 PDTE 的设计点推进性能。对于给定设计循环参数的 PDTE,当考虑部件间的共同工作时,可以构建 PDTE 非设计点性能计算模型。然而需要指出的是,当前 PDC 性能模型的建立存在各种假设,因此基于 PDTE 性能模型只能获得各种参数的影响趋势。为获得实际 PDTE 的工作特性,一种方式就是采用数值模拟方法,然而 PDTE 内为复杂的非定常流动过程,压气机、PDC 及涡轮间存在强耦合特性,同时 PDC 内又涉及周期性的点火过程、爆燃向爆震转变过程及爆震燃烧传播过程等,因此通过数值模拟获得整机工作特性的难度非常大。另一种方式就是基于试验方法,这里重点介绍了一种由涡轮增压器和双管 PDC 构成的脉冲爆震涡喷发动机[132],分析了各种因素对发动机部件工作特性及整机推进性能的影响。

1. 试验装置及测量方法

脉冲爆震涡喷发动机原理样机结构图见图 5.55,包括涡轮增压器、双管 PDC、转接段、空气进气管路及喷管。涡轮增压器的涡轮入口通过 V 形转接段与双管 PDC 出口相连,涡轮出口连接了收敛喷管以提升整机推进性能。增压器的压气机出口通过金属软管与 L 形空气进气管路相连,空气进气管路在上游通过一分为二的 V 形连接段与双管 PDC 进口相连。空气进气管路有两个进口和两个出口,其中一个进口和两个出口分别与压气机出口和双管 PDC 相连,另一个进口在图 5.55（a）的 T 形段中,通过开关电磁阀与高压供给空气相连。当发动机处于启动过程

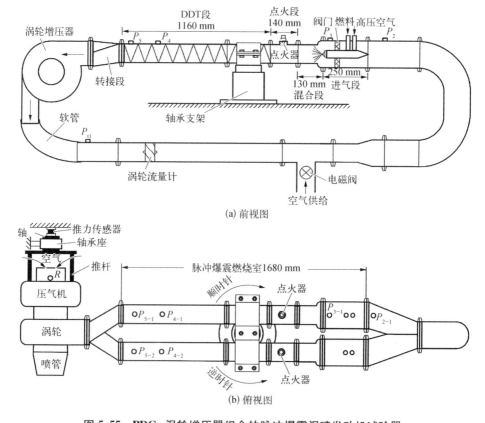

(a) 前视图

(b) 俯视图

图 5.55　PDC -涡轮增压器组合的脉冲爆震涡喷发动机试验器

时,开关电磁阀开启,高压供给空气流入双管 PDC;当发动机稳定工作后,开关电磁阀关闭,整个系统将进入自吸气工作模式,即 PDC 与涡轮增压器进入匹配工作状态。

PDC 长 1 680 mm,包括进气段、混合段及爆震燃烧段。进气段长 250 mm、内径 100 mm,其中安装有直径 26 mm 的中心锥,中心锥的下端面安装有双流体空气雾化喷嘴,压缩空气和汽油通过各自管路进入喷嘴,进气段内同时安装有气动机械阀(压差驱动的阀门)以抑制压力反传。液雾和主流空气将在 130 mm 长的混合段内掺混,混合段同时也是由内径 100 mm 变为内径 60 mm 的过渡段。爆震燃烧段内径 60 mm,其进一步可以分为 140 mm 长的点火段和 1 160 mm 长的 DDT 段,DDT 段内安装有 Shchelkin 螺旋。涡轮增压器由单级离心压气机和单级向心涡轮组成,增压器的设计流量为 0.7 kg/s,此时压气机增压比为 2.06、转速为 55 000 r/min。涡轮出口连接的收敛喷管长 200 mm,其进出口内径分别为 120 mm、80 mm。

试验器各位置处安装有压力传感器,图 5.55 中 P_{t1} 用于测量压气机出口总压, P_2 和 P_3 分别位于进气段气动机械阀上下游,用于评估增压燃烧引起的压力反传特性及阀门的工作特性。两根 PDC 末端相同轴向位置都安装有两个间距 150 mm 的压力传感器(图 5.55 中 P_4 和 P_5),其中 P_4 距离点火位置 1 050 mm。图 5.55(b) 中的 "R" 位置安装有电涡流位移传感器用于测量转速。在整个试验器的重心位置安装有旋转轴,该旋转轴与如图 5.55(a)中的轴承支架相连,当燃烧产物由喷管排出产生推力时,试验器将围绕旋转轴旋转。涡轮增压器的压气机外机匣安装有四根传力杆,传力杆将通过轴套与推力传感器相连。

2. 脉冲爆震涡喷发动机试验器工作特性

当脉冲爆震涡喷发动机试验器工作在自吸气模式下时,只能通过调节燃油流量、点火频率及双管 PDC 点火相位差改变发动机的工作状态。由于双管 PDC 在几何上不是完全对称,总供给燃油流量在两个爆震室内的分配并不相等,其间差异在 5% 以内。试验采用汽油为燃料,表 5.7 给出了所有试验工况下总燃油流量 m_{fuel} 及平均当量比 Φ(汽油密度 0.725 g/ml,恰当油气比 0.066),可以看到,试验在更低的工作频率下采用更富油的燃油供给方案,以实现试验器稳定工作。试验研究了两种点火策略,同步点火对应两管 PDC 间的点火相位差为 0°,异步点火对应两管 PDC 间的点火相位差为 180°。

表 5.7　总燃油流量 m_{fuel} 及平均当量比 Φ

工作频率	同 步 点 火		异 步 点 火	
	m_{fuel}/mL	Φ	m_{fuel}/mL	Φ
10	14.6	1.17	15.2	1.15
12	15	1.13	15.3	1.13

续　表

工作频率	同 步 点 火		异 步 点 火	
	m_{fuel}/mL	Φ	m_{fuel}/mL	Φ
14	15.8	1.11	15.6	1.12
16	16.3	1.04	16.1	1.08
18	16.9	1.03	16.8	1.09
20	17.4	0.99	17.5	1.05

1) 爆震室内的压力变化

当试验器采用同步点火、工作频率为 10 Hz 时,图 5.56(a)给出了此时两根爆震管内(对应 PDC - 1 和 PDC - 2)内 $P_3 \sim P_5$ 位置处的压力变化曲线。从 PDC - 1 内的压力曲线可以看到:尽管 P_{4-1} 和 P_{5-1} 位置处的压力峰值存在振荡,但都远高于理论 CJ 压力(1.95 MPa);相对比地,PDC - 2 内 P_{4-2} 和 P_{5-2} 位置处压力峰值偏低,P_{5-2} 位置处压力峰值在 1.9 MPa(相对压力)附近。两管爆震室间压力峰值的差异主要是由两根爆震管内流动的非对称性引起的当量比差异导致。图 5.56(a)也给出了爆震室头部压力(P_{3-1} 和 P_{3-2})曲线,头部压力峰值约在 0.6 MPa 附近,但 P_{3-2} 位置处的平均峰值压力略低于 P_{3-1} 位置处。

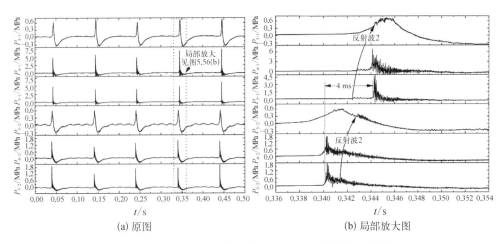

(a) 原图　(b) 局部放大图

图 5.56　10 Hz 同步点火策略下 $P_3 \sim P_5$ 位置压力曲线

图 5.56(b)给出了对应图 5.56(a)第四个工作循环的压力曲线放大图。从图中可以看到:尽管两爆震室的点火相位相同,但爆震室内的点火触发及爆震波形成存在相位差;PDC - 2 内压力波传播到 P_5 位置的时刻比 PDC - 1 内要早 4 ms。由于双管爆震室下游通过 V 形转接段与涡轮相连,因此 PDC - 2 内传播的压力波

将在爆震室下游反射,反射压缩波将沿着两根爆震管向上游传播,进而引起 $P_5 \sim P_3$ 位置压力的扰动,如图 5.56(b)中的"反射波 2"。由于此时 PDC-2 工作循环处于排气阶段,而 PDC-1 处于填充阶段,传播速度为 405 m/s 的反射压缩波将压缩并滞止 PDC-1 内的反应物,进而引起爆震波由 P_{4-1} 传播到 P_{5-1} 位置时压力峰值的衰减。压力波由 P_{4-1} 位置传播到 P_{5-1} 位置的平均传播速度为 1 071 m/s,而 P_{4-2} 和 P_{5-2} 间压力波传播速度为 967 m/s(气相 CJ 速度 1 824 m/s)。大量试验数据表明,爆震波在障碍物管内和两相气液系统内传播时将存在较大的速度亏损(高达 50%),考虑到图 5.56 中压力峰值都高于 CJ 压力,可以认为爆震室内传播的燃烧波为低速爆震或准爆震。

当试验器采用异步 10 Hz 点火策略时,图 5.57 给出爆震室内各位置处的压力曲线。P_{4-1} 和 P_{5-1} 位置处的压力峰值仍高于 CJ 压力,P_3 位置平均压力峰值在 0.6 MPa 附近。由图 5.57(b)第三个工作循环的局部压力曲线放大图可以看到,P_{4-1} 与 P_{5-1} 之间压力波的平均传播速度为 909 m/s,相比图 5.56(b),P_{4-2} 和 P_{5-2} 位置处压力曲线的上升沿要平缓一些。

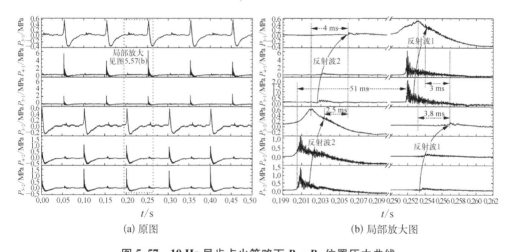

(a) 原图　　　　　　　　　　　(b) 局部放大图

图 5.57　10 Hz 异步点火策略下 $P_3 \sim P_5$ 位置压力曲线

由于采用异步点火方式,两个爆震室的工作循环将交替地处于排气和填充阶段,任何一个爆震室产生的向下游传播的压力波都将在爆震室出口下游发生反射,反射压缩波将沿着两个爆震管向上游传播,分别对应图 5.57(b)中的反射波 1 和反射波 2。反射压缩波与 PDC 内填充气流流动方向相反,进而影响 PDC 填充过程。处于排气阶段的 PDC 排出的高压燃烧产物也有充足的时间返流入另一个处于填充阶段的 PDC 内。这些因素导致 P_4 和 P_5 位置处的压力峰值低于图 5.56 同步点火工况。PDC-2 引起的反射压缩波 2 传播到 P_{3-1} 和 P_{3-2} 位置的时差为 2.5 ms,而 PDC-1 引起的反射压缩波 1 传播到 P_{3-1} 和 P_{3-2} 位置的时差为 3 ms,这意味着反射压缩波在两个 PDC 内燃烧产物中的传播速度不同,两个 PDC 内流动的非对称性导致产物物性及流动参数的差异。

随着试验器点火频率的升高,爆震室内各位置处的压力峰值平均值将降低,图 5.58 给出了试验器在工作频率 20 Hz 下 $P_3 \sim P_5$ 位置处的压力曲线。由图 5.58(a) 同步点火策略下压力曲线可以看到,P_{4-1} 位置处的压力峰值仍高于 CJ 压力,而 P_{5-1} 位置处压力峰值略低于 CJ 压力。相对比地,异步点火策略下 P_{4-2} 和 P_{5-2} 位置处压力峰值更低,同时存在明显的压力峰值脉动,如图 5.58(b) 所示。如前面提到的,对于当前脉冲爆震涡喷发动机试验器,异步点火下,处于排气过程的 PDC 与处于填充过程的 PDC 存在气动耦合,这种耦合效应将随着工作频率的提升而变强,进而使得试验器的稳定工作范围变窄,当试验器工作点位于稳定工况范围之外时,PDC 内爆震的触发有时无法由原点火源实现。

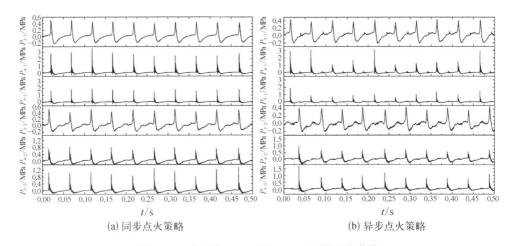

(a) 同步点火策略　　　　　　　　　　(b) 异步点火策略

图 5.58　试验器 20 Hz 下 $P_3 \sim P_5$ 位置压力曲线

2) 部件特性

由前述 PDC 内压力曲线可以看到,爆震增压燃烧将在爆震室头部(P_3 位置)形成峰值最高达 0.6 MPa 的反传压力脉冲,对此,PDC 头部设有气动机械阀门以抑制压力脉冲对上游压气机的影响,阀门上下游的压差控制着阀门的开关。图 5.59(a) 给出了 PDC 在 10 Hz 同步点火策略下阀门上游 P_{2-1} 位置处的压力变化曲线,可以看到,反传压力通过阀门后,反传压力峰值由 P_{3-1} 位置处的 0.6 MPa[图 5.56(a) 和图 5.57(a)]衰减为 0.03 MPa。反传压力波将继续向上游传播,进而引起压气机出口 P_{t1} 位置总压的脉动。压力波进一步前传将在 P_{t1} 位置上游某处发生反射,这引起 P_{t1} 位置出现二次压力脉冲,如图 5.59(a) 中"反射波 3"。相比同步点火策略,采用异步点火策略带来的主要影响有两点:第一,同步点火策略下 P_{2-1} 位置的压力脉冲频率与点火频率相同,而异步点火策略下 P_{2-1} 位置压力脉冲频率为点火频率的两倍,这是因为异步点火策略下,PDC - 2 内爆震燃烧引起的压力反传将通过两根 PDC 上游的 V 形连接段传播到 P_{2-1} 位置;第二,同步点火策略下压力反传仅引起 P_{t1} 位置出现一个压力峰值,而异步点火策略下出现两个压力尖峰,第一个尖峰由其中一个 PDC 爆震增压燃烧引起的压力回传引起,另一个尖峰由图 5.57(b)中另一个 PDC 中的"反射波 2"引起,尽管反射压力波强度弱,但另一个 PDC 的头部阀门处于开启状态(填充阶段),因此反射压力波顺利通过了阀门引起了更高的压力尖峰,即图 5.59(a)中的"尖峰 2"。随着点火频率的增加,P_2 位置压力脉动幅值衰减,P_{t1} 位置总压基线抬升。

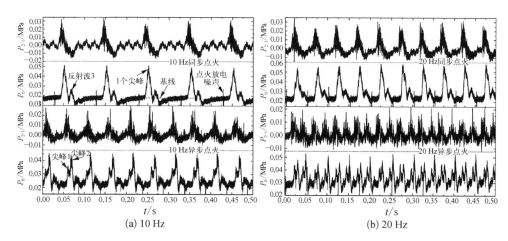

图 5.59　不同工作频率下试验器压气机出口 P_{t1} 和 PDC 进气阀上游位置 P_{2-1} 压力曲线

对于涡轮发动机,压气机增压比 π_c 是一个非常重要的发动机工作参数,然而当压气机上下游存在强烈压力脉动时,如何定义等效增压比仍是一个需要研究的问题。这里根据压气机出口 P_{t1} 位置压力曲线的特点给出了三种增压比定义:第一种为基线增压比 π_{c_BL},定义为 P_{t1} 位置压力曲线基线总压平均值与环境压力之比;第二种为平均增压比 π_{c_Avg},定义为 P_{t1} 位置时均总压与环境压力之比;第三种为峰值增压比 π_{c_peak},定义为 P_{t1} 位置压力峰值平均总压与环境压力之比,过高的 π_{c_peak} 将导致压气机进入瞬时喘振状态。

图 5.60 给出了脉冲爆震涡喷发动机试验器不同工况下压气机工作特性。从图 5.60(a)可以看到,当压气机空气流量 m_{air} 相同时,异步点火策略下的 π_{c_peak} 低于同步点火策略情况,考虑到异步点火策略下 P_{t1} 压力峰值的形成机制[图 5.59(a)中的"尖峰 2"],当进一步优化两爆震室下游结构实现对 PDC 出口反射压力波的有效抑制,可以进一步降低 π_{c_peak}。随着发动机工作频率的增加,压气机的流量及 π_{c_Avg}、π_{c_BL} 逐渐增加,同时采用异步点火策略可以获得更高的 π_{c_Avg}、π_{c_BL}。

图 5.60(b)给出了脉冲爆震涡喷发动机试验器不同压气机空气流量下的转子

相对转速(实际转速以 55 000 r/min 进行无量纲化)。从图中可以看到:随着工作频率的增加,相对转速也在增加;当工作频率为 10 Hz 或 12 Hz 时,异步点火策略下压气机空气流量高于同步点火策略工况;当工作频率进一步升高,同步点火策略下的空气流量变大。当 m_{air} 小于 0.155 kg/s 时,两种点火策略下相对转速随 m_{air} 变化的趋势相同;当 m_{air} 增加后,两者间的差异变大。综合图 5.60(a)、(b)可以看到,同步点火策略下压气机具有更高的增压比(π_{c_Avg} 和 π_{c_BL})和相对转速,但空气流量较低,脉冲爆震涡喷发动机试验器的压气机增压比与转速和流量间的变化趋势与传统涡轮发动机压气机工作特性是相似的。

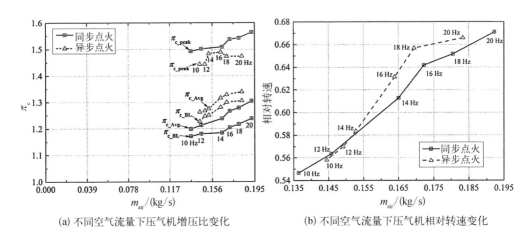

(a) 不同空气流量下压气机增压比变化　　　(b) 不同空气流量下压气机相对转速变化

图 5.60　不同工况下压气机工作特性

3. 脉冲爆震涡喷发动机试验器推进特性

图 5.61 给出了试验器在 10 Hz 和 20 Hz 下的瞬时推力曲线,可以看到,脉冲爆震涡喷发动机在低频工作下产生了脉冲推力。当点火频率为 10 Hz 时,每一个推力脉冲与爆震室内爆震触发频率相一致。尽管同步点火策略下每一个推力脉冲的脉宽要高于异步点火策略工况,但两种策略下推力瞬时峰值是相当的。随着工作频率的增加,推力曲线峰值将降低,但推力曲线的基线在抬升。当工作频率提升到 20 Hz 时,同步点火策略下各个推力脉冲间是相互独立的,但异步点火策略各推力脉冲间出现交融,这表明,提升爆震室工作频率并使用异步点火策略,脉冲爆震涡喷发动机可以获得变化较平缓的瞬时推力。

图 5.61 也给出了试验器在不同工况下产生的平均推力,可以看到,发动机平均推力随着工作频率的增加而增加,同样点火频率下,发动机采用同步点火策略可以获得更高的平均推力。图 5.62 给出了发动机各工况下的单位推力 F_s 和单位燃料消耗率 sfc,可以看到,随着工作频率和 m_{air} 的增加,F_s 增加而 sfc 降低,这表明工作频率的提高可以提升发动机的推进性能。发动机推进性能的提升,一方面与压

气机增压比的升高有关,另一方面,发动机在更高工作频率下当量比越低(表 5.7),这对获得更低的 sfc 是有利的。根据不同工作频率下 PDC 在 P_4 和 P_5 位置压力变化可知,随着工作频率的提升,PDC 内填充状态由过填充逐渐转变部分填充,这对提升发动机推进性能也是有利的。

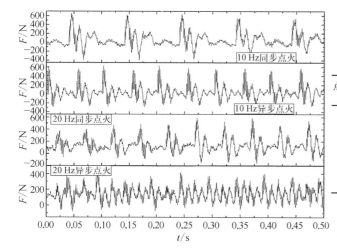

试验器不同工况下的平均推力(误差: ±7%)

点火频率 /Hz	同步点火 平均推力/N	异步点火 平均推力/N
10	55.1	47.4
12	77.7	66.7
14	93.3	72.5
16	110.6	103.3
18	131.2	115.0
20	144.8	134.4

图 5.61　10 Hz 和 20 Hz 同步/异步点火策略下试验器瞬时推力曲线及平均推力

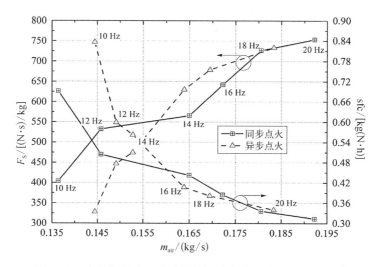

图 5.62　自吸气模式下脉冲爆震涡喷发动机试验器推进特性

由图 5.62 也可以看到,当工作频率或 m_{air} 较低时,不同点火策略下发动机推进性能的差异较大,这主要是因为 10 Hz 工作频率下,爆震室采用异步点火策略时,PDC 尾部平均爆震压力低于采用同步点火策略情况,进而使得发动机在同步点火策略下具有更高的推进性能。在所有工况下,试验器获得的最大 F_s 为 753(N·s)/kg,此时压气机平均增压比 π_{c_Avg} 为 1.3,若认为此时反应物当量比为 1,基于公式(1.87)和公式(1.88)可以计算出理想爆震循环下发动机的 F_s 为 1 490(N·s)/kg,其为试验测量值的两倍。一方面低增压比下非定常排气会带来最高 20% 的推进性能损失[59];另一方面,非定常排气引起的欠膨胀或过膨胀过程、爆震室内爆燃向爆震转变燃烧模式、爆震室内流阻损失及部件效率都会带来额外的推进性能损失。基于公式(1.84)和公式(1.88)也可以计算出同样压气机增压比下传统涡喷发动机的理论推进性能,其理论单位推力为 590(N·s)/kg,通过采用爆震主燃烧室,脉冲爆震涡喷发动机试验器可以获得 27% 单位推力增益。当脉冲爆震涡喷发动机试验器采用引射喷管后,单位推力增益将达到 77%[160]。

5.5 小 结

本章论述了各种脉冲爆震发动机推进方案的研究发展现状,并对各种推进方案论述了总体性能分析方法及各种因素对发动机推进性能的影响。尽管脉冲爆震发动机的研究在过去的几十年里获得了众多的突破与进展,但是要使脉冲爆震发动机真正在实际中得到应用,还有许多关键技术需要突破和解决。

1) 脉冲爆震燃烧室相关关键技术

脉冲爆震室是脉冲爆震发动机的核心,其涉及的关键技术有:① 燃料的喷射、雾化及其混合;② 稳定、可靠及短距的点火起爆技术;③ 阀门技术;④ 爆震过程的精确控制;⑤ 爆震室结构设计技术。

2) 进气道和尾喷管的设计

脉冲爆震发动机的进气道对减少推力损失非常重要,也是最困难的研究领域之一。进气道研究的重点是反压的振荡及其对进气道工作的影响。如果多个爆震管共用一个进气道,需要了解气流从一个关闭的爆震管泄漏到邻近爆震管所带来的影响,同时要研究进气与爆震过程的干涉现象。脉冲爆震发动机的喷管以非稳态的模式工作,需要设计一种适合多方向爆震波传播的喷管形状,对于多个爆震管共用一个喷管的情况,需要研究其与爆震过程的干涉作用。

3) 脉冲爆震燃烧室与风扇/压气机、涡轮匹配技术

传统涡轮发动机风扇/压气机下游的气流是近似定常流,而脉冲爆震燃烧室是非定常工作的,其必然会产生向上游传播的扰动、压缩波甚至强激波,这进而会影响上游风扇/压气机的工作特性,随之又反过来影响脉冲爆震燃烧室,因此脉冲爆震燃烧室与风扇/压气机匹配技术的核心是回传压力波的有效隔离。而在脉冲爆震燃烧室与涡轮匹配技术方面,目前沿用传统涡轮,而传统涡轮是针对定常来流进行设计的,针对非定常来流的涡轮设计仍有很多工作需开展。进一步,还需要突破压气机-脉冲爆震室-涡轮三部匹配技术及控制规律。

4）其他关键技术

由于 PDE 的非稳态工作特性，PDE 的试验技术与传统发动机不同，需要建立和发展全新的试验与诊断技术。脉冲爆震室内部受到随时间、位置变化的内部气流压力、温度的作用，既有热疲劳问题，也有循环、移动冲击载荷作用下的结构强度与疲劳问题，这涉及爆震管的热固耦合结构疲劳强度分析方法。脉冲爆震发动机的振动和噪声问题是由其工作特性所决定的。高强度循环脉冲爆震波会对发动机主体产生很大的冲击力，引起发动机结构振动，另外，高温、高压燃烧产物从喷口高速排出会产生巨大的噪声，减弱这些影响需要涉及减振、降噪技术。

参考文献

[1]　HOFFMANN N. Reaction propulsion by intermittent detonation combustion[R]. Ministry of Supply, 1940.

[2]　NICHOLLS J A, WILKINSON H R, MORRISON R B. Intermittent detonation as a thrust-producing mechanism[J]. Jet Propulsion, 1957, 27(5): 534 – 541.

[3]　DUNLAP R, BREHM R L, NICHOLLS J A. A preliminary study of the application of steady state detonative combustion to a reaction engine[J]. Jet Propulsion, 1958, 28(7): 451 – 456.

[4]　KRZYCKI L J. Performance characteristics of an intermittent-detonation device[R]. U. S. Naval Weapons Rept. 7655, 1962.

[5]　HELMAN D, SHREEVE R P, EIDELMAN S. Detonation pulse engine[R]. AIAA 1986 – 1683, 1986.

[6]　ROY G D, FROLOV S M, BORISOV A A, et al. Pulse detonation propulsion: Challenges, current status, and future perspective[J]. Progress in Energy and Combustion Science, 2004, 30(6): 545 – 672.

[7]　SCRAGG R L. Detonation cycle gas turbine engine system having intermittent fuel and air delivery[P]. United States Patent, US006000214A, 1997.

[8]　HOKE J, BRADLEY R, STUTRUD J, et al. Integration of a pulsed detonation engine with an ejector pump and with a turbo-charger as methods to self-aspirate[R]. AIAA 2002 – 0615, 2002.

[9]　ANDRUS I Q, KING P I. Evaluation of a high bypass turbofan hybrid utilizing a pulsed detonation combustor[R]. AIAA 2007 – 5074, 2007.

[10]　PAXSON D E, DOUGHERTY K. Operability of an ejector enhanced pulse combustor in a gas turbine environment[R]. AIAA 2008 – 119, 2008.

[11]　RASHEED A, FURMAN A H, DEAN A J. Experimental investigations of the performance of a multitube pulse detonation turbine system[J]. Journal of Propulsion and Power, 2011, 27(3): 586 – 596.

[12]　ROUSER K P, KING P I, SCHAUER F R, et al. Time-resolved flow properties in a turbine driven by pulsed detonations[J]. Journal of Propulsion and Power, 2014, 30(6): 1528 – 1536.

［13］ LU J, Zheng L, Qiu H, et al. Performance investigation of a pulse detonation turbine engine ［J］. Proceedings of the Institution of Mechanical Engineers Part G-Journal of Aerospace Engineering, 2016, 230(2): 350-359.

［14］ ANAND V, GEORGE A S, KNIGHT E, et al. Investigation of pulse detonation combustors-axial turbine system［J］. Aerospace Science and Technology, 2019, 93: 105350.

［15］ BROPHY C, NETZER D. Effects of ignition characteristics and geometry on the performance of a JP-10/O$_2$ fueled pulse detonation engine［R］. AIAA 99-2635, 1999.

［16］ KASAHARA J, HIRANO M, MATSUO A, et al. Flight experiments regarding ethylene-oxygen single-tube pulse detonation rockets［R］. AIAA 2004-3918, 2004.

［17］ KASAHARA J, HASEGAWA A, NEMOTO T, et al. Thrust demonstration of a pulse detonation rocket "TODOROKI"［R］. AIAA 2007-5007, 2007.

［18］ KASAHARA J, HASEGAWA A, NEMOTO T, et al. Performance validation of a single-tube pulse detonation rocket system［J］. Journal of Propulsion and Power, 2009, 25(1): 173-180.

［19］ KASAHARA J, HIRANO M, MATSUO A, et al. Thrust measurement of a multicycle partially filled pulse detonation rocket engine［J］. Journal of Propulsion and Power, 2009, 25(6): 1281-1290.

［20］ 严传俊,何立明,范玮,等. 脉冲爆震发动机的研究与发展［J］. 航空动力学报,2001, 16(3): 212-217.

［21］ 严传俊,范玮,黄希桥,等. 新概念脉冲爆震发动机的探索性研究［J］. 自然科学进展, 2002,12(10): 15-19.

［22］ 李强,张群,范玮,等. 脉冲爆震火箭发动机的原理性试验［J］. 推进技术,2004,25(5): 450-453.

［23］ 李强,范玮,严传俊,等. 脉冲爆震火箭发动机模型实验研究［J］. 西北工业大学学报, 2005,23(5): 8-11.

［24］ LI J L, FAN W, CHEN W, et al. Propulsive performance of a liquid kerosene/oxygen pulse detonation rocket engine［J］. Experimental Thermal & Fluid Science, 2011, 35(1): 265-271.

［25］ WANG Y Q, FAN W, YAN C J, et al. Experimental investigation on a two-phase pulse detonation rocket engine with solenoid valves［R］. AIAA 2009-296, 2009.

［26］ WOLANSKI P. Detonative propulsion［J］. Proceedings of the Combustion Institute, 2013, 34(1): 125-158.

［27］ 范玮,鲁唯,王可. 脉冲爆震火箭发动机应用基础问题研究进展［J］. 实验流体力学,2019, 33(1): 1-13.

［28］ BRATKOVICH T, AARNIO M, WILLIAMS J, et al. An introduction to pulse detonation rocket engines (PDREs)［R］. AIAA 1997-2742, 1997.

［29］ MERCURIO N, PAL S, WOODWARD R, et al. Experimental studies of the unsteady ejector mode of a pulse detonation rocket-based combined cycle engine［R］. AIAA 2010-6882, 2010.

［30］ 王可,范玮,严宇,等. 双管脉冲爆震火箭发动机实验研究［J］. 推进技术,2012,33(1): 116-120.

[31] MUELLER D, BRATKOVICH T, LUPKES K. Recent ASI progress in pulse detonation rocket engine hardware development[R]. AIAA 1999 - 2886, 1999.

[32] MATSUOKA K, YAGETA J, NAKAMICHI T, et al. Inflow-driven valve system for pulse detonation engines[J]. Journal of Propulsion and Power, 2011, 27(3): 597 - 607.

[33] BUSSING T R A. A rotary valved multiple pulse detonation engine[R]. AIAA 1995 - 2577, 1995.

[34] BUSSING T R A, BRATKOVICH T E, HINKEY J B. Practical implementation of pulse detonations engines[R]. AIAA 1997 - 2748, 1997.

[35] WANG K, FAN W, YAN Y, et al. Operation of a rotary-valved pulse detonation rocket engine utilizing liquid-kerosene and oxygen[J]. Chinese Journal of Aeronautics, 2011, 24(6): 726 - 733.

[36] 陈帆, 范玮, 王可, 等. 基于旋转阀的脉冲爆震火箭发动机实验[J]. 推进技术, 2013, 34(6): 860 - 864.

[37] MATSUOKA K, ESUMI M, IKEGUCHI K B, et al. Optical and thrust measurement of a pulse detonation combustor with a coaxial rotary valve[J]. Combustion and Flame, 2012, 159(3): 1321 - 1338.

[38] MATSUOKA K, TAKAGI S, KASAHARA J, et al. Study on a rotary-valved four-cylinder pulse detonation rocket: Six degree-of-freedom flight measurement[R]. AIAA 2014 - 1319, 2014.

[39] MATSUOKA K, MOROZUMI T, TAKAGI S, et al. Flight validation of a rotary-valved four-cylinder pulse detonation rocket[J]. Journal of Propulsion and Power, 2016, 32(2): 383 - 391.

[40] WANG K, FAN W, LU W, et al. One method to increase the operating frequency of pulse detonation rocket engines[J]. Journal of Propulsion and Power, 2014, 30(2): 518 - 522.

[41] MATSUOKA K, MUKAI T, ENDO T. Development of a liquid-purge method for high-frequency operation of pulse detonation combustor[J]. Combustion Science and Technology, 2015, 187(5): 747 - 764.

[42] MATSUOKA K, MUTO K, KASAHARA J, et al. Development of high-frequency pulse detonation combustor without purging material[J]. Journal of Propulsion and Power, 2017, 33(1): 43 - 50.

[43] MATSUOKA K, TAKI H, KAWASAKI A, et al. Semi-valveless pulse detonation cycle at a kilohertz-scale operating frequency[J]. Combustion and Flame, 2019, 205: 434 - 440.

[44] MATSUOKA K, TAKAGI S, KASAHARA J, et al. Validation of pulse-detonation operation in low-ambient-pressure environment[J]. Journal of Propulsion and Power, 2018, 34(1): 116 - 124.

[45] ENDO T, OBAYASHI R, TAJIRI T, et al. Thermal spray using a high-frequency pulse detonation combustor operated in the liquid-purge[J]. Journal of Thermal Spray Technology, 2016, 25(3): 494 - 508.

[46] WANG K, FAN W, LU W, et al. Propulsive performance of a pulse detonation rocket engine without the purge process[J]. Energy, 2015, 79: 228 - 234.

[47] 李建玲, 范玮, 熊姹, 等. 两相脉冲爆震火箭发动机性能实验[J]. 实验流体力学, 2011,

25(1)：17-22.

［48］ MATSUOKA K, SAKAMOTO R, MOROZUMI T, et al. Thrust performance of rotary-valved four-cylinder pulse detonation rocket engine［J］. Transactions of the Japan Society for Aeronautical and Space Sciences, 2015, 58(4)：193-203.

［49］ 鲁唯,范玮,王可,等.无阀式煤油脉冲爆震火箭发动机工作循环特性研究［J］.推进技术, 2018,39(5)：971-978.

［50］ 中国航天工业总公司《世界导弹与航天发动机大全》编辑委员会.世界导弹与航天发动机大全［M］.北京：军事科学出版社,1999.

［51］ WINTENBERGER E, AUSTIN J M, COOPER M, et al. Analytical model for the impulse of single-cycle pulse detonation tube［J］. Journal of Propulsion and Power, 2003, 19(1)：22-38.

［52］ ENDO T, KASAHARA J, MATSUO A, et al. Pressure history at the thrust wall of a simplified pulse detonation engine［J］. AIAA Journal, 2004, 42(9)：1921-1930.

［53］ COOPER M, JACKSON S, AUSTIN J, et al. Direct experimental impulse measurements for detonations and deflagrations［J］. Journal of Propulsion and Power, 2002, 18(5)：1033-1041.

［54］ LI C, KAILASANATH K. Partial fuel filling in pulse detonation engines［J］. Journal of Propulsion and Power, 2003, 19(5)：908-916.

［55］ COOPER M, SHEPHERD J E, SCHAUER F. Impulse correlation for partially filled detonation tubes［J］. Journal of Propulsion and Power, 2004, 20(5)：947-950.

［56］ SATO S, MATSUO A, ENDO T, et al. Numerical studies on specific impulse of partially filled pulse detonation rocket engines［J］. Journal of Propulsion and Power, 2006, 22(1)：64-69.

［57］ ENDO T, YATSUFUSA T, TAKI S, et al. Homogeneous-dilution model of partially fueled simplified pulse detonation engines［J］. Journal of Propulsion and Power, 2007, 23(5)：1033-1041.

［58］ KAWANE K, SHIMADA S, KASAHARA J, et al. The influence of heat transfer and friction on the impulse of a detonation tube［J］. Combustion and Flame, 2011, 158(10)：2023-2036.

［59］ QIU H, XIONG C, FAN W. One-dimensional unsteady design method for pulsed detonation engine nozzles［J］. Proceedings of the Institution of Mechanical Engineers Part G-Journal of Aerospace Engineering, 2014, 228(13)：2496-2507.

［60］ TALLEY D, COY E B. Constant volume limit of pulsed propulsion for a constant gamma ideal gas［J］. Journal of Propulsion and Power, 2002, 18(2)：400-406.

［61］ LI J L, FAN W, WANG Y Q, et al. Performance analysis of the pulse detonation rocket engine based on constant volume cycle model［J］. Applied Thermal Engineering, 2010, 30：1496-1504.

［62］ PEGG R, COUCH B, HUNTER L. Pulse detonation engine air induction system analysis［R］. AIAA 1996-2918, 1996.

［63］ BUSSING T R A. Rotary valve multiple combustor pulse detonation engine［P］. United States Patent, US005513489, 1996.

［64］ HINKEY J, WILLIAMS J, HENDERSON S, et al. Rotary-valved, multiple-cycle, pulse detonation engine experimental demonstration［R］. AIAA 1997-2746, 1997.

[65] HINKEY J, HENDERSON S, BUSSING T. Operation of a flight-scale rotary-valved, multiple-combustor, pulse detonation engine[R]. AIAA 1998 - 3881, 1998.

[66] BUSSING T R A, LIDSTONE G, CHRISTOFFERSON E, et al. Pulse detonation propulsion proof of concept test article development[R]. AIAA 2002 - 3633, 2002.

[67] ANDERSON S, TONOUCHI J, LIDSTONE G, et al. Performance trends for a product scale pulse detonation engine[R]. AIAA 2004 - 3402, 2004.

[68] BROPHY C M, NETZER D, SINIBALDI J, et al. Operation of a JP10/air pulse detonation engine[R]. AIAA 2000 - 3591, 2000.

[69] BROPHY C M, HANSON R K. Fuel distribution effects on pulse detonation engine operation and performance[J]. Journal of Propulsion and Power, 2006, 22(6): 1155 - 1161.

[70] NABITY J, BALDUCCI G, DAILY J. Electrostatically actuated fuel atomizer design for the pulse detonation engine[R]. AIAA 2003 - 4821, 2003.

[71] BROPHY C M, SINIBALDI J, DAMPHOUSSE P. Initiator performance for liquid-fueled pulse detonation engines[R]. AIAA 2002 - 0472, 2002.

[72] MA F H, CHOI J Y, YANG V. Internal flow dynamics in a valveless airbreathing pulse detonation engine[J]. Journal of Propulsion and Power, 2008, 24(3): 479 - 490.

[73] FALEMPIN F, BOUCHAUD D, DANIAU E. Pulsed detonation engine — Towards a tactical missile application[R]. AIAA 2000 - 3473, 2000.

[74] FALEMPIN F, NAOUR B L. R&T effort on pulsed and continuous detonation wave engines [R]. AIAA 2009 - 7284, 2009.

[75] ALBAN P A, PITON D, SERRE L, et al. Performance of a valveless air breathing pulse detonation engine[R]. AIAA 2004 - 3749, 2004.

[76] COOPER M, SHEPHERD J E. Effect of porous thrust surfaces on detonation transition and detonation tube impulse[J]. Journal of Propulsion and Power, 2004, 20(5): 811 - 819.

[77] DANIAU E, FALEMPIN F, ZHANG G, et al. Preliminary work for a pulsed detonation engine demonstrator[R]. AIAA 2006 - 7957, 2006.

[78] 李牧,严传俊,王治武,等.无阀两相脉冲爆震发动机循环过程实验分析[J].推进技术, 2007,28(1): 97 - 102.

[79] 王治武,严传俊,郑龙席,等.进气系统对无阀脉冲爆震发动机性能影响试验研究[J].实验流体力学,2011,25(2): 17 - 21.

[80] WANG Z W, WANG Y Q, PENG C X, et al. Experimental study of pressure back-propagation in a valveless air-breathing pulse detonation engine[J]. Applied Thermal Engineering, 2017, 110: 62 - 69.

[81] QIU H, XIONG C, YAN C J, et al. Effect of aerodynamic valve on backflow in pulsed detonation tube[J]. Aerospace Science and Technology, 2013, 25(1): 1 - 15.

[82] 王治武.吸气式脉冲爆震发动机试验研究[D].西安:西北工业大学,2007.

[83] 李牧.多循环爆震起爆研究[D].西安:西北工业大学,2007.

[84] 郑华雷,邱华,熊姹,等.带二次流增推喷管的脉冲爆震发动机推进性能分析[J].推进技术,2014,35(7): 1002 - 1008.

[85] 袁成,范玮,彭畅新,等.六管吸气式脉冲爆震发动机试验[J].航空动力学报,2011, 26(9): 1981 - 1985.

[86] 张群,范玮.多管吸气式两相脉冲爆震发动机实验[J].航空动力学报,2012,27(9):1935-1938.

[87] WANG Z W, LU J, HUANG J J, et al. Experimental investigation on the operating characteristics in a multi-tube two-phase valveless air-breathing pulse detonation engine[J]. Applied Thermal Engineering, 2014, 73(1): 23-31.

[88] 王治武,严传俊,郑龙席,等.预爆管起爆扇形爆震室试验研究[C].北京:第二届爆轰与爆震发动机研讨会,2011.

[89] QIU H, SU Z, XIONG C. Experimental investigation on multi-cycle two-phase spiral pulse detonation tube of two configurations [J]. Proceedings of the Institution of Mechanical EngineersPart G-Journal of Aerospace Engineering, 2019, 233(11): 4166-4175.

[90] 王凌羿,郑龙席,黄康,等.回流型脉冲爆震燃烧室工作特性分析[J].推进技术,2021,42(4):898-905.

[91] HUANG Y, TANG H, LI J, et al. Studies of DDT enhancement approaches for kerosene-fueled small-scale pulse detonation engines applications[J]. Shock Waves, 2012, 22(6): 615-625.

[92] 黄玥,唐豪,李建中,等.煤油/空气小尺寸脉冲爆震发动机实验研究[J].航空学报,2009,30(11):2015-2022.

[93] 李建中,王家骅.煤油/空气脉冲爆震发动机气动阀研究[J].南京航空航天大学学报,2008,40(3):279-283.

[94] 刘鸿.六管气动阀式两相脉冲爆震发动机试验研究[D].南京:南京航空航天大学,2010.

[95] 张义宁,王家骅,张靖周.频率30~50 Hz两相脉冲爆震发动机研究[J].航空学报,2006,27(6):993-997.

[96] 张义宁,王家骅,张靖周.多循环吸气式脉冲爆震发动机推力直接测量[J].推进技术,2006,27(5):459-462,468.

[97] 郑殿峰,杨义勇,王家骅.气动阀式脉冲爆震发动机推力因数[J].哈尔滨工业大学学报,2011,43(1):130-133.

[98] 何小明,李建中,王家骅,等.多循环脉冲爆震发动机推力测试试验[J].推进技术,2012,33(2):317-321.

[99] 黄玥.脉冲爆震发动机微小型化研究[D].南京:南京航空航天大学,2012.

[100] 马虎.簧片阀式脉冲爆震发动机研究[D].南京:南京理工大学,2015.

[101] FROLOV S M, AKSENOV V S, IVANOV V S, et al. Air-breathing pulsed detonation thrust module: Numerical simulations and firing tests[J]. Aerospace Science and Technology, 2019, 89: 275-287.

[102] MATTISON D W, BROPHY C M, SANDERS S T, et al. Pulse detonation engine characterization and control using tunable diode-laser sensors[J]. Journal of Propulsion and Power, 2003, 19(4): 568-572.

[103] HEISER W H, PRATT D T. Thermodynamic cycle analysis of pulse detonation engines[J]. Journal of Propulsion and Power, 2002, 18(1): 68-76.

[104] MA F H, CHOI J Y, YANG V. Propulsive performance of airbreathing pulse detonation engines[J]. Journal of Propulsion and Power, 2006, 22(6): 1188-1203.

[105] PAXSON D E. Performance evaluation method for ideal airbreathing pulse detonation engines

［J］. Journal of Propulsion and Power, 2004, 20(5): 945 - 950.

［106］ GOLDMEER J, TANGIRALA V, DEAN A. System-level performance estimation of a pulse detonation based hybrid engine［J］. Journal of Engineering for Gas Turbines and Power, 2008, 130(1): 011201.

［107］ WINTENBERGER E, SHEPHERD J E. Model for the performance of airbreathing pulse-detonation engines［J］. Journal of Propulsion and Power, 2006, 22(3): 593 - 603.

［108］ QIU H, XIONG C, LI J L. A theoretical and 1 - D numerical investigation on a valve/valveless air-breathing pulse detonation engine［J］. Chinese Journal of Aeronautics, 2021, 34(1): 68 - 78.

［109］ FIEVISOHN R T, YU K H. Steady-state analysis of rotating detonation engine flowfields with the method of characteristics［J］. Journal of Propulsion and Power, 2017, 33(1): 89 - 99.

［110］ SCHAUER F R. Hybrid piston-pulsed detonation engine ［P］. United States Patent, US006978616B1, 2005.

［111］ FRANKEY B, SCHAUER F, BRADLEY R, et al. Evaluation of a hybrid piston-pulsed detonation engine［R］. AIAA 2002 - 0474, 2002.

［112］ NORRIS G. Pulse power: Pulse detonation engine-powered flight demonstration marks milestone in Mojave［J］. Aviation Week & Space Technology, 2008, 168(7): 60.

［113］ JOHNSON J E, DUNBAR L W, BUTLER L. Combined cycle pulse detonation turbine engine ［P］. United States Patent, US6442930B1, 2002.

［114］ VENKATARAMANI K S, BUTLER L, BAILEY W A. Pulse detonation system for a gas turbine engine［P］. United States Patent, US6928804, 2005.

［115］ ORLANDO R J, VENKATARAMANI K S, LEE C P, et al. High thrust gas turbine engine with improved core system［P］. United States Patent, US7096674, 2004.

［116］ PETTERS D P, FELDER J L. Engine system performance of pulse detonation concepts using the NPSS program［R］. AIAA 2002 - 3910, 2002.

［117］ PAXSON D E, PERKINS H D. Thermal load considerations for detonative combustion-based gas turbine engines［R］. AIAA 2004 - 3396, 2004.

［118］ MA F H, LAVERTU T, TANGIRALA V. Limit cycle investigations of pulse detonation combustor for pulse detonation turbine engine［R］. AIAA 2010 - 6714, 2010.

［119］ SMITH C F, SNYDER P H, EMMERSON C W. Impact of the constant colume combustor on a cupersonic curbofan engine［R］. AIAA 2002 - 3916, 2002.

［120］ 蒋联友,严传俊,邓君香,等. 脉冲爆震与涡轮混合式发动机设计与性能计算［J］. 机械科学与技术,2008,27(9): 1151 - 1154.

［121］ 邓君香,严传俊,郑龙席,等. 装有脉冲爆震主燃烧室的燃气涡轮发动机热力性能计算［J］. 西北工业大学学报,2008,26(3): 362 - 367.

［122］ 何龙,郑龙席,邱华,等. 脉冲爆震涡轮发动机性能计算［J］. 推进技术,2012,33(5): 665 - 670.

［123］ 郑华雷,黄兴,郭青林,等. 带增压压气机的小型脉冲爆震涡轴发动机性能分析［J］. 推进技术,2021,42(4): 923 - 930.

［124］ ROUSER K, KING P, SCHAUER F, et al. Experimental performance evaluation of a turbine driven by pulsed detonations［R］. AIAA 2013 - 1212, 2013.

[125] ROUSER K, KING P, SCHAUER F, et al. Unsteady performance of a turbine driven by a pulse detonation engine[R]. AIAA 2010 - 1116, 2010.

[126] ROUSER K, KING P, SCHAUER F, et al. Parametric study of unsteady turbine performance driven by a pulse detonation combustor[R]. AIAA 2010 - 6536, 2010.

[127] ROUSER K P, KING P I, SCHAUER F R, et al. Time-resolved flow properties in a turbine driven by pulsed detonations[J]. Journal of Propulsion and Power, 2014, 30(6): 1528 - 1536.

[128] 郑龙席, 邓君香, 严传俊, 等. 混合式脉冲爆震发动机原理性试验系统设计、集成与调试 [J]. 实验流体力学, 2009, 23(1): 74 - 78.

[129] 邓君香, 郑龙席, 严传俊, 等. 脉冲爆震燃烧室与涡轮相互作用的试验[J]. 航空动力学 报, 2009, 24(2): 307 - 312.

[130] 李晓丰, 郑龙席, 邱华, 等. 脉冲爆震涡轮发动机原理性试验研究[J]. 实验流体力学, 2013, 27(6): 1 - 5.

[131] 李晓丰, 郑龙席, 邱华, 等. 两相脉冲爆震涡轮发动机原理性试验研究[J]. 航空动力学 报, 2013, 28(12): 2731 - 2736.

[132] QIU H, XIONG C, ZHENG L X. Experimental investigation of an air-breathing pulse detonation turbine prototype engine[J]. Applied Thermal Engineering, 2016, 104: 596 - 602.

[133] LI J M, LU F K, PANICKER P K, et al. System and method for power production using a hybrid helical detonation device[P]. United States Patent, US20090322102, 2009.

[134] PANICKER P K, LI J M, LU F K. Application of pulsed detonation engine for electric power generation[R]. AIAA 2007 - 1246, 2007.

[135] CALDWELL N, GLASER A, DIMICCO R, et al. Acoustic measurements of an integrated pulse detonation engine with gas turbine system[R]. AIAA 2005 - 413, 2005.

[136] GLASER A J, CALDWELL N, GUTMARK E. Performance of an axial flow turbine driven by multiple pulse detonation combustors[R]. AIAA 2007 - 1244, 2007.

[137] GLASER A J, CALDWELL N, GUTMARK E. Performance measurements of a pulse detonation combustor array integrated with an axial flow turbine[R]. AIAA 2006 - 1232, 2006.

[138] CALDWELL N, GLASER A, GUTMARK E. Acoustic interactions of a pulse detonation engine array with a gas turbine[R]. AIAA 2006 - 1233, 2006.

[139] MUNDAY D, GEORGE A S, DRISCOLL R, et al. The design and validation of a pulse detonation engine facility with and without axial turbine integration[R]. AIAA 2013 - 0275, 2013.

[140] GEORGE A S, DRISCOLL R, MUNDAY D, et al. Experimental investigation of axial turbine performance driven by steady and pulsating flows[R]. AIAA 2013 - 0276, 2013.

[141] ANAND V, GEORGE A S, KNIGHT E, et al. Investigation of pulse detonation combustors-axial turbine system[J]. Aerospace Science and Technology, 2019, 93: 105350.

[142] RASHEED A, FURMAN A, DEAN A J. Experimental investigations of an axial turbine driven by a multi-tube pulsed detonation combustor system[R]. AIAA 2005 - 4209, 2005.

[143] BAPTISTA M, RASHEED A, BADDING B. Mechanical response in a multi-tube pulsed detonation combustor-turbine hybrid system[R]. AIAA 2006 - 1234, 2006.

[144] RASHEED A, FURMAN A, DEAN A J. Wave attenuation and interactions in a pulsed detonation combustor-turbine hybrid system[R]. AIAA 2006－1235, 2006.

[145] RASHEED A, FURMAN A, DEAN A J. Wave interactions in a multi-tube pulsed detonation combustor-turbine hybrid system[R]. AIAA 2006－4447, 2006.

[146] TANGIRALA V E, RASHEED A, DEAN A J. Performance of a pulse detonation combustor-based hybrid engine[C]. Montreal：ASME Turbo Expo 2007：Power for Land, Sea, and Air, 2007.

[147] RASHEED A, FURMAN A H, DEAN A J. Pressure measurements and attenuation in a hybrid multitube pulse detonation turbine system[J]. Journal of Propulsion and Power, 2009, 25(1)：148－161.

[148] RASHEED A, FURMAN A H, DEAN A J. Experimental investigations of the performance of a multitube pulse detonation turbine system[J]. Journal of Propulsion and Power, 2011, 27(3)：586－596.

[149] MAWID M A, PARK T W. Towards replacement of turbofan engines afterburners with pulse detonation devices[R]. AIAA 2001－3470, 2001.

[150] MAWID M A, PARK T W, SEKAR B, et al. Turbofan engine thrust augmentation with pulse detonation afterburners[R]. AIAA 2002－4073, 2002.

[151] MAWID M A, PARK T W, SEKAR B, et al. Application of pulse detonation combustion to turbofan engines[J]. Journal of Engineering for Gas Turbines and Power-Transactions of the ASME, 2003, 125(1)：270－283.

[152] CHEN W J, FAN W, QIU H, et al. Thermodynamic performance analysis of turbofan engine with a pulse detonation duct heater[J]. Aerospace Science and Technology, 2012, 23(1)：206－212.

[153] 卢杰,郑龙席,王治武,等. 采用脉冲爆震外涵加力燃烧室的涡扇发动机性能研究[J]. 推进技术,2014,35(6)：858－864.

[154] LU J, ZHENG L X, WANG Z W, et al. Experimental investigation on interactions between a two-phase multi-tube pulse detonation combustor and a centrifugal compressor[J]. Applied Thermal Engineering, 2017, 113：426－434.

[155] MUNIPALLI R, SHANKAR V, WILSON D, et al. A pulsed detonation based multimode engine concept[R]. AIAA 2001－1786, 2001.

[156] WILSON D, LU F, KIM H, et al. Analysis of a pulsed normal detonation wave engine concept[R]. AIAA 2001－1784, 2001.

[157] 李牧,严传俊. 超声速气流中脉冲正爆震波起爆详细化学动力学数值模拟[J]. 工程热物理学报,2007,28(2)：339－342.

[158] LI J L, FAN W, QIU H, et al. Preliminary study of a pulse normal detonation wave engine [J]. Aerospace Science & Technology, 2010, 14(3)：161－167.

[159] QIU H, XIONG C, YAN C J, et al. Propulsive performance of ideal detonation turbine based combined cycle engine[J]. Journal of Engineering for Gas Turbines and Power-Transactions of the ASME, 2012, 134(8)：081201.

[160] 邱华,徐泽阳,郑龙席,等. 脉冲爆震涡轮发动机增推装置性能试验[J]. 航空学报,2016, 37(2)：522－532.

第 6 章
连续爆震发动机

连续爆震发动机(continuous detonation engine, CDE)是一种利用连续传播的爆震波所产生的高温、高压燃气来产生推力的动力装置,有时也称为旋转爆震发动机(rotating detonation engine, RDE)或连续旋转爆震发动机(continuous rotating detonation engine, CRDE),其核心就是以连续爆震燃烧组织方式替代现有传统发动机的近等压燃烧来实现发动机推进性能的增益。苏联 Voitsekhovskii[1] 在 1960 年提出了这种燃烧组织方式,并通过试验实现了爆震波的连续旋转传播。随后,美国 Adamson 和 Nicholls 等[2,3]从理论和试验角度,分析了将旋转爆震燃烧应用于火箭推进系统的可行性,形成了旋转爆震燃烧室(rotating detonation chamber, RDC)的概念。由于早期测量手段和数值计算能力的局限性,所以对旋转爆震的稳定机理并没有深入的了解,此后很长一段时间未见更多的有关旋转爆震的研究工作报道。直到 21 世纪初,越来越多的国家和研究机构开始研究旋转爆震燃烧室,如俄罗斯科学院西伯利亚分院流体力学研究所,波兰的华沙理工大学和航空研究所,法国的 MBDA 公司、国家科学院燃烧/爆震实验室,美国的空军实验室、普惠公司、海军研究实验室、GHKN 公司、Aerojet 公司,日本名古屋大学以及中国的大学和科研院所。研究工作由最初的以 RDC 替代传统冲压/火箭发动机燃烧室的基准型连续爆震发动机,逐渐拓展为以 RDC 替代传统涡轮发动机主燃烧室/加力燃烧室的连续爆震涡轮发动机(continuous detonation turbine engine, CDTE)。

6.1 连续爆震发动机工作原理

6.1.1 连续爆震燃烧室工作过程

当前的连续爆震发动机结构方案,就是以连续爆震燃烧室(continuous detonation chamber, CDC)替代现有常规发动机燃烧室后形成的新型动力装置,这两种类型发动机的最大差异是燃烧室工作原理及爆震室非定常工作与上下游部件间的耦合影响。因此,理解了 CDC 的工作过程,也就对连续爆震发动机的工作原理及涉及的关键技术有了进一步认识。

典型的连续爆震燃烧室形式如图 6.1 所示[4],包括:喷注式环形燃烧室(如图 6.1 中的 a 结构)、环缝进气型环形燃烧室(如图 6.1 中的 b 结构)、燃烧产物向外膨胀(如图 6.1 中的 c 结构)和向中心膨胀(如图 6.1 中的 d 结构)的平面径向盘式燃烧室以及圆柱形外燃烧室(如图 6.1 中的 e 结构)。当前最常见的形式是图 6.1 中的 a 和 b 燃烧室构型,分别对应的具体结构形式如图 6.2(a)、(b)所示[5]:对于自带氧化剂的 CDC,燃料和氧化剂同时从头部喷入并掺混,如图 6.2(a)所示;对于以环境中空气为氧化剂的情况,燃料从侧壁面喷入并与来流空气掺混,如图 6.2(b)所示,为达到最佳的混合效果,不同燃烧室可以采用不同的空气流路形式。

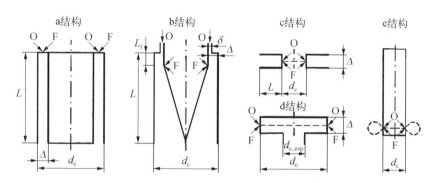

图 6.1 连续爆震燃烧室基本构型(O 代表氧化剂,F 代表燃料)[4]

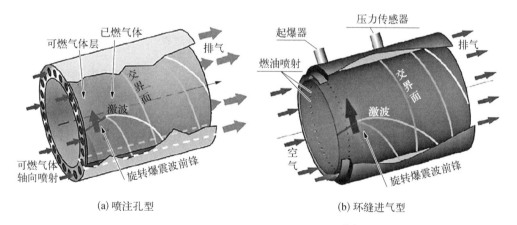

(a) 喷注孔型　　　　　　　　　　(b) 环缝进气型

图 6.2 常见的连续爆震燃烧室结构[5]

尽管当前 CDC 结构存在各种形式,但为实现爆震波在 CDC 内连续稳定传播,其燃烧组织过程是类似的。CDC 一般采用连续喷注进气形式,以图 6.2(a)中的 CDC 结构为例,若假设 CDC 头部直接喷射可爆混合物,当爆震室内仅存在一道稳定传播的爆震波时,将环形 CDC 展开成二维平面,可以得到如图 6.3 所示的 CDC

内某一时刻流场温度图(基于特征线理论获得)。

对于 CDC 进口截面,进口上下游的气流压差控制着反应物的供给与切断。连续周向旋转传播的爆震波将在 CDC 头部产生高压区,当 CDC 进口下游压力 p_w 高于反应物喷注总压 p_s 时,反应物喷注被气动阻塞(实际中燃烧产物往往会返流),形成进口截面的阻塞区。当 p_s 高于 p_w 时,反应物持续喷入 CDC 头部(实际中先流入返流的燃烧产物),形成进口截面的进气区。由于 CDC 内爆震波持续旋转传播,因此 CDC 进口截面的进气区和阻塞区也在旋转移动,对于 CDC 内部,也将存在周向旋转的反应物填充区及爆震波后的燃烧排气区。

对于 CDC 进口下游某一位置点 A(图 6.3),该位置将周期性的经历反应物填充过程、爆震燃烧过程、燃烧产物排气过程,这与图 5.1 给出的脉冲爆震燃烧室工作过程是相似的。相应地,可以引入 CDC 爆震频率 f_{CDC},定义为单位时间内经过位置点 A 的爆震波个数,其也反映了位置点 A 处工质循环频率或周期。

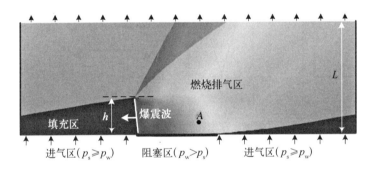

图 6.3   连续爆震燃烧室典型工作过程

对于实际 CDC,在不同反应物种类、当量比、质量流量、燃烧室结构、喷注方案、燃烧室出口边界条件等因素影响,CDC 内会出现单爆震波传播、同向多爆震波传播、多波对撞工作模式,以及包括爆震熄灭与重新起爆、低频压力振荡、轴向脉冲爆震等不稳定工作模式。对于理想的同向爆震波传播模式(包括单波及同向多波),CDC 爆震频率满足

$$f_{CDC} = n \cdot \frac{u_D}{\pi d} \tag{6.1}$$

其中,n 为某时刻 CDC 内爆震波头个数;u_D 为爆震波传播速度;d 为爆震波速测量位置处对应的圆周直径。

研究表明,提高反应物活性、增加反应物喷注流量、增加 CDC 出口背压以及缩小出口面积等方式都会促使多波头的出现。Bykovskii 等[4]指出,波头数 n 与爆震波头高度 h 有关,当 CDC 处于稳定工作模式时满足 $h_{cr} \leqslant h < 2h_{cr}$,其中 h_{cr} 为爆震波稳定传

播的临界高度(与胞格尺寸有关)。该关系表明,当调节 CDC 工作状态使得 $h \geqslant 2h_{\text{cr}}$ 时,新的爆震波头将会出现。Wolanski[5]给出了近似计算爆震波头数的公式,即

$$n = \frac{2Q_{\text{mix}}}{h_{\text{cr}}\Delta u_{\text{D}}} \qquad (6.2)$$

其中,Q_{mix} 为流入 CDC 内反应物的平均体积流量;Δ 为环道高度。

6.1.2　连续/脉冲爆震燃烧室工作特性对比

为实现将爆震燃烧模式应用于推进性系统,当前形成了两大主流的爆震燃烧室,即连续爆震燃烧室(CDC)和脉冲爆震燃烧室(PDC)。尽管从工质循环角度,工质在 CDC 和 PDC 内所经历的过程是相似的,都由填充、着火爆震燃烧及排出过程组成,但是两种爆震室在实现相应燃烧组织时存在显著差异,进而导致两种爆震室具有不同的工作特性,表 6.1 给出了优缺点对比。

表 6.1　连续/脉冲爆震室优缺点对比

特　征	PDC	CDC
DDT 装置	需要	不需要
填充隔离气	需要	不需要
爆震频率	<200 Hz(氧化剂空气)	1~10 kHz
点火频率	每循环一次	一次起爆
流动非定常性	强	相对较弱
振动、噪声	强	相对较弱
燃烧室容热强度	较低	高
进气结构	无阀或机械阀	无阀
反传压力	可控	强
爆震频率可控性	可控	不可控
反应物供给压力	较低	较高
爆震波峰值压力	高	相对较低
雾化蒸发可用长度	长	短
无冷却壁温	较高	极高

CDC 相比 PDC 的最大优势就是其只需要一次点火和爆震起爆过程,这大大简

化了燃烧室点火装置,同时 CDC 内无须 DDT 增爆装置,这有利于减小燃烧室内的流动损失。然而,CDC 内爆震波在燃烧室头部的高速旋转传播也引出了新的问题:当前还无法设计出能够有效抑制强压力反传(增压燃烧引起)的进气阀门结构,只能通过采用更高的进气落压比来减弱爆震增压对上游的影响;CDC 内极高的爆震频率虽然可以减弱流动的非定常性、发动机振动及噪声,但将导致燃烧室极高的热负荷;爆震波传播过程中将受侧向稀疏影响,燃料雾化蒸发掺混长度有限,这导致试验获得的爆震波压力普遍偏低。

CDC 的另一个优势就是其极高的爆震频率,这使得 CDC 可以获得比传统等压燃烧室更紧凑的结构设计。对于任意燃烧室,燃烧室容热强度 Q_{VP} 是重要的评价指标,其反映了燃烧室所能承受的在单位压力、单位容积内燃料燃烧每小时所释放的最大热量。当燃烧室供油量相同时,Q_{VP} 越高意味着燃烧室越紧凑。由燃烧室容热强度 Q_{VP} 定义,可以写成如下形式:

$$Q_{VP} = \frac{3\,600 q_u}{p_3 V_c} = \frac{3\,600 m_f H_f \eta_c}{p_3 V_c} \tag{6.3a}$$

其中,p_3 和 V_c 为燃烧室进口压力和燃烧室体积;m_f、H_f 及 η_c 分别为燃油流量、燃料热值及燃烧效率;q_u 为单位时间燃料燃烧放热量。

若忽略燃料喷射及质量添加影响,由能量守恒,燃烧室内燃料燃烧放热量 q_u 与燃烧室进出口总温差间近似满足

$$q_u \approx m_3 (c_{p4} \langle T_{t4} \rangle - c_{p3} T_{t3}) \tag{6.4}$$

其中,m_3 为燃烧室进口流量;c_{p3} 和 c_{p4} 分别为燃烧室进出口的比定压热容。考虑到 CDC 和 PDC 出口气流参数的脉动性,燃烧室出口总温 $\langle T_{t4} \rangle$ 为质量加权周期平均总温。

将式(6.4)代入式(6.3a),可以得到燃烧室容热强度的另一种表达形式,即

$$Q_{VP} = 3\,600 \cdot \frac{m_3}{p_3 V_c} \cdot c_{p3} T_{t3} (\nu\theta - 1) \tag{6.3b}$$

其中,θ 为加热比,等于 $\langle T_{t4} \rangle / T_{t3}$;$\nu$ 为加热比系数,等于 c_{p4}/c_{p3},可近似取为 1。

对于常规发动机等压燃烧室火焰筒,其体积 V_c 等于火焰筒横截面积 A_c 乘以长度 l_c,燃气流量 $m_3 = \rho_3 A_c u_3$。故式(6.3b)可改写为

$$Q_{VP\_CP} = \frac{u_3}{l_c} \cdot K \cdot \frac{T_{t3}}{T_3} (\nu\theta - 1) \overset{T_3 = T_{t3}}{\approx} f_{CP} \cdot K (\nu\theta - 1) \tag{6.5}$$

其中,K 为与气流物性参数有关的常数,对于空气,其近似等于 12 600;f_{CP} 为等压燃烧室等效工作频率。

对于 PDC，燃气流量近似满足 $m_3 = \rho_3 V_c f_{PDC}$，故式（6.3b）可改写为

$$Q_{VP\_PDC} \approx f_{PDC} \cdot K(\nu\theta - 1) \tag{6.6}$$

其中，f_{PDC} 为 PDC 工作频率。

对于 CDC，若环形通道高度为 Δ，爆震波头处混气填充深度为 h，波头数为 n，则燃气流量 $m_3 = n\rho_3 u_D h\Delta$，燃烧室体积近似满足 $V_c \approx \pi d\Delta l_c$，故式（6.3b）可改写为

$$Q_{VP\_CDC} = \frac{nu_D}{\pi d} \cdot \frac{h}{l_c} \cdot K \cdot \frac{T_{t3}}{T_3}(\nu\theta - 1) \tag{6.7a}$$

若 $l_c = h$，同时结合式（6.1），则 CDC 的容热强度满足

$$Q_{VP\_CDC} \approx f_{CDC} \cdot K(\nu\theta - 1) \tag{6.7b}$$

其中，f_{CDC} 为 CDC 爆震频率。

对比式（6.5）~式（6.7）可以看到，不同燃烧室具有与频率相关的相同形式，即

$$Q_{VP} = f_{hz} \cdot K(\nu\theta - 1) \tag{6.8}$$

需要指出的是，式（6.8）假设 $T_3 = T_{t3}$。由于常规发动机主燃烧室一般在低速气流中组织燃烧，这一假设是合适的。对于 PDC 和 CDC，特别是 CDC，当前普遍采用高速气流填充，此时燃烧室内填充反应物的总静温存在一定差异。

图 6.4 给出了以空气为氧化剂时不同燃烧室的 Q_{VP} 随工作频率和加热比的变化特性。图中实线基于公式（6.8）计算。图中试验数据点是基于相关文献数据采

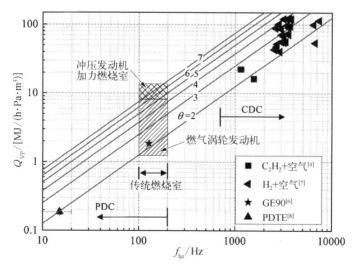

图 6.4　不同燃料/空气燃烧室 Q_{VP} 随工作频率的变化关系

用公式(6.3a)计算:针对 PDC,公式(6.3a)中的 p_3 取压气机后压力;针对 CDC,p_3 取爆震室头部时均压力。

从图 6.4 可以看到,连续爆震燃烧室具有更高的容热强度或者功率密度,这有利于减小燃烧室总体尺寸,但相应的也会大幅增加燃烧室热负荷。对于航空发动机主燃烧室,现有冷却技术及常规材料一般适于容热强度低于 6.5 MJ/(h·Pa·m³) 范围,更高的容热强度对燃烧室和涡轮的冷却技术及材料提出了新的挑战。同时也需要指出的是,公式(6.3a)中不同参数的选择也将改变燃烧室容热强度:对于 CDC,实际燃烧仅发生在燃烧室头部很窄的填充区域,当仅考虑这部分燃烧室体积时,容热强度将进一步增大;为抑制增压燃烧引起的强反压,当前 CDC 试验都采用高压差供给,当以空气供给压力作为公式(6.3a)中的压力项时,容热强度将大幅降低。

6.1.3   连续爆震发动机分类

无论何种形式的连续爆震发动机,基本上都是由进气/压缩系统、连续爆震燃烧室和功率提取装置/排气系统组成。根据是否自带氧化剂,连续爆震发动机可分为连续爆震火箭发动机(continuouse detonation rocket engine, CDRE)和吸气式连续爆震发动机(air-breathing continuouse detonation engine, ACDE)两种类型。

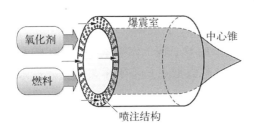

图 6.5   连续爆震火箭发动机结构示意图

图 6.5 为连续爆震火箭发动机的结构示意图,其主要由燃料-氧化剂供给系统、爆震室及喷管三大部件组成。与图 5.2 给出的 PDRE 结构不同,由于 CDC 爆震频率高、工质循环周期快及爆震波传播具有一定随机性,因此 CDRE 燃料和氧化剂的供给都采用高压连续喷注形式(不采用机械阀),基于供给系统上下游的压差自适应的控制反应物的供给与切断,CDC 头部一般也采用常规火箭发动机燃烧室头部使用的喷注器结构。

最简单的吸气式连续爆震发动机是以替代传统冲压发动机为应用背景,如图 6.6 所示,其由进气道、连续爆震室及尾喷管组成。为减弱 CDC 内爆震增压引起的压力反传影响,一般在进气道下游设有较长的隔离段,如图 6.6(a)所示。CDC 头部采用环缝进气形式,燃油可以在突扩处或上游喷入。进一步地,可以采用如图 6.6(b)所示的引射型结构,一方面可以减弱压力反传,另一方面也可以增大发动机流量提高推力。针对高马赫数飞行,CDC 也可以采用图 6.6(c)所示的扩张型通道结构,其 CDC 进口气流一般为超声速流,这对减弱压力反传是有利的。

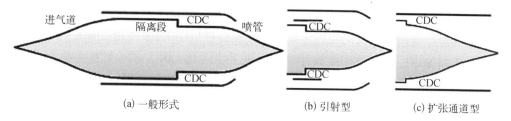

(a) 一般形式   (b) 引射型   (c) 扩张通道型

图6.6 吸气式冲压连续爆震发动机结构示意图

当将连续爆震燃烧室替换传统涡轮发动机的燃烧室(主燃烧室或加力燃烧室)时,就构成了连续爆震涡轮发动机,如图6.7所示。由于CDC具有环形结构特征,因此其可以直接作为现有涡轮发动机的替代燃烧室。CDC具有高容热强度特点,这使得其可以实现超紧凑燃烧室结构设计,进一步提升发动机推重比。CDC也可以作为辅助动力装置的燃烧室,同时也可以针对应用背景特点形成新构型涡轮发动机。

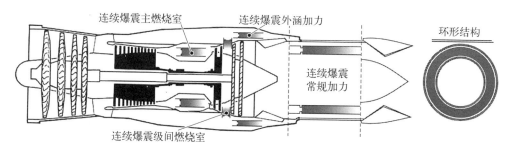

图6.7 连续爆震涡轮发动机结构示意图

6.2 连续爆震火箭发动机

6.2.1 研究概况

6.2.1.1 基本结构概况

20世纪60年代末,美国密歇根大学Nicholls等[3]围绕连续爆震火箭发动机开展了可行性论证研究。理论分析表明:当不考虑波后气流切向速度对喷管效率影响时,CDRE的理论推进性能(推力系数、比冲等)与传统火箭发动机无本质区别,当CDRE在海平面实现这样的推进性能时,爆震波后将经历瞬时的极高压力(约为23 atm);CDC壁面平均热流密度约为18 MW/m²,这一量级与以H_2-O_2为推进剂、室压20 atm的火箭发动机喷管喉部位置处的热流密度相当,当CDC壁面不冷却时,铜质燃烧室将在2 s达到熔点。Nicholls等也建立了如图6.8所示的环形CDRE试验器,其燃烧室长度约为5 cm、环道高度约为12.7 mm、环道中直径为19 cm,采用H_2-O_2和CH_4-O_2为推进剂,推进剂喷注采用72对对撞式喷注孔(燃料和氧化剂喷注孔直径分别为 0.43 mm 和 0.61 mm）进行喷射掺混。试验实现了爆震起爆，但起爆形成的两个反向旋转传播爆震波在碰撞后消失，未实现 CDRE 的连续工作，其主要原因应该与喷注器设计有关。进一步对比 CDRE 试验数据与常规火箭发动机燃烧室内出现高频高脉动不稳定燃烧时的压力数据表明，不稳定燃烧机制可能与爆震波旋转传播有关。

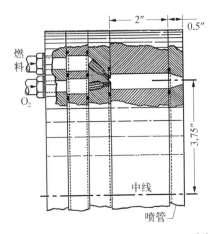

图 6.8　Nicholls 等的 CDRE 试验器[5]

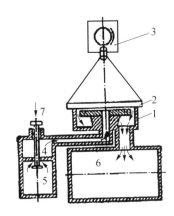

图 6.9　Voitsekhovskii 等的试验器[1]

1. 爆震室；2. 树脂玻璃观察窗；3. 鼓轮式相机；
4. 供给管道；5. 混合物腔；6. 泄压腔；7. 阀门

　　这一期间，苏联拉夫连季耶夫流体力学研究所（LIH）也在围绕连续爆震结构及传播特性开展研究工作，并由最初的盘式结构[1]（图 6.9）拓展为环形通道结构[9]。针对环道外直径为 40 mm 的环形腔体，Bykovskii 等[9]通过全补偿条纹成像技术获得了环道高度、腔体长度、推进剂类型（$C_2H_2 - O_2$ 和 $CH_4 - O_2$）及当量比对爆震波连续传播模态的初步影响规律。对于当前环形 CDC，其爆震室一般都为等截面环形结构，其基本特征尺寸为环道直径、环道高度及等截面段长度。20 世纪初，Bykovskii 等[4]总结大量试验数据，提出了环形连续爆震燃烧室的基本尺寸约束准则，例如爆震波头高度需满足 $h \geqslant (12 \pm 5)\lambda$，环道临界直径 $(d_c)_{min} = (7 \pm 2)h/\pi$，环道最佳长度满足 $L_{opt} \geqslant 4h$，环道径向最小高度满足 $\Delta_{min} \geqslant 0.2h$，同时也给出了不同供给压力对环形 CDC 内燃烧模态的影响规律。

　　虽然当前环形 CDC 结构是相似的，但不同 CDRE 方案的燃料和氧化剂的喷注结构存在较大差异，其中燃料采用小孔喷注，氧化剂采用小孔或环缝喷注。根据喷注结构形式的不同，大体可分为同向喷孔喷注、非同向喷孔喷注及环缝喷注三类。当燃料与氧化剂都采用小孔喷注，且开口方向与环道轴线方向相同时则为同向喷孔喷注，否则为非同向喷孔喷注。例如图 6.8 中的 CDRE 试验器，其所采用的喷注结构就属于同向喷孔喷注形式,但 O_2 和燃料的喷注角度不同,与轴向夹角分别为 7.5° 和 40°。当氧化剂采用环缝喷注时,当前喷注都为非同向喷注。随着应用需求的拓展,试验研究的 CDC 结构也由最初的环形结构拓展为无内柱型结构。

1. 同向喷孔喷注

从 21 世纪初开始,法国的 MBDA 公司与俄罗斯 LIH 开展合作,共同围绕太空火箭用动力进行 CDRE 相关研究。早期研究基于的是图 6.10(a) 所示的环道外直径为 40 mm 的 CDRE 试验器开展[10,11],H_2 和 O_2 喷注孔采用交错布置,初始供给压力分别为 10/15 bar 和 10 bar。随后,环道外直径尺寸进一步拓展到 50 mm、100 mm、280 mm 及 330 mm,推进剂也由气体拓展到液体煤油和液氧:当以 GH_2/LO_x 为推进剂时,试验在 100 mm 环道外直径模型下实现了 CDRE 连续爆震模式;当以煤油/GO_2 为推进剂时,试验在 50 mm 外径 CDRE 上获得了 2 750 N 的推力。

针对实际应用需求,MBDA 公司研制了如图 6.10(b) 所示的缩尺寸 CDRE 验证样机[12,13],试验器环道外直径为 100 mm,环道径向高度 10 mm,环道长度 90 mm,采用 570 个喷射孔喷射 O_2 和 H_2 或 H_2/CH_4 混合物,爆震室起爆采用了能量约为 10 J 的爆炸丝线装置。当采用 H_2/O_2 为推进剂时,试验器启动后,反应物当量比由 1.6 降为 1.2,单位面积总流量由 40 kg/(s·m²) 降为 33 kg/(s·m²),获得的地面最大推力为 54.7 N,换算为真空比冲约为 341.7 s。针对 CDRE 面临的高热流密度问题,MBDA 和 LIH 也对采用 C/SiC 复合材料制作的 100 mm CDRE 进行了试验研究[11],试验表明,在工作时长 0.5 s 内,燃烧室内连续传播的高温高压爆震波未对材料表面造成明显的破坏。

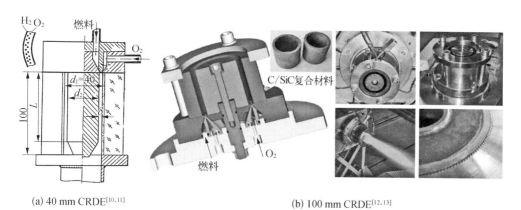

(a) 40 mm CRDE[10,11]　　　　　　　　(b) 100 mm CRDE[12,13]

图 6.10　法国 MBDA 和俄罗斯 LIH 合作研究的试验器(单位:mm)

美国 GHKN 在 DARPA 的资助下研制了如图 6.11 所示的 CDRE 模型[14],其环道外直径为 76.2 mm,环道径向高度 5 mm,环道长度 76.2 mm。设计了四种喷注器结构(不锈钢材质和铜质各两个),喷注器上都布置了 72 组对撞式燃料和氧气喷注孔,试验涉及的燃料包括 CH_4、C_2H_6 及 C_2H_4。试验结果表明,由于 316 不锈钢比铜材料具有更低的热导率,试验器点火后,通过高速摄影发现,喷注器表面出现可见热点,当工作时长超过 1.5 s 后,不锈钢材料出现热退化。试验也获得了采用塞式喷管时不同喉道尺寸对 CDRE 性能的影响,结果表明:更小的喉道高度(2 mm)可以获得更高的比冲(最大 192 s);当试验器不带喷管时,采用 C_2H_6 和 CH_4 获得的比冲都为 100~140 s。

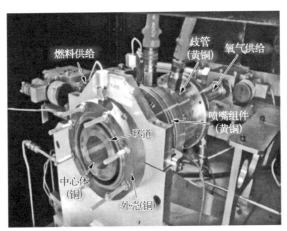

(a) 试验器

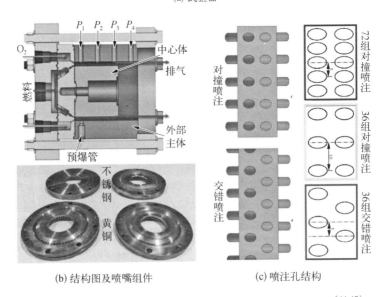

(b) 结构图及喷嘴组件　　　　(c) 喷注孔结构

图 6.11　美国 GHKN 和 AFRL 的 CDRE 试验器及喷注结构[14-17]

美国 AFRL 针对图 6.11(a)中的试验器也进行了推进性能验证研究[15],获得了不同喷注孔直径及排布方式下试验器工作特性。试验结果表明:喷注孔直径对发动机推力及比冲几乎没有影响,但在某些工况下,采用大孔径将导致较低的推进性能;虽然采用小孔径会引起更高的供给落压比,但并没有导致推进性能的降低;当 CH_4 和 O_2 采用交错喷注时,如图 6.11(c) 所示,在恰当比附近会引起明显的推力和比冲的降低,远离恰当比后,这种效应将逐渐减弱;对撞式喷注可以获得更高的爆震传播速度(高 20%)和波头数。

基于图 6.11(a) 中的试验器,Sosa 等[16]实现了以 H_2/O_2 为推进剂的试验器稳定工作,72 组对撞式 H_2 和 O_2 喷孔的直径分别为 0.9 mm 和 1.1 mm。Bigler 等[17]进一步研究了喷注孔由 72 组减为 36 组后 CDRE 的工作特性,如图 6.11(c) 所示。试验结果表明:相比原 72 组喷注器情况,采用 36 组对撞式喷注器将使反应物混合时间延长 48%,进而带来 7.9% 的推力损失及 16% 的爆震波速度亏损;采用 36 组非对撞式喷注器将带来 7.2% 的推力损失及 25% 的爆震波速度亏损。Teasley 等[18]总结认为:喷注器采用低喷注面积和高落压比对降低增压燃烧引起的返流是有利的;当总喷注面积相同时,采用更多的小直径喷孔对实现爆震波稳定传播更有利。

北京大学 Ma 等[19]设计并研制了一种 CDC 用同轴喷注结构,其喷注器由沿环道周向两排均匀分布的 72 组同轴内外环喷注管组成,每一组同轴喷注管的中心管道喷 H_2,管道内径为 2 mm,外环道喷 O_2,外环道外径为 3 mm。CDC 环道外直径 79 mm,环道的径向高度为 10 mm,环道长度 124 mm。试验过程中 H_2 和 O_2 的喷注总压分别为 1.2 MPa 和 1.0 MPa,试验获得了反应物初始填充度对爆震波形成时间的影响规律。

当前卫星轨道控制发动机大多采用自燃型液体推进剂,针对此,西安航天动力研究所 Xue 等[20]通过试验验证了以液体 N_2O_4 和液体一甲基肼作为推进剂实现连续爆震燃烧的可行性。试验所采用的 CDC 环道外直径为 60 mm,环道的径向高度为 20 mm,环道长度 150 mm,喷注器由 24 组两个对撞式喷孔组成,燃料喷孔直径 0.31 mm,氧化剂喷孔直径 0.37 mm,喷注面积比为 0.001 7。试验获得了单波和双波对撞模式的连续爆震燃烧,爆震波最高峰峰值压力为 12 bar,传播马赫数预估为 1.27。美国普渡大学也对液体双组元 CDRE 开展了研究,Anderdson 等[21]采用液体 H_2O_2 和三甘醇二甲醚($C_8H_{18}O_4$)作为推进剂,通过在燃料中添加 8% 的氢硼化钠($NaBH_4$)实现自燃点火,CDC 的环道外直径为 93.98 mm,环道的径向高度为 3.81 mm 或 6.35 mm,环道长度为 120 mm,喷注器由 20 组三个 O-F-O 对撞式喷孔组成,一个燃料喷孔直径 0.381 mm,两个氧化剂喷孔直径 0.508 mm,喷注面积比为 0.009 6 或 0.005 9。试验获得了双波对撞模式的连续爆震燃烧,同时发现在环道外壁面喷射孔组之间存在严重的烧蚀。Kubicki 等[22]认为,双波碰撞是造成环道壁面烧蚀的根本原因,喷注器表面的烧蚀与爆震波连续旋转传播有关。

为验证爆震发动机作为太空飞行器推进动力的可行性,日本名古屋大学、庆应义塾大学、日本宇宙航空研究开发机构(Japan Aerospace Exploration Agency,JAXA)及室兰工业大学组成联合团队研制了 CDRE-PDRE 两级爆震推进系统

（DES），通过将其放置在探空火箭 S‑520‑31 上，在 2021 年 7 月 21 日在太空中实现了 CDRE 连续 6 s 的稳定工作[23-25]，CDRE 结构如图 6.12 所示。CDRE 研制过程中，环形爆震室的内直径 62 mm 和环道的径向高度 8 mm 保持不变，环道长度为 60~70 mm，采用塞式喷管，喷注器结构进行了较大的调整。最初地面台架试验采用 C_2H_4/O_2 为反应物，喷注器采用 120 组直径 1 mm 喷注孔，喷射夹角为 90° 对称布置的喷油孔和喷氧孔构成一组，通过采用 C/C 复合材料实现了发动机最长 10 s 的稳定工作。然而试验发现，由于 O_2 的喷射压力高于 C_2H_4（由喷射面积相同决定），高压喷射的 O_2 将冲击到环道下壁面，在高温环境中将导致明显的壁面烧蚀，通过采用三孔喷射结构可以得到明显的改善，如图 6.12(a) 所示[26]。在此基础上，Goto 等[27]进一步对比研究了分别采用 C_2H_4 和 CH_4 为燃料时 CDRE 工作特性，CDRE 结构如图 6.12(b) 所示，其采用 72 组三孔喷注方案，其中 O_2 轴向喷孔直径为 1.8 mm。研究表明，虽然不同燃料喷孔直径下的爆震室室压和比冲相当，但相比于采用直径 1 mm 的燃料喷孔，采用直径 0.8 mm 燃料喷孔时，发动机可以获得更高的爆震波传播速度及更高的有效喷射面积（更强的抗返流能力）。进一步太空飞行验证表明，图 6.12(b) 所示的 CDRE 样机在当量比 1.2 时，获得了 518 N 的平

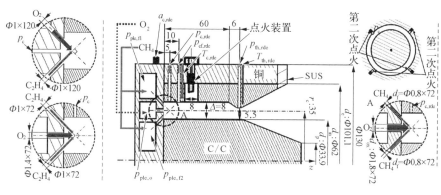

(a) 原喷注结构   (b) CDRE验证样机结构

(c) DES及在轨验证

图 6.12　在 JAXA 探空火箭 S‑520‑31 上飞行演示验证的 CDRE 结构（单位：mm）[24-26]

均推力及 290 s 的比冲[25]。

2. 非同向喷孔喷注

日本名古屋大学的最初 CDRE 方案采用的就是非同向喷孔喷注,如图 6.13 所示[28],其直径 0.5 mm 的 C_2H_4 喷孔仍为轴向,但直径 1 mm 的 O_2 喷孔为径向向心喷射。CDC 环道周向均布 100 组对撞式燃料/氧化剂喷孔,CDC 环道内径为 63 mm、环道径向高度为 3 mm、环道长度为 63 mm,CDC 尾部安装了锥形喷管,试验测量了不同工况下发动机的推进性能。试验结果表明,相比不带喷管的 CDRE 工作特性,安装锥形喷管可以使发动机比冲提升 6%~10%。

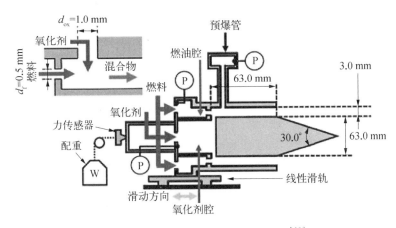

图 6.13　日本名古屋大学早期试验器[28]

美国华盛顿大学 Boening 等[29]提出了一种燃料和氧化剂径向喷射混合的方案。最初采用的是 $H_2 - O_2$ 推进剂,其 CDC 的环道外直径为 154 mm、环道径向高度为 11.2 mm、环道长度 177 mm,CDC 头部内外环道各交错布置了 24 个喷孔,外环道 H_2 喷孔直径 1.19 mm,内环道 O_2 喷孔直径 1.78 mm(总喷注面积比 0.017)。由于此时 CDC 头部为完全封闭面,因此可以基于头部压力直接计算发动机产生的轴向推力。该 CDRE 还采用了与以往不同的起爆方案,即爆震波发生器,其通过若干个周向布置的低能火花塞(4~16 mJ)沿顺时针或逆时针顺序高频点火[30],进而实现爆震波在受控方向连续传播。这种起爆方式与 Frolov[31]研究的缩短 DDT 距离的多点火源顺序点火非常类似,通过控制喷注孔分布可以调节燃料氧化剂的掺混程度,进而使爆震波在火花塞下游连续传播。

为进一步研究喷注器结构对 CDRE 工作特性的影响,美国华盛顿大学 Koch 等[32]将 CDRE 进一步缩小,如图 6.14 所示,其 CDC 的环道外直径为 76.2 mm、环道径向高度为 5 mm、环道长度为 150 mm,CDC 头部内外环道各交错布置了 36 个径向喷孔,采用 CH_4/O_2 为推进剂。研究表明,当总流量相同时,随着喷注面积比的增加(0.135、0.188 和 0.24),虽然喷注器平均落压比降低,但增压燃烧引起的压力回传变强,点火前后氧腔室内的平均压力增幅由 10%量级(喷注面积比 0.135)增大到 100%量级(喷注面积比为 0.24),基于 CDC 头部压力计算的比冲由 180 s下降到 126 s,比冲的降低主要是因为在同样流量下喷注面积比越大则供给压力越低。

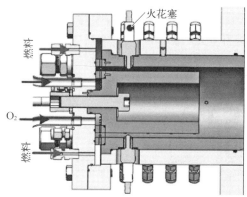

图 6.14　美国华盛顿大学 CDRE 试验器[32]

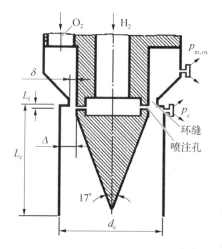

图 6.15　Bykovskii 等的试验器[33]

3. 环缝喷注

对于采用环缝喷注的 CDRE,其燃料喷注仍采用轴向或径向喷孔形式,但氧化剂喷射采用环缝进行径向或轴向喷射,燃料和氧化剂的喷射方向相互垂直。这种喷注型式一般多见于以空气为氧化剂的吸气式 CDE 中,Bykovskii 等[4]称这种 CDC 为冲压型燃烧室,由于此时燃料与氧化剂的掺混程度不如全喷孔型喷注(此时 CDC 称为火箭型燃烧室[4]),因此波结构并不是那么清晰。Bykovskii 等[33]试验研究了如图 6.15 所示的 CDC 试验器工作特性,采用 H_2/O_2 为推进剂,其中 O_2 为轴向突扩型环缝喷注,H_2 为径向喷孔喷注(喷孔离 CDC 端面距离 L_f 为 1 mm),CDC 的环道外径 d_c 为 40 mm 或 100 mm、环道径向高度 Δ 为 5 mm。试验研究表明:当 d_c 为 40 mm 时,仅在 O_2 喷注环缝高度 δ 等于 0.2 mm 时可以实现爆震波连续旋转传播,对于 $\delta \geqslant 0.5$ mm($\delta/\Delta \geqslant 0.1$)情况,CDC 内出现纵向 kHz级脉冲爆震燃烧;当 d_c 增大到 100 mm 时,δ/Δ 增大到 0.6 可以实现旋转爆震燃烧,但如果环境背压降低到一定程度,CDC 内燃烧模式将转变为纵向脉冲爆震燃烧。

需要指出的是,所有试验中 CDC 头部平均静压 p_c 远低于氧气喷注平均压力 $p_{m, ox}$。

波兰华沙理工大学 Kindracki 等[34]同样研究了采用类似图 6.15 喷注方案的 CDRE 工作特性。试验研究了两种尺寸带塞式喷管的 CDRE,如图 6.16 所示:小尺寸 CDRE 环道内直径为 38 mm,燃料喷注孔直径为 0.7~1 mm,喷氧环缝高度为 0.5~1 mm;大尺寸 CDRE 的环道内直径为 140 mm,环道径向高度为 5 mm。对于小尺寸 CDRE,试验实现了不同燃料下的(包括甲烷、乙烷及丙烷)旋转爆震燃烧模式。对于大尺寸 CDRE,当燃料为 CH_4 时,试验测量的平均比冲约为 112 s。在此基础上,华沙理工大学联合波兰航空研究所在 2012 年开始设计以 CDRE 为推进动力的两级探空火箭"Amelia"[35],然而由于当时 CDRE 较低的技术成熟度,飞行验证被搁浅[36]。美国普渡大学的 Plaehn 等[37]采用氧气轴向渐变型环缝喷注形式,研究了燃料(天然气)喷注位置对 CDC 内爆震波特性的影响,其 CDC 环道外直径为 152.4 mm,环道径向高度为 3.8 mm,等截面环道长度为 99.1 mm。试验结果表明,燃料喷注位置离 O_2 喷注环缝喉道越近,CDC 内可以获得更佳的爆震燃烧特性,当燃料喷注位置大于 10 mm 时,CDC 内将仅获得爆燃模式。

图 6.16　Kindracki 等的试验器[34]

针对液体燃料正戊烷,俄罗斯 Frolov 等[38]设计了如图 6.17 所示的 CDRE 试验器,其氧气喷射仍采用轴向环缝突扩型喷注型式,但液体燃料不再采用喷孔型式喷射。供给的液体燃料将渗透进嵌在环道外壁面的多孔介质环形衬套中,进而在环形衬套内壁面形成油膜。高温环境中,油膜将蒸发汽化,激波后的扰动气流又将诱发油膜破碎,油蒸气与来流氧化剂掺混形成可爆混气,进而可以实现爆震波的连续传播。由于爆震波在油膜附近传播,这也称为油膜爆震(film detonation),壁面油膜也将降低高温产物对燃烧室壁面的热流密度,起到主动热防护的作用。Frolov 试验研究了两种 CDC 构型,CDC 环道内径都为 90 mm,环道长度为 70 mm,环道径向高度为 4 mm 或 5.5 mm,相应的 O_2 喷注环缝高度为 1.2 mm 或 1 mm。试验实现了不同燃烧模式,包括连续爆震燃烧、纵向脉冲爆震及非爆震燃烧,爆震波传播存在较大的速度亏损,爆震波速度为 720 ~ 970 m/s。试验测量了环道径向高度为 5.5 mm 时试验器产生的平均推力,当燃料和氧化剂的供给压力分别为 0.29 MPa 和 0.22 MPa 时,燃烧室头部平均静压为 0.07 MPa(相对压力),试验器产生 68 N 的推力,由于所有试验中燃烧室平均静压都偏低,基于提供的试验数据换算得到的比冲小于 10 s。

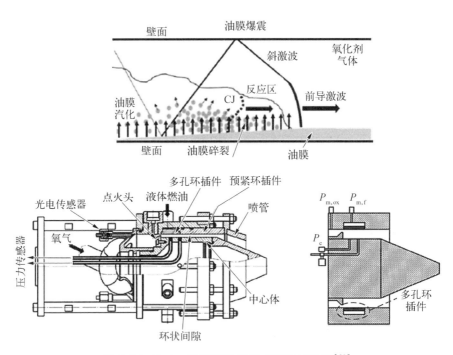

图 6.17　Frolov 等的液体燃料 CDRE 试验器[38]

在前期 CDRE 采用径向喷氧孔喷注方案基础上(图 6.13),Goto 等[39]将氧气喷注改为了环缝喷注形式,如图 6.18 所示。CDC 环形管道内径为 60.5 mm,环形管道长度为 48 mm,环形管道径向高度为 3.2 mm。燃料喷射采用轴向 72 或 120 个直径 0.5 mm 喷孔喷射,氧气喷注采用两种流道结构,即图 6.18(b)所示的突扩型和图 6.18(c)所示的渐变型,相应的出口环缝分别为 1 mm 或 0.3 mm。渐变型流道设计主要是为了降低流动损失,这种进气结构多见于以空气为氧化剂的吸气式 CDE 中。O_2 流道结构的改变主要会影响爆震波的传播模式,燃料喷注孔的增加对爆震波速几乎无影响,但由于喷注面积增加,同样燃料流量下,喷注压力大大降低。通过对发动机推进性能测量表明[40],在同样流量下,相比不带喷管情况,CDRE 采用收敛喷管时比冲可以提高 10%,而采用收扩喷管时比冲可以提高 10% ~ 17%。Goto 等[41]进一步将该试验器进行系统集成(CDRE 喷注结构为渐变型环缝进气、

72 燃料喷注孔),并置于 100 m 长的滑轨上进行演示验证,试验数据表明,CDRE 产生的推力为 201 N,比冲为 145 s。

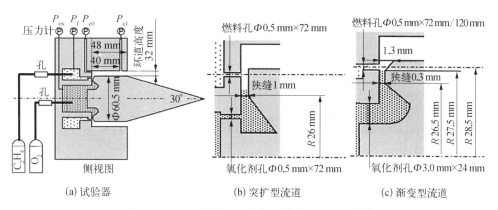

图 6.18 Goto 等的 O₂ 径向环缝喷注试验器[39]

4. 无内柱 CDC

前面提及的 CDC 结构都为环形构型,当燃烧室流通面积不变时,CDC 内中心柱的存在势必要增大燃烧室的外尺寸及发动机重量,同时 CDC 内高频爆震燃烧导致极高的热流密度,这使得必须要对中心柱进行冷却,这增加了发动机系统的复杂性。

北京大学 Tang 等[42]通过数值模拟研究了一种无内柱型或空筒型 CDC,其中推进剂喷注器仍采用环形喷注面,研究表明,爆震波也能在这种构型的 CDC 中连续传播,但新鲜混气会流入原内柱所在空间,并以非爆震模式进行燃烧放热,同时燃烧室出口气流流动方向更为发散,气流轴向动能减小,进而导致发动机比冲的降低。

日本名古屋大学 Kawasaki 等[43]试验研究了 CDC 采用不同内柱尺寸时 CDRE (不带喷管)的工作特性,其 CDC 环道外直径为 78 mm,环道径向高度 Δ 范围为 8~39 mm,当径向高度等于 39 mm 对应无内柱情况,推进剂采用 120 组直径为 1 mm 的径向双孔对撞喷注,喷射对撞中心对应于半径 35 mm 的环线。试验结果表明:当 $\Delta \geqslant 24$ mm 后,连续旋转传播的爆震波将从内中心柱表面脱离,内中心柱附近的火焰自发光亮度减弱,该区域燃烧可能为非爆震模式;发动机排气羽流中出现可能由碳颗粒引起的强烈化学发光现象;同样总质量流量下,相比于 $\Delta = 8$ mm 的环形 CDRE 工况,试验获得的无内柱 CDRE 比冲(171 s)将降低 27.5%。

以航天器变轨发动机为应用背景,Yokoo 等[44]试验研究了如图 6.19 所示的不带喷管无内柱型 CDRE,CDC 内径为 20 mm、长 70 mm,C_2H_4/O_2 采用 24 组直径为 0.8 mm 的双孔对撞喷注。研究表明,当推进剂流量小于 15 g/s 时,CDC 内未实现爆震波连续旋转传播,试验测得的最大比冲为 250 s,此时 CDC 头部压力 p_c 与环境压力之比约为 44.7。

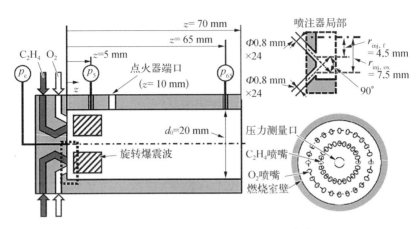

图 6.19　Yokoo 等的无内柱 CDRE[44]

为进一步解决壁面冷却问题,Goto 等[45]试验研究了在无内柱 CDRE 侧壁面径向喷注推进剂的发动机方案,如图 6.20(a)所示,其沿 CDC 轴向布置三排喷注单元,在每排喷注单元,沿周向均布 24 组直径为 0.8 mm 双孔对撞式 C_2H_4/O_2 喷注孔,CDC 内径为 24 mm、长 79 mm。试验结果表明,沿着三排喷注单元存在三个同步传播的旋转爆震波,燃烧区与喷注面之间存在一定距离,推进剂即使流量翻倍,流向 CDC 壁面的热通量仅增加 18%~25%。这表明喷注面附近掺混较差的未燃推进剂起到了隔热层的作用。在此基础上,Ota 等[46]进一步将图 6.19 所示的 CDC 头部喷注结构引入到图 6.20(a)中的 CDRE 结构中,形成了同向和径向混合喷注的无内柱 CDRE 结构,如图 6.20(b)所示。试验结果表明,在所有试验工况下,CDRE 内都有一道稳定传播的旋转爆震波,CDRE 在 5 s 的工作时间内,爆震室侧壁冷却区域的壁温上升到 850 K 后达到稳定,推进剂在爆震室侧壁面和头部按 76%和 24%比例分配可以获得较优的综合性能(推进性能与冷却)。

6.2.1.2　推进性能概况

针对当前各种连续爆震火箭发动机结构形式,表 6.2 汇总了发动机工作参数及相应推进性能。表中的“内径/高度/长度”分别指 CDC 等截面环形通道的内直径、环道径向高度及长度。当内径为零时,CDC 为无内柱型燃烧室,相应的“高度”代表燃烧室的半径。表中喷注面积比为燃料氧化剂喷注管路流通面积与 CDC 环形截面积之比。表中的单位面积推力定义为发动机推力除以 CDC 燃烧室流通面积。

从表 6.2 可以看到,推进剂的喷注压力都要高于燃烧室压力(基于 CDC 头部时均静压),这一喷注压降甚至会超过 50%,这与试验器选用过低的喷注面积比有关。虽然高喷注压降可以减弱 CDC 内增压燃烧对推进剂喷注的影响,进而可以获得更稳定的连续爆震波,但喷注压降的存在也表明,当前试验中的爆震增压燃烧并没有实现燃烧室部件的增压。

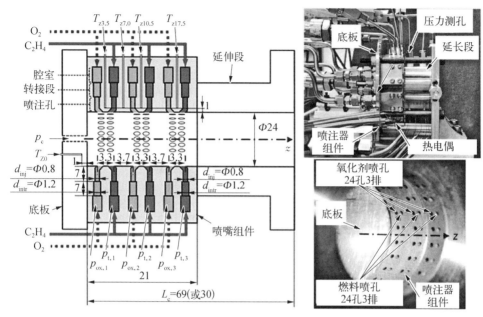

(a) Goto等的CDRE(单位：mm)[45]

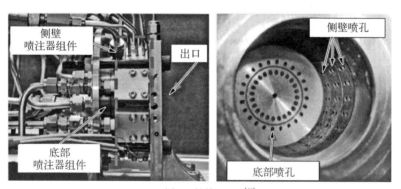

(b) Ota等的CDRE[46]

图 6. 20　主动冷却型无内柱 CDRE [45]

表 6. 2　当前不同连续爆震火箭发动机工作参数及推进性能

结构	工作介质	内径/高度/长度/mm	喷注面积比	喷注压力/MPa	当量比	室压/MPa	背压/kPa	推力/N	单位面积推力/kN	比冲/s
喷孔喷注	C_2H_4/O_2 [26]	62/8/75 同向双孔	0.107	0.67/0.72	1.4	0.62	104	96	54.6	136
				0.23/0.3	1.6	0.17	98.7	76	43.2	81
				0.6/0.66	1.0	0.5	32	155	88.1	226
				0.59/0.65	1.0	0.55	1.1	226	128.5	347

续　表

结构	工作介质	内径/高度/长度/mm	喷注面积比	喷注压力/MPa	当量比	室压/MPa	背压/kPa	推力/N	单位面积推力/kN	比冲/s
喷孔喷注	C_2H_4/O_2[26]	62/8/75 同向三孔	0.127	1.3/1.3	1.5	1.3	100.9	291	165.4	206
				1.2/1.2	1.1	1.1	100.9	216	122.8	182
				0.2/0.41	1.6	0.13	101.3	92	52.3	71
				0.29/0.53	1.3	0.16	101.1	162	92.1	103
				0.23/0.46	0.9	0.11	12	247	140.4	210
	C_2H_4/O_2[27]	62/8/75 同向三孔	0.145	0.57/0.49	1.3	0.28	3~7	492	279.7	238
				0.14/0.12	1.4	0.05		79	44.9	158
			0.145	0.6/0.53	1.1	0.29	3~7	562	319.4	257
				0.31/0.24	1.3	0.13		209	118.8	203
			0.168	0.42/0.48	1.4	0.26	3~7	451	256.4	220
				0.13/0.16	1.4	0.07		113	64.2	169
			0.168	0.53/0.57	1.5	0.28	3~7	511	290.58	219
				0.16/0.2	1.1	0.09		141	80.1	172
	$CH_4/O_2/$[25]	62/8/75 同向三孔	0.145	0.5/0.45	1.3	0.26	真空	518	294.4	290
	CH_4/O_2[14]	66.2/5/76.2 同向两孔	—	3.1/4.13	0.9	0.86	101			175
				3.1/4.13	0.9	0.58	101			160
	C_2H_4/O_2[28]	63/3/63 非同向两孔	0.159	0.74/0.59	0.93	0.2	101	107	172.0	85
				0.78/0.79	0.73	0.25	101	185	297.4	116
				1.17/1.1	1.1	—	101	308	495.2	136
	CH_4/O_2[32]	66.2/5/76.2 径向两孔	0.135	—/0.85	1.0		101			180
			0.188	—/0.62	1.0		101			140
			0.240	—/0.51	1.0		101			126
	C_2H_4/O_2[43]	62/8/70 0/39/70	0.107	—/—	1.28	0.123	5	312	177.3	236
			0.039	—/—	1.34	0.051	5	225	47.1	171
	C_2H_4/O_2[44]	0/10/70 同向两孔	0.0768	—/—	1.83	0.091	6	30	95.5	206nd
				0.65/1.14	1.81	0.252	6	88	280.1	246
	C_2H_4/O_2[45]	0/12/69 三排孔	0.16	—/—	1.3	0.13	10	56	123.8	168
				0.4/0.68	1.6	0.24	13	122	269.71	212
	C_2H_4/O_2[46]	0/12/30 同向+径向	0.213	0.19/0.3	1.2	0.11	14	56.6	125.1	189

续　表

结构	工作介质	内径/高度/长度/mm	喷注面积比	喷注压力/MPa	当量比	室压/MPa	背压/kPa	推力/N	单位面积推力/kN	比冲/s
环形环缝喷注	C_2H_4/O_2[26]	60.5/3.2/48 径向环缝	0.111	1.4/2.4 1.83/1.2	1.0 1.2	0.43 —	100.0 101.7	201 183	313.9 285.8	144 136
	CH_4/O_2[34]	140/5/30 轴向环缝	—	0.7/0.7	1.65	—	40	230	101.0	112
	C_5H_{12}/O_2[38]	90/5.5/70 轴向环缝	0.19[ox]	0.36/0.22	3.2	0.18 (绝压)	101	80	48.5	<10

注: 上标 ox 代表仅考虑氧气喷注面积; 上标 nd 代表未形成爆震燃烧。

从发动机推进性能数据可以看到, 燃烧室压力与环境背压之比的大小决定了试验获得的 CDRE 比冲大小, 同样背压下, 在更高燃烧室压力工况下工作的 CDRE 比冲更高。对比表 5.1 中的 PDRE 比冲数据可以看到, 在地面环境下, PDRE 的比冲在总体上高于 CDRE, PDRE 在低频工作下甚至达到 305 s, 这主要是因为 PDRE 低频工作时基本处于部分填充状态, 一部分环境空气会从发动机尾部进入爆震室, 而 CDRE 燃烧室下游都为燃烧产物。

对比表 5.1 和表 6.2 中的单位面积推力可以看到, 一方面, 当前 PDRE 获得的实验数据普遍低于 CDRE, 这主要是因为 CDRE 具有更高的爆震频率, 单位时间内可以燃烧更多的推进剂。但另一方面也注意到, 表 5.1 中 PDRE 采用"H_2/O_2/He"推进剂试验, PDRE 获得的单位面积推力远大于 CDRE, 这主要是因为此时 PDRE 采用 18 个电磁阀喷射推进剂, 提升了喷射面积, 同时使爆震室在更高的室压下工作。

6.2.2 CDRE 推进性能分析模型

6.2.2.1 循环性能分析模型

如何确定连续爆震发动机的性能参数(如推力、比冲、耗油率等)是连续爆震发动机研究中的一个关键性问题。第 1 章给出了基于热力过程的理想爆震循环性能分析方法, 循环中所有工质经爆震燃烧后膨胀排出发动机, 在假定爆震发动机排出气流为定常流时可以确定爆震发动机的最大极限性能。王丹等[47]针对等压预燃旋转爆震发动机, 在理想爆震循环中增加了预燃过程, 分析了发动机的循环热效率; 计自飞等[48]在分析旋转爆震涡轮发动机循环性能时, 也采用了理想爆震循环分析方法。然而理想爆震循环分析方法没有考虑 CDC 内爆震波的实际传播过程及流场内工质的热力参数变化特点。

1. CDC 内工质热力过程

对于典型的环形 CDC, 推进剂连续地由喷注器喷入爆震室内, 由于旋转传播的爆震波波前始终存在新鲜的可爆混合物,因此爆震波能够在环道内稳定地连续传播,如图 6.21(a)所示。Bykovskii 等[9]及 Zhdan 等[49]在旋转参考坐标系下建立了热力学过程的解析模型,在此基础上,Nordeen 等[50]进一步利用 ZND 模型对解析模型进行了修正,然而模型仅仅考虑了爆震燃烧热力过程。数值模拟结果表明[51-53],连续爆震燃烧室中工质所历经的热力学过程要复杂得多,其涉及爆震燃烧、爆燃燃烧、斜激波及滑移线处掺混等。根据燃烧室内工质熵增产生的来源,燃烧室内工质将主要经历爆震燃烧、爆震加激波及爆燃加激波等三种热力学过程。对于环形 CDC,将其在二维空间展开,假设只存在连续传播的单爆震波,则可以得到如图 6.21(b)所示的理想流场示意图,图中的数字标号沿用第 1 章中标识,"3"代表燃烧室进口,"4"代表燃烧室出口,"9"代表发动机出口。

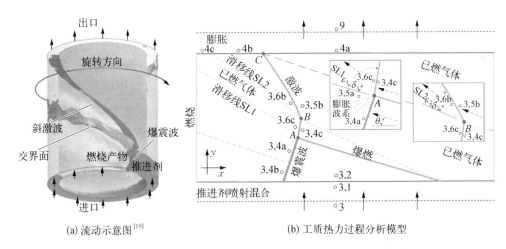

(a) 流动示意图[19]   (b) 工质热力过程分析模型

图 6.21   CDRE 内部流动示意图及工质热力过程分析模型

喷注器前燃料和氧化剂的状态对应图 6.21(b)中的"3"点,燃料和氧化剂喷入后将进行掺混(对应"3.1"点),形成的可爆混合物将进一步填充连续爆震燃烧室,CDC 内填充的反应物气动状态沿周向并不是均匀分布,这里以某一等效填充状态(对应"3.2"点)作为爆震燃烧波前状态。当将坐标系建立在旋转的爆震波上时,轴向填充的可爆混合物将叠加一周向的旋转速度。

在相对坐标系下(爆震波坐标系),新鲜可爆混合物大致将经历三种热力过程:途径 a,新鲜可爆混合物经过驻定的爆震燃烧波后,一部分产物(对应"3.4a"点)直接流出燃烧室(对应"4a"点),并通过喷管膨胀排出发动机,这一过程为爆震热力过程 a;途径 b,部分爆震燃烧产物(对应"3.4b"点)继续膨胀到状态"3.5b",经由 B 点发出的斜激波压缩为状态"3.6b",随后流出燃烧室(对应"4b"点),并通过喷管膨胀排出发动机,这一过程为爆震+斜激波热力过程 b;途径 c,新鲜可爆混合物与高温燃烧产物接触后被提前点燃并燃烧为状态"3.4c",即爆燃(假设等压燃烧),然后爆燃产物再经过斜激波 AB 压缩为状态"3.6c",流出燃烧室后(对应"4c"点),通过喷管膨胀排出发动机,这一过程为爆燃+斜激波热力过程 c。

2. CDC 内工质热力过程分析模型

基于前述对 CDC 内工质热力过程的分析,可以建立相应热力过程的分析模型。掺混后的可爆混合物工质喷入燃烧室后,工质在燃烧室内经历上述三种途径进而流出燃烧室,各途径中的燃烧波前工质气动状态并不是均匀分布,因此在相对坐标系下沿各流线的热力学状态存在差异。为简化分析,这里假设燃烧波前状态是均匀的,同时以三波系(爆震波、爆燃波及斜激波)附近工质的三种热力过程代表所有工质。

设喷注前燃料和氧化剂的总温分别为 T_f 和 T_o,则掺混后的总温为

$$T_{t3.1} = \frac{f(c_{pf}T_f - H_{zf}) + (c_{po}T_o - H_{zo})}{(1+f)c_{pu}} \tag{6.9}$$

其中,f 为燃料与氧化剂之比;c_{pf} 和 H_{zf} 分别为燃料的比热容和汽化潜热;c_{po} 和 H_{zo} 分别为氧化剂的比热容和汽化潜热;c_{pu} 为混合物比热容。设掺混后的总压为 $p_{t3.1}$,则当给定平均填充马赫数 Ma_{fill}(填充速度为 u_{fill},地面坐标系)时,可以求得填充工质燃烧前的静参数,即对应图 6.21(b)中的"3.2"状态点。

1) 热力过程 a 爆震波后状态

已知爆震波前工质所处状态 3.2 的静参数,基于第 1 章中计算 CJ 状态参数的公式(1.64)~公式(1.68),可以求得爆震波后的压力 $p_{3.4}$、温度 $T_{3.4}$ 及传播速度 u_{CJ}。爆震波在 CDC 内连续传播时,将持续受到侧向稀疏的影响,Kaemming 等[54]引入爆震波前后膨胀面积比 A_b/A_u(≥ 1)以修正爆震波特性参数,此时爆震波传播马赫数 Ma_{CJ} 满足如下关系:

$$\frac{1 + \gamma_u Ma_{CJ}^2}{Ma_{CJ}}\sqrt{\frac{(\gamma_b + 1)/2}{1 + Ma_{CJ}^2(\gamma_b - 1)/2 + q_u/(c_{pu}T_{3.2})}} = \left(\frac{A_u}{A_b} + \gamma_b\right)\frac{\gamma_u}{\gamma_b}\sqrt{\frac{\gamma_b - 1}{\gamma_u - 1}} \tag{6.10}$$

相应地,爆震波后压力及温度满足关系:

$$\frac{p_{3.4}}{p_{3.2}} = \frac{\gamma_u Ma_{CJ}^2 + 1}{\gamma_b(A_b/A_u) + 1} \tag{6.11}$$

$$\frac{T_{3.4}}{T_{3.2}} = \frac{c_{pu}[1 + Ma_{CJ}^2(\gamma_b - 1)/2 + q_u/(c_{pu}T_{3.2})]}{c_{pb}(\gamma_b + 1)/2} \tag{6.12}$$

其中,γ_u 和 c_{pu}、γ_b 和 c_{pb} 分别为反应物及燃烧产物的绝热指数和比热容;q_u 为单位

质量反应物放热量。

2) 热力过程 c 斜激波 AB 后状态

可爆混合物与爆震波后膨胀的高温燃烧产物接触,将被提前点燃。假设燃烧过程为等压燃烧,则燃烧后状态 3.4c 满足关系:

$$p_{3.4c} = p_{3.2}; \quad T_{3.4c} = \frac{q_u + c_{pu} T_{3.2}}{c_{pb}}; \quad u_{3.4cy} = \frac{R_b T_{3.4c}}{R_u T_{3.2}} u_{fill} \tag{6.13}$$

其中,$u_{3.4cy}$ 为燃烧产物 y 方向速度(轴线方向);R_u 和 R_b 分别为反应物和产物的通用气体常数。

由于爆燃和爆震产物压力差异大,所以在图 6.21(b)中的 A 点将衍射出激波 AB 压缩爆燃产物,同时在 A 点爆震波侧形成膨胀波以降低爆震产物压力,进而在滑移线 1 两侧实现两种产物的压力平衡。为求解激波后状态,参考 Fievisohn 等[55]不考虑爆燃产物的计算方法,将坐标系建立在爆震波上,地面坐标系下该运动坐标系速度沿 x 方向(周线方向),满足 $u_{lab} = u_{CJ}\cos\theta$,其中 θ 满足 $\sin\theta = u_{fill}/u_{CJ}$。相应地,相对坐标系下爆燃产物在"3.4c"处 x 方向的速度满足 $u_{3.4cx} = u_{lab}$,进而可以求得该处相对马赫数 $Ma_{3.4c}$。斜激波 AB 后滑移线角 δ_1 和气流角 ε_1 满足如下关系:

$$\tan\delta_1 = 2\cot\varepsilon_1 \left[\frac{Ma_{3.4c}^2 \sin^2\varepsilon_1 - 1}{Ma_{3.4c}^2(\gamma_b + 2\cos 2\varepsilon_1) + 2} \right] \tag{6.14}$$

相应地,斜激波 AB 前后压力满足关系:

$$\frac{p_{3.6c}}{p_{3.4c}} = 1 + \frac{2\gamma_b}{\gamma_b + 1}(Ma_{3.4c}^2 \sin^2\varepsilon_1 - 1) \tag{6.15}$$

相对坐标系下,爆震波后马赫数满足 $Ma_{3.4a} = 1$,爆震产物经由 A 点发出的扇形膨胀波膨胀到图 6.21(b)中"3.5a"状态,此时产物气流角与当地马赫数满足

$$\delta_1 = \upsilon(Ma_{3.5a}) - \upsilon(Ma_{3.4a}) \tag{6.16}$$

其中,$\upsilon(Ma)$ 为普朗特-迈耶函数。

爆震产物在状态"3.4a"和"3.5a"间满足等熵关系,即

$$\frac{p_{3.5a}}{p_{3.4a}} = \left(\frac{1 + \frac{\gamma_b - 1}{2} Ma_{3.5a}^2}{1 + \frac{\gamma_b - 1}{2} Ma_{3.4a}^2} \right)^{\frac{\gamma_b}{\gamma_b - 1}} \tag{6.17}$$

考虑到滑移线 1 两侧满足 $p_{3.6c} = p_{3.5a}$,联立式(6.14)~式(6.17)可以求得斜激波

AB 后气体状态参数($p_{3.6c}$ 和 $T_{3.6c}$)。

3）热力过程 b 斜激波 BC 后状态

爆震波后"3.4b"处状态与"3.4a"处相同，相对坐标系下，气流马赫数满足 $Ma_{3.4b} = 1$，进而可以求得"3.4b"处的滞止参数。当爆震产物由"3.4b"等熵膨胀到"3.5b"时，若假设 $p_{3.5b} = p_{3.4c}$，由等熵关系可求得"3.5b"处的温度 $T_{3.5b}$ 及马赫数 $Ma_{3.5b}$。若进一步假设斜激波 BC 后的压力满足 $p_{3.6b} = p_{3.6c}$，则可求得斜激波后气流角 ε_2，即

$$\varepsilon_2 = \arcsin\left[\frac{1}{Ma_{3.5b}}\sqrt{\left(\frac{p_{3.6b}}{p_{3.5b}} - 1\right)\frac{\gamma_b + 1}{2\gamma_b} + 1}\right] \tag{6.18}$$

基于气流角 ε_2 进而可以求得斜激波 BC 后温度 $T_{3.6b}$ 及马赫数 $Ma_{3.6b}$。

3. CDRE 理论推进性能

基于以上对 CDC 内工质热力过程分析可知，当工质经三种热力过程转变为爆震燃烧或激波压缩后状态时，即对应图 6.21(b)中的"3.4a"状态、"3.6b"状态及"3.6c"状态，若假设随后的工质膨胀为等熵过程，并在发动机出口膨胀到环境大气压状态，即 $p_{9a} = p_{9b} = p_{9c} = p_b$，则基于等熵关系可以求得相应的排气静温($T_{9a}$、$T_{9b}$ 及 T_{9c})。若假设 CDRE 排气装置可以实现定常均匀流排气，即排气不均匀系数 η_v 等于 1，此时 CDRE 能够获得极大性能，基于能量守恒可以求得此时的 CDRE 排气速度 u_9，即

$$u_9 = \sqrt{2\left[(c_{pu}T_{t3.1} + q_u) - c_{pb}(Y_a T_{9a} + Y_b T_{9b} + Y_c T_{9c})\right]} \tag{6.19}$$

其中，Y_a、Y_b 及 Y_c 分别为图 6.21(b)中沿热力过程 a、b 及 c 工质的质量分数。反应物填充深度增加(对应爆震波高度增大)、反应物温度升高都将增加反应物提前爆燃燃烧的比例 Y_c；当爆震波传播的倾角 θ 不变，则爆震波高度减小将增大沿热力过程 b 爆震+激波的工质比例 Y_b。

基于 CDRE 排气速度，进一步可得发动机比冲为

$$I_{sp} = u_9/g \tag{6.20}$$

相应地，此膨胀状态下 CDRE 的真空比冲为

$$I_{vac} = I_{sp} + \frac{p_b}{(Y_a\rho_{9a} + Y_b\rho_{9b} + Y_c\rho_{9c})u_9 g} \tag{6.21}$$

CDC 作为增压部件，燃烧室的等效增压比 π_{CDC} 也是一个很重要的部件性能参数，可以采用两种计算方法，一种是基于动量等效来确定。若假设 CDRE 出口定常等效静温为不同工质出口温度质量加权，则 CDRE 出口等效马赫数 Ma_9 满足

$$Ma_9 = u_9 / \sqrt{\gamma_b R_b (Y_a T_{9a} + Y_b T_{9b} + Y_c T_{9c})} \tag{6.22}$$

则燃烧室的等效增压比 π_{CDC} 满足以下关系:

$$\pi_{CDC} = \frac{p_{t9}}{p_{t3.1}} = \frac{p_0 \left(1 + \dfrac{\gamma_b - 1}{2} Ma_9^2 \right)^{\frac{\gamma_b}{\gamma_b - 1}}}{p_{t3.1}} \tag{6.23}$$

另一种是基于工质流经燃烧室的熵增相同确定燃烧室出口等效状态,计算流程与第 1 章中类似。将 CDC 内工质经三种热力过程产生的熵增进行质量加权求和计算燃烧室的总熵增。基于燃烧室进出口能量守恒计算燃烧室出口等效温度[式(1.74)]。以工质燃烧前的状态"3.1"作为参考状态,在给定总熵增条件下计算燃烧室出口等效压力。等效压力与状态"3.1"处压力之比即为 CDC 等效增压比。

6.2.2.2　降阶模型

循环性能模型简化了 CDC 中的进排气过程。为考虑 CDC 内进出口流量平衡,同时避免对 CDC 进行二维或三维数值仿真,另一种建模方法就是给定 CDC 头部某点的压力及温度随时间变化的经验公式,当爆震波稳定旋转传播时,这也就确定了 CDC 头部周向压力及温度分布,进而可以建立 CDRE 的性能评估降阶模型[54,56]。

1. CDC 喷注燃烧模型

当 CDC 内稳定连续旋转传播的爆震波通过头部某固定点时,数值仿真结果表明,该点处的压力 p_c 衰减满足如下经验关系[54]:

$$p_c(t) = p_{3.2} [1 + (p_R - 1) \exp(- kt)]$$
$$k = - \ln(1 - b) / \tau_{drop} ; \quad \tau_{drop} = 0.000\,05 / \tau_{factor} \tag{6.24a}$$

其中,$p_{3.2}$ 为爆震波前静压,对应图 6.21(b)中的"3.2"状态;p_R 为爆震波前后压比;b 和 τ_{factor}(一般取 1)为修正系数。通过调整公式(6.24a)中修正系数的大小可以获得不同的压力变化曲线,进而改变 CDC 的工作特性。

作为简化,压力变化也可以采用如下形式[56]:

$$p_c(t) = p_{3.2} p_R \exp(- kt) ; \quad k = \ln(p_R) / t_{cyc} \tag{6.24b}$$

其中,t_{cyc} 为该点处压力循环周期,其等于 CDC 爆震频率的倒数。

若固定点位于反应物最大填充深度处,则该点处温度变化可以基于等熵膨胀关系确定,即

$$T_c(t) = T_c(t_0) \left[\frac{p_c(t)}{p_c(t_0)} \right]^{(\gamma_b - 1)/\gamma_b} \tag{6.25}$$

其中,$T_c(t_0)$ 和 $p_c(t_0)$ 分别为初始时刻 t_0 时爆震波后的温度和压力。

当 CDC 头部喷注状态给定时,根据 CDC 喷注面下游某点处的压力变化,可以获得该喷注喉道位置处的瞬时单位面积流量 $m_{injA}(t)$,即

$$m_{injA}(t) = \frac{m_{inj}(t)}{dA_{inj}} = c_d \frac{p_{t3}}{\sqrt{T_{t3}}} \sqrt{\frac{\gamma}{R}} Ma_{inj}(t) \left(1 + \frac{\gamma - 1}{2} Ma_{inj}^2(t) \right)^{\frac{-(\gamma+1)}{2(\gamma-1)}} \tag{6.26}$$

其中,dA_{inj} 和 c_d 分别为微元喷注面积和流量系数,喷注马赫数满足 $0 \leqslant Ma_{inj}(t) \leqslant 1$,可以近似基于上下游压差确定,即

$$Ma_{inj}^2(t) = \frac{2}{\gamma - 1} \left[\left(\frac{p_{t3}}{p_c(t)} \right)^{(\gamma-1)/\gamma} - 1 \right] \tag{6.27}$$

当 $p_{t3} \leqslant p_c(t)$ 时,喷注器阻塞,$Ma_{inj}(t)$ 等于 0。对式(6.26)瞬时单位面积流量在循环周期 t_{cyc} 内进行积分时间平均,然后乘以 CDC 头部喷注面积即可求得推进剂的平均流量 $\bar{m}_{inj}$。

当需要考虑喷注损失及计算爆震波前推进剂填充速度时,对于当前 CDC 头部普遍采用的突扩式喷注结构,可以采用突扩小孔进气模型进行分析建模[55],如图 6.22 所示。与图 6.21(b)示意图相对应,"3"位置对应喷注器上游,"3.1"位置对应喷注器喉道,"3.1a"位置对应CDC 头部端壁,"3.2"位置对应环形 CDC 头部燃烧区,定义喷注面积比 $A_{injR} = A_{3.1}/A_{3.2}$。

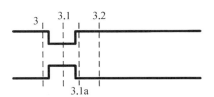

图 6.22　小孔进气模型

若假设反应物经过喷注孔的流动为准定常过程,则基于流动守恒方程可推导出图 6.22 中四个截面气流状态满足如下关系:

$$\frac{1}{2} u_{3.2}^2 + \frac{\gamma}{\gamma - 1} \frac{p_{3.2}}{m_{injA} A_{injR}} u_{3.2} - \frac{\gamma}{\gamma - 1} \frac{p_{t3}}{\rho_{t3}} = 0 \tag{6.28}$$

$$p_{3.1a} = \frac{m_{injA}(u_{3.2} - u_{3.1}) - p_{3.1} + p_{3.2}/A_{injR}}{1/A_{injR} - 1} \tag{6.29}$$

其中,$p_{3.1} \geqslant p_{3.1a}$,等号在亚声速喷注时成立。

若假设反应物流经 3–3.1 段时为等熵过程,则当已知喷注状态(p_{t3} 及 T_{t3})及喷注背压 $p_{3.2}$[对应式(6.24)中 p_c],联立式(6.26)、式(6.28)及式(6.29)即可求

得瞬时喷注气流速度 $u_{3.2}$。通常将爆震波前反应物流速作为填充速度,进而可以求得此时反应物气流总压及静温,获得喷注损失。基于推进剂平均喷注流量、爆震波速及波头数可以预估推进剂最大填充深度或爆震波头高度。

2. 排气模型

CDC 内反应物经爆震燃烧后,将进一步膨胀并通过喷管排出发动机,可以采用两种方式构建 CDRE 的排气模型,即排气修正模型和瞬时排气模型。

1)排气修正模型

此时喷管进口总温和总压都假定为定值,其等于 CDC 出口等效总温和总压,可以基于 6.2.2.1 节提及的 CDC 出口总焓及总熵增来求。当给定喷管几何结构时,在已知喷管进口条件下可以求得平均排气流量 $\bar{m}_{exit}$ 和平均推进性能。对于实际 CDC,在某一瞬时,出口气流参数沿周向并不是均匀分布,排气的不均匀性必然会影响 CDRE 的推进性能。定义喷管喉道处的流动畸变 ζ 为沿喉道周向速度最大值与最小值之差除以平均速度,若喉道流动始终处于壅塞状态,则平均速度等于声速。

若进一步假设喷管喉道处气流沿周向的马赫数分布为线性分布[54],即

$$Ma(x) = \zeta x + (1 - \zeta/2) \tag{6.30}$$

其中,x 为沿一个爆震波的无量纲周向距离,进一步可得流量修正系数为

$$\frac{\bar{m}_{real}}{\bar{m}_{exit}} = \frac{\int_0^1 Ma(x) / \{1 + [(\gamma - 1)/2] Ma(x)^2\}^{\frac{\gamma+1}{2(\gamma-1)}} dx}{[(\gamma + 1)/2]^{\frac{-(\gamma+1)}{2(\gamma-1)}}}$$

动量修正系数为

$$\frac{\overline{mu}_{real}}{\overline{mu}_{exit}} = \frac{\int_0^1 Ma^2(x) / \{1 + [(\gamma - 1)/2] Ma(x)^2\}^{\gamma/(\gamma-1)} dx}{[(\gamma + 1)/2]^{-\gamma/(\gamma-1)}}$$

Kaemming 等[54]的计算表明,当流动畸变 $\zeta < 100\%$ 时,流量修正系数和动量修正系数一般大于 0.9,因此从简化模型计算角度,可以近似忽略排气不均匀性,认为流量修正系数和动量修正系数为 1。

2)瞬时排气模型

当 CDC 长度较短使得喷管喉道位置接近推进剂最大填充深度时,喷管某点处的进口气流总参数可以直接取式(6.24)和式(6.25)计算得到的 $p_c(t)$ 和 $T_c(t)$。若假设喷管内燃气流动为准定常等熵流动,则壅塞状态下喷管喉道任意位置瞬时单位面积流量为

$$m_{\text{injA}}(t) = \frac{m_{\text{exit}}(t)}{\mathrm{d}A_{\text{th}}} = \frac{p_{\text{c}}(t)}{c^*(t)} \tag{6.31}$$

其中,$c^*(t)$ 为瞬时特征速度,即

$$c^*(t) = \frac{\sqrt{\gamma_{\text{b}} R_{\text{b}} T_{\text{c}}(t)}}{\gamma_{\text{b}} \sqrt{\left[2/(\gamma_{\text{b}} + 1) \right]^{(\gamma_{\text{b}}+1)/(\gamma_{\text{b}}-1)}}} \tag{6.32}$$

将式(6.31)瞬时单位面积流量在循环周期 t_{cyc} 内进行积分时间平均,并乘以喷管喉道面积即可求得发动机平均排气流量。

进一步可以求得单位面积喉道流量下的瞬时推力:

$$F(t) = \frac{m_{\text{exit}}(t)}{\mathrm{d}A_{\text{th}}} C_F(t) c^*(t) \tag{6.33}$$

质量加权平均比冲为

$$I_{\text{sp\_avg}} = \frac{1}{\bar{m}_{\text{exit}}} \int_0^{t_{\text{cyc}}} \frac{m_{\text{exit}}(t) C_F(t) c^*(t)}{g} \mathrm{d}t \tag{6.34}$$

其中,推力系数 $C_F(t)$ 可基于下式计算,即

$$C_F(t) = \sqrt{\frac{2\gamma_{\text{b}}^2}{\gamma_{\text{b}} - 1} \left(\frac{2}{\gamma_{\text{b}} + 1} \right)^{\frac{\gamma_{\text{b}}+1}{\gamma_{\text{b}}-1}} \left[1 - \left(\frac{p_9(t)}{p_{\text{c}}(t)} \right)^{\frac{\gamma_{\text{b}}-1}{\gamma_{\text{b}}}} \right]} + \varepsilon \left[\frac{p_9(t)}{p_{\text{c}}(t)} - \frac{p_{\text{b}}}{p_{\text{c}}(t)} \right] \tag{6.35}$$

其中,ε 和 p_9 分别为喷管扩张段面积膨胀比及发动机出口处压力。当喷管内都为等熵流动时,对于钟形或锥形喷管,式(6.35)中 p_9/p_{c} 可以直接基于喷管面积比 ε 求得。对于塞式喷管,当基于面积比 ε 求得的 p_9 小于环境压力 p_{b} 时,则式(6.35)中的 $p_9(t)$ 等于 p_{b}[56]。

3. 流量匹配模型

对于 CDRE 设计点性能预估,当给定推进剂喷注状态、喷注几何结构及爆震波前压力 $p_{3.2}$ 时,基于 CDC 喷注燃烧模型可以计算出平均喷注流量 $\bar{m}_{\text{inj}}$,利用排气模型可以计算出单位面积平均排气流量,考虑到 CDRE 推进剂喷注流量与排气流量相等,进而可以确定 CDRE 喷管喉道面积。

对于 CDRE 非设计点性能预估,CDRE 进排气几何结构确定,当喷注状态与设计状态不同时,对于初始给定 $p_{3.2}$,基于喷注燃烧模型和排气模型计算得到的喷注流量和排气流量一般不相等,此时需要修正 $p_{3.2}$ 直到满足 $\bar{m}_{\text{inj}} = \bar{m}_{\text{exit}}$,如图6.23所示。

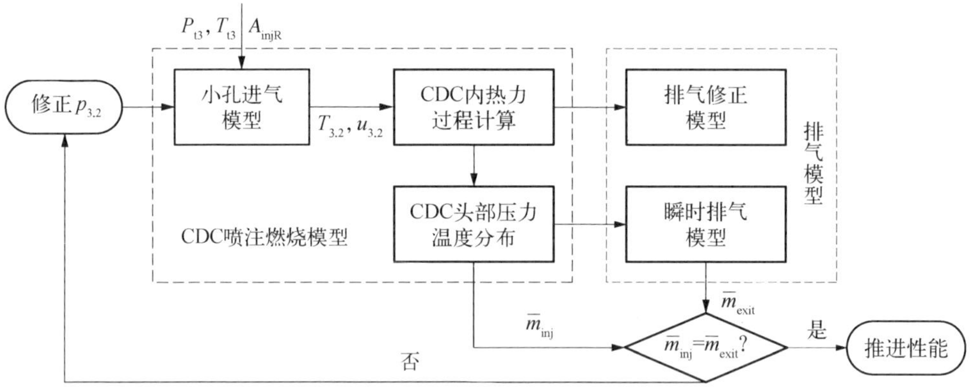

图 6.23 燃烧排气流量匹配模型

6.2.2.3 多维数值仿真性能分析模型

实际连续爆震发动机内的流动是涉及化学反应的复杂非定常三维流动,为准确获得燃烧室内的流场信息并评估发动机性能,一般应采用三维数值仿真来开展,相关机构基于此方法开展过大量的研究工作[57]。然而需要指出的是,由于爆震燃烧的强非定常性(激波与燃烧的强耦合),开展爆震燃烧室数值仿真,对流场网格大小及时间步长的要求远高于常规发动机燃烧室。为减少计算量,目前一般采用欧拉方程来描述流场,同时采用单步不可逆化学反应过程来描述实际燃烧放热过程。为进一步快速评估 CDC 工作特性,还可以采用其他简化方法。

1. 地面坐标系二维数值仿真

对于环形连续爆震室,由于当前爆震室的环道高度相比于爆震室的径向及轴向尺度小得多,为减少计算量,可以忽略爆震室流场沿环道径向的分布,将环形爆震室沿周向展开成二维平面,进而可以用二维流体控制方程来描述,即

$$\frac{\partial}{\partial t}\begin{bmatrix}\rho\\\rho u_x\\\rho u_y\\\rho e_t\\\rho Y_i\end{bmatrix}+\frac{\partial}{\partial x}\begin{bmatrix}\rho u_x\\\rho u_x^2+p\\\rho u_x u_y\\u_x(\rho e_t+p)\\\rho u_x Y_i\end{bmatrix}+\frac{\partial}{\partial y}\begin{bmatrix}\rho u_y\\\rho u_x u_y\\\rho u_y^2+p\\u_y(\rho e_t+p)\\\rho u_y Y_i\end{bmatrix}=\begin{bmatrix}0\\0\\0\\0\\\dot{\omega}_i\end{bmatrix}-\frac{1}{A}\frac{\mathrm{d}A}{\mathrm{d}y}\begin{bmatrix}\rho u_x\\\rho u_x u_y\\\rho u_y^2\\u_x(\rho e_t+p)\\\rho u_x Y_i\end{bmatrix}$$

$$(6.36)$$

其中,控制方程中的 y 代表爆震室轴向方向(进排气方向);x 代表周向方向;Y_i、$\dot{\omega}_i$ 分别为组分 i 的质量分数和生成速率,组分 i 可以是单一物质或混合物。

为简化学反应的计算,组分生成速率、压力和温度满足的关系及物性可以沿用式(5.38)~式(5.40)计算公式。为分析进气型面及喷管型面变化对爆震室内流

场及发动机性能的影响,式(6.36)引入了考虑环道面积沿爆震室轴向方向(即 y 方向)变化的面积源项,Lau 等[58]基于该类型控制方程分析了连续爆震室与喷注器之间的相互作用。

当应用式(6.36)求解图 6.3 所示的计算域时,控制方程中 x 方向对应水平方向,y 方向对应垂直方向。在边界条件设置上,计算域左右边界采用周期性边界条件,计算域下底边界为进口边界条件,对于火箭式 CDC 一般可以采用理想等熵喷注设置[59]。当给定喷注总压 p_{inj} 和总温 T_{inj},进口条件与 CDC 头部压力 p_c 有关。

当 $p_c > p_{inj}$ 时,喷注总压低于燃烧室内压力,喷注停止,此时一般将进口边界设置为固壁边界。

当 $p_{inj} \geqslant p_c > p_{cr}$ 时,反应物为亚声速流喷注,进口边界静压 p、静温 T 及 y 方向流速 u_y 满足

$$p = p_c; \quad T = T_{inj}\left(\frac{p}{p_{inj}}\right)^{(\gamma-1)/\gamma}; \quad u_y = \sqrt{\frac{2\gamma}{\gamma-1}RT_{inj}\left[1 - \left(\frac{p}{p_{inj}}\right)^{(\gamma-1)/\gamma}\right]} \quad (6.37)$$

当 $p_c \leqslant p_{cr}$ 时,反应物喷注壅塞,进口边界静压 p 满足

$$p = p_{cr}; \quad p_{cr} = p_{inj}\left(\frac{2}{\gamma+1}\right)^{(\gamma-1)/\gamma} \quad (6.38)$$

进口边界静温 T 和流速 u_y 仍采用式(6.37)求取。

式(6.37)假设反应物为轴向喷注,当需要考虑斜向喷注时,基于式(6.37)计算的流速为绝对速度,引入喷注倾斜角后可以分别计算出进口边界处周向流速 u_x 及轴向流速 u_y。

对于实际火箭式 CDRE,反应物喷注时存在总压损失,同时也往往存在面积突扩。针对此,可以引入图 6.22 所示的小孔进气模型,当给定突扩面积比后,基于式(6.26)、式(6.28)及式(6.29)可以计算出面积突扩后气流状态,该气流状态对应的就是计算域的进口边界条件。

对于二维数值仿真,通过引入面积源项可以获得喷管对 CDRE 推进性能的影响。若不考虑面积源项,则基于二维数值仿真仅能获得不带喷管等截面环形爆震室的推进性能,进一步对爆震室出口气流参数数据进行后处理,假想存在理想喷管可实现出口气流等熵膨胀/压缩至环境状态,则可以获得发动机的理想最大性能。

2. 爆震波坐标系二维仿真

当对实际 CDC 内的流场细节不太关注,仅是需要快速对发动机性能进行参数化影响研究时,一种进一步减少数值仿真计算量、缩短仿真时间(分钟级)的方法就是采用粗网格、简单有限速率化学反应模型及爆震波坐标系[60],此时二维流场控制方程与式(6.36)类似。

为减少计算量,仅考虑反应物单一组分,化学反应模型采用与活化能及当地温度无关的固定反应速率 K_0,仅设置化学反应开启的阈值温度 T_{c0},即

$$\dot{\omega} = \begin{cases} -\rho Z K_0, & T > T_{c0} \\ 0, & T \leqslant T_{c0} \end{cases} \tag{6.39}$$

这一设定可以回避爆震燃烧数值仿真中涉及的化学反应刚性问题,由于反应放热量取值仍与反应物保持一致,因此从化学热力学角度,这种处理方式不会影响爆震参数的大小。

当应用控制方程求解图 6.3 所示的计算域时,进口边界条件可采用式(6.37)和式(6.38)来计算,所不同的是在进口边界的 x 方向(即 CDC 周向方向)要叠加一个爆震波速度(即 $u_x = u_D$)。流场初始化时,在 CDC 头部某一位置赋值爆震燃烧区,通过循环迭代更新进口周向速度 u_x,直到爆震波固定在流场中的某一位置。为缩短计算时间,计算域采用粗网格(网格量比常规计算低几个数量级),这将带来更高的数值耗散,同时考虑到该方法采用固定反应速率模型,这些将导致反应物与燃烧产物接触直接发生爆燃燃烧,而没有任何反应物参与爆震燃烧。针对此,在 CDC 头部沿周向区域需设置低反应速率区(对应填充区)和正常反应速率区(对应爆震燃烧区)以解决反应物提前燃烧问题。

上述数值仿真仍涉及非定常流计算,进一步减少计算量的另一种方式就是不考虑控制方程(6.36)中的时间项,将坐标系建立在爆震波上,进而将非定常流变成定常流。对 CDC 内定常流的求解采用特征线法[55],其将 CDC 内的流场分成三个区来求解,如图 6.24 所示,即斜激波后区、爆震波后区及填充区,区与区之间通过滑移线边界条件来进行搭接。

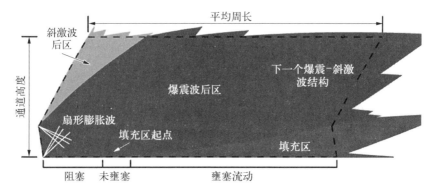

图 6.24　特性线法求解 CDC 内流场分区示意图

基于特征线法求 CDC 内流场时,首先假定爆震波前初始的温度、压力、爆震波倾斜角、爆震波高度及参考坐标系速度($u_{lab} = u_D \cos\theta$),进而可以基于第 1 章的知

识求得平面爆震波参数,基于 6.2.2.1 节内容求得斜激波角、斜激波与爆震波间滑移线角及初始波后状态,以此为起点对斜激波后区及爆震波后区进行求解。基于压差判定(CDC 头部压力低于供给总压)填充区的起始点,反应物喷注过程可以采用理想等熵喷注或小孔进气模型来描述,同时在反应物填充速度的周向方向,叠加参考坐标系速度 u_{lab}。当头部填充区计算推进到计算域右边界时,计算此边界处质量加权新的爆震波前初始的温度、压力及气流偏转角,基于气流偏转角确定爆震波倾斜角及爆震波高度,重新开始下一循环计算,直到结果收敛。

特征线法求解 CDC 内流场能在分钟级实现计算结果收敛,进而可以快速实现对 CDRE 性能进行参数化研究,其主要缺点有:不考虑爆震波的不稳定性,假定平面爆震波;爆震波后不考虑化学反应,为冻结反应流动;分区求解及区与区之间的搭接比较复杂;计算域出口边界不考虑环境压力影响,为外插边界条件,从适用范围角度,只有当计算域出口处轴向方向(y 方向)的马赫数大于 1 时才有效。

3. 爆震波坐标系二维流场近似模型

该模型实际属于前述降阶模型的一种,其通过给出爆震波坐标下爆震波后流场近似分布,确定 CDC 进出口参数分布,进而基于控制体分析方法计算发动机的推进性能[61],其分析模型如图 6.25 所示。

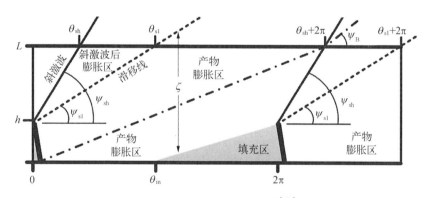

图 6.25　二维流场近似模型[61]

从图 6.25 可见,模型以环形爆震室周向角度为横坐标。当已知爆震波前状态及初始给定的爆震波高度 h 时,基于前述方法可以计算出爆震波后状态及斜激波角 ψ_{sh} 和滑移线角 ψ_{sl}。假设 CDC 内斜激波和滑移线为直线,斜激波与 CDC 出口相交于 θ_{sh} 点(或 $\theta_{\text{sh}} + 2\pi$),连接该交点与爆震波壁面处碰撞点,则 CDC 内流场可分成填充区、爆震产物膨胀区及斜激波后膨胀区。当爆震参数确定后,基于公式(6.24)可以近似获得 CDC 头部沿周向的压力分布,当给定喷注总压后,可以确定反应物喷注起始位置 θ_{in},连接该起始位置与爆震波斜激波交汇点,进而构成填充区上边界。基于喷注流量与爆震波扫掠流量相等的准则,循环迭代出最终的爆震波高度 h。

在爆震波坐标系,爆震波后爆震产物的膨胀流动都为定常流。由于爆震波后产物为声速,当假设波后产物膨胀为等熵过程时,则膨胀区任意位置处气体状态仅与该处流通面积比有关。通过图 6.25 所示的简单几何关系,可以确定产物膨胀区任意位置处的流通面积 ζ,进而可以获得 CDC 出口 ($\theta_{sl} \sim \theta_{sh} + 2\pi$) 间的流动状态及斜激波前气体状态。已知斜激波角,最终可以确定斜激波后产物在 CDC 出口 ($\theta_{sh} + 2\pi \sim \theta_{sl} + 2\pi$) 的流动状态。最后基于 CDC 出口流量是否等于 CDC 进口流量判定计算是否收敛。

采用控制体分析方法评估发动机推进性能,即沿 CDC 进出口周向进行动量积分并相减,进而可以获得发动机产生的轴向推力和周向扭转力。基于该模型分析表明,CDC采用更短的轴向尺寸(减小 L)及更大的环道高度,越有利于提升发动机推力及比冲。

6.3 冲压式连续爆震发动机

6.3.1 研究概况

冲压式连续爆震发动机(CDE)以替代传统亚燃/超燃冲压发动机为应用背景。对于当前 CDC,尽管基于爆震室头部平均压力获得的爆震室增压特性远低于预期(表 6.2),但由于常规冲压发动机燃烧室的进口流速大、增温比高,进而导致燃烧室总压恢复系数低以及燃烧室较长等问题,这为以高容热强度 CDC 替代常规冲压发动机燃烧室提升发动机推进性能的发动机方案提供了最佳的应用场景。对于冲压式 CDE,CDC 都采用轴向环缝进气,燃烧区为环型、渐扩型或空筒型结构,这便于实现其与上游进气道、下游尾喷管的连接。以下主要从 CDC 燃烧模式、CDC 燃烧室压力增益特性、CDC 反传压力的影响以及冲压式 CDE 整机研究几个方面介绍冲压式 CDE 当前研究概况。

1. CDC 燃烧模式

俄罗斯 Bykovskii 等[62]对图 6.26(a)所示的等截面环形 CDC 试验器进行了大量研究,其 CDC 环道外直径 d_{ch} 为 30.6 cm,通过改变环道高度 Δ(1.65~3.8 cm)和进气环缝高度 δ(0.1~1 cm)可实现 0.043~0.435 范围的进气面积比(δ/Δ)。当试验器采用 C_2H_2-空气作为反应物时,旋转爆震燃烧都表现为单波传播模式。当空气供给压力及当量比较低时,燃料与空气掺混欠佳,空气以亚声速流出进气环缝,CDC 内增压燃烧将对进气过程产生强烈影响,此时 CDC 内燃烧表现为前导激波后跟随纵向脉冲燃烧模式。若定义 CDC 内燃烧室内时均压力与空气供给总压之比为 CDC 总压恢复系数,则当进气面积比由 0.043 提升到 0.435 时,总压恢复系数由 0.29 提升到 0.8,需指出的是,当 $\delta/\Delta = 0.435$ 时,燃烧波传播速度远低于其他工况。当 CDC 结构由等直环道改为 15°锥面扩张环道时,出口膨胀波将进一步影响反应区,此时 CDC 内燃烧仅表现为纵向脉冲燃烧模式。当在 CDC 锥面扩张环道前接 30 cm 长等直环道,同时燃料喷射点后移(L_f = 30 cm),此时 CDC 等直环道内都为亚声速流,CDC 内燃烧仅表现为常规湍流燃烧模式。当试验器采用 H_2-空气作为反应物时,所有工况下 CDC 内燃烧都为旋转爆震燃烧模式,爆震传播模态与工质流量及进气面积比有关,随着工质流量的增加,低进气面积比下(0.087),爆震模态将由单波过渡到多波模态,高进气面积比下(0.26)爆震模态将仅为单波模态。当爆震传播模态不变时,爆震波传播速度随工质流量的增加而增大。当空气供给压力较低、CDC 总压恢复系数达到 0.9 时,湍流火焰内反应物燃烧加剧,爆震燃烧衰减为快速爆燃模式。当试验器采用 C_3H_8-空气或煤油-空气作为反应物时,只有在额外补氧(氧气与氮气质量比为 1,氧气质量分数分别为 44% 和 45.6%)情况下才能在 CDC 内实现旋转爆震燃烧模式。

为实现 CDC 自吸气模式工作,Bykovskii 等[63] 试验研究了利用 H_2 高速射流实现空气引射获得爆震燃烧的方案,如图 6.26(b)所示,研究表明,合适的 H_2 喷注结构设计及供给流量可实现 CDC 以旋转爆震燃烧模式或纵向脉冲爆震燃烧模式工作。

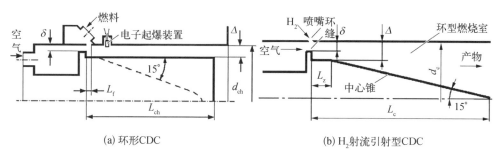

(a) 环形CDC　　　　　　　　　(b) H_2射流引射型CDC

图 6.26　Bykovskii 等的 CDC 试验器示意图[62,63]

针对液体煤油,南京理工大学 Ding 等[64] 试验研究了空气补氧条件下 CDC 内爆震燃烧特性,试验系统如图 6.27 所示。CDC 环道外直径 d_{ch} 为 142 mm,环道高度 Δ 为 8 mm,进气环缝高度 δ 为 2 mm,CDC 长度为 180 mm,试验中氧气质量分数为 38.6%~49%。试验结果表明,当氧气质量分数低于 40.5% 时,爆震燃烧表现为单波传播模式,随着氧气质量分数的增加,CDC 内出现双波/四波对撞模式,所有工况下燃烧瞬时增压比小于 4,单波模式下燃烧波传播速度为 1 160 m/s,低于Bykovskii 等[64] 试验结果(1 500 m/s,双波模式)。

空军工程大学 Zhong 等[65] 试验研究了富氧空气(氧含量 30%)条件下采用裂解煤油时 CDC 内爆震燃烧特性,试验系统如图 6.28 所示,其采用预燃室对煤油进行裂解,CDC 环道外直径 d_{ch} 为 150 mm,环道高度 Δ 可调(15~40 mm),进气环缝高度 δ 为 0.4 或 1 mm(进气面积比 δ/Δ 小于 0.067),CDC 长度为 170 mm。试验结果表明,所有工况下燃烧瞬时增压比小于 6.5,燃烧波传播速度为 800~1 300 m/s,爆震燃烧表现为单波和双波对撞模式,当工质流量降低时,CDC 内出现快速爆燃模式。

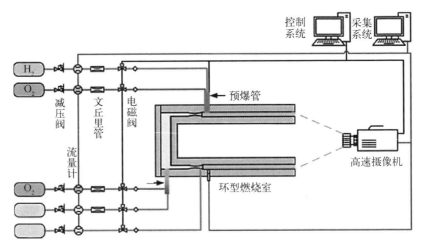

图 6.27　Ding 等的试验器[64]

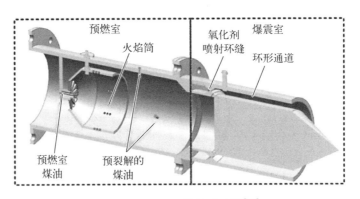

图 6.28　Zhong 等的试验器[65]

当前针对 C_3H_8-空气或煤油-空气的 CDC 试验需要额外补氧,这是因为试验中的 CDC 几何尺寸不满足约束准则[4]。以 C_3H_8 燃料为例,其恰当比 C_3H_8 - O_2 胞格尺寸为 1.5 mm,当氧化剂换成空气后,其胞格尺寸增大到 52 mm,若按临界环道直径尺寸 $d=30\lambda$ 来计算[66],CDC 的外直径在米量级。提高燃烧波前压力和温度都可以减小胞格尺寸,这意味着,当 CDC 几何结构及反应物当量比固定时,为实现 CDC 内连续爆震燃烧,需要对 CDC 来流条件进行约束。

2. CDC 压力增益特性

当前 CDC 试验都可以获得连续爆震燃烧模式,然而试验获得的 CDC 增压特性远低于预估值。通常基于 CDC 头部的时均静压或等效可用压力[67]预估爆震室出口等效总压,那么燃烧室的压力增益 p_{gain} 就等于燃烧室总压恢复系数减去 1。针对 CDC 的数值模拟,在进口边界条件设置上,通常在 CDC 头部压力高于供给压力时将进口边界设置为壁面条件,即假设 CDC 头部存在假想机械阀门可以实现反压抑制,进而可以获得 CDC 理想增压特性。数值模拟结果表明,采用更高的进气面积比及更低的喷管喉道面积比(喉道面积与 CDC 环道面积之比)可以获得更高的压力增益,存在使 $p_{gain}>0$ 的进气面积比及喉道面积比几何约束条件[67],喷管喉道面积越接近 CDC 进气面积越有利于提升 CDC 增压特性[68]。试验条件下,目前技术水平还无法实现在 CDC 头部设置快速响应的机械阀门,CDC 头部的压力回传及产物回流必然会影响 CDC 部件压力增益特性。

美国海军研究生院 Brophy 等[69]针对 H_2-空气反应物的试验结果表明,CDC 的压力增益小于-10%(CDC 进气面积比大于 0.3),即 CDC 部件总压恢复系数小于 90%。美国普渡大学 Walters 等[68]针对天然气-空气反应物的试验结果表明,CDC 压力增益小于-40%。国防科技大学 Peng 等[70]针对以 CH_4-空气为反应物的空筒型 CDC 开展了试验研究,进气面积比预估 0.028,试验结果表明,沿着试验器轴向时均压力分布在 CDC 进口附近存在阶跃,CDC 压力增益小于-69%。Peng 等[71]针对 C_2H_4-空气为反应物的带凹腔环形 CDC 开展了试验研究,进气面积比预估 0.089 6,CDC 压力增益约为-27%。

对于传统冲压发动机,燃烧室高进口马赫数、稳焰结构将带来流动损失,放热过程也会引起总压损失,因此燃烧室的总压恢复系数远低于涡轮发动机主燃烧室。Stull 等[72]给出了以 JP-4 为燃料的旁侧进气突扩燃烧室的总压恢复系数试验数据,其变化范围为 0.75~0.89(对应-25%<p_{gain}<-11%),张钊等[73]将该燃烧室改为旁侧进气突扩凹腔燃烧室后,当旁侧进气马赫数不大于 0.4 时(当量比为 0.6~0.8),数值仿真获得的燃烧室总压恢复系数高于 94%(p_{gain}>-6%)。针对 H_2 燃料,李庆等[74]给出了一种基于凹腔稳焰的亚燃燃烧室,通过试验发现其燃烧室总压恢复系数低于 80%(p_{gain}<-20%)。Brophy 等[69]预估了与 CDC 试验相同工况下常规基于 V 形火焰稳定器的亚燃燃烧室总压恢复系数,其值约为 76.6%(p_{gain}=-23.4%)。

以上当前不同燃烧室压力增益数据表明,虽然当前试验获得的 CDC 压力增益都小于 0,但相比传统燃烧室仍有一定优势,虽然增大 CDC 进气面积比及减小喷管喉道面积比可以提升部件性能,但对于当前 CDC 环缝无阀进气结构,压力增益越高,CDC 头部反传压力也越强,CDC 进气与燃烧过程耦合越强,爆震波速度亏损越大,甚至会退化为爆燃模式。

3. CDC 反传压力的影响

为减小 CDC 内增压燃烧对上游部件的影响,美国海军研究实验室 Schwer 等[75,76]通过数值模拟,研究了各种进气结构下 CDC 进气与爆震燃烧耦合工作特性,其进气结构如图 6.29 所示,包括收敛型、针栓型、斜槽型、二极管型等,进气面积比固定为 0.2 或 0.4,仿真中计算域进口总压固定为 4 atm 或 10 atm。研究结果表明,虽然未有燃烧产物返流进入 CDC 上游的进气腔(此区域化学反应关闭),但进气腔内存在压力脉动,如图 6.29 所示。进气面积比为 0.2 时,压力脉动小于 1 atm,

但当进气面积比为 0.4 时,压力脉动达到进口总压的 77%[75]。进气结构的变化会给 CDC 内爆震燃烧过程及反传压力峰值带来影响,当 CDC 采用向着爆震波传播方向的斜槽型、二极管型及凹腔型进气结构时,进气结构上游压力脉动的峰值都相对较低,但该压力峰值仍与进气结构下游压力峰值处于同一量级(进气面积比为 0.4)[76]。

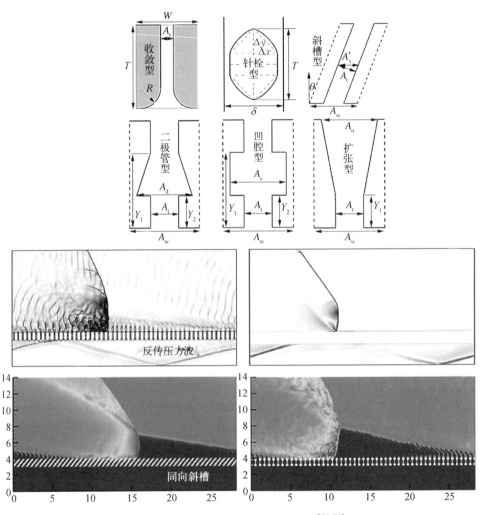

图 6.29　Schwer 等的数值模拟结果[75,76]

当 CDC 上游连接亚声速扩压器时,Schwer 等[77]将不同进气面积比下的 CDC 头部周向旋转压力脉动作为扩压器出口边界,通过数值模拟研究了扩压器的工作特性。研究结果表明:亚声速进口条件下,反传压力将传播到扩压器进口,进而导致进口压力的脉动;CDC 进气面积比越大,压力反传影响越强;相比单波模态,多波模态可以弱化压力反传影响,进而降低扩压器进口压力脉动幅值。反传压力能够在亚声速流中顺畅传播的事实表明,必须采用超声速流利用激波系来隔离压力反传。

英国剑桥大学 Bruce 等[78]通过试验与数值模拟研究了来流马赫数为 1.4 时下游低频(16~90 Hz)弱压力扰动(压力脉动小于 4%)对二维等截面隔离段内驻定激波串的影响,流场观测发现,正激波与边界层干扰形成了 λ 波系结构,激波串位置存在周期性振荡。国防科技大学 Cai 等[79]进一步将来流马赫数、下游正弦压力扰动的振荡频率及幅值分别拓宽到 1.5、100~2 000 Hz、4.8%~13%,通过二维数值模拟研究表明,激波串驻定的平均位置取决于压力扰动的平均压力,提高压力扰动的振荡频率及减小振荡幅值可以缩小激波串移动的范围。南京理工大学郭凯欣等[80]通过三维数值模拟研究了等截面/扩张截面环形隔离段内流场特性,隔离段进口马赫数为 1.5,其在隔离段出口施加了模拟 CDC 压力反传的周向旋转反压,压力脉动的最高值是最低值的 2 倍,结果表明旋转反压不断向上游传播,形成一道螺旋形的斜激波面,斜激波将与边界层干扰形成复杂激波系,并引起边界层分离,反压旋转速度或压力峰值增加都会使扰动区域增加,等截面隔离段抗反压能力更强,但当压力峰值达到来流总压的 1.5 倍时,激波串将被推出隔离段。南京航空航天大学王卫星等[81]通过三维数值模拟研究了施加 CDC 头部旋转压力条件下超声速进气道的工作特性,如图 6.30 所示,得到了类似的结论。

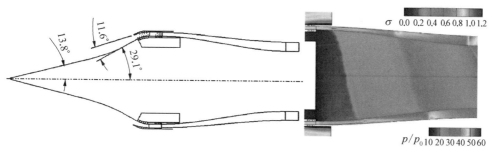

图 6.30 王卫星等的结果[81]

实际隔离段/进气道与 CDC 间存在强耦合,国防科技大学王超等[82]通过试验研究了连续旋转爆震燃烧与超声速来流之间的相互作用,如图 6.31 所示,早期 Zhdan 等[83]对超声速流中的连续爆震燃烧做过数值模拟研究。对于图 6.31 中的试验器,其中心圆柱直径为 80 mm,等直隔离段处环道外径为 86.61 mm,燃烧区环道外径 d_{ch} 可调,试验中来流加热空气总温 860 K,总压 860 kPa,预估隔离段处气流马赫数为 1.9 左右。试验结果表明:当 d_{ch} = 108 mm 时(进气面积比 0.209),隔离段内不存在压力振荡,即隔离段内流动未受到压力反传影响;当 d_{ch} = 100 mm 时(进气面积比 0.306),隔离段内存在压力振荡,但压力反传未影响上游加热器室压;当 d_{ch} = 92 mm 时(进气面积比 0.534),反传压力连续前传,并使加热器室压提高 43 kPa。

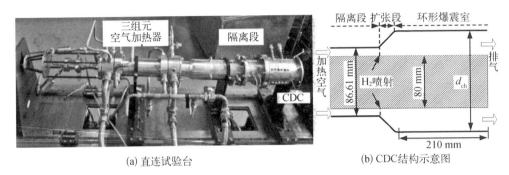

(a) 直连试验台   (b) CDC结构示意图

图 6.31 王超等的试验器[82]

Wang 等[84]研究了以 C_2H_4 为燃料的圆筒型 CDE 工作特性,圆截面隔离段、空筒型 CDC 及收扩喷管喉道直径分别为 56 mm、92 mm、72 mm,隔离段进口总温为 860 K、进口马赫数为 2.02,试验发现燃烧室内的燃烧模式为单波爆震燃烧(存在 22% 的速度亏损)和无明显压力振荡的爆燃燃烧,尽管燃烧室在单波爆震模态下的室压(230 kPa)略高于爆燃模式情况(220 kPa),但爆震燃烧引起的压力反传对隔离段内气流流动带来了显著影响。

北京大学 Wu 等[85]通过三维数值模拟研究了内压式进气道与 CDC 之间的耦合工作过程,如图 6.32 所示,预混的常温常压 H_2-空气混合物以马赫数 3 流入进气道,进气喉道面积与 CDC 环道面积比为 0.2,化学反应在进气道扩张段下游 2 mm 处开启。研究表明,进气道扩张段处正激波能够阻隔压力反传,爆震波与反应物填充区、前传系列斜激波及正激波间存在相互作用,进而使得 CDC 内出现与火箭型 CDC 不同的流动特点。

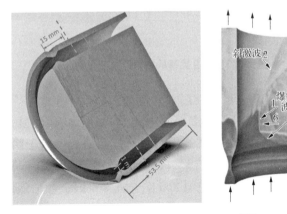

图 6.32 Wu 等的结果[85]

4. 冲压式 CDE 整机研究
针对冲压式 CDE,国防科技大学 Liu 等[86]在前期研究[82,87,88](图 6.31)基础上构建了如图 6.33 所示的发动机试验模型。发动机长 660 mm，进气道长度 300 mm，收扩喷管喉道位于燃烧室进口下游 240 mm 处，CDC 环形通道内径为 80 mm、外径为 120 mm。试验采用 H_2 为燃料（当量比为 0.63~0.68），在风洞中对发动机进行自由来流模拟试验，模拟飞行马赫数为 4.5、飞行高度为 18.5 km，动压头约为 97.7 kN/m^2。试验结果表明，CDC 内爆震波传播速度高于 90%u_{CJ}，随着喷管喉道收敛面积比由 1.2 提高到 1.5，燃烧室内平均压力增加，该压力与自由来流总压之比由 0.123 提高到 0.18，压力反传未给进气道内流动带来影响，发动机产生的推力增益（冷热态测量的推力之差）也在增加，基于推力增益计算得到的发动机比冲由 2 008 s 提高到 2 510 s。Braun 等[66]构建了冲压式 CDE 循环性能预估模型，在同样飞行马赫数下（动压头 95 kN/m^2），采用恰当比 H_2–空气时发动机比冲为 3 100 s。

图 6.33　Liu 等的冲压式 CDE 试验器[86]

中国空气动力研究与发展中心郑榆山等[89]基于 H_2 燃料开展了来流马赫数 3.1 条件下冲压式 CDE 自由射流试验，如图 6.34 所示，其等直环形隔离段内外径分别为 64 mm 和 80 mm，环形 CDC 内外径分别为 54 mm 和 90 mm，CDC 进气面积比为 0.44。试验获得了单波连续爆震模态，速度亏损 19%~24%，燃烧室内喷油燃烧后，隔离段内的时均静压显著抬升，隔离段内气流流动受到反传压力影响，相关研究未提及进气道是否也会受此影响。燃烧室头部时均压力与来流总压之比约为 0.4，CDC 内压力增益大于 −5%，提高燃烧当量比，燃烧室内时均压力将越低、隔离段内压力进一步抬升，爆震波传播变得越不稳定。

俄罗斯科学院 Frolov 等[90,91]利用脉冲风洞对以 H_2 为燃料的冲压式 CDE 进行了试验研究，试验系统如图 6.35 所示。发动机以马赫数 5 为设计点，来流空气经进气道压缩后将在流道最小截面处降为马赫数 2.5，随后经扩张流道重新加速。CDC 为扩张型流道，等直外直径 310 mm，燃烧室末端安装有可调阻塞比、用于实现快速起爆的限流盘，发动机总长 1 050 mm。试验结果表明：发动机存在两种燃烧

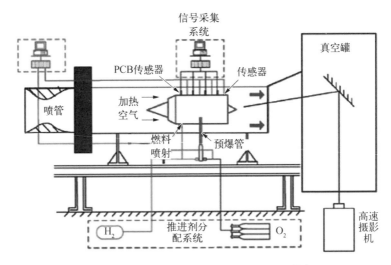

图 6.34   郑榆山等的冲压式 CDE 试验器[89]

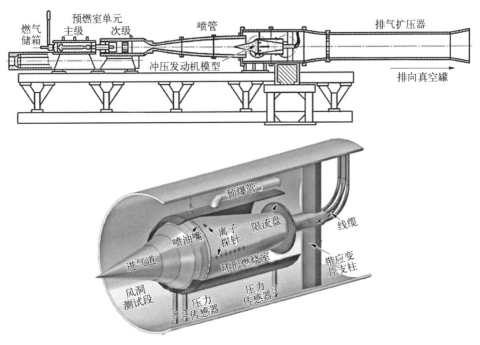

图 6.35   Frolov 等的冲压式 CDE 试验器[90]

模式,即旋转频率 1 250 Hz 的单波连续爆震模式和脉冲频率 900 Hz 的纵向脉冲爆震模式,两种情况下爆震波传播速度相当,脉冲爆震模式在 Wang 等[87]的试验器中也出现过;发动机喷油燃烧后,燃烧室出口总压将升高,来流马赫数为 5 时燃烧室出口总压最高;所有工况下(马赫数 5~8)出口总压远低于来流进口总压;发动机在来流马赫数为 8 时获得 100 N 的正推力,此时为脉冲爆震模式;试验器获得的最大推力增益为 2 200 N(马赫数 5)、最大比冲为 3 600 s(马赫数 6,基于推力增益计算)。

为实现在低飞行马赫数下的应用需求,俄罗斯科学院 Ivanov 等[92,93]以海平面马赫数 2 为设计点,利用脉冲风洞对两种发动机方案进行了试验研究。为减弱增压燃烧对进气道工作的影响,发动机燃烧段采用双流道设计,外涵道为爆震室、内涵道为旁通流道。对于涵道比为 0.54 的改型前方案,发动机测量推力都为负值,燃烧室平均压力与来流总压之比为 0.23(马赫数 2),发动机进气道始终处于非设计状态,进气道进口前缘出现明显可见的氢气燃烧区,这表明 CDC 内增压燃烧引起的反传压力影响拓展到整个进气道,这将大大降低发动机推进性能[92]。通过将进气道隔离段加长、涵道比降为 0.43,改型后的发动机方案可以避免进气道进入非设计状态,基于推力增益获得的燃料比冲得了大大提升,如图 6.36 所示,燃烧室

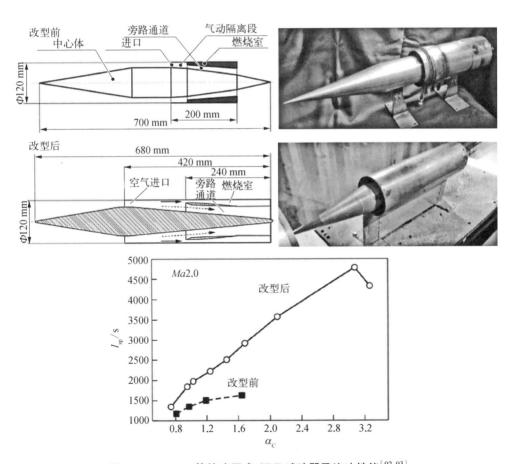

图 6.36　Ivanov 等的冲压式 CDE 试验器及比冲性能[92,93]

平均压力与来流总压之比为 0.29(马赫数 2)[93]。对于改型后发动机方案,若将燃料改为 C_2H_4,只有在 CDC 出口安装限流盘及化学恰当比附近时才能实现爆震燃烧模式,来流马赫数为 2 时,基于推力增益的燃料比冲为 360 s,此时燃烧室平均压力与来流总压之比为 0.36。

波兰 Wolanski 等[94]对一种连续爆震火箭基冲压发动机进行了试验研究,其中火箭式 CDC 以 CH_4 -空气为反应物,200 m/s 的来流空气经扩张型进气道流入发动机,空气与爆震燃烧产物掺混后经收敛喷管排出发动机,相比于纯火箭式 CDE 模态,冲压模态最大可提升比冲 40%,试验测量的最高比冲为 800 s。

6.3.2 冲压式 CDE 推进性能模型

6.3.2.1 循环性能分析模型

该模型就是在 6.2.2.1 节给出的 CDRE 循环性能模型基础上引入压缩过程或进气道模型。不同飞行高度下的大气状态满足以下式子。

当 $H \leqslant 11$ km:

$$p_0 = 101\,325(1 - H/44.3)^{5.255\,88} \qquad T_0 = 288.16 - 6.5H \qquad (6.40\text{a})$$

当 11 km$<H\leqslant$20 km:

$$p_0 = 22\,600\mathrm{e}^{(11-H)/6.318} \qquad T_0 = 216.5(\text{K}) \qquad (6.40\text{b})$$

当 20 km$<H\leqslant$32 km:

$$p_0 = 5\,474.8[1 + (H - 20)/216.65]^{-34.163\,22} \qquad T_0 = 216.5 + (H - 20) \qquad (6.40\text{c})$$

当来流以马赫数 Ma_0 进入进气道后,若进气道出口气流为亚声速流,则可以按下式预估进气道总压恢复系数 σ_{inlet},即

$$\begin{cases} Ma_0 \leqslant 1, & \sigma_{\text{inlet}} = \sigma_{\text{dmax}} \\ Ma_0 > 1, & \sigma_{\text{inlet}} = \sigma_{\text{dmax}}[1 - 0.075(Ma_0 - 1)^{1.35}] \end{cases} \qquad (6.41)$$

其中,σ_{dmax} 为进气道最大总压恢复系数。在此基础上,进一步可以求得进气道出口总压 p_{t2} 等于 $p_{t2}\sigma_{\text{inlet}}$。

若假设进气道出口至燃烧室进口间为等熵绝热过程,则燃烧室进口总温总压满足 $p_{t3} = p_{t2}$ 及 $T_{t3} = T_{t0}$。气流进入燃烧室后的状态变化基于 6.2.2.1 节介绍的分析过程确定。当气流排出发动机后,仍可按式(6.19)计算理想膨胀排气速度 u_9,进一步可以获得冲压式 CDE 产生的单位推力和比冲:

$$F_s = (1 + f)u_9 - u_0 \tag{6.42}$$

$$I_{spf} = [(1 + f)u_9 - u_0]/fg \tag{6.43}$$

其中,f 为发动机总油气比。

6.3.2.2 降阶模型

为考虑实际 CDC 工作过程,可以引入 CDC 头部压力随时间或空间变化的近似分布曲线,进而构成降阶模型,可以采用两种方式来构建。

1. 模型 I

第一种方法就是在 6.2.2.2 节介绍的降阶模型基础上引入进气道模型,如图 6.37(a)所示。当已知飞行高度 H 及飞行马赫数 Ma_0 时,基于式(6.41)所描述的进气道模型确定 CDC 燃烧室进口总压 p_{t3} 和总温 T_{t3}。当给定 CDC 燃烧室及尾喷管几何条件后,进气道下游燃烧室及尾喷管部件性能采用图 6.23 所示的燃烧排气流量匹配模型进行计算。当燃烧室进气流量和尾喷管排气流量相等时,基于获得的平衡流量确定进气道几何结构,并进一步计算冲压式 CDE 的推进性能。需要指出的是,当采用图 6.37(a)模型计算给定几何结构发动机在不同飞行条件及燃烧室当量比下的推进性能时,由于燃烧室的进气流量将发生改变,为了实现整机流量匹配,模型实际假设发动机进气道为可调几何结构。

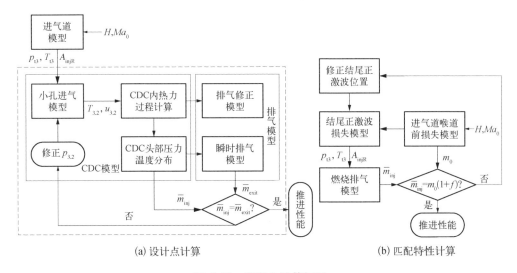

(a) 设计点计算   (b) 匹配特性计算

图 6.37 模型 I 计算框图

当发动机几何结构不可调时,需要构建进气道、燃烧室及尾喷管部件流量匹配模型以评估推进性能。若燃烧室及尾喷管采用图 6.37(a)中的燃烧排气模型,则发动机性能计算框图如图 6.37(b)所示。对于外压式或混压式进气道,进气道喉部前一般通过多道斜激波实现对来流的降速增压,对此可以基于斜激波关系或经验公式构建进气道喉道前流动损失模型确定总压恢复系数。对于内压式进气道，理想情况下喉道前为等熵流动，相应地，喉道前气流总压恢复系数为1。理想情况下，气流在进气道喉道降为声速流，随后在进气道扩张段进一步减速增压降为亚声速流。为拓宽超声速进气道工作的稳定性，实际应用中一般通过进气道扩张段内的结尾正激波实现亚声速流动。

以发动机采用内压式进气道为例，基于发动机设计点工况及推进性能需求，根据图6.37(a)给出的发动机设计点性能计算流程可以确定发动机几何结构尺寸。若假设结尾正激波前气流为等熵流动，则基于燃烧室进口总压 p_{t3} 与来流总压 p_{t0} 之比可以确定发动机设计点处结尾正激波驻定位置。正激波前马赫数 Ma_{ns} 基于面积比关系确定，即

$$\frac{A_0}{A_{ns}(x)} = \frac{Ma_{ns}}{Ma_0}\left[\frac{1 + (\gamma - 1)Ma_{ns}^2/2}{1 + (\gamma - 1)Ma_0^2/2}\right]^{-\frac{\gamma+1}{2(\gamma-1)}} \tag{6.44}$$

其中，A_0 为进气道进口处面积；$A_{ns}(x)$ 为正激波驻定位置处流道面积。

气流通过正激波后的总压恢复系数满足以下关系：

$$\sigma_{ns} = \frac{p_{t3}}{p_{t0}} = \frac{\left[\dfrac{(\gamma + 1)Ma_{ns}^2}{2 + (\gamma - 1)Ma_{ns}^2}\right]^{\gamma/(\gamma-1)}}{\left[\dfrac{2\gamma}{\gamma + 1}Ma_{ns}^2 - \dfrac{\gamma - 1}{\gamma + 1}\right]^{1/(\gamma-1)}} \tag{6.45}$$

当给定发动机设计点处的燃烧室进口总压 p_{t3}，则联立式(6.44)和式(6.45)可以求得激波初始驻定位置及相应流道面积比。当发动机燃烧室喷油量或爆震模态发生改变时，基于图6.37(b)中燃烧排气模型计算的平均匹配流量 $\bar{m}_{inj}$ 将发生改变。当飞行条件不变时，进气道进气流量 m_0 不变。为实现发动机整机流量平衡要求，结尾正激波将运动到新的平衡位置点以提高或降低燃烧室进口总压 p_{t3}，以满足 $\bar{m}_{inj} = m_0(1 + f)$ 条件。

2. 模型Ⅱ

燃烧室采用增压燃烧必然会引起压力反传或返流，周期性强反传压力将引起进气道内结尾正激波的周期性摆荡，并进而使进气道进入不启动状态，这种影响又会反馈给燃烧室。模型Ⅰ仅仅考虑了发动机部件间的流量平衡，该模型隐含假设了环形爆震室头部存在沿周向的局部理想机械阀门，可以隔离反传压力影响，理想机械阀门的存在可以实现爆震室的部件压力增益。从6.3.1节可以看到，当前试验研究的CDC都采用无阀连续进气方式，为实现CDC与进气道的工作匹配、减弱反传压力对进气道的影响，当前冲压式CDE燃烧室一般都采用的是超声速流填

充。Braun 等[66]针对这一类型的冲压式 CDE 构建了发动机设计点性能分析模型,发动机示意图见图 6.38。

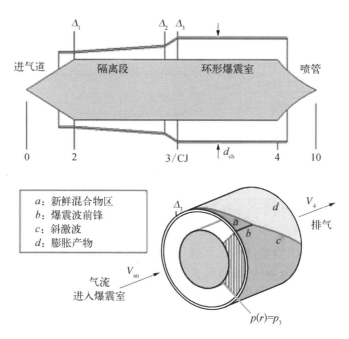

图 6.38　Braun 等的冲压式 CDE 模型[66]

发动机模型由进气道、隔离段、CDC 进气扩张段、等直 CDC 及扩张塞式喷管组成,该模型针对的是超声速来流条件。为有效隔离压力反传影响,CDC 进口截面 3 之前都为超声速流,气流在 0-2 过程减速增压,在 2-3 过程加速减压。从发动机设计角度,爆震室需满足基本的几何约束条件,这里将 6.2.1.1 节中提及几何约束进行汇总,即

$$h \geqslant (12 \pm 5)\lambda; \quad d_{ch} \geqslant (7 \pm 2)h/\pi; \quad \Delta_3 \geqslant 0.2h; \quad L \geqslant 4h \quad (6.46)$$

当给定燃料及燃烧室设计填充条件,基于基础试验数据库可以查询反应物爆震燃烧胞格尺寸 λ,进而基于式(6.46)可以确定反应物临界填充深度 h、环形爆震室临界外直径 d_{ch}、临界环道高度 Δ_3 及最小爆震室长度 L。进一步,基于图 6.39 所示的性能计算框图预估发动机的推进性能。

来流首先经进气道压缩,当给定压缩过程的增温比 $\psi(\psi = T_2/T_0)$ 和压缩效率 η_c 时,静压增压比满足以下关系:

$$\frac{p_2}{p_0} = \left[\frac{\psi}{\psi - \eta_c(\psi - 1)}\right]^{\gamma/(\gamma-1)} \quad (6.47)$$

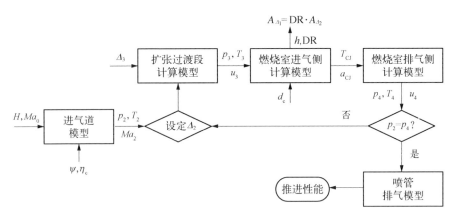

图 6.39　模型 II 计算框图

进一步根据来流总温及截面 2 静温可以计算出图 6.38 中截面 2 处气流马赫数 Ma_2。

对于隔离段,其出口截面积大于进口截面积,考虑到实际 CDC 工作时,沿着环道周向存在进气区和阻塞区,如图 6.3 所示,若定义进气区占整个周向环道的比例为 DR,则在发动机设计工况下,模型假设隔离段进出口气流流通面积相等,即 $A_{\Delta_1} = \mathrm{DR} \cdot A_{\Delta_2}$,相应地,隔离段进出口气流气动参数相同。

气流离开隔离段后进入由 A_{Δ_2} 扩张到 A_{Δ_3} 的扩张过渡段,面积比 $A_{\Delta_2}/A_{\Delta_3}$ 对应的就是模型 I 中的 A_{injR}。对于模型 I,扩张段建模采用考虑流动损失的小孔进气模型。对于模型 II,模型假设扩张段内的流动为等熵过程,进一步基于流量平衡,可以获得扩张段出口气流温度 T_3 与面积比关系,即

$$\frac{A_{\Delta_2}}{A_{\Delta_3}} = \frac{p_{t3}\sqrt{2\gamma(T_{t3} - T_3)/(\gamma - 1)}}{p_2 u_2 T_3 / T_2} \tag{6.48}$$

其中,$p_{t3} = p_{t2}$;$T_{t3} = T_{t2}$。在此基础上,进一步可以求得反应物填充爆震室的压力 p_3 及填充速度 u_3。由于隔离段出口气流为超声速流,故气流流经扩张段内的流动为增速减压过程。

当反应物流入爆震室后,燃烧室进气侧计算模型首先基于填充压力 p_3 和温度 T_3 计算爆震参数(p_{CJ}、T_{CJ} 及 u_{CJ}),进而获得爆震室头部沿周向的压力分布,即

$$p(x) = p_{\mathrm{CJ}} \cdot f(x/h) \tag{6.49}$$

其中,x 为距离爆震波面的距离,该式通过坐标变换可以转换为与式(6.24)类似的形式,只是式(6.49)含有爆震波头高度 h,波头高度越高,$p(x)$ 衰减到 p_3 的距离越长,这一距离对应的就是爆震室头部阻塞的扇形区域,剩余未阻塞的区域占整个爆震室环形进气面积之比即为上面提及的 DR。h 和 DR 需循环迭代求解,直到满足

爆震波扫过的反应物流量与爆震室头部进气流量相等的关系,即

$$n \cdot u_{CJ}h = DR \cdot u_3 \pi d_{ch} \tag{6.50}$$

其中,n 为爆震波头数,设计工况一般取 1,基于获得的 DR 可以确定截面 2 的流通面积。

爆震室出口截面 4 的平均参数基于燃烧室排气侧计算模型计算,模型利用爆震波旋转坐标系下的转子焓守恒来计算,当地面坐标系下流入流出爆震室的气流都为轴向流动时,则由转子焓守恒有

$$c_{pb}T_{CJ} + \frac{a_{CJ}^2}{2} - \frac{u_{lab}^2}{2} = c_{pb}T_4 + \frac{u_4^2}{2} \tag{6.51}$$

其中,a_{CJ} 为爆震波后 CJ 状态声速;u_{lab} 为坐标系旋转速度。

注意到式(6.51)右端等于地面坐标系下燃烧室出口总焓,可以证明基于式(6.51)和基于等压放热式(1.73)计算的总焓是相等的。这意味着该模型与模型 I 中排气修正模型是类似的。进一步利用截面 4 气流状态与爆震波后 CJ 状态满足等熵关系及爆震室进出口流量守恒,有

$$m_3 = A_4 u_4 \cdot \frac{p_{CJ}}{R_b T_4}\left(\frac{T_4}{T_{CJ}}\right)^{\gamma_b/(\gamma_b-1)} \tag{6.52}$$

联立式(6.51)和式(6.52)可以获得爆震室出口截面气流 T_4、u_4 及 p_4。设计工况下若 p_4 不等于 p_2,则重新设定 Δ_2 直到满足条件。

当气流流出爆震室进入喷管后,喷管内的流动按定常流处理,沿用传统发动机尾喷管性能评估方法计算排气参数,并进一步预估发动机的推进性能。

对比模型 I 和模型 II 可以看到,模型 II 是模型 I 取某一特定 A_{injR} 时发动机工况,由于此时爆震室出口静压 p_4 与隔离段出口静压 p_2 相等,同时爆震室出口气流流速一般为声速,隔离段出口气流为超声速,因此爆震室出口总压低于爆震室进口总压,即爆震室未表现出压力增益特性。相比于传统超燃冲压发动机,此时冲压式 CDE 能否表现出性能优势取决于是否能获得更高的爆震室总压恢复系数;相比于传统亚燃冲压发动机,冲压式 CDE 能否表现出性能优势取决于爆震室出口是否具有更高的气流总压。

6.4　连续爆震涡轮发动机

6.4.1　研究概况

针对连续爆震涡轮发动机(CDTE)的研究开始于 21 世纪初,与脉冲爆震发动机研究发展趋势相同,这是对连续爆震燃烧及燃烧室的不断深入研究后必然会拓

展出的研究方向。针对该领域,当前很多国家及研究机构开展了相关研究,从应用背景看,研究大致可分为两类:一类就是以替代常规动力为背景,采用环形 CDC 替代常规发动机的主燃烧室或加力燃烧室,研究侧重于 CDC 与涡轮的相互作用,同时针对 CDC 工作的特点,对发动机循环方案进行优化;另一类就是利用 CDC 超紧凑结构特点,将压气机、燃烧室及涡轮进行一体化设计,实现发动机超紧凑化设计,满足特殊用途需求,例如辅助动力系统、便携动力系统等大多采用盘式 CDC 结构。

1. 替代常规动力

波兰 Wolanski 等[95,96]基于 GTD - 350 涡轴发动机搭建了 CDTE 试验器,如图 6.40 所示。GTD - 350 发动机采用回流燃烧室,由于发动机转子系统未穿过燃烧室,因此特别适合研究 CDC 与涡轮间的匹配工作。试验过程中 CDC 单独供气,CDC 排出的燃气将首先驱动单级涡轮(进而带动压气机),随后通过动力涡轮输出功。试验采用 H_2 和液体 Jet - A 双燃料,H_2 在 CDC 进口狭缝处喷射,采用 H_2 是为了实现连续爆震燃烧模式及贫油燃烧。试验获得了当来流空气 400 K、煤油喷射温度 440 K 时试验器工作特性,由于 CDC 采用贫油燃烧,燃烧室平均出口温度低于 1 073 K,当煤油流量相同时,试验器获得的输出功比同工况原型机高 5%~7%。

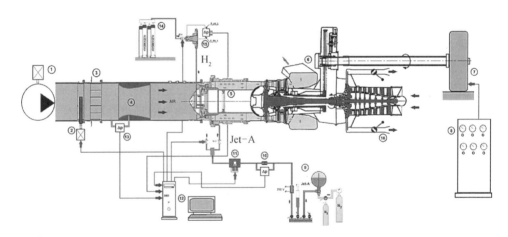

图 6.40　Wolanski 等基于 GTD - 350 的 CDTE 试验器[95,96]

美国 AFRL 与 ISSI 基于 T63 涡轴发动机搭建了 CDTE 试验器[97-99],如图 6.41(a)所示,T63 与 GTD - 350 发动机结构布局及性能指标相似。CDC 在前期径向环缝进气结构形式下[7,100,101]进行了重新设计,为实现燃烧室长时间工作及燃烧室出口温度上限 1 300 K 要求,220 mm 长燃烧室前段采用了三环道设计,如图 6.41(b)所示。中间爆震燃烧环道径向高度 4.3 mm,环道外直径 147 mm,径向进气空气环缝宽度为 1.14 mm,进气面积比预估约为 0.257,周向布置 120 个 0.89 mm 的轴向喷氢孔。长 100 mm 的内外两侧环道径向高度为 1.6 mm,冷却稀释空气流经两通道后在下游掺混段与爆震燃烧产物混合,进而实现所需的燃烧室出口温度需求,在 90% 涡轮最大转速下,参与稀释和爆震燃烧的空气流量比为 2.69,转速降到 60% 时稀释比提高到 5.29。试验采用开环工作模式,如图 6.41(a)所示,即 CDC 采用独立供给气源。对比 CDTE 和 T63 发动机(都采用 H_2 燃料)的工作特性结果表明:当空气流量相同时,虽然两者涡轮进口平均压力和输出功相当,但 CDTE 涡轮进口压力脉动比原 T63 高 500%~700%,通过高压涡轮后该值降为 65%~85%;从图 6.41(c)涡轮进出口压力曲线可以看到,尽管 CDTE 涡轮进口压力脉动为 0.33,常规燃烧室一般低于 0.08,但涡轮下游压力几乎看不出压力脉动;CDTE 燃烧室出口温度不均匀系数为 0.25~0.3,预估 CDTE 高压涡轮绝热效率在 72%~79%,而 T63 为 73%~77%。

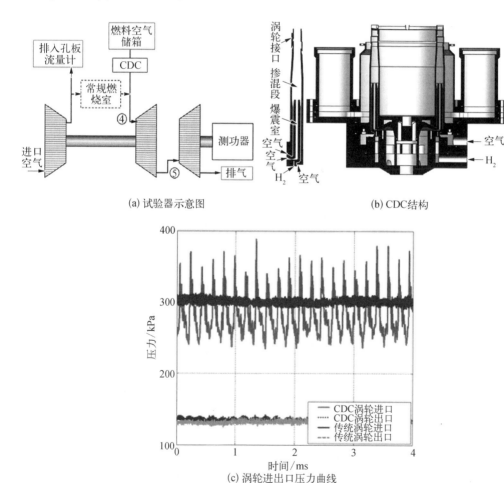

(a) 试验器示意图　　　　　　　　(b) CDC结构

(c) 涡轮进出口压力曲线

图 6.41　AFRL/ISSI 基于 T63 的 CDTE 试验器[97-99]

俄罗斯 Frolov 等[102,103]基于 TJ100S‒125 涡喷发动机搭建了带爆震加力燃烧室的涡喷发动机原理样机,如图 6.42 所示。爆震燃烧室为环形通道,环道外直径为 200 mm,燃烧室长为 800 mm。为减弱增压燃烧引起的压力反传影响,燃烧室进口采用渐缩通道,最小截面积与原发动机喷管面积相同,进口最小截面下游 10 mm处环道内外壁面沿周向均布 240 个 0.15 mm 径向煤油喷孔。燃烧室进口连接有 O_2 供给管路,以实现进入爆震燃烧室内的燃气具有 23% 的氧气质量分数,燃烧室末端安装有锥形喷管。试验结果表明,加力燃烧室内存在三种燃烧模式:第一种为 200~400 Hz 的纵向脉冲爆震燃烧模式,燃烧室出口存在周期性的起爆过程,此时壁面热流通量约为 0.5 MW/m²;第二种为 1~1.5 kHz 的连续爆震燃烧模式,燃烧波传播速度约为 1 000 m/s,壁面热流通量约为 0.86 MW/m²,煤油喷注位置处流道内压力略高于脉冲爆震燃烧模式;第三种为常规燃烧模式,火焰驻定在燃烧室内部的支持柱后,煤油喷注位置处压力显著降低。与带有相同室压的传统加力燃烧室发动机相比,试验获得的爆震燃烧模式下发动机耗油率降低 30%、单位推力提升 30%。

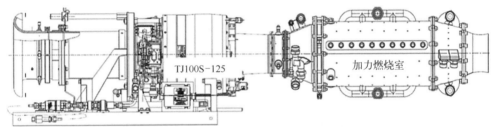

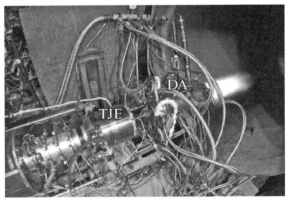

图 6.42　Frolov 等基于 TJ100S‒125 的 CDTE 试验器[102,103]

围绕 CDC 与涡轮之间的相互作用,Zhou 等[104]搭建了内外径分别为 94 mm 和 106 mm 的 CDC 连接轴流涡轮导向器(安装角 25°)试验器,如图 6.43 所示,空气进气环缝的高度为 1.5 mm(进气面积比 0.25),导向器流通面积与 CDC 环道面积比为 0.917。试验结果表明：相比无导向器情况，安装导向器后燃烧室内平均压力抬升，CDC 压力增益由 -47% 提升至 -32%；导向器将引起激波反射，尽管反射激波传播模式与爆震波旋转方向有关，但对爆震波速影响甚微；气流通过导向器后，压力脉动将衰减 64%。

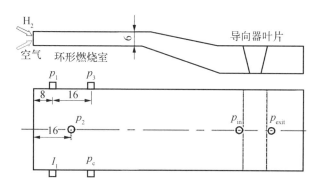

图 6.43　Zhou 等的试验器（单位：mm）[104]

Bach 等[105,106]研究了导向器疏密和安装角对不同进气面积比 CDC 工作特性（H_2 燃料）的影响，试验器如图 6.44 所示[106]。试验结果表明：CDC 内存在不同的爆震燃烧模态，包括单波、双波/四波对撞等；CDC 压力增益受导向器安装角（0° ~ 8.6°）的影响不大，其主要与 CDC 进气面积比及导向器疏密（改变了出口面积比）有关[105]；当进气面积比在 0.14 时，CDC 压力增益为 -63% ~ -45%，当进气面积比在 0.23 时，CDC 压力增益为 -43% ~ -30%，提高导向器安装数量可以提升燃烧室压力增益；单波模态下，爆震波更倾向于沿着导向器气流倾转方向传播，以图 6.44

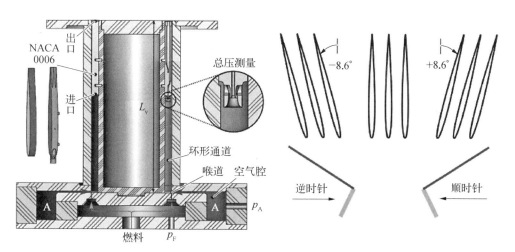

图 6.44　Bach 等的试验器[106]

中 8.6° 安装角为例,爆震波更倾向于逆时针向右传播,此时爆震波传播速度比非同向传播高 1.5%,同时气流通过导向器总压降提高 5%,导向器进口压力脉动更低;气流通过导向器后,压力脉动将衰减 83%。

Wu 等[107]针对图 6.45 试验器研究表明,相比逆时针爆震波传播(图 6.44 中 P_1 向 P_4 方向),当爆震波传播方向(图 6.45 中 P_4 向 P_1 方向)与导向器气流倾转方向相反时,气流通过导向器的压力峰值衰减比提升 10%。当 CDC 下游连接径流式导向器时,存在类似影响变化规律[108]。

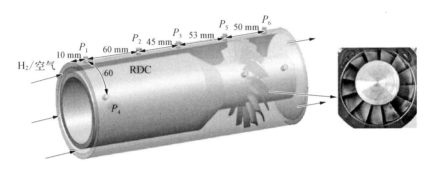

图 6.45　Wu 等的试验器[107]

当前航空发动机主燃烧室总压恢复系数可以达到 95% 以上(压力增益大于 -5%),如何实现 CDC 更高的压力增益是连续爆震涡轮发动机领域必须攻克的核心关键问题。Bach 等[109]基于图 6.44 和图 6.46 所示的试验器系统研究了不同排气结构(导向器和环形喉道)及几何尺寸对 CDC 燃烧模式及压力增益的影响规律,

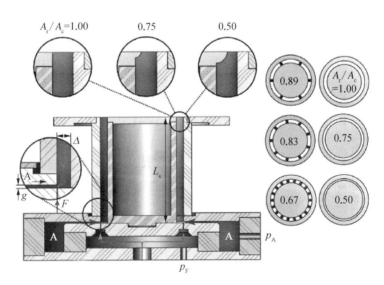

图 6.46　评估 CDC 压力增益试验器[109]

其 CDC 环道外径 90 mm,环道高度 7.6 mm,以 H_2 为燃料。试验结果表明:在总体趋势上,提高 CDC 进气面积比、降低 CDC 排气面积比,有利于提升 CDC 压力增益(基于 CDC 出口喉道上游总压);在相同供给条件下,处于不同燃烧模式(单波爆震模式、脉冲燃烧模式等)的 CDC 具有相近压力增益;所有工况下 CDC 压力增益小于−20%。为提升涡轮机发电系统的效率,Aerojet Rocketdyne 公司在美国能源部的支持下验证了以天然气为燃料的连续爆震燃烧室[110],如图 6.47 所示,CDC 环道内外直径分别为 297 mm 和 340 mm,特殊的进气结构设计以实现低于 7%的进气损失,采用分区喷油燃烧组织方式以解决恰当比下爆震燃烧与全局低当量比低燃烧室出口温度的矛盾,CDC 内最大工作压力达 14 atm,CDC 压力增益基于等效可用压力[67]计算,试验获得的最高压力增益为−1.36%,当发电系统基于该燃烧室工作时,理论预估的发电效率可达 66.4%。

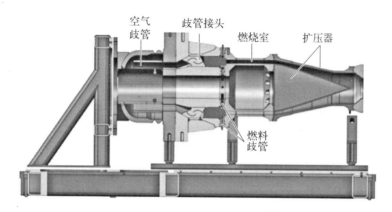

图 6.47　Baratta 等的试验器[110]

　　从前面所述的研究现状可以看到,当前试验研究的 CDC 都未获得正的压力增益,当将其作为涡轮发动机主燃烧室时,考虑到燃烧室冷却及涡轮前温度限定,可以直接将压气机出气流分成两股来组织燃烧,如图 6.48 所示。流入 CDC 内的空气流,采用高当量比实现爆震燃烧;旁通空气流冷却 CDC 壁面,由于 CDC 内为降压过程,流动损失较少的较高压旁通空气可以在 CDC 出口与高温产物掺混,进而满足涡轮前温度限定需求。当 CDC 采用特殊进气结构能够实现部件增压时,发动机循环方案可以采用图 6.49 形式:进入 CDC 的空气从压气机中间级引出,参与爆震增压燃烧后形成较高压燃烧产物;参与冷却掺混的空气从压气机出口引出;总压相当的冷热气流在涡轮进口前掺混以达到涡轮前温度。在两种方案下,旁通冷却空气压力一般都高于 CDC 内大部分低压区域,因此沿 CDC 壁面可以开孔引入空气气膜冷却壁面,目前已有工作开展爆震室壁面开孔对爆震燃烧及冷却效果的影响研究[113,114]。

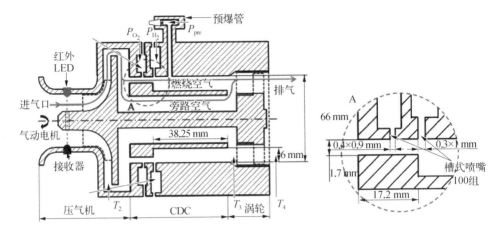

图 6.48　Rhee 等的 CDTE 方案[111]

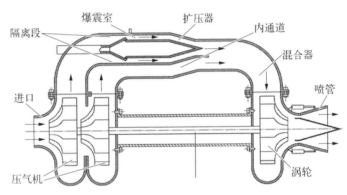

图 6.49　Ji 等的 CDTE 方案[112]

2. 紧凑型发动机

紧凑型爆震发动机一般以盘式 CDC 为其重要特征。为深入理解盘式 CDC 燃烧组织过程,日本名古屋大学 Nakagami 等[115]对如图 6.50 所示的盘式 CDC 工作过程进行了光学观测,该盘式 CDC 外直径为 130 mm,盘腔厚度为 5 mm,C_2H_4 与 O_2 由盘腔外缘沿径向向里通过 100 组喷注孔喷入盘腔环道,最终燃烧产物通过直径 33.6 mm 通道沿轴向排出试验器。试验观测研究表明:当爆震波在盘腔内形成并稳定传播后,波后高压燃烧产物将回流进入燃料与氧化剂喷注孔,进而阻止反应物喷注;当喷注孔附近压力降低后,O_2 首先喷入盘腔(氧气供给压力高),随后 C_2H_4 开始喷入,并与平行喷入的 O_2 在下游形成混合层,燃烧波沿着混合层传播,离盘腔外缘存在一定距离,燃烧波传播速度为 900~1 600 m/s,达到理论 CJ 速度的 38%~67%,然而试验中并未观测到激波。基于该 CDC 结构形式,美国阿拉巴马大学 Langner 等[116,117]设计并试验研究了带塞式喷管的盘式 CDRE。

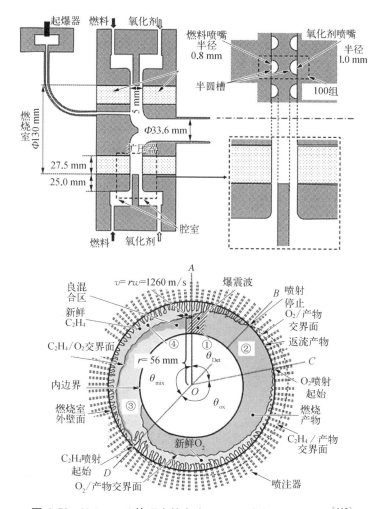

图 6.50　Nakagami 等研究的盘式 CDC 及内部流场示意图[115]

在前期盘式 CDC 研究基础上，Ishiyama 等[118]提出了如图 6.51(a)所示的 CDTE 方案，发动机外直径约为 200 mm，离心压气机和向心涡轮采用一个整体式叶盘，分别位于叶盘两侧，盘式 CDC 位于整体叶盘涡轮侧，涡轮导向器前叶盘与涡轮机匣间区域构成 CDC 盘腔，发动机设计转速为 11 000 r/min，设计流量为 0.61 kg/s。针对该 CDTE 方案，试验研究围绕盘式 CDC 工作特性来开展，如图 6.51(b)所示，盘腔外直径 130 mm，盘腔厚度 5 mm，采用 O_2 为氧化剂，O_2 沿着 0.5 mm 宽度狭缝流入盘腔。试验结果表明：当进气总压为 0.2 MPa 时（图 6.51 中 p_2 位置），燃烧室内压力为 0.13 MPa（图 6.51 中 p_5 位置）；点火后燃烧室内存成多道燃烧波传播，传播模式也在发生改变，例如由 5 波变 2 波，对撞模态变同向模态等，其中一道波传播速度为 1 459 m/s，约为 61.4% 的 CJ 速度。

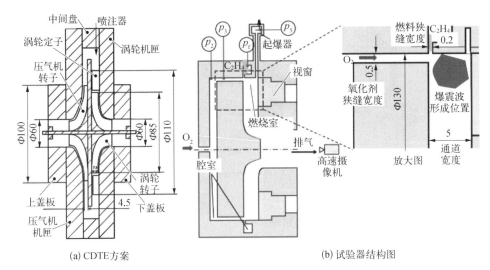

(a) CDTE方案   (b) 试验器结构图

(c) 试验器

图 6.51　Ishiyama 等提出的 CDTE 方案及试验器(单位: mm)[118]

　　Higashi 等[119]进一步提出了更紧凑的 CDTE 形式,离心式压气机和离心式涡轮位于整体式叶盘单侧,如图 6.52 所示,去掉了涡轮进口导向器,同时设置了火焰稳定器,整体叶盘外径为 200 mm,压气机与涡轮间环形 CDC 盘腔厚度为 10 mm, CDC 进出口环道直径分别为 136 mm 和 152 mm,H_2 通过 392 个 0.5 mm 喷注孔在火焰稳定器上游沿轴向喷入。不点火试验研究表明,当压气机转速达到 3 000 r/ min 时,可实现 52 g/s 的空气流量。为实现爆震燃烧,热态点火试验时采用单独供给氮气稀释的 O_2,供给流量为 52 g/s,燃烧当量比约为 1。当转子不旋转时,燃烧室进口、出口及涡轮出口相对总压分别为 3 kPa、1.8 kPa 及 0.4 kPa(分别对应图 6.52 中 p_{t2}、p_{t3} 及 p_{t4} 位置),燃烧室出口温度约为 700 K,燃烧波传播速度为 600~ 1 300 m/s,为 25%~45% 的 CJ 速度;当转子初始旋转转速为 2 800 r/min 时,若点火后驱动电机脱离转子,则逐渐降低的转子转速将抬升 160 r/min。

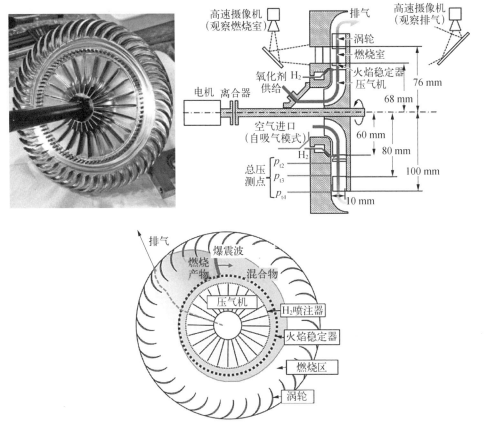

图 6.52　Higashi 等研究的 CDTE 试验器[119]

以 60 kW 辅助动力装置为应用背景,美国赖特帕特森空军基地及 ISSI 公司设计并试验研究了盘式 CDC 及 CDC 与径向涡轮匹配工作特性[120,121]。盘式 CDC 结构如图 6.53(a) 所示,其外直径为 305 mm,燃烧室径向长度为 73 mm,燃烧室厚度沿径向逐渐增厚以获得相同的流通面积(即图中 A_c 为常数),燃烧室进气面积比为 0.2 (A_t/A_c),120 个 0.51 mm 直径的喷氢孔沿发动机轴向喷入。试验结果表明[120]:试验器点火后,CDC 进气总压恢复系数将由 90% 降低到 60%;所有试验工况下燃烧波传播速度约为 70% 的 CJ 速度;当排气面积比 (A_n/A_c) 由 1 降为 0.6 时,燃烧波传播速度将降低,CDC 内爆震燃烧模式将由单波向双波模态过渡。Muraleetharan 等[122]进一步对比了 CDC 盘腔采用等厚度和等面积设计下的工作特性差异,等厚度设计下燃烧室出口流通面积相比进口将缩小 65%。试验结果表明,CDC 盘腔采用等厚度设计可以获得更高的燃烧室压力增益(等厚度下-26%,等面积下-32%),降低喷管喉道面积比可以进一步提升燃烧室压力增益(-11%)。在此基础上,Huff 等[121]研究了盘式 CDC 驱动 Garrett GT3582R 涡轮增压器径流涡轮的工作特性,如图6.53(b)所示。试验结果表明:涡轮功率输出仅与涡轮转速及驱动压气机在该转速下旋转的扭矩有关,CDC内不同燃烧模式(爆燃或爆震)对功率输出无显著差异;当涡轮转速达到130 000 r/min时,涡轮输出功达到60 kW;降低压气机出口面积或增大涡轮出口面积,都将使压气机工作点向喘振边界移动。针对 C_2H_4 燃料,新加坡国立大学 Huang 等[123]针对盘式CDC与涡轮增压器组合试验器,围绕波的传播、功率提取及燃烧不稳定性开展了相关试验研究工作。

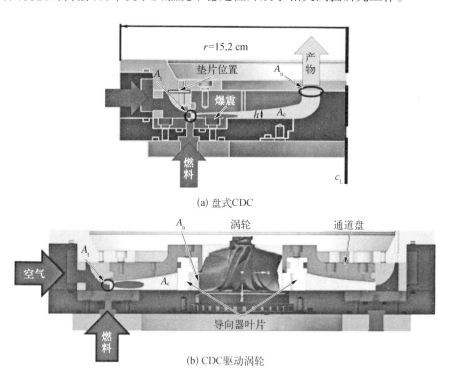

(a) 盘式CDC

(b) CDC驱动涡轮

图 6.53　美国 WPAFB/ISSI 公司的 CDTE 试验器[120,121]

6.4.2　连续爆震涡轮发动机推进性能分析

6.4.2.1　带连续爆震加力燃烧室的涡轮发动机推进性能分析

对于常规发动机的加力燃烧室,由于燃烧室进口流速高,为实现高速气流中火焰稳定及高效燃烧,加力燃烧室通常具有比主燃烧室更低的总压恢复系数及更长的燃烧室长度。由于爆震燃烧具有燃烧速度快、自增压特点,通过将连续爆震燃烧作为常规加力燃烧室增压燃烧方式,进而构成带连续爆震加力燃烧的涡轮发动机(turbine engine with continuous detonation afterburner, TCDA),理论上可以获得高性能、更紧凑的加力燃烧室。考虑到加力燃烧室工作时一般都可以通过调节喷管喉道面积消除加力燃烧对上游转动部件工作的影响,因此本节围绕 TCDA 在设计点工作时的加力性能进行分析[124]。

1. TCDA 结构及性能分析模型

传统涡轮发动机采用连续爆震燃烧作为加力燃烧室燃烧组织方式的结构示意图见图 6.54。TCDA 在加力燃烧室部件之前保留原涡轮发动机结构形式,考虑到当前连续爆震燃烧室结构特点及非定常工作特性,总体可以采用内外环形式。由涡扇发动机混合室或涡喷发动机涡轮排出的燃气分成两部分,一部分燃气直接由内环喷管排出发动机;一部分流入连续爆震燃烧室中,并与喷入的燃油混合后进行爆震燃烧,最后通过独立喷管排出发动机。

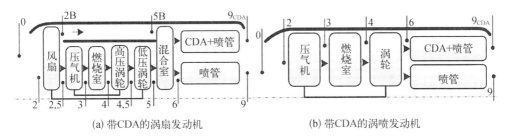

(a) 带CDA的涡扇发动机　　　　　　(b) 带CDA的涡喷发动机

图 6.54　TCDA 模型示意图

由于连续爆震加力燃烧室前仍为传统涡轮发动机部件形式,通过给定部件效率及部件设计参数,基于现有发动机循环分析方法[125]可以计算出各个部件截面的状态参数。针对图 6.54 中外环带喷管的 CDA,给定 CDA 进口条件(对应发动机涡轮出口或混合室出口),基于 6.2.2.1 节介绍的循环性能分析模型可以确定喷管排气速度 $u_{9\text{CDA}}$。对于内环中的气流,由于流动为定常流动,若涡扇发动机混合室出口或涡喷发动机涡轮出口排出的燃气在喷管出口膨胀到环境大气压状态,引入喷管总压恢复系数为 σ_{nzl},则出口总压满足 $p_{t9} = \sigma_{\text{nzl}} p_{t6}$,进一步可得内环排气速度 u_9 为

$$u_9 = \sqrt{2 c_{p9} T_{t9} \left[1 - \left(\frac{p_9}{p_{t9}} \right)^{\frac{\gamma_9 - 1}{\gamma_9}} \right]} \tag{6.53}$$

进一步可得到 TCDA 单位推力及单位燃料消耗率,即

$$F_s = Y_{\text{CDA}} (1 + f_{\text{AB}}) u_{9\text{CDA}} + (1 + f_{\text{MB}})(1 - Y_{\text{CDA}}) u_9 - u_0 \tag{6.54}$$

$$\text{sfc} = \frac{3\,600 [f_{\text{MB}} + Y_{\text{CDA}} (f_{\text{AB}} - f_{\text{MB}})]}{F_s} \tag{6.55}$$

其中,f_{MB} 和 f_{AB} 分别为主燃烧室和加力燃烧室的总折合油气比;Y_{CDA} 为涡轮后流入外环 CDA 中工质的质量分数。

2. 物性及设计参数

本部分性能分析采用的物性参数如表 6.3 所示。从表中可以看到,这里使用化学恰当比燃油-空气混合物、恰当比反应下燃烧产物及空气三组分来确定发动机不同截面处的物性参数。首先获得不同截面处各组分的质量分数,然后基于式(5.40)确定各截面处通用气体常数 R 及比热比 γ。表 6.3 中也给出了采用的液体燃油比热容 c_{pf} 及汽化潜热 H_z,循环性能模型中仅在加力燃烧室内考虑液体燃料蒸发及掺混过程,燃油喷射温度固定为 300 K。压气机效率 η_c 及涡轮效率 η_T 固定为 0.9,混合室及常规等压燃烧室总压恢复系数为 1;不考虑压气机抽气及涡轮冷却掺混;在针对涡扇发动机进行计算时,给定总增压比,在保证外涵道出口总压与低压涡轮出口总压相等($p_{t5B} = p_{t5}$)情况下确定高低压压气机压比。

表 6.3 物性参数

γ_1(恰当比下反应物):	1.35	$R_1/[J/(kg \cdot K)]$:	273.7	$H_f/(J/kg)$:	4.07×10^7
γ_2(恰当比下产物):	1.28	$R_2/[J/(kg \cdot K)]$:	301.46	$c_{pf}/[J/(kg \cdot K)]$:	2 100
γ_3(空气):	1.4	$R_3/[J/(kg \cdot K)]$:	287.5	$H_z/(kJ/kg)$:	270
恰当油气比:	0.065 5				

3. 循环参数对 TCDA 推进性能影响

这里重点分析压气机增压比、涵道比、涡轮前温度及飞行马赫数等循环参数对 TCDA 部件特性及推进性能影响,其他参数按如下选取:飞行高度 H 固定为 0 km;对于连续爆震加力燃烧室,不考虑进气总压损失,即 $\sigma_{cb\_i} = 1$,填充马赫数 $Ma_{fill} = 0.2$;CDA 中循环工质分配满足 $Y_a : Y_b : Y_c = 1 : 0 : 0$,即仅考虑爆震循环;CDA 为全加力模式,同时 $Y_{CDA} = 1$,即涡轮/混合室后工质都流入加力燃烧室中。本节也将给出带传统加力的涡轮发动机(turbine engine with constant pressure afterburner, TCPA)性能,循环参数选取与 TCDA 相同,加力燃烧室采用不考虑损失的全加力等压燃烧模式,气流经喷管理想等熵膨胀到环境状态。

图 6.55 给出了不同涡轮前温度 T_{t4} 下 TCDA 推进性能及部件特性,此时涵道比 B 为 0,即 TCDA 对应图 6.54(b)结构。从图 6.55(a)可以看到,相比传统 TCPA,在同样 T_{t4} 下,采用连续爆震加力燃烧后可以提升发动机加力时的推进性能。对于传统 TCPA,采用更高的 T_{t4} 可以获得更佳的发动机推进性能;对于压气机增压比 π_c 大于 7 的 TCDA,也具有这种相同的趋势,即应尽量在主燃烧室喷油燃烧。对于 TCDA,当 $\pi_c < 6$ 时,这种影响趋势正好相反,采用更低的 T_{t4} 可以获得更佳的发动机推进性能,即应尽量在 CDA 中喷油燃烧。TCDA 所表现出的这种特殊性与 CDA 部件增压特性有关:当 π_c 较小时,尽管气流经涡轮落压后加力燃烧室进

口压力低于主燃烧室压力,但由于 CDA 具有增压特性,所以 CDA 的等效燃烧室压力会高于主燃烧室压力,此时让更多的燃油在 CDA 中燃烧对提升发动机性能是有利的;当 π_c 较高时,CDA 部件增压不足以弥补气流经涡轮的落压,进而带来相反的变化趋势。图 6.55(b) 给出了不同压气机压比 π_c 下 TCDA 加力燃烧室进口温度 T_{t6} 及 CDA 部件增压比 π_{CDA} 的变化,从图中可以看到,T_{t4} 越高对应 T_{t6} 越高,但相应 π_{CDA} 越小,提高 π_c 可以降低 T_{t6}、提升 π_{CDA},增压燃烧室增压特性随进口温度的反向变化趋势与 1.4.2.1 节中的理论分析一致。

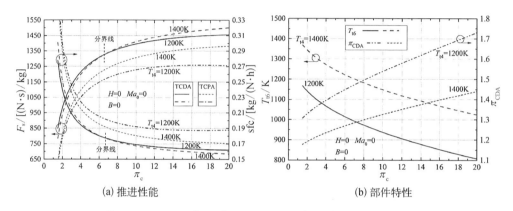

(a) 推进性能 (b) 部件特性

图 6.55 不同压气机增压比下 TCDA 推进性能及部件特性

图 6.56 给出了 T_{t4} 为 1 400 K 时 TCDA 推进性能及部件特性随涵道比 B 变化特性,即 TCDA 对应图 6.54(a) 结构。从图 6.56(a) 可以看到,当开加力后,对于传统 TCPA 及 $\pi_c = 10$ 的 TCDA,随着 B 的增大,发动机单位推进性能是降低的,发动机采用更高的 π_c 可以获得更佳的推进性能。对于 $\pi_c = 4$ 的 TCDA,B 对发动机推进性能的影响正好相反,其原因就是 CDA 自身的部件增压特性,这种部件增压特

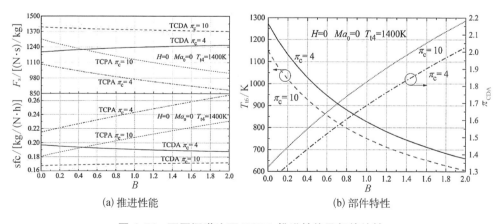

(a) 推进性能 (b) 部件特性

图 6.56 不同涵道比下 TCDA 推进性能及部件特性

性也意味着 TCDA 推进性能受 B 的影响不如 TCPA 那么明显。从图 6.56(b)可以看到,增大 B 会降低 CDA 进口温度,这对提升 CDA 部件增压能力是有利的,在 $B=2$ 时,π_{CDA} 已大于 2,这也意味着高涵道比下采用爆震燃烧加力更能凸显性能提升优势。

图 6.57 给出了 $T_{t4}=1\,400$ K 时 TCDA 推进性能及部件特性随飞行马赫数 Ma_0 变化特性,此时 $B=0$,即 TCDA 对应图 6.54(b)结构,图中对发动机单位推力 F_s 及 T_{t6} 以发动机在 $Ma_0=0$ 时的值进行了无量纲化。从图 6.57 可以看到,Ma_0 对不同 π_c 下 TCDA 的单位推力比影响是不一样的,$\pi_c=4$ 对应的单位推力比曲线的非单调性实际反映了来流速度冲压与来流阻力的影响,当发动机 π_c 较低时,一定马赫数范围内的高速来流经进气道减速增压[总压恢复系数按式(6.41)计算]可以提升发动机的推进性能,当发动机 π_c 较高时,来流速度冲压带来的压缩相对较小,来流阻力对发动机推进性能的影响为主要因素。从图 6.57 中也可看到,随着 Ma_0 的增大,T_{t6} 降低、π_{CDA} 增加,这种趋势表明在高马赫数下采用爆震燃烧加力能凸显性能提升优势。

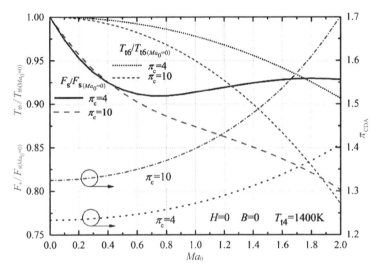

图 6.57　不同飞行马赫数下 TCDA 推进性能及部件特性

4. CDA 工作参数对 TCDA 特性影响

前述分析 TCDA 特性时假设 CDA 工作在理想爆震模式下,当前大量文献表明实际连续爆震燃烧室特性受很多因素影响,其部件性能与基于理想爆震预测存在一定差异。当前实际连续爆震燃烧室存在较大喷注落压比及反应物填充速度,从热力循环性能分析角度,可以用燃烧室进气总压恢复系数 σ_{cb_i} 及填充速度 Ma_{fill} 进行评估。实际连续爆震燃烧室内填充的新鲜反应物与高温产物接触会导致反应物提前燃烧,同时对于 CDA,来流本身温度就很高,提前燃烧的工质会更多,从热力循环性能分析角度,这可以用不同循环工质占比 $Y_{a,b,c}$ 来分析其带来的影响。

图 6.58 给出了 CDA 工作参数对不同 π_c 下 TCDA 推进性能及部件特性影响的变化趋势,其中 TCDA 单位推力以同样循环工况下传统理想 TCPA 单位推力进行无量纲化。从图中单位推力比可以看到,理想情况下采用连续爆震加力可以获得 9% 以上单位推力提升。当循环工质中有 30%($Y_c = 0.3$)参与等压燃烧时,推力增益降低到 6%,这种影响在低 π_c 下带来的性能损失更大。当 σ_{cb_i} 由 1(不考虑总压损失)降低到 0.75(总压损失 25%)时,在 $\pi_c < 7.8$ 时,进气损失带来的影响导致 TCDA 推进性能低于理想 TCPA。当将 Ma_{fill} 增大到 1 时,同样也会导致 TCDA 性能的衰减。图 6.58 中也给出 CDA 的增压特性,可以看到,TCDA 推进性能损失是与部件增压比 π_{CDA} 直接相关的,当 TCDA 与 TCPA 性能相当时 $\pi_{CDA} = 1$。

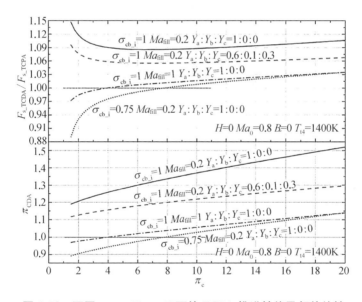

图 6.58 不同 σ_{cb_i}、Ma_{fill}、Y 下的 TCDA 推进性能及部件特性

图 6.59 给出了当 TCDA 与 TCPA 单位推力相等时临界 $\sigma_{cb\_i\_cr}$ 和临界 Ma_{fill_cr} 随 π_c 的变化规律,当实际 CDA 的 σ_{cb_i} 高于 $\sigma_{cb\_i\_cr}$ 或 Ma_{fill} 低于 Ma_{fill_cr} 时,TCDA 具有更佳的推进性能。从图 6.59 中可以看到,反应物的提前燃烧将对 CDA 工作参数的选择提出了更高的要求,增大 π_c 可以拓宽 CDA 优势工作范围。图 6.60 给出了当 TCDA 与 TCPA 单位推力相等时临界 $\sigma_{cb\_i\_cr}$ 和临界 Ma_{fill_cr} 随 Ma_0 的变化规律,从图中可以看到,增大 Ma_0 同样可以拓宽 CDA 优势工作范围。

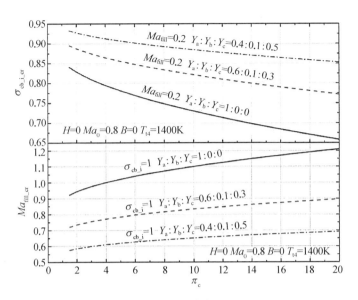

图 6.59　不同增压比下的临界 σ_{cb_i} 及 Ma_{fill}

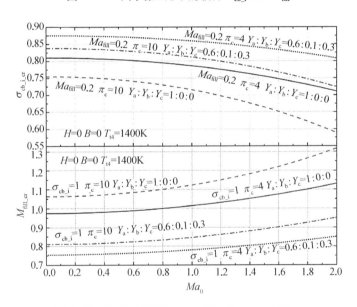

图 6.60　不同飞行马赫数下的临界 σ_{cb_i} 及 Ma_{fill}

从以上分析可以看到,减小反应物提前燃烧所占比例对拓宽 TCDA 工作范围非常重要,然而对于加力燃烧室,来流高温会进一步增大工质提前燃烧比例,虽然燃油喷射雾化蒸发会降低来流温度,但幅度有限(本节算例约为 50 K),同时来流高温也会降低 CDA 部件增压特性,因此实际 TCDA 在设计时应限定涡轮/混合室出口温度 T_{t6}。式(6.56)给出了影响 T_{t6} 的循环参数,可以看到,为获得较低的 T_{t6},

可以降低涡轮前温度 T_{t4}、提高压气机增压比 π_c、提高涵道比 B 及提高来流总温 T_{t0}（即低空高飞行马赫数）。

$$
T_{t6} = T_{t4}\left\{1 - \frac{c_{pa}T_{t0}\left[\dfrac{\left(\pi_{CH}^{\frac{\gamma_a-1}{\gamma_a}}-1\right)\left(\pi_{CL}^{\frac{\gamma_a-1}{\gamma_a}}-1\right)}{\eta_{CH}\eta_{CL}} + \dfrac{\left(\pi_{CH}^{\frac{\gamma_a-1}{\gamma_a}}-1\right)}{\eta_{CH}} + (1+B)\dfrac{\left(\pi_{CL}^{\frac{\gamma_a-1}{\gamma_a}}-1\right)}{\eta_{CL}}\right]}{c_{pb}T_{t4}(1+f_{MB})}\right\}
$$

$$(6.56)$$

图 6.61 给出了当温限 $T_{t6} = 1\,000$ K 时 TCDA 在不同循环参数下的飞行包线，当工作点位于飞行包线右侧时，$T_{t6} < 1\,000$ K。从图中可以看到，当 $T_{t4} = 1\,200$ K 时：对于 $\pi_c = 4$、$B = 0$ 工况，飞行马赫数高于 1.5 后才能满足温限要求；当涵道比提高到 $B = 0.1$ 时，温限所要求的最低飞行马赫数可以降低到 0.4，进而大大拓宽了可加力包线；当 $\pi_c = 10$ 时，采用涡喷发动机结构就可满足加力需求。当涡轮前温度提高到 $T_{t4} = 1\,400$ K 时，对于 $\pi_c = 4$，其飞行包线马赫数高于 3.6，所以图中没有给出，提高 π_c 可以将飞行包线向图中左侧移动，为达到与 $T_{t4} = 1\,200$ K 相同的飞行包线范围，必须采用涡扇发动机结构形式。从以上分析可以看到，当限定温度 T_{t6} 后，采用低涡轮前温度可以大大拓宽 TCDA 可工作范围，这也意味着 TCDA 可能更适合小型/微型涡轮发动机。

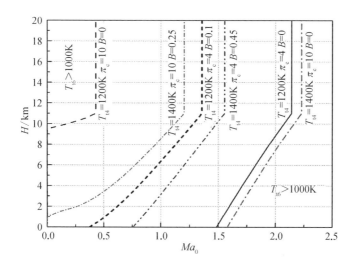

图 6.61　当温限 $T_{t6} = 1\,000$ K 时 TCDA 在不同循环参数下的飞行包线

6.4.2.2　带连续爆震主燃烧室的涡轮发动机推进性能分析

相比常规主燃烧室，实际 CDC 出口气流存在强非定常性，流过涡轮时会表现出不同的瞬时流动特性，但由于 CDC 爆震工作频率高，试验获得的涡轮工作特性与气流时均参数变化是正相关的(图 6.41)。因此针对采用连续爆震主燃烧室 CDTE 的性能分析,当前方法大多采用前面介绍的 CDC 部件模型确定爆震室出口等效定常参数,进而可以与常规涡轮发动机性能分析方法相耦合,在此基础上可以分析不同循环参数下各种 CDTE 循环结构方案的设计点性能变化趋势。例如 Sousa 等[53]采用 6.2.2.3 节介绍的特征线法求 CDC 内流场,进而确定 CDC 出口时均参数,同时引入超声速涡轮模型来评估 CDTE 设计点性能;Ji 等[112]采用与 6.2.2.2 节类似的降阶模型来获得 CDC 出口等效参数,并进而获得 CDTE 采用新循环方案的设计点性能。

为加快推进 CDTE 的发展与应用,典型方式就是以 CDC 替代现有某型涡轮发动机的燃烧室,进而回避其他部件设计改型遇到的新技术问题。然而当以增压爆震燃烧室替代原涡轮发动机主燃烧室时,由于爆震室具有部件增压特性,当不考虑 CDC 瞬时增压燃烧引起的压力反传及其对上游压气机的影响时(假设存在理想进气机械阀门),为满足压气机、CDC 及涡轮之间的转速相等、功率平衡及流量守恒,部件间共同工作点将发生偏移,工作点偏移意味着压气机及涡轮工作状态的改变,进而影响实际 CDTE 的推进性能,本节针对此做一些定性分析。

1. CDTE 结构及性能分析模型

这里以最简单的连续爆震涡喷发动机(continuous detonation turbojet, CDTJ)为应用需求进行分析。常规涡喷发动机的基本结构包括进气道、压气机、主燃烧室、涡轮及喷管等部件,当采用连续爆震燃烧室替换原主燃烧室的总体结构方案时,唯一改变的是主燃烧室结构,如图 6.62 所示。由于增压推进涉及的非定常冷却及掺混问题仍是待解决的关键技术,为突出研究的问题,这里不考虑压气机引气及涡轮冷却用气。图 6.62 中也给出了连续爆震燃烧室(CDC)的结构示意:CDC 整体为环形结构,其进口通过进气段与压气机相连;进气段下游对应标识"3a",爆震燃烧波在此沿周向连续传播;进气段为变面积结构,其关键几何参数为其喉道面积与下游"3a"处面积之比 A_R,A_R 越小代表进气段喉道面积越小;CDC 出口与涡轮直接相连。

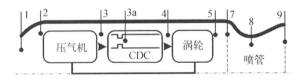

图 6.62　带连续爆震主燃烧室的涡喷发动机结构示意图

涡喷发动机总体性能模型由进气道部件模型、压气机部件模型、燃烧室部件模型、涡轮部件模型及喷管部件模型组成,各部件模型基于进口截面参数确定出口截面参数。对于进气道部件模型,亚声速流下固定总压恢复系数为 0.98。对于压气机部件模型,已知进口气流状态、流量及转速,基于压气机特性曲线插值确定出口状态。对于常规燃烧室部件模型,燃烧效率固定为 100%,总压恢复系数固定为 0.95。对于涡轮部件模型,已知进口气流状态、流量及转速,基于涡轮特性曲线插值确定出口状态。对于喷管部件模型,喉道面积固定,调节出口面积可以实现气流膨胀到环境状态。发动机实际工作点应满足所有部件的流量守恒和压气机与涡轮间的转速/功率相等。

连续爆震涡喷发动机(CDTJ)总体性能模型在原传统涡喷发动机性能模型基础上,将常规燃烧室部件模型替换为 CDC 部件模型获得。为实现非定常工作的 CDC 部件模型与原发动机燃烧室下游定常部件模型的搭接,当已知压气机出口状态、油气比及燃烧室几何尺寸时,CDC 部件模型基于图 6.63 计算流程确定燃烧室出口等效总温 T_{t4} 和总压 p_{t4}。对于 CDC 部件出口总温 T_{t4} 的确定采用能量守恒原则,即燃烧室出口总焓应等于进口总焓与燃料放热量之和。当已知压气机出口条件,初始给定爆震波前压力 p_{3a} 后,基于 6.2.2.2 节中 CDC 喷注燃烧模型确定爆震室进气流量 m_{CDC},同时引入面积比 A_{Det}(等于波头高度 h 与临界值 h_{cr} 之比),基于式(6.10)考虑侧向稀疏影响。当 m_{CDC} 不等于压气机出口流量 m_3 时,修正 p_{3a} 直到满足流量平衡。CDC 燃烧总焓增基于 6.2.2.1 节循环性能分析模型来计算,在总焓增不变的原则下,基于求得的燃烧室出口总温 T_{t4} 确定出口等效总压 p_{t4}。

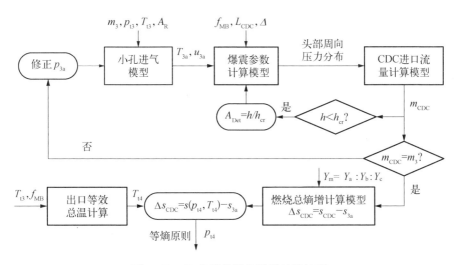

图 6.63 CDC 部件性能模型计算流程

2. CDTJ 设计参数

常规涡喷发动机的设计点性能参数如表 6.4 所示:设计点转速 40 000 r/min,涡轮前温度为 1 310 K;设计点处压气机等转速喘振裕度为 45.1%;设计点处涡轮导向器处于超临界状态。当发动机工作在非设计点工况下,进气道总压恢复系数 σ_{inlet}、燃烧室总压恢复系数 σ_b 及燃烧效率 η_b、喷管喉道面积 A_8 保持不变。

表 6.4   常规涡喷发动机设计点性能

类 型	设 计 参 数
飞行状态	$H = 0$ km, $Ma_0 = 0$
进气道	$\sigma_{\text{inlet}} = 0.98$, $m_0 = 5$ kg/s
压气机	$\pi_c = 6$, $\eta_c = 0.85$
燃烧室	$\sigma_b = 0.95$, $\eta_b = 100\%$, $f = 0.022\,54$
涡轮	$T_{t4} = 1\,310$ K, $\pi_T = 2.007\,1$, $\eta_T = 0.92$
喷管	$A_{8\text{Des}} = 0.015\,57$ m^2, $m_9 = 5.113$ kg/s
推进性能	$F = 3\,863$ N, $F_s = 772.6$(N·s)/kg, sfc $= 0.105$ kg/(N·h)

当连续爆震涡喷发动机(CDTJ)采用主燃烧室直接替换方案时,涡喷发动机其他部件结构保持不变,环形连续爆震燃烧室(CDC)周向长度 L_{CDC} 固定为 1 m,环道高度 Δ 固定为 0.04 m,CDC 进口面积比 A_R 作为调节参数,爆震波的临界波头高度 h_{cr} 为 0.05 m。

3. 不同燃烧模式下涡喷发动机部件工作特性

发动机实际工作时,压气机与涡轮必须满足转速相等及功率平衡约束,同时各部件间必须满足流量平衡要求,因此任一部件工作参数的变化都将影响其他部件的工作状态,通过改变 CDC 中参与爆震燃烧工质 Y_a、爆震+激波工质 Y_b 及爆燃燃烧工质 Y_c 间之比 ($Y_m = Y_a : Y_b : Y_b$) 实现不同燃烧模式,进而改变燃烧室增压特性。图 6.64 给出了涡喷发动机的压气机特性曲线,其中相对换算转速 n_{cor} 以设计

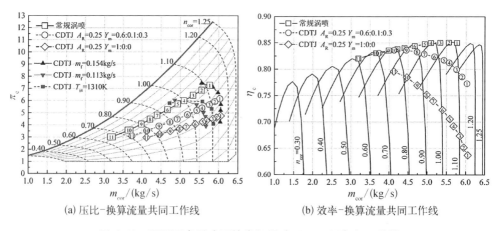

(a) 压比-换算流量共同工作线   (b) 效率-换算流量共同工作线

图 6.64   不同因素影响下的常规涡喷/CDTJ 压气机工作线

点转速作为参考值。当飞行高度 H 为 0 km,飞行马赫数 Ma_0 为 0 时,图中给出了调节燃烧室喷油量 m_f 后不同燃烧模式下涡喷发动机的压气机涡轮共同工作线,其中相同数字标识的数据点具有相同的燃烧室喷油量。

从图 6.64(a)可以看到,当喷油量降低时,涡喷发动机的工作点逐渐向左下角移动,即发动机转速、空气换算流量 m_{cor} 及压气机增压比 π_c 都将降低。对于常规涡喷发动机,这些工作点形成的共同工作线更靠近喘振边界。当主燃烧室替换为具有增压特性的爆震室后,CDTJ 的共同工作线将远离喘振边界。对于图中 CDTJ 在 $A_R = 0.25$、$Y_m = 1 : 0 : 0$ 情况(代表 CDC 进口面积比为 0.25,同时所有工质都参与爆震燃烧)下,此时 CDC 具有更佳的增压特性。在 $A_R = 0.25$, $Y_m = 0.6 : 0.1 : 0.3$ 情况(代表仅有 60% 的工质参与爆震燃烧,同时有 10% 爆震燃烧工质将经过斜激波压缩,剩余的 30% 工质参与爆燃燃烧)下,此时 CDC 部件增压相应降低。当燃烧室喷油量相同时,爆震室部件增压将导致原发动机共同工作点向右下方移动,即以更高转速、更大流量及较低压气机增压比实现燃烧室部件增压下发动机所有部件间的匹配工作。发动机各工作点处压气机效率如图 6.64(b)所示,从图中可以看到:对于原常规涡喷发动机,各工作点下压气机效率基本位于各转速下效率最大值处;当主燃烧室替换为增压爆震室后,CDTJ 工作点在压气机效率特性图上整体向下偏移,即压气机效率将降低,考虑到压气机增压比也会降低,这对 CDTJ 推进性能提升是不利的。图 6.64(a)中实心数据点代表给定喷油量或涡轮前温度时,通过改变 CDC 燃烧模式(调节 Y_m),实现 CDC 不同压力增益下的压气机工作点。当 CDC 不具有增压特性时,如图 6.64(a)中常规涡喷发动机共同工作线左上方的三个工作点,此时 $A_R = 0.25$、$Y_m = 0.3 : 0.1 : 0.6$,CDC 部件增压比将小于常规燃烧室总压恢复系数,相应地,压气机工作点将更靠近喘振边界。

图 6.65 给出了图 6.64 中发动机各工作点相对应的总增压比 p_{t4}/p_{t2}、燃烧室增压比 π_{cb} 及总增温比 T_{t4}/T_{t2} 随换算流量的变化。对于常规涡喷发动机,总增压比等于 $\pi_c\sigma_b$,其变化曲线位于 CDTJ 上方,这表明在同样发动机空气流量下,常规涡喷具有更高的总增压比。常规涡喷的总增温比变化曲线位于 CDTJ 下方,这表明在同样发动机空气流量下,常规涡喷具有更高的总增温比。对于 CDTJ,发动机总增压比等于 $\pi_c\pi_{cb}$,即爆震室部件增压比 π_{cb} 将对其产生影响,从图 6.65 可以看到:随着换算空气流量的增加(喷油量增加引起),燃烧室增压比逐渐增加;通过改变 CDC 进气几何尺寸 A_R(影响进气总压损失)和燃烧工质比例 Y_m,可以改变 CDC 增压特性;当发动机采用更高增压性能的 CDC 时,发动机总增压比/总增温比变化曲线越向减小方向远离常规涡喷的变化曲线;当喷油量相同时(图 6.65 中具有相同数字标识的数据点),CDC 部件增压越高,总增压比越大,但总增温比降低。

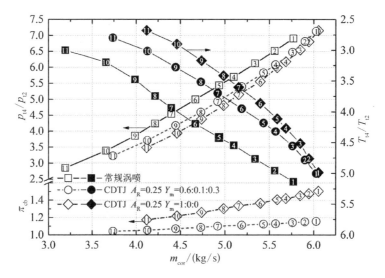

图 6.65 常规涡喷/CDTJ 的部件增压比/总增温比特性

实际发动机稳定工作时压气机和涡轮间必须满足流量平衡,针对压气机进口和涡轮导向器最小截面有

$$\frac{p_{t4}}{p_{t2}} = \pi_c \pi_{cb} = \frac{m_{cor}(1 + f)}{A_{nb} K_{nb} q(\lambda_{nb})} \sqrt{\frac{T_{t4}}{T_{t2}}} \cdot \frac{\sqrt{T_{std}}}{p_{std}} \qquad (6.57)$$

其中,p_{std} 和 T_{std} 为标况下压力和温度;A_{nb} 和 $q(\lambda_{nb})$ 分别为涡轮导向器最小截面面积及该处的流量函数;K_{nb} 为与燃气物性有关的常数。

从公式(6.57)右侧表达式可以看到,常规涡喷和 CDTJ 的总增压比具有相同的形式,其与燃烧室部件增压比无关。当涡轮导向器内流动处于壅塞状态时,相同 m_{cor} 下更高的总增温比对应更高的总增压比,这与图 6.65 中曲线变化趋势是一致的。当总增压比保持不变时,爆震室部件增压比与压气机增压比间必然为反比例变化关系,这从图 6.64(a)中 CDTJ 等燃油流量 m_f 共同工作线可以看到,其是通过改变 A_R 和 Y_m 进而改变 CDC 部件增压比而计算获得。以 m_f 为 0.154 kg/s 为例,随着 π_{cb} 的增加,压气机逐渐进入临界壅塞状态(m_{cor} 趋于常值),进而导致总温比变化趋于常值,相应的高 π_{cb} 必然导致更低的 π_c 以满足流量平衡,图 6.64(a)和图 6.65 中工作点变化都反映了这一特性。

由压气机和涡轮间功率平衡可以推导出总增温比与压气机增压比满足如下关系:

$$\frac{T_{t4}}{T_{t2}} = \frac{c_{pa}}{c_{pb}(1 + f)} \frac{(\pi_c^{(\gamma_a-1)/\gamma_a} - 1)/\eta_c}{(1 - \pi_T^{(1-\gamma_b)/\gamma_b})\eta_T} \qquad (6.58)$$

其中，c_{pa} 和 c_{pb} 分别为空气和燃气的比定压热容比。

当涡轮和喷管都处于临界壅塞状态时，涡轮落压比 π_T 为常数，而涡轮效率 η_T 一般变化不大，从式(6.58)可以看到，这意味着此时当给定总增温比时，压气机压比 π_c 也唯一确定。进一步由式(6.57)可以看到，当 CDC 部件增压比 π_{cb} 越大，总增压将增大，换算流量相应也将增大，这与图 6.64(a)中 CDTJ 等涡轮前温度($T_{t4}=1\,310$ K)共同工作线变化及相应图 6.65 中增压比变化一致。

进一步联合式(6.57)和式(6.58)可以推导出 CDTJ 的部件共同工作方程：

$$\pi_{cb} \cdot \sqrt{\frac{\pi_c^2 \eta_c}{\left(\pi_c^{(\gamma_a-1)/\gamma_a}-1\right)}} = m_{cor} \cdot C \tag{6.59}$$

其中，C 为与各种因素有关的量，当涡轮导向器处于临界壅塞状态时，C 可认为是定值。此时，在给定 m_{cor} 情况下，π_{cb} 的增加必然导致 π_c 的减小。

需指出的是，式(6.57)~式(6.59)是基于 CDC 出口等效定常状态推导出的。对于实际 CDTJ 内的流动，相应的关系式将变为复杂的周期积分时间平均形式，能否以某一等效定常状态改成相似形式以及由此带的误差有多大，在这方面的研究几乎为空白。但从目前 CDC 与常规燃烧室驱动涡轮试验对比数据(图 6.41)来看，当 CDC 出口气动状态表现为周期性高频低脉动形式时，两种情况下涡轮进出口状态与功率提取间满足类似的气动关系。

4. CDTJ 推进性能

发动机部件工作特性的变化必然会影响整机推进性能。图 6.66 给出了对应图 6.64 中变喷油量共同工作线的发动机推力 F、单位推力 F_s 及耗油率 sfc 变化曲线。从图中可以看到，随着 CDC 部件增压比 π_{cb} 的提升，F 和 F_s 变化曲线向减小的方向移动，这是因为推力的大小取决于涡轮前温度 T_{t4} 及涡轮前压力 p_{t4}，而由图 6.65 可以看到，在同样空气流量下，越高的 π_{cb} 将导致更低的 T_{t4} 和 p_{t4}，因此常规涡喷发动机具有更佳的推力性能。但也注意到，此时 CDTJ 的喷油量要低于常规涡喷，π_{cb} 的提升使得 sfc 变化曲线向减小的方向移动，因此 CDTJ 具有更佳的经济性能。

从图 6.66 也可以看到，当常规涡喷和 CDTJ 具有相同推力时，CDC 部件增压性能的提升可以减小燃油喷油量(图 6.66 中相同数字标识的数据点具有相同喷油量)，进而可以进一步改善发动机的经济性。对比图 6.64(a)中 CDTJ 的 $m_f=0.113$ kg/s 等燃油流量共同工作线和 $T_{t4}=1\,310$ K 等涡轮前温度共同工作线(相交于常规涡喷设计点)，同时结合图 6.65 涡轮前温度变化趋势(T_{t2} 为定值)，可以看到：两类发动机产生相同推力时，CDTJ 具有更低的涡轮前温度，这对减小涡轮冷却气量需求、进一步提升发动机性能是有利的；此时 CDTJ 具有更大的空气流量，新的进气道结构设计及进气阻力是需要额外考虑的负面因素,同时当压气机进入临界壅塞状态后,CDC 增压性能的提升并不能进一步改善 CDTJ 的推进性能。

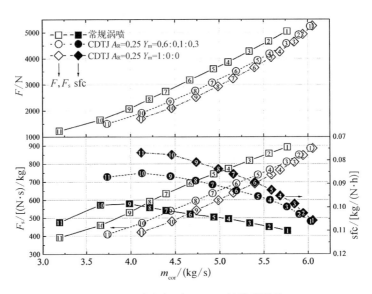

图 6.66　常规涡喷/CDTJ 的推进性能

从前面分析可以看到,对于主燃烧室替代型 CDTJ,爆震室部件增压将导致压气机增压比降低,进而对发动机推进性能产生不利影响。表 6.5 给出了涡轮前温度为 1 310 K 时主燃烧室替代型 CDTJ 和理想 CDTJ 方案的推力增益 F_{gain}、单位推力增益 F_{s_gain} 及耗油率增益 sfc_{gain},其推进性能参考值为表 6.4 中常规涡喷发动机性能。理想 CDTJ 设计点的流量及压气机参数与表 6.4 中的相同,可以看到当 $\pi_{cb}=$ 1.52 时,发动机推进性能增益可以达到 15% 以上。对于主燃替代型 CDTJ,尽管 π_{cb} 达到更高的 1.62,推力增益提升 20%,但单位推进性能增益仅达到 5%,其间差异的关键是涡轮选型。由式(6.57)可知,当涡轮导向器内流动处于临界壅塞状态时,理想 CDTJ 的涡轮导向器最小截面积为原常规涡喷发动机的 $1/\pi_{cb}$。

表 6.5　当 $T_{t4}=1\,310$ K 时主燃烧室替代型 CDTJ 和理想设计点 CDTJ 增推性能

A_R	Y_m	主燃烧室替代型 CDTJ					理想 CDTJ 设计点($m_0=5$ kg/s,$\pi_c=6$)				
		π_{cb}	F_{gain}	F_{s_gain}	sfc_{gain}	n_{cor}	π_{cb}	F_{gain}	F_{s_gain}	sfc_{gain}	n_{cor}
0.5	1:0:0	1.62	21.1%	5.4%	−5.7%	1.11	1.52	17.7%	17.7%	−15.0%	1
0.25	1:0:0	1.46	21.1%	5.4%	−5.7%	1.11	1.48	16.8%	16.8%	−14.3%	1
0.25	0.7:0.1:0.2	1.23	20.0%	5.2%	−5.5%	1.10	1.25	10.9%	10.9%	−9.8%	1

续　表

A_R	Y_m	主燃烧室替代型 CDTJ					理想 CDTJ 设计点($m_0 = 5$ kg/s，$\pi_c = 6$)				
		π_{cb}	F_{gain}	F_{s_gain}	sfc_{gain}	n_{cor}	π_{cb}	F_{gain}	F_{s_gain}	sfc_{gain}	n_{cor}
0.25	0.5 : 0.1 : 0.4	1.05	13.3%	3.6%	−3.8%	1.06	1.06	4.8%	4.8%	−4.5%	1
0.25	0.3 : 0.1 : 0.6	0.91	−10.6%	−3.4%	3.8%	0.95	0.91	−2.1%	−2.1%	2.2%	1

从表 6.5 中也可看到，当 $T_{t4} = 1\,310$ K，主燃替代型 CDTJ 的转子转速都高于常规涡喷发动机设计转速，从图 6.64(a) 也可以看到，同样燃油流量下 CDTJ 也具有更高的转速。实际发动机由于机械负荷、结构振动及轴承冷却等因素，将对发动机最大转速进行限制，当最大转速受限后，沿等转速线，从图 6.64 和图 6.66 可以看到，尽管 CDTJ 经济性较好，但常规涡喷发动机可以获得更高的推力和单位推力。

5. 喷管对部件工作特性的影响

前面分析表明，主燃替代型 CDTJ 在等空气流量或等转速下产生的推力都要低于常规涡喷发动机，其关键在于 CDTJ 具有相对较低的总增压比和总增温比。为提升此 CDTJ 推进方案的涡轮前温度和压力，可以通过减小喷管喉道面积 A_8 来实现。

图 6.67 和图 6.68 给出了当涡轮前温度固定为 1 310 K 时改变喷管喉道面积时常规涡喷和 CDTJ 的压气机、涡轮共同工作线。一方面，当 A_8 减小时，流过喷管的流量相应减小，基于发动机流量平衡，流入压气机的空气流量必然减小。另一方面，基于喷管和涡轮流量平衡关系可推知，涡轮落压比 π_T 的大小取决于喷管喉道和涡轮导向器最小截面处的面积比及流函数比。相应地，A_8 的减小将导致 π_T 的

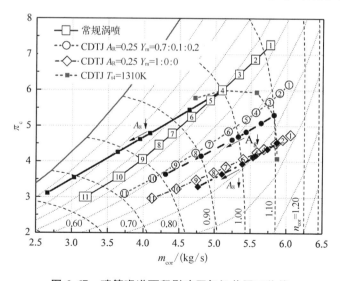

图 6.67　喷管喉道面积影响压气机共同工作线

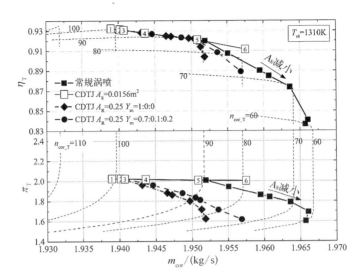

图 6.68　喷管喉道面积影响涡轮共同工作线

减小,涡轮导器内的流动也将逐渐由临界状态转变为亚临界状态(图 6.68)。进一步由压气机-涡轮功率平衡关系公式(6.58)知,当 T_{t4} 固定时(相应总增温比不变),π_T 的减小将导致涡轮输出功的减小,压气机增压比 π_c 相应降低。因此,当喷管喉道面积减小时,压气机工作点将在压气机特性图上向原工作点的左下方向移动,如图 6.67 所示。

由公式(6.57)知,当换算流量保持不变时,总增温比的增加将使总增压比增加,对于常规涡喷,即代表压气机增压比的增加,因此喷管喉道面积的减小将使得共同工作线向原工作线的上方偏移,如图 6.67 所示。对于 CDTJ,总增温比的增加也将导致爆震室部件增压比 π_{cb} 的增加,当 π_{cb} 的增幅高于总增压比的增幅时,由公式(6.57)可知 π_c 将减小,此时喷管喉道面积的减小将使得共同工作线向原工作线的下方偏移,如图 6.67 中当 $A_R = 0.25$ 及 $Y_m = 1:0:0$ 情况。

图 6.69 给出了图 6.67 中发动机各工作点相对应的总增压比 p_{t4}/p_{t2} 及燃烧室增压比 π_{cb} 随喷管喉道面积及换算流量的变化,其中喉道面积 A_8 以表 6.4 中设计值 A_{8Des} 进行无量纲化,面积比减小的方向对应发动机流量减小。从图中可以看到:当 T_{t4} 以及喷管无量纲面积相同时,π_{cb} 越高则总增压比越大,由于涡轮前温度相同,这对提升 CDTJ 性能是有利的;当 A_8/A_{8Des} 减小时,由于压气机增压比减小,在涡轮前温度不变情况下必然使得燃烧室加热比增加,进而使得 π_{cb} 逐渐增大。

值得注意的是总增压比与换算流量的变化关系曲线,如图 6.69 所示,三种发动机的变化曲线几乎重合在一块,从公式(6.57)可以看到,当总增温比及流量相同时,在涡轮导器几何尺寸固定情况下,总增压比仅与流量函数 $q(\lambda_{nb})$ 有关。尽管从图 6.68 可以看到,喷管面积的变化会使涡轮工况由临界状态转变为亚临界状态,但从涡轮换算流量可以看到其变化范围很小,所以可以近似认为 $q(\lambda_{nb})$ 为常值,进而使得三种发动机的总增压比变化曲线几乎重合。因此,当三种发动机压气机换算流量相同时,π_{cb} 越大则 π_c 越小,π_c 的减小又意味着涡轮落压比 π_T 的减小,这导致喷管前总压的增大,进而使发动机获得更高的推进性能。

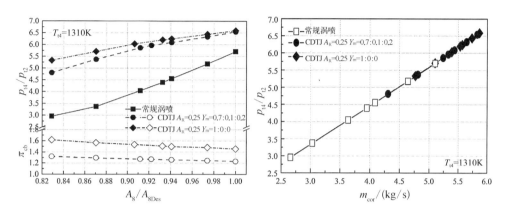

图 6.69 发动机部件增压比受喷管喉道面积影响特性

6. 喷管对 CDTJ 推进特性的影响

喷管对发动机部件工作特性的影响必然会导致整机推进性能的改变。表 6.6 给出了当 CDC 工作参数取为 $A_R = 0.25$、$Y_m = 1:0:0$ 时不同喷管喉道无量纲面积下 CDTJ 增推性能,其计算以表 6.4 中常规涡喷设计点推进性能为基准。从表 6.6 中可以看到,当 $T_{t4} = 1\,310$ K 时,随着喷管喉道面积的减小,CDTJ 的推力减小、单位推力和耗油率增加;常规涡喷则表现为推力和单位推力减小、耗油率增加。单位推力与喷管进口总压和总温直接相关,两种发动机部件特性不同的变化趋势导致单位推力变化呈现相反的变化趋势:对于常规涡喷,A_8 的减小导致 π_c 减小,涡轮输出功相应减小进而使得喷管进口总温增加,但喷管进口总压将下降,此时单位推力受喷管进口总压影响占主;对于 CDTJ,A_8 的减小导致 π_c 的减小和 π_{cb} 的增大,这使得喷管进口总压下降趋势趋缓,此时单位推力受喷管进口总温影响占主。

表 6.6 喷管面积影响下 CDTJ 性能($A_R = 0.25$, $Y_m = 1:0:0$)

A_8/A_{8Des}	T_{t4}/K	n_{cor}	F_{gain}	F_{s_gain}	sfc_{gain}
1	1 310	1.11	21.1%	5.4%	−5.7%
0.941	1 310	1.04	17.0%	7.2%	−4.8%
0.906	1 310	1.00	14.2%	8.2%	−4.2%
0.870	1 310	0.94	8.5%	8.6%	−2.8%

A_8/A_{8Des}	T_{t4}/K	n_{cor}	F_{gain}	F_{s_gain}	sfc_{gain}
1	1 104	1.00	-6.7%	-11.4%	-15.2%
0.966	1 168	1.00	-0.0%	-5.1%	-11.6%
0.941	1 222	1.00	5.5%	0.1%	-8.8%

　　表 6.6 也给出了当 $n_{cor}=1.00$ 时 A_8 对 CDTJ 推进性能的影响,此时 CDTJ 转速与常规涡喷设计点转速相同。从表中可以看到,当发动机喷管喉道尺寸相同时 ($A_8/A_{8Des}=1$),CDTJ 的推力及单位推力都没实现性能增益,由于涡轮前温度较低,CDTJ 具有更低的耗油率。当减小 A_8 时,为实现发动机等转速工作,涡轮前温度将升高,推力增益 F_{gain} 和单位推力增益 F_{s_gain} 逐渐升高,耗油率变大。当 $T_{t4}=1\ 168\ K$ 时,两种发动机产生相同的推力,但 CDTJ 耗油率要低 11.6%,同时更低的涡轮前温度降低了涡轮冷却需求。当 $T_{t4}=1\ 310\ K$ 时,尽管 CDTJ 耗油率的降低衰减为 4.2%,但可以实现 14.2% 的推力增益,相比 F_{s_gain},更高的 F_{gain} 表明 CDTJ 具有更大的空气流量。

　　当两种发动机具有相同空气流量时,若不改变喷管喉道尺寸,图 6.66 表明 CDTJ 的推力和单位推力都要低于常规涡喷,此时需通过减小 A_8、提升涡轮前温度来提升 CDTJ 推进性能。从表 6.6 中给出的 $A_8/A_{8Des}=0.87$ 下的性能数据可以看到,此时两种发动机具有相同的涡轮前温度,但 CDTJ 具有更低的转速,同时在较低的耗油率下实现了更高的增推性能。此时 CDTJ 性能提升的关键是,虽然两种发动机具有相同的总增压比,但由于 CDC 部件增压,这使得 CDTJ 压气机增压比降低,相应地,涡轮输出功降低,进而使得 CDTJ 具有更大循环推进功。

　　7. 小结

　　尽管本节针对的是连续爆震涡喷发动机,但在分析发动机工作特性时基于的是各部件进出口等效参数,因此部分相关结论也适合于其他形式的增压燃烧涡喷发动机。需要指出的是,本节是基于各种假设得出的 CDTJ 理论工作特性趋势变化,例如,假设存在理想机械阀门能够隔离增压燃烧引起的压力反传,强周期性非定常流中涡轮及喷管工作特性可以基于部件进出口平均参数来评估,部件进出口时均参数之间满足定常流下的基本气动关系等。虽然当前还未有自吸气的 CDTE 试验数据支撑本节相关结论,但在涡轮前温度不变情况下,通过降低常规发动机主燃烧室总压恢复系数可以验证本部分得出的相关变化趋势。喷管对 CDTJ 影响与第 5 章 5.3.2.2 节冲压式 PDE 下得出的结论是相类似的,发动机稳定工作时,各部件间必须满足各种平衡关系,而对于冲压式 PDE,进气道、爆震室及喷管必须满足流量平衡。当进气流量及喷管几何结构不变时,采用不同增压特性的燃烧室,进气道结尾正激波会调节驻定位置,最终在喷管进口形成大致相当的时均总压;减小喷管喉道面积,为满足流量平衡,喷管进口时均总压必然增加,进而提升发动机单位性能。

6.5 小 结

本章论述了各种连续爆震发动机推进方案的研究发展现状,并对各种推进方案论述了总体性能分析方法及各种因素对发动机推进性能的影响。尽管针对连续爆震发动机的研究在过去的几十年里获得了众多的突破与进展,但是要使连续爆震发动机真正在实际中得到应用,与脉冲爆震发动机一样,需要突破诸多共性的关键技术,这里着重介绍对于连续爆震发动机尤其关键的技术。

1) 反应物的快速喷射及高效掺混技术

连续爆震室内爆震波高旋转频率导致反应物喷射、掺混及填充时间大大缩短,特别是当前吸气式连续爆震室一般采用超声速流填充,为实现反应物高效掺混,现有方案一般是延长掺混距离及狭缝喷射,这将延长爆震室长度并带来进气损失;而连续爆震室内爆震波高度(燃烧区长度)一般都为厘米级。这意味连续爆震室长度主要由反应物喷射、掺混及填充区决定,该技术的突破是实现超紧凑连续爆震室的关键。

2) 连续爆震室自适应进气阀门技术

虽然理论分析及数值模拟研究都表明连续爆震室能够实现部件增压,进而提升发动机推进性能,但当前试验获得的各种形式连续爆震室压力增益特性都为负值,其关键原因是当前试验研究的连续爆震室都采用的是喷孔或环缝型连续进气结构,如何在试验中实现理论及数值模拟中假设的自适应进气机械阀门是获得爆震室压力增益的关键。

3) 冷却及热管理技术

相比脉冲爆震燃烧室,虽然连续爆震室内具有更高的爆震频率及更高的燃烧室容热强度,但燃烧室热负荷也急剧增大。传统吸气式发动机高温部件冷却可借助进气道或压气机后相对较低温的空气通过主动冷却方式隔离高温产物对部件的热通量,但这种冷却形式将不再适用于增压燃烧推进中的高温部件。当前可行的冷却技术有两种:一种方式是引入额外压缩级提高冷却气流的压力;另一种方式是采用基于液体燃料的再生冷却技术,如何实现冷却方案在发动机宽工况下的实现,有赖于热管理技术。在高效冷却问题未解决前提下,连续爆震推进的应用将仅限制在短时和/或低成本动力需求。

4) 其他关键技术

连续爆震室具有比脉冲爆震燃烧室更复杂的燃烧模式,如何实现对连续爆震室的精确控制,需要突破连续爆震室燃烧模式诊断与控制技术;对吸气式连续爆震发动机,当采用碳氢燃料,特别是液体燃料时,小尺寸连续爆震室往往不满足爆震传播的尺寸约束条件,这需要对燃料进行预处理进而满足约束条件,即连续爆震推进燃料多样化技术;现有爆震推进应用的一种技术方案就是直接替代现有常规发动机燃烧室,其涉及的关键核心技术就是连续爆震室与上下游部件间的结构及部件性能间匹配技术;为进一步提升连续爆震发动机性能,还需要突破周期性强非定常流下的涡轮及喷管设计技术等。

参考文献

[1] VOITSEKHOVSKII B V. Stationary spin detonation[J]. Soviet Journal of Applied Mechnics and Technical Physics, 1960, 3: 157 - 164.

[2] ADAMSON T C J R, OLSSON G R. Performance analysis of a rotating detonation wave rocket engine[J]. Asrtonautica Acta, 1967, 13(4): 405 - 415.

[3] NICHOLLS J A, CULLEN R E, RAGLAND K W. Feasibility studies of a rotating detonation wave rocket motor[J]. Journal of Spacecraft and Rockets, 1966, 3(6): 893 - 898.

[4] BYKOVSKII F A, ZHDAN S A, EVGENII F V. Continuous spin detonation[J]. Journal of Propulsion and Power, 2006, 22(6): 1204 - 1216.

[5] WOLANSKI P. Detonative propulsion[J]. Proceeding of the Combustion Institute, 2013, 34: 125 - 158.

[6] SPADACCINI C M, PECK J, WAITZ I A. Catalytic combustion systems for microscale gas turbine engines[J]. Journal of Engineering for Gas Turbine and Power, 2007, 129: 49 - 60.

[7] RANKIN B A, RICHARDSON D R, CASWELL A W, et al. Chemiluminescence imaging of an optically accessible non-premixed rotating detonation engine[J]. Combustion and Flame, 2017, 176: 12 - 22.

[8] QIU H, XIONG C, ZHENG L X. Experimental investigation of an air-breathing pulse detonation turbine prototype engine[J]. Applied Thermal Engineering, 2016, 104: 596 - 602.

[9] BYKOVSKII F A, MITROFANOV V V. Detonation combustion of a gas mixture in a cylindrical chamber[J]. Combustion, Explosion and Shock Waves, 1980, 16(5): 570 - 578.

[10] BYKOVSKII F A, ZHDAN S A, VEDERNIKOV E F. Continuous spin detonation of hydrogen-oxygen mixtures: 1. Annular cylindrical combustors[J]. Combustion Explosion and Shock Waves, 2008, 44(2): 150 - 162.

[11] FALEMPIN F, DANIAU E. A contribution to the development of actual continuous detonation wave engine[R]. AIAA 2008 - 2679, 2008.

[12] FALEMPIN F, NAOUR B L. R&T effort on pulsed and continuous detonation wave engines[R]. AIAA 2009 - 7284, 2009.

[13] NAOUR B L, FALEMPIN F, MIQUEL F. Recent experimental results obtained on continuous detonation wave engine[R]. AIAA 2011 - 2235, 2011.

[14] SMITH R D, STANLEY S B. Experimental investigation of continuous detonation rocket

engines for in-space propulsion[R]. AIAA 2016 – 4582, 2016.

[15]　HARGUS W A, SCHUMAKER S A, PAULSON. Air Force Research Laboratory rotating detonation rocket engine development[R]. AIAA 2018 – 4876, 2018.

[16]　SOSA J, BURKE R, AHMED K A. et al. Experimental evidence of H_2/O_2 propellants powered rotating detonation waves[J]. Combustion and Flame, 2020, 214: 136 – 138.

[17]　BIGLER B, BENNEWITZ J W, DANCZYK S A. Injector mixing effects in rotating detonation rocket engines[R]. AIAA 2019 – 3869, 2019.

[18]　TEASLEY T W, PROTZ C S, LARKEY A P, et al. A review towards the design optimization of high performance additively manufactured rotating detonation rocket engine injectors[R]. AIAA 2021 – 3655, 2021.

[19]　MA J Z, ZHANG S, LUAN M, et al. Experimental investigation on delay time phenomenon in rotating detonation engine[J]. Aerospace Science and Technology, 2019, 88: 395 – 404.

[20]　XUE S, LIU H, ZHOU L. Experimental research on rotating detonation with liquid hypergolic propellants[J]. Chinese Journal of Aeronautics, 2018, 31(12): 2199 – 2205.

[21]　ANDERSON W S, HEISTER S D, KAN B, et al. Experimental study of a hypergolically ignited liquid bipropellant rotating detonation rocket engine[J]. Journal of Propulsion and Power, 2020, 36(6): 851 – 861.

[22]　KUBICKI S W, ANDERSON W, HEISTER S D. Further experimental study of a hypergolically-ignited liquid-liquid rotating detonation rocket engine[R]. AIAA 2020 – 0196, 2020.

[23]　KAWASAKI A, MATSUYAMA K, MATSUOKA K, et al. Flight demonstration of detonation engine system using sounding rocket S – 520 – 31: System design[R]. AIAA 2022 – 0229, 2022.

[24]　ITOUYAMA N, MATSUYAMA K, MATSUOKA K, et al. Flight demonstration of detonation engine system using sounding rocket S – 520 – 31: History from development to flight[R]. AIAA 2022 – 0230, 2022.

[25]　GOTO K, MATSUOKA K, MATSUYAMA K, et al. Flight demonstration of detonation engine system using sounding rocket S – 520 – 31: Performance of rotating detonation engine[R]. AIAA 2022 – 0232, 2022.

[26]　GOTO K, NISHIMURA J, KAWASAKI A, et al. Propulsive performance and heating environment of rotating detonation engine with various nozzles[J]. Journal of Propulsion and Power, 2019, 35(1): 213 – 223.

[27]　GOTO K, YOKOO R, KAWASAKI A, et al. Investigation into the effective injector area of a rotating detonation engine with impact of backflow[J]. Shock Waves, 2021, 31: 753 – 762.

[28]　ISHIHARA K, MATSUOKA K, KASAHARA J, et al. Performance evaluation of a rotating detonation engine with conical-shape tail[R]. AIAA 2015 – 0630, 2015.

[29]　BOENING J A, HEATH J D, BYRD T J, et al. Design and experiments of a continuous rotating detonation engine: A spinning wave generator and modulated fuel/oxidizer mixing[R]. AIAA 2016 – 4966, 2016.

[30]　BOENING J A, WHEELER E A, HEATH J D, et al. Rotating detonation engine using a wave generator and controlled mixing[J]. Journal of Propulsion and Power, 2018, 34(6): 1364 – 1375.

[31] FROLOV S M. Initiation of strong reactive shocks and detonation by traveling ignition pulses [J]. Journal of Loss Prevention in the Process Industries, 2006, 19(2-3): 238-244.

[32] KOCH J, CHANG L, UPADHYE C, et al. Influence of injector-to-annulus area ratio on rotating detonation engine operability[R]. AIAA 2019-4038, 2019.

[33] BYKOVSKII F A, ZHDAN S A, VEDERNIKOV E F. Realization and modeling of continuous spin detonation of a hydrogen-oxygen mixture in flow-type combustors: 2. Combustors with expansion of the annular channel[J]. Combustion Explosion & Shock Waves, 2009, 45(6): 716-728.

[34] KINDRACKI J, WOLANSKI P, GUT Z. Experimental research on the rotating detonation in gaseous fuels-oxygen mixtures[J]. Shock Waves, 2011, 21(2): 75-84.

[35] OKNINSKI A, MARCINIAK B BARTKOWIAK B, et al. Development of the Polish small sounding rocket program[J]. Acta Astronautica, 2015, 108: 46-56.

[36] OKNINSKI A, KINDRACKI J, WOLANSKI P. Rocket rotating detonation engine flight demonstrator[J]. Aircraft Engineering & Aerospace Technology, 2016, 88(4): 480-491.

[37] PLAEHN E W, WALTERS I V, GEJJI R M, et al. Effect of fuel injection location on operability and performance of a continuously variable geometry rotating detonation engine[R]. AIAA 2022-1262, 2022.

[38] FROLOV S M, SHAMSHIN I O, AKSENOV V S, et al. Rocket engine with continuously rotating liquid-film detonation[J]. Combustion Science and Technology, 2020, 192(1): 144-165.

[39] GOTO K, KATO Y, ISHIHARA K, et al. Experimental study of effects of injector configurations on rotating detonation engine performance[R]. AIAA 2016-5100, 2016.

[40] KATO Y, ISHIHARA K, MATSUOKA K, et al. Study of combustion chamber characteristic length in rotating detonation engine with convergent-divergent nozzle[R]. AIAA 2016-1406, 2016.

[41] GOTO K, KATO Y, ISHIHARA K, et al. Thrust validation of rotating detonation engine system by moving rocket sled test[J]. Journal of Propulsion and Power, 2021, 37(3): 419-425.

[42] TANG X M, WANG J P, SHAO Y T. Three-dimensional numerical investigations of the rotating detonation engine with a hollow combustor[J]. Combustion and Flame, 2015, 162(4): 997-1008.

[43] KAWASAKI A, INAKAWA T, KASAHARA J, et al. Critical condition of inner cylinder radius for sustaining rotating detonation waves in rotating detonation engine thruster[J]. Proceedings of the Combustion Institute, 2019, 37(3): 3461-3469.

[44] YOKOO R, GOTO K, KIM J, et al. Propulsion performance of cylindrical rotating detonation engine[J]. AIAA Journal, 2020, 58(12): 5107-5116.

[45] GOTO K, OTA K, KAWASAKI A, et al. Cylindrical rotating detonation engine with propellant injection cooling[J]. Journal of Propulsion and Power, 2022, 38(3): 410-420.

[46] OTA K, GOTO K, ITOUYAMA N, et al. Study of cylindrical rotating detonation engine with propellant injection cooling system[R]. AIAA 2021-3650, 2021.

[47] 王丹,陈宏玉,严宇,等. 带等压预燃的旋转爆震发动机循环效率分析[J]. 推进技术,

2019,40(5):970－977.

［48］ 计自飞,张会强,谢峤峰,等.连续旋转爆震涡轮发动机热力过程与性能分析［J］.清华大学学报(自然科学版),2018,58(10):899－905.

［49］ ZHDAN S A, MARDASHEV A M, MITROFANOV V V. Calculation of the flow of spin detonation in an annular chamber［J］. Combustion, Explosion and Shock Waves, 1990, 26(2):210－214.

［50］ NORDEEN C A, SCHWER D, SCHAUER F, et al. Thermodynamic model of a rotating detonation engine［J］. Combustion Explosion and Shock Waves, 2014, 50(5):568－577.

［51］ ZHOU R, WANG J P. Numerical investigation of flow particle paths and thermodynamic performance of continuously rotating detonation engines［J］. Combustion and Flame, 2012, 159(12):3632－3645.

［52］ NORDEEN C A, SCHWER D, SCHAUER F, et al. Role of inlet reactant mixedness on the thermodynamic performance of a rotating detonation engine［J］. Shock Waves, 2016, 26(4): 417－428.

［53］ SOUSA J, PANIAGUA G, MORATA E C. Thermodynamic analysis of a gas turbine engine with a rotating detonation combustor［J］. Applied Energy, 2017, 195:247－256.

［54］ KAEMMING T, FOTIA M L, HOKE J, et al. Thermodynamic modeling of a rotating detonation engine through a reduced-order approach［J］. Journal of Propulsion and Power, 2017, 33(5):1－9.

［55］ FIEVISOHN R T, YU K H. Steady-state analysis of rotating detonation engine flowfields with the method of characteristics［J］. Journal of Propulsion and Power, 2017, 33(1):89－99.

［56］ STECHMANN D P, HEISTER S D, HARROUNT A J. Rotating detonation engine performance model for rocket applications［J］. Journal of Spacecraft and Rockets, 2019, 56(3):887－898.

［57］ MA J Z, LUAN M Y, XIA Z J, et al. Recent progress, development trends, and consideration of continuous detonation engines［J］. AIAA Journal, 2020, 33(6):1543－1554.

［58］ LAU-CHAPDELAINE S S, RADULESCU M I, HONG Z. Quasi-two-dimensional simulation of a rotating detonation engine combustor and injector［R］. AIAA 2020－3878, 2020.

［59］ SCHWER D, KAILASANATH K. Numerical investigation of the physics of rotating-detonation-engines［J］. Proceedings of the Combustion Institute, 2011, 33(2):2195－2202.

［60］ PAXSON D E. Numerical analysis of a rotating detonation engine in the relative reference frame［R］. AIAA 2014－0284, 2014.

［61］ MIZENER A R, LU F. Low-order parametric analysis of a rotating detonation engine in rocket mode［J］. Journal of Propulsion and Power, 2017, 33(6):1543－1554.

［62］ BYKOVSKII F A, ZHDAN S A, VEDERNIKOV E F. Continuous spin detonation of fuel-air mixtures［J］. Combustion Explosion & Shock Waves, 2006, 42(4):463－471.

［63］ BYKOVSKII F A, ZHDAN S A, VEDERNIKOV E F. Continuous detonation in the regime of self-oscillatory ejection of the oxidizer. 2. Air as an oxidizer［J］. Combustion, Explosion, and Shock Waves, 2011, 47(2):217－225.

［64］ DING C, WU Y W, XU G, et al. Effects of the oxygen mass fraction on the wave propagation modes in a kerosene-fueled rotating detonation combustor［J］. Acta Astronautica, 2022, 195:

204 - 214.

[65] ZHONG Y, WU Y, JIN D, et al. Effect of channel and oxidizer injection slot width on the rotating detonation fueled by pre-combustion cracked kerosene[J]. Acta Astronautica, 2019, 165: 365 - 372.

[66] BRAUN E M, LU F K, WILSON D R, et al. Airbreathing rotating detonation wave engine cycle analysis[J]. Aerospace Science and Technology, 2013, 27(1): 201 - 208.

[67] KAEMMING T A, PAXSON D E. Determining the pressure gain of pressure gain combustion [R]. AIAA 2018 - 4567, 2018.

[68] WALTERS I V, JOURNELL C, LEMCHERFI A I, et al. Performance characterization of a natural gas-air rotating detonation engine at elevated pressure[R]. AIAA 2019 - 4214, 2019.

[69] BROPHY C M, CODONI J R, TENEYCK J A, et al. Experimental performance characterization of an rde using equivalent available pressure[R]. AIAA 2019 - 4212, 2019.

[70] PENG H Y, LIU W D, LIU S J, et al. Realization of methane-air continuous rotating detonation wave[J]. Acta Astronautica, 2019, 164: 1 - 8.

[71] PENG H Y, LIU W D, LIU S J, et al. Effects of cavity location on ethylene-air continuous rotating detonation in a cavity-based annular combustor [J]. Combustion Science and Technology, 2021, 193(16): 2761 - 2782.

[72] STULL F D, CRAIG R, STREBY G D, et al. Investigation of a dual inlet side dump combustor using liquid fuel injection[J]. Journal of Propulsion and Power, 1985, 1(1): 83 - 88.

[73] 张钊, 宋文艳, 郑旭阳. 一种新型布局方式的冲压发动机燃烧室[J]. 推进技术, 2022, 43(4): 162 - 172.

[74] 李庆, 潘余, 谭建国, 等. 冲压发动机燃烧室性能参数探讨[J]. 推进技术, 2011, 32(1): 65 - 69.

[75] SCHWER D, KAILASANATH K. Feedback into mixture plenums in rotating detonation engines[R]. AIAA 2012 - 0617, 2012.

[76] SCHWER D, KAILASANATH K. On reducing feedback pressure in rotating detonation engines [R]. AIAA 2013 - 1178, 2013.

[77] SCHWER D A, KAILASANATH K, KAEMMING T. Pressure characteristics of a ram-RDE diffuser[J]. Aerospace Science and Technology, 2019, 85: 187 - 198.

[78] BRUCE P, BABINSKY H, TARTINVILLE B, et al. Experimental and numerical study of oscillating transonic shock waves in ducts[J]. AIAA Journal, 2011, 49(8): 1710 - 1720.

[79] CAI J H, ZHOU J, LIU S J, et al. Effects of dynamic backpressure on shock train motions in straight isolator[J]. Acta Astronautica, 2017, 141: 237 - 247.

[80] 郭凯欣, 翁春生, 武郁文. 连续旋转爆轰发动机隔离段流场数值模拟研究[J]. 弹道学报, 2019, 31(2): 35 - 41, 59.

[81] 王卫星, 张仁涛, 李宥晨, 等. 典型工况下旋转爆震发动机进气道流动特性研究[J]. 推进技术, 2021, 42(4): 931 - 940.

[82] 王超, 刘卫东, 刘世杰, 等. 吸气式连续旋转爆震与来流相互作用[J]. 航空学报, 2016, 37(5): 1411 - 1418.

[83] ZHDAN S A. Mathematical model of continuous detonation in an annular combustor with a

supersonic flow velocity[J]. Combustion Explosion & Shock Waves, 2008, 44(6): 690 – 697.

[84] WANG G Y, LIU W D, LIU S J, et al. Experimental verification of cylindrical air-breathing continuous rotating detonation engine fueled by non-premixed ethylene[J]. Acta Astronautica, 2021, 189: 722 – 732.

[85] WU K, ZHANG S J, LUAN M Y, et al. Effects of flow-field structures on the stability of rotating detonation ramjet engine[J]. Acta Astronautica, 2020, 168: 174 – 181.

[86] LIU S J, LIU W D, YI W, et al. Free jet test of continuous rotating detonation ramjet engine [R]. AIAA 2017 – 2282, 2017.

[87] WANG C, LIU W D, LIU S J, et al. Experimental investigation on detonation combustion patterns of hydrogen/vitiated air within annular combustor[J]. Experimental Thermal and Fluid Science, 2015, 66: 269 – 278.

[88] WANG C, LIU W D, LIU S J, et al. Experimental verification of air-breathing continuous rotating detonation fueled by hydrogen[J]. International Journal of Hydrogen Energy, 2015, 40(30): 9530 – 9538.

[89] 郑榆山, 王超, 李宏斌, 等. 氢燃料冲压旋转爆震自由射流试验研究[J]. 推进技术, 2022, 43(12): 347 – 356.

[90] FROLOV S M, ZVEGINTSEV V, IVANOV V S, et al. Wind tunnel tests of a hydrogen-fueled detonation ramjet model at approach air stream Mach numbers from 4 to 8[J]. International Journal of Hydrogen Energy, 2017, 42(40): 25401 – 25413.

[91] FROLOV S M, ZVEGINTSEV V, IVANOV V S, et al. Demonstrator of continuous-detonation air-breathing ramjet: Wind tunnel data[J]. Doklady Physical Chemistry, 2017, 474(1): 75 – 79.

[92] IVANOV V S, FROLOV S M, ZANGIEV A E, et al. Hydrogen fueled detonation ramjet: Conceptual design and test fires at Mach 1.5 and 2.0[J]. Aerospace Science and Technology, 2021, 109: 106459.

[93] IVANOV V S, FROLOV S M, ZANGIEV A E, et al. Updated conceptual design of hydrogen/ethylene fueled detonation ramjet: Test fires at Mach 1.5, 2.0, and 2.5[J]. Aerospace Science and Technology, 2022, 126: 107602.

[94] WOLANSKI P, KAWALEC M. Experimental research of performance of combined cycle rotating detonation rocket-ramjet engine[C]. Beijing: 27th International Colloquium on the Dynamics of Explosions and Reactive Systems, 2019.

[95] KALINA P. Turbine engine with detonation combustion chamber in institute of aviation[J]. Journal of KONES Powertrain and Transport, 2014, 21(1): 119 – 124.

[96] WOLANSKI P. Application of the continuous rotating detonation to gas turbine[J]. Applied Mechanics and Materials, 2015, 782: 3 – 12.

[97] RANKIN B A, KAEMMING T A, THEUERKAUF S W, et al. Overview of performance, application, and analysis of rotating detonation engine technologies[J]. Journal of Propulsion and Power, 2017, 33(1): 131 – 143.

[98] NAPLES A, HOKE J, BATTELLE R, et al. T63 turbine response to rotating detonation combustor exhaust flow[J]. Journal of Engineering for Gas Turbines and Power-Transactions of

the ASME, 2019, 141(2): 021029.

[99] NAPLES A, BATTELLE R, HOKE J, et al. T63 turbine response to rotating detonation combustor exhaust flow[J]. Journal of Engineering for Gas Turbines and Power, 2019, 141 (2): 021029.

[100] FOTIA M L, HOKE J, SCHAUER F. Experimental performance scaling of rotating detonation engines operated on gaseous fuels[J]. Journal of Propulsion and Power, 2017, 33(5): 1187−1196.

[101] FOTIA M L, HOKE J, SCHAUER F. Experimental study of the ignition process in rotating detonation engines[R]. AIAA 2017−1928, 2017.

[102] FROLOV S M, IVANOV V S, SHAMSHIN I O, et al. Kerosene-fueled turbojet afterburner operating on detonative combustion[C]. St. Peterburg: 2019 International Workshop on Detonation for Propulsion, 2019.

[103] FROLOV S M, IVANOV V S, SHAMSHIN I O, et al. A detonation afterburner[J]. Doklady Physics, 2020, 65(1): 36−39.

[104] ZHOU S B, MA H, LI S, et al. Effects of a turbine guide vane on hydrogen-air rotating detonation wave propagation characteristics[J]. International Journal of Hydrogen Energy, 2017, 42(31): 20297−20305.

[105] BACH E, BOHON M, PASCHEREIT C O, et al. Influence of nozzle guide vane orientation relative to RDC wave direction[R]. AIAA 2019−3870, 2019.

[106] BACH E, PASCHEREIT C O, STATHOPOULOS P, et al. Rotating detonation wave direction and the influence of nozzle guide vane inclination[J]. AIAA Journal, 2021, 59(12): 5276−5287.

[107] WU Y, WENG C S, ZHENG Q, et al. Experimental research on the performance of a rotating detonation combustor with a turbine guide vane[J]. Energy, 2021, 218: 119580.

[108] ZHOU S B, MA H, YANG Y C, et al. Investigation on propagation characteristics of rotating detonation wave in a radial-flow turbine engine combustor model[J]. Acta Astronautica, 2019, 160: 15−24.

[109] BACH E, STATHOPOULOS P, PASCHEREIT C O, et al. Performance analysis of a rotating detonation combustor based on stagnation pressure measurements[J]. Combustion and Flame, 2020, 217: 21−36.

[110] BARATTA A R, STOUT J B. Demonstrated low loss and low equivalence ratio operation of a rotating detonation engine for power generation[R]. AIAA 2020−1173, 2020.

[111] RHEE H, ISHIYAMA C, HIGASHI J, et al. Experimental study on a rotating detonation turbine engine with an axial turbine[R]. ICDERS 2017−1080, 2017.

[112] JI Z F, ZHANG H Q, WANG B. Performance analysis of dual-duct rotating detonation aero-turbine engine[J]. Aerospace Science and Technology, 2019, 92: 806−819.

[113] WEN H, WANG B. Experimental study of perforated-wall rotating detonation combustors[J]. Combustion and Flame, 2020, 213: 52−62.

[114] 土元帅, 谭晓茗, 田佳, 等. 旋转爆震发动机燃烧室气膜出流影响数值研究[J]. 航空动力学报, 2021, 36(11): 2353−2362.

[115] NAKAGAMI S, MATSUOKA K, KASAHARA J, et al. Experimental visualization of the

structure of rotating detonation waves in a disk-shaped combustor[J]. Journal of Propulsion and Power, 2017, 33(1): 80-88.

[116] LANGNER D G, GUPTA A, MILLER R S, et al. Design and implementation of a disk-shaped radial rotating detonation engine with integrated aerospike[R]. AIAA 2022-0642, 2022.

[117] GUPTA A, LANGNER D G, AGRAWAL A K. Experimental analysis of radial rotating detonation engine with integrated aerospike[R]. AIAA 2022-1878, 2022.

[118] ISHIYAMA C, MIYAZAKI K, NAKAGAMI S, et al. Experimental study of research of centrifugal-compressor-radial-turbine type rotating detonation engine[R]. AIAA 2016-5103, 2016.

[119] HIGASHI J, ISHIYAMA C, NAKAGAMI S, et al. Experimental study of the disk-shaped rotating detonation turbine engine[R]. AIAA 2017-1286, 2017.

[120] HUFF R T, POLANKA M, MCCLEARN M J, et al. Design and operation of a radial rotating detonation engine[J]. Journal of Propulsion and Power, 2019, 35(6): 1143-1150.

[121] HUFF R T, BOLLER S A, POLANKA M D, et al. Radial rotating detonation engine driven bleed air turbine[J]. Journal of Propulsion and Power, 2021, 37(2): 252-260.

[122] MURALEETHARAN K, POLANKA M D, SCHAUER F R, et al. Detonation confinement using a flat channel plate in a radial rotating detonation engine[R]. AIAA 2020-0200, 2020.

[123] HUANG X, CHANG P H, LI J M, et al. Wave dynamics, power production and combustion instabilities of a disk-shaped pressure gain combustor[R]. AIAA 2021-3664, 2021.

[124] 邱华,陈延波,熊姹,等. 带连续爆震加力燃烧室的涡轮发动机循环及推进性能研究[J]. 推进技术,2022,43(7): 210079.

[125] J. D. 马丁利,W. H. 海泽,D. H. 戴利. 航空发动机设计[M]. 候志兴,等译. 北京: 科学出版社,1992.

第7章
驻定爆震发动机

对于脉冲爆震发动机和连续爆震发动机,由于爆震燃烧波前气流速度都远低于爆震波传播速度,为实现爆震燃烧的组织,爆震波在爆震室内必须以间歇传播(脉冲爆震室)或连续旋转传播(连续爆震室)方式来实现,因此这两类发动机都属于非驻定爆震发动机。对于非驻定爆震发动机,在爆震室内增压爆震燃烧的影响下,爆震燃烧室进出口气流状态都存在与爆震室工况相关的沿轴向或周向的周期性振荡,这使得爆震室与上下游部件间存在强烈的气动耦合。为消除部件间气动耦合影响,同时进一步拓宽爆震发动机应用飞行马赫数范围,可以进一步提高爆震燃烧波前气流速度(不低于爆震波传播速度),使爆震燃烧波驻定在燃烧室内某位置处,此时燃烧波上下游都为定常流,气流通过燃烧波后静压增加,但总压将衰减。根据发动机内驻定爆震燃烧组织的特点,可分为驻定正爆震发动机(normal detonation wave engine, NDWE)和驻定斜爆震发动机(oblique detonation wave engine, ODWE)。

7.1 驻定正爆震发动机

7.1.1 推进方案

驻定正爆震发动机(NDWE)燃烧室内驻定的爆震波与前方来流方向垂直。由于爆震波为超声速传播,因此驻定正爆震燃烧属于超声速燃烧范畴。为实现爆震波的驻定,来流速度必须与爆震波传播速度相等,相应地,NDWE 可以采用如图 7.1 所示的四种推进方案[1,2]。

对于冲压式 NDWE,当飞行马赫数 Ma_0 与爆震波马赫数 Ma_{CJ} 相当时,来流在等截面流道内直接与喷射的燃料进行掺混,形成的可燃混气直接流入燃烧室并经驻定正爆震波燃烧,由于 CJ 爆震波后产物为声速流动,燃烧产物经扩张喷管流出发动机,如图 7.1(a)所示。当 Ma_0 远高于爆震波马赫数时,如图 7.1(b)所示,来流首先通过进气道激波系增压减速并与喷射的燃料掺混,进而在燃烧室内实现与爆震波传播速度相匹配的可爆混气气流速度。当 Ma_0 低于爆震波马赫数时,如图 7.1(c)所示,来流需经过进气道继续减压增速[图 7.1(c)给出扩张型进气道],同时与燃油掺混,进而在燃烧室内实现可爆来流混合物流动速度与爆震波传播速度的匹配,实现爆震波驻定。

当常规涡轮发动机采用驻定爆震燃烧室时,以主燃烧室为例,如图 7.1(d)所示,来流经进气道和压气机压缩后速度降低、压力升高,为实现爆震波驻定,压气机后亚声速流需要通过收扩通道进行减压增速,并与喷射的燃料掺混,进而在燃烧室内实现可爆混合物流动速度与爆震波传播速度的匹配,爆震燃烧产物随后经涡轮喷管膨胀排出。

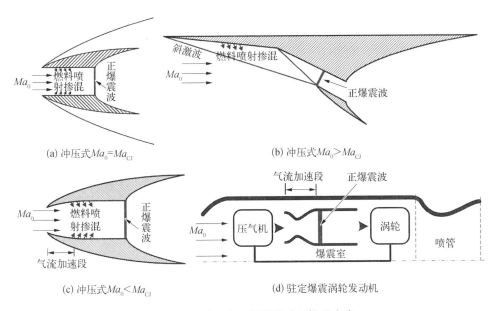

图 7.1　几种驻定正爆震发动机推进方案

7.1.2　正爆震波的驻定

驻定爆震推进实现的关键是能否实现爆震波的驻定及具有较宽的驻定窗口。实现驻定的其中一个约束就是气流温度约束:爆震波前气流静温 T_u 必须高于燃料和氧化剂的冷凝温度 T_{con},例如图 7.1(c)、(d)推进方案中气流加速减压过程将面临此情况;爆震波前气流静温 T_u 必须低于可爆混合物的自点火温度 T_{ign},例如图 7.1(b)推进方案中气流增压减速过程将面临此情况;来流总温应高于可爆混合物的自点火温度。对于给定当量比混合物,气流温度约束确定了爆震波前来流总温 T_{tu} 的上下限,即对应如下关系:

$$\begin{cases} \left(1 + \dfrac{\gamma - 1}{2}Ma_{CJ}^2\right) T_{con} \leqslant T_{tu} \leqslant \left(1 + \dfrac{\gamma - 1}{2}Ma_{CJ}^2\right) T_{ign} \\ T_{tu} \geqslant T_{ign} \end{cases} \tag{7.1}$$

对于给定当量比混合物,这一约束实际确定了爆震波前气流总焓的范围。针对氢气与空气反应物,基于表5.4中的物性参数,图7.2给出了实现正爆震波驻定的爆震波前总温及当量比范围,其中T_{con}和T_{ign}分别等于100 K和1 000 K。从图中可以看到,当增大反应物当量比Φ时,为实现爆震波驻定,来流总温也必须相应提高。对于图7.1(d)涡轮式发动机方案,当来流马赫数为0时,反应物自燃温度限定了压气机最低的增压比。由于当前压气机出口总温一般都低于900 K,从图7.2可以看到,这意味着燃烧室只能在极贫油下实现爆震波的驻定,这将限定发动机的可工作范围。对于图7.1(a)~(c)中冲压式方案,爆震波前总温与飞行来流总温相等,当飞行动压头q_d为95 kN/m²时,图7.3给出了飞行轨迹及不同爆震波前静温T_u下的燃烧当量比。从图中可以看到:当飞行状态固定时,为实现更低波前静温下爆震波的驻定,应采用更高的爆震燃烧当量比;提高T_u可实现发动机在更高的飞行高度和马赫数下工作;为实现发动机在更低飞行马赫数下工作,应采用更低的T_u。

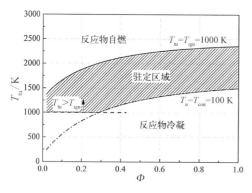

图7.2　爆震波驻定区域(H_2+空气)

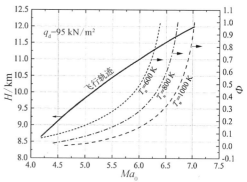

图7.3　飞行轨迹及不同T_u下的燃烧当量比

实现爆震燃烧还存在几何约束:径向方向,对于圆形截面燃烧室,其直径必须大于1个胞格尺寸($d>\lambda$);轴向方向,长度必须大于7个胞格尺寸[1]。通过试验获得驻定爆震波比较困难,燃烧室上游气流马赫数应与爆震波传播马赫数相当,对于碳氢燃料-空气混合物,其爆震波马赫数在5量级,最早Nicholls[3]和Gross[4]试验研究了爆震波的驻定。

Nicholls等[3]通过在喷管下游的自由膨胀超声速流中利用马赫盘实现了爆震波驻定,如图7.4(a)所示。氢气在喷管喉道与加热空气均匀掺混,喷管出口下游气流膨胀加速,气流经过马赫盘后,气流静压静温升高、马赫数降低(约0.4),如图7.4(b)所示。当马赫盘后气流静温高于反应物点火温度时,马赫盘后出现火焰面,火焰面与马赫盘间存在点火延迟区,如图7.4(c)所示(图中点火延迟时间为20.3 μs)。火焰面形成后,降低来流空气总温将使点火延迟区加长,同时出现迟滞现象,即来流总温即使低于反应物点火温度,火焰面也不会消失,此时输运效应起主导作用。当来流总温的提升是通过预热氢气实现时,试验未观察到迟滞现象。

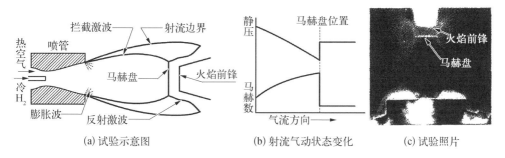

(a) 试验示意图　　　　　(b) 射流气动状态变化　　　　　(c) 试验照片

图 7.4　Nicholls 等的爆震波驻定试验研究[3]

Gross 等[4]在喷管下游利用斜劈诱导了两道斜激波,斜激波的碰撞将在流道中心形成正激波,当上游喷射燃料掺混后,正激波下游将形成驻定的火焰面。当正激波前气流马赫数为 3.15 时,图 7.5(a)给出了沿流道中轴线气流流动状态变化,气流通过正激波后、总温不变、静温升高、总压降低、静压升高。试验结果表明:当来流总温高于 1 033 K 时,正激波后形成驻定火焰面,氢气-空气反应物当量比越高(无量纲燃烧释热量 q 越高),正激波驻定位置越靠近喷管出口;火焰面形成后,降低来流总温将同样出现迟滞现象,即使来流总温降到 366 K(此时 $T_u = 122$ K),燃烧仍能维持。后续 Rubins 等[5]进一步复现试验研究表明,对于 Nicholls 和 Gross 所采用的爆震驻定方式,正激波与化学反应锋面间都存在较长的化学诱导区,同时正激

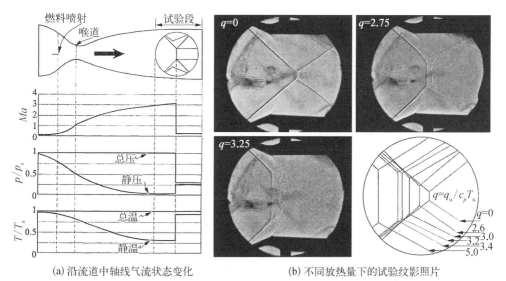

(a) 沿流道中轴线气流状态变化　　　　(b) 不同放热量下的试验纹影照片

图 7.5　Gross 等的爆震波驻定试验研究[4]

波不受燃烧过程影响,这不符合爆震燃烧所表现出的激波与燃烧强耦合特征,可以采用激波诱导燃烧(shock-induced combustion)来描述这种燃烧现象。近几年来,更多的工作集中在应用数值模拟研究爆震波驻定位置控制方法及机理[6]。

7.1.3　推进性能

从推进系统角度,能否提升发动机性能是开展新的燃烧组织方式研究的前提。当已知燃烧前气流状态,由第1章可知,基于 Hugoniot 曲线关系式(1.35)可以求得燃烧前后气流状态变化,这里重新给出了其展开形式,即

$$\left(\frac{p_b}{p_u} \cdot \frac{\rho_u}{\rho_b} - 1\right) - \frac{(\gamma - 1)}{2\gamma}\left(\frac{p_b}{p_u} - 1\right)\left(1 + \frac{\rho_u}{\rho_b}\right) = \frac{q_u}{c_p T_u} \tag{7.2}$$

当燃烧前气流静参数相同时,基于式(7.2)可以去比较不同燃烧模式(爆震和爆燃)下燃烧前后压力、温度及熵的变化。若燃烧室采用驻定燃烧模式,如图 7.6(a)所示,则其可以是常规亚燃/超燃扩散燃烧,也可以是驻定正爆震燃烧。由于实现不同驻定燃烧模式时燃烧波前马赫数不同,因此,当燃烧室进口气流滞止参数相同时,不同燃烧模式下燃烧波前气流静参数将存在差异。为对比分析不同驻定燃烧模式的差异,不能采用传统的 Hugoniot 关系式(7.2)来分析,必须将其转换为滞止 Hugoniot 关系,即

$$\frac{\dfrac{2\gamma}{\gamma - 1} \cdot \dfrac{p_b}{p_u} + \dfrac{p_b/p_u - 1}{\rho_b/\rho_u - 1}}{\dfrac{2\gamma}{\gamma - 1} + \dfrac{p_b/p_u - 1}{1 - \rho_u/\rho_b}} \cdot \frac{\rho_u}{\rho_b} = 1 + \frac{q_u}{c_p T_{tu}} \tag{7.3}$$

其中,T_{tu} 为燃烧前气流总温;$q_u/c_p T_{tu}$ 为滞止加热量比。

当燃烧室采用驻定燃烧方式时,燃烧前后气流总温间满足下式:

$$\frac{T_{tb}}{T_{tu}} = 1 + \frac{q_u}{c_p T_{tu}} \tag{7.4}$$

式(7.4)表明,当燃烧室滞止加热量比相同时,燃烧室总温增温比相同。如果燃烧室进口总温 T_{tu} 相同,喷入的燃油流量也相同(即加热量 q_u 相同),则不管燃烧室采用什么样的驻定燃烧组织方式,燃烧室出口总温相同,但燃烧室出口其他气流参数会存在很大差异。

图 7.6(b)~(d)给出了滞止加热量比等于 0.8 时,各种驻定燃烧模式下燃烧前后气流状态参数的变化特性,为满足相同滞止加热量比条件,图中曲线各点燃烧波前气体初始条件互不相同,波前马赫数越大,则波前气流初温初压越小。从图

7.6(b)可以看到,对于爆震分支,燃烧前后静压比($p_{\mathrm{b}}/p_{\mathrm{u}}$)仍大于1,但对比图1.7传统 Hugnoniot 曲线,爆震分支上 CJ$_{\mathrm{U}}$ 点右侧弱爆震分支变化趋势存在明显差异;对于爆燃分支,图7.6(b)仅给出了静压比小于1的部分,当$p_{\mathrm{b}}/p_{\mathrm{u}}$等于1时对应等压燃烧,下 CJ$_{\mathrm{L}}$ 点左侧弱爆燃分支即为常规亚燃燃烧模式。图7.6(c)给出了燃烧前后气流马赫数变化,爆震分支为超声速燃烧($Ma_{\mathrm{u}}>1$),CJ$_{\mathrm{U}}$ 点下方强爆震分支燃烧波后为亚声速流,CJ$_{\mathrm{U}}$ 点上方弱爆震分支燃烧波后为超声速流($Ma_{\mathrm{b}}>1$)。需要指出的是,对于现有常规超燃冲压发动机(supersonic combustion ramjet,SCRamjet),当燃烧室采用等面积放热时,从化学热力过程分析角度,其燃烧前后气流状态变化与图7.6中的弱爆震分支重合。

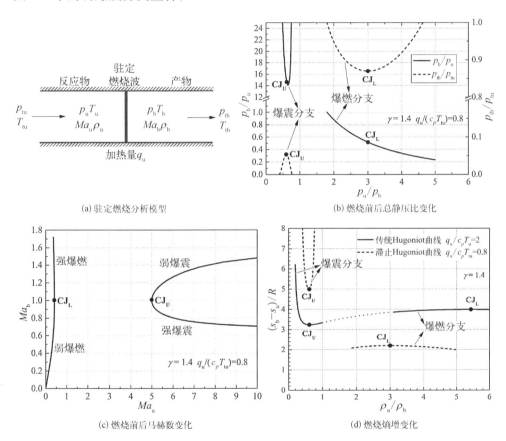

(a) 驻定燃烧分析模型　　　　　(b) 燃烧前后总静压比变化

(c) 燃烧前后马赫数变化　　　　　(d) 燃烧熵增变化

图 7.6　驻定燃烧模式下燃烧前后气流状态参数变化特性

图7.6(b)也给出了燃烧波前后总压比(即总压恢复系数 $p_{\mathrm{tb}}/p_{\mathrm{tu}}$)变化特性。从图中可以看到:尽管气流经过爆震燃烧静压显著提高,但燃烧前后总压恢复系数都小于1,其中 CJ 爆震点仍为极大值;相对比地,尽管气流经过爆燃燃烧静压下降,但其总压恢复系数远高于爆震燃烧情况,其中 CJ 爆燃点对应极小值点。图

7.6(d)给出了沿两种 Hugoniot 曲线燃烧熵增的变化,可以看到,沿滞止 Hugoniot 曲线的熵增变化是不连续的。CJ 爆震点仍然对应熵增的极值点,但爆震分支的最小熵增 CJ_U 点要远大于爆燃分支最大熵增 CJ_L 点,这表明在相同飞行条件和加热量下,驻定正爆震发动机的性能要远低于常规亚燃发动机。

Wintenberger 等[1]对比分析了当飞行高度为 10 km 时,不同飞行马赫数下驻定正爆震发动机与常规亚燃发动机的推进性能差异(不考虑进排气损失)。对于冲压式发动机,如图 7.7(a)所示,当燃料热值固定为 45 MJ/kg、燃烧室出口温度固定为 2 500 K 时,从图中可以看到:冲压式驻定正爆震发动机存在产生推力的最低飞行马赫数,这由爆震波驻定条件决定;当考虑实际燃料时,爆震波驻定窗口将变得更窄;在给定的飞行马赫数范围内,驻定爆震发动机性能都低于常规亚燃冲压发动机;当马赫数接近 7 时,燃烧室进口温度过高,在燃烧室出口温度限制情况下燃料流量接近 0,两种发动机单位推力变化曲线开始重合。对于涡喷发动机,如图 7.7(b)所示,当燃料热值固定为 45 MJ/kg、压气机增压比为 30、燃烧室出口温度固定为 1 700 K 时,从图中可以看到:驻定爆震涡喷发动机同样存在产生推力的最低飞行马赫数;在给定的飞行马赫数范围内,驻定爆震涡喷发动机性能都低于常规涡喷发动机。

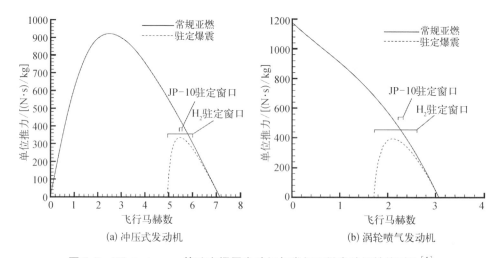

图 7.7　**Wintenberger 等驻定爆震发动机与常规亚燃发动机性能对比**[1]

7.2　驻定斜爆震推进

7.2.1　推进方案

当预混的燃料空气混合物流速高于爆震波速度时,正爆震是无法实现驻定的,但可以通过斜劈、中心锥、钝体或脉冲激光实现驻定斜爆震,进而形成斜爆震推进燃烧室,这一概念可以追溯到 20 世纪 50 年代 Dunlap 等[8]的研究。对于冲压型推进系统,图 7.8 给出了四种斜爆震推进方案[2,7]。对于图 7.8(a)方案,来流未经进气道减速增压后直接与燃料掺混,利用中心锥或斜劈实现斜爆震波的驻定。对于图 7.8(b)方案,斜爆震发动机与飞行器进行一体化设计,来流通过进气道激波系增压减速并与燃料掺混,形成的可燃混合物在燃烧室利用斜劈以驻定斜爆震燃烧方式实现化学能释放。图 7.8(c)方案与图 7.8(b)方案类似,只是将斜劈换成了由多个球形或圆柱形凸起组成的驻定斜爆震燃烧装置。图 7.8(d)是 Carrier 等[9-11]提出来利用激光实现驻定斜爆震燃烧的推进方案,快速高频脉冲激光器持续在燃烧室某一位置释放能量,每一次能量释放都将触发球形爆震,当能量释放频率足够快时,触发的一系列球形爆震波相互作用就可形成驻定的锥形结构斜爆震波。对于以上四种方案,大部分有关斜爆震推进的研究都是围绕图 7.8(b)方案开展,对于图 7.8(d)方案,虽已实现单次激光脉冲单球形爆震波的触发[11],但后续研究工作未见报道。

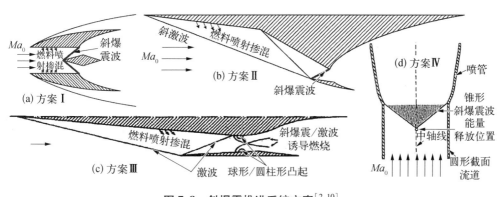

图 7.8 斜爆震推进系统方案[2,10]

7.2.2 斜爆震波的驻定

1. 理论分析

斜爆震推进实现的关键是实现斜爆震波的驻定及具有较宽的驻定窗口。对于来流条件的约束,基于斜爆震波法向马赫数也可以构建类似于式(7.1)的关系。当把驻定斜爆震波视为一个带化学反应放热的强间断时,可以建立斜爆震波上下游气流参数的关系[12]。图 7.9(a)给出了斜爆震波理论分析模型,水平方向的超声速来流流过斜劈后,在拐角处形成斜爆震波,斜爆震波的波角为 β_w,气流经过斜爆震波后发生偏转,偏转角等于斜劈角 θ_w。图 7.9(b)给出了传统超声速燃烧理论分析模型,来流首先经斜激波压缩,随后通过等面积或等压放热规律实现超声速燃烧过程。

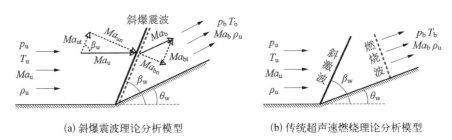

(a) 斜爆震波理论分析模型   (b) 传统超声速燃烧理论分析模型

图 7.9   超声速燃烧理论分析模型

针对图 7.9(a) 中的理论分析模型,若考虑气流物性变化,斜爆震波前后的气流参数变化可以采用第 2 章式(2.16)~式(2.22)计算,式中的马赫数采用气流马赫数在斜爆震波法线方向的分量,即图 7.9(a) 中的 Ma_{un} 和 Ma_{bn},进一步基于斜爆震波切线方向动量守恒确定 β_w 和 θ_w 的关系,即

$$\theta_w = \beta_w - \cos^{-1}\left\{\frac{\cos\beta_w}{\sqrt{1 - \sin^2\beta_w\left[1 - (\rho_u/\rho_b)^2\right]}}\right\} \tag{7.5}$$

当不考虑爆震波前后气流物性变化时,则燃烧前后密度比满足

$$\frac{\rho_u}{\rho_b} = \frac{1 + \gamma Ma_{un}^2 \pm \sqrt{\left[1 + \gamma Ma_{un}^2\right]^2 - (\gamma + 1)Ma_{un}^2\left[2 + \dfrac{2q_u}{c_p T_u} + (\gamma - 1)Ma_{un}^2\right]}}{(\gamma + 1)Ma_{un}^2} \tag{7.6}$$

其中,波前法向气流马赫数 Ma_{un} 等于 $Ma_u\sin\beta_w$。 当给定来流马赫数及反应放热量后,基于式(7.5)和式(7.6)可以得到斜爆震波极曲线。

图 7.10 给出了波前马赫数 Ma_u 为 8 时不同加热量比 $q(q = q_u/c_p T_u)$ 下的极曲线图,以 $q = 8$ 为例,极曲线由 ABC 三段组成。从图中可以看到,对于同一斜劈角 θ_w,极曲线上存在强弱两个斜爆震波偏转角 β_w,这由波后气流条件决定,斜爆震推进领域涉及的是弱解,波后为超声速流,强解下波后为亚声速流。对于每一条极曲线,斜劈角 θ_w 存在最大值 θ_{detach}(此时 $Ma_b = 1$),当斜劈角 θ_w 大于该值时,斜爆震波将脱体。将不同极曲线的 θ_{detach} 位置连接,可以构成如图中所示的 θ_{detach} 线。斜爆震极曲线上的最低点 $(\theta_{CJ}, \beta_{CJ})$ 对应于 CJ 爆震状态(此时 $M_{bn} = 1$),CJ 点右侧对应过驱动斜爆震波(即强爆震),CJ 点左侧为欠驱动斜爆震波(即弱爆震),将不同极曲线的 CJ 点连接可以构成图中所示的 CJ 线。

Pratt 等[13]最早利用爆震极曲线对斜爆震波的驻定进行了理论分析,他们指出斜爆震波能够稳定驻定的条件是来流马赫数 $Ma_u > M_{CJ}$,斜劈角满足 $\theta_{CJ} < \theta_w < \theta_{detach}$ 的驻定窗口范围,这一范围对应的就是图 7.10 中 CJ 线和 θ_{detach} 线间的区域,

此时斜爆震波为 CJ 爆震或过驱动爆震。图 7.11 给出了不同波前马赫数下驻定窗口范围变化,可以看到,波前来流马赫数越高,能够实现斜爆震波驻定的斜劈角变化范围越大。图 7.12 给出了不同加热量比下驻定窗口范围变化,可以看到,加热量比越大,实现斜爆震波驻定的斜劈角可选择范围越窄。由于加热量比 q 是加热量 q_u 与来流静温之比,当燃烧室喷油量固定(即加热量 q_u 一定)时,来流温度越高,加热量比越小,越有利于获得更宽的斜爆震波驻定窗口。

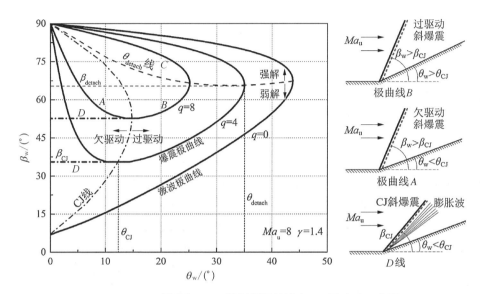

图 7.10 不同斜劈角 θ_w 下的斜爆震波波角 β_w 及流动示意图

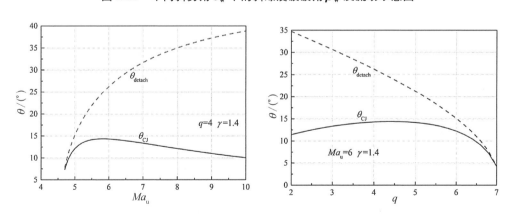

图 7.11 不同波前马赫数下的驻定窗口   图 7.12 不同加热量比下的驻定窗口

当 θ_w 大于 θ_{detach} 时,斜爆震波将从斜劈前缘脱离,向上游传播;当 θ_w 小于 θ_{CJ} 时,此时为欠驱动斜爆震波,由于其波后法向马赫数大于 1,违背热力学第二定律,因此其在物理上是不可能实现的。Powers 等[14]指出欠驱动斜爆震波解的存在与化学反应放热有关:当采用单步不可逆化学反应时,欠驱动斜爆震波不存在;当采用第一步放热、第二步吸热的两步不可逆化学反应时,将可实现 $\theta_w < \theta_{CJ}$ 下欠驱动斜爆震波的驻定。欠驱动斜爆震波形成的机制与病态爆震类似,对于目前斜爆震发动机所采用的各种燃料,不会涉及这种情况。进一步理论和实验研究表明[15-19],当 $\theta_w < \theta_{CJ}$ 时,也可能实现波角为 β_{CJ} 的 CJ 斜爆震驻定,此时反应物经 CJ 爆震燃烧后,燃烧产物经反应区后的 Taylor 膨胀波偏转为斜劈角 θ_w 平行方向,如图 7.10 所示,相应的斜爆震波驻定窗口拓展为 $0 < \theta_w < \theta_{detach}$。对于图 7.10 中 $q=8$ 情况,θ_w 与 β_w 的关系曲线由极曲线 ABC 变为曲线 DBC。

2. 波结构的影响

前述斜爆震波驻定理论分析将斜爆震波视为强间断,实际驻定的斜爆震具有复杂的结构。最早 Li 等[20]的研究表明,斜爆震波的基本结构包括无反应斜激波、诱导区、爆燃区以及斜爆震波区,近年来各研究机构对此开展了大量的数值模拟及试验研究工作[21-24]。根据斜爆震波与无反应斜激波间过渡区的特点,斜爆震波结构可分为突跃型和平滑型,如图 7.13 所示。对于突跃型,如图 7.13(a)所示,其典型特征是斜激波与斜爆震波间存在三波点和横波结构,实际还会发展出比图 7.13(a)更复杂的过渡区结构[25],下游存在亚声速区,特别是在三波点及横波附近。对于平滑型,如图 7.13(b)所示,过渡区内无三波点,斜激波通过曲线激波平滑过渡到斜爆震波,下游都为超声速流场。突跃型和平滑型结构都存在爆燃区,由于其位于斜激波下游,属于激波诱导燃烧。当前,两种结构的差别和预测准则仍是斜爆震波研究的焦点之一[22],一般而言,当预混气活性较高、波前马赫数较低、斜劈角较大时更容易形成突跃型结构[21]。

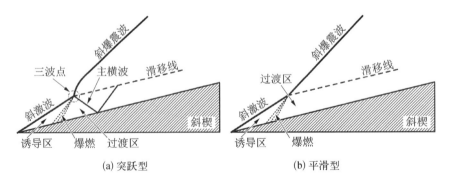

(a) 突跃型   (b) 平滑型

图 7.13　斜爆震波结构示意图[21]

从推进角度,斜爆震波的驻定范围及抗扰动能力直接影响斜爆震发动机的稳定工作范围,过渡区结构的存在会显著缩小斜爆震波驻定范围[20],特别是当流场中存在局部亚声速区时。当来流存在扰动时,斜爆震波结构必然会受到影响[25]。突跃型结构的斜爆震波需要更长的时间才能回到扰动前状态[26],由于存在局部亚声速区,其可能变得不稳定,此时斜爆震波将脱体并向上游传播[20],这意味着从实现斜爆震发动机稳定工作角度,应该采用平滑型斜爆震波组织燃烧。另一方面,当飞行工况相同时,发动机采用突跃型结构斜爆震波可以获得更高的推进性能。Miao 等[26]通过改变波前马赫数来研究不同过渡区结构的影响,结果表明,在平滑型与突跃型结构的临界转变区组织斜爆震燃烧是最佳选择。这种工况在发动机设计点是容易实现的,在非设计点处,必须能够主动调节进气道斜板以获得所需波前马赫数,同时主动调节斜劈角以实现斜爆震波驻定,这势必增加发动机执行机构的复杂性。另一种方式就是采用磁流体控制[27]和热射流方式[28]来实现。

7.2.3　推进性能

1. 燃烧熵增分析

从推进系统热力循环角度,同样加热量下由燃烧产生的熵增越低,推进系统将具有越佳的循环优势。图 7.14 给出了沿斜爆震极曲线燃烧熵增的变化,可以看到,CJ 斜爆震产生的熵增最低,这表明理论上斜爆震发动机的斜劈角在满足 $\theta_{\mathrm{w}} \leqslant \theta_{\mathrm{CJ}}$ 时,发动机推进性能可以达到最佳。然而过小的斜劈角可能会导致起爆困难及稳定性差,以过驱动斜爆震进行工作对发动机稳定工作是有利的。当加热量和斜劈角不变时,在过驱动模态下,一方面,随着波前马赫数 Ma_{u} 的增大,斜爆震过渡区结构将发生变化,同时燃烧熵增也将增大,这对推进性能不利;但另一方面,波前马赫数增加意味着气流经进气道斜激波压缩带来的总压损失降低,因此,实际波前马赫数变化对推进性能带来的影响需综合考虑。图 7.15 给出了与图 7.14 相应的斜爆震燃烧前后总静压比曲线,从图中可以看到:虽然来流经过爆震燃烧后静压升高($p_{\mathrm{b}}/p_{\mathrm{u}}>1$),但气流经过斜爆震燃烧的总压恢复系数($p_{\mathrm{tb}}/p_{\mathrm{tu}}$)远小于 1,来流马赫数越高,燃烧引起的总压损失越大,其中 CJ 斜爆震燃烧仍具有最高的总压恢复系数。

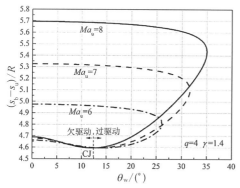

图 7.14　不同斜劈角下斜爆震燃烧熵增

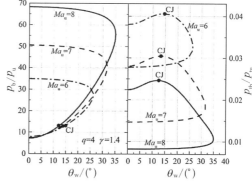

图 7.15　斜爆震燃烧前后总静压比

理论上,斜爆震可看成是斜激波与燃烧波的强耦合,当斜激波与燃烧波解耦后,即可作为常规超燃燃烧理论分析模型,如图7.9(b)所示。基于图7.9中的理论分析模型,这里计算了相同滞止加热量比 q_t($q_t = q_u/c_p T_{tu}$)下不同超声速燃烧模式在不同斜劈角下产生的熵增,如图7.16所示。此时,不同超声速燃烧模式下来流状态及燃烧加热量 q_u 相同,但燃烧波前加热量比 q($q = q_u/c_p T_u$)可能不同。对于常规超声速燃烧,燃烧波前状态对应斜激波后状态;对于斜爆震燃烧,燃烧波前状态对应斜激波前状态。图7.16中,斜爆震燃烧的斜劈角固定为使燃烧处于CJ状态下的斜劈角 θ_{CJ};传统超声速燃烧方式采用(斜激波+不同放热规律)来表征,斜劈角 θ_w 的变化将改变斜激波强度。

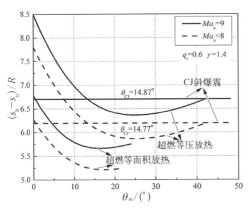

图7.16 斜劈角对燃烧熵增的影响　　图7.17 临界斜劈角随 q_t 的变化特性

从图7.16中可以看到,当斜劈角 θ_w 为零时,常规超声速燃烧波前的斜激波消失,不同燃烧波前具有相同的加热量比 q,此时CJ状态斜爆震燃烧的熵增最小,即对于相同的燃烧波前状态,稳态CJ爆震燃烧仍然是最佳的燃烧方式,但CJ爆震燃烧熵增只是略低于等面积放热超声速燃烧。当斜劈角 θ_w 不为零时,斜劈产生的斜激波将对来流进行二次压缩,从而改变传统超声速燃烧波前状态,一定的斜劈角 θ_w 将使得传统超声速燃烧熵增低于CJ斜爆震燃烧。图7.17给出了CJ斜爆震波斜劈角 θ_{CJ} 随滞止加热量比 q_t 和波前马赫数 Ma_u 的变化特性,图中也给出了在相同激波前状态下传统超声速燃烧熵增与CJ斜爆震燃烧熵增相等时斜劈角 θ_{cr} 的变化。当斜劈角 θ_w 大于 θ_{cr} 时,常规超燃燃烧熵增将小于CJ斜爆震燃烧熵增。当 q_t 小于0.67时,两种常规超燃放热规律下的 θ_{cr} 都小于 θ_{CJ},这意味着对于图7.8所示的高超声速发动机,当发动机几何结构固定时,常规超燃冲压发动机在特定工作条件下的理论推进性能要优于斜爆震发动机。

2. 推进性能分析

对于斜爆震发动机整机推进性能,Dunlap等[8]在提出ODWE概念时就对飞行

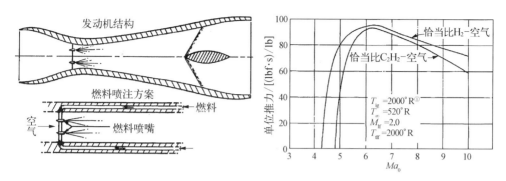

图 7.18 Dunlap 等的 ODWE 方案及推进性能[8]

马赫数 10 以下发动机的耗油率及单位推力进行了计算。发动机结构如图 7.18 所示,来流经内压式进气道减速增压,H₂ 或 C₂H₂ 燃料在进气道喉部喷入。构建的性能计算模型考虑了燃料喷射掺混带来的损失,假设爆震燃烧始终为 CJ 状态,同时根据来流速度,爆震燃烧采用驻定正爆震或斜爆震模型。计算结果表明,爆震发动机存在实现爆震燃烧的最小飞行马赫数,发动机采用驻定爆震燃烧模式可以拓宽自吸气发动机的飞行范围,同时燃料喷射状态(马赫数、温度)对发动机推进性能有重要影响。

Morrison[29]基于理想气体及定比热假设,分析了 ODWE 在飞行马赫数 6~10 采用不同当量比 H₂-空气时的推进性能,并与基于扩散燃烧、当量比为 1 的超燃冲压发动机性能进行了对比。结果表明,传统超燃冲压发动机的接力马赫数在 4 左右,而 ODWE 则为 7,ODWE 推力系数在飞行马赫数 7 以上有优势,ODWE 可将飞行马赫数范围拓宽到 6~14。

Ostrander 等[30]在此基础上考虑非理想气体及变比热影响,对比分析了完全放热 ODWE 与考虑各种损失的 SCRamjet 性能,结果表明,由于 ODWE 在低飞行马赫数下存在释热极限(高释热下驻定窗口变窄进而引起斜爆震脱体),其推进性能不具有优势,当飞行马赫数在 10~12 及以上时,ODWE 才可能具有比基于等面积放热的 SCRamjet 更有潜力的推进性能。

Menees 等[31]对比了跨大气层飞行器分别采用 ODWE 和 SCRamjet 带来的性能影响,他认为 ODWE 在马赫数 15 以上具有更高的比冲优势[32],从推进性能角度,这意味着可以构建 SCRamjet+ODWE 的吸气式组合推进系统。ODWE 在高马赫数的优势可以将火箭发动机开启马赫数延迟到 19,进而减少对液氧的需求。斜爆震波的快速燃烧可以大大减小燃烧室尺寸及发动机重量,进而可以提升飞行器的有效载荷。

当考虑真实气体效应、变比热及喷管内化学反应流动时,Ashford 等[32]基于二维模型进行了数值仿真研究,如图 7.19 所示。计算结果表明:若喷管内为冻结反应流动,在所研究马赫数范围(7～20),ODWE 的比冲要低于基于等压放热(constant pressure combustion, CPC)和等面积放热(constant area combustion, CAC)的 SCRamjet;若喷管内为化学平衡反应流动,ODWE 在飞行马赫数 15 以下比冲优于等压放热的 SCRamjet,等面积放热 SCRamjet 具有更高的推进性能;ODWE 的最大优势是其快速燃烧而带来的发动机尺寸缩小,在飞行马赫数为 10 时,采用ODWE 可以缩短发动机 50% 的尺寸。尺寸缩小对减小飞行器阻力、热负荷及优化冷却系统都是有利的,从飞行器发动机一体化设计角度,这些将弥补 ODWE 本身推进性能上的不足,实际应进行综合评估。从发动机本身推进性能角度,斜爆震波在发动机中的应用前景并不容乐观,虽然反应物经斜爆震波燃烧后静压升高了(SCRamjet 采用等面积放热静压也升高),但由于仍然是在定常流中组织燃烧,总压将降低,因此 ODWE 并不是增压(滞止压力)推进系统,斜爆震燃烧就是一种在定常超声速流中的一种燃烧组织方式。

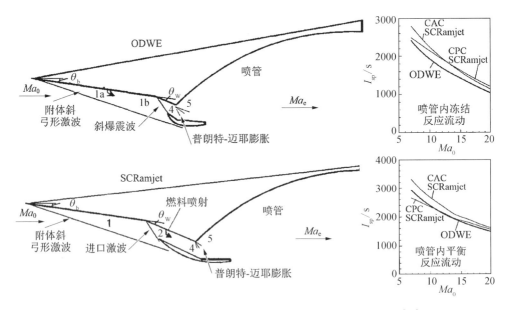

图 7.19   ODWE 和常规 SCRamjet 发动机示意图及比冲对比[32]

对于采用扩散燃烧的 SCRamjet,飞行马赫数在 6～12 时,采用横向燃油喷注实现燃油空气掺混燃烧仍是合适的。当飞行马赫数继续升高,可以采用平行喷注方式以减小掺混损失及利用喷射动量,但为实现期望的扩散燃烧效率,燃烧室将变得更长。针对该问题,一种解决策略就与 ODWE 类似,在进气道内进行燃料喷注掺混,下游通过驻定激波使来流温度和压力升高到自点火状态。如果点火燃烧发生在激波下游足够远,此时燃烧过程将不会影响激波,即激波诱导燃烧,进而形成激波诱导燃烧冲压发动机(shock-induced combustion ramjet, ShCRamjet)[33-38]。当进一步增大进气道压缩比以提高来流静温,进而减小化学反应诱导距离,点火会在激波附近发生,燃烧过程将与激波耦合形成爆震波,故 ODWE 是 ShCRamjet 的一种特殊情况。

从图 7.13 实际斜爆震燃烧结构示意图可以看到,其同时存在激波诱导燃烧和斜爆震燃烧。由于燃烧与激波耦合后,将导致激波倾斜角增大,总压损失增大,因此 ODWE 的推进性能要低于 ShCRamjet[33,36]。以 Sislian 等[36]全场数值仿真结果为例(图 7.20),当模拟飞行动压头 q_d 为 67 kPa、飞行马赫数分别为 12、14 和 16 时,相比于 ODWE,ShCRamjet 的比冲增益可以分别达到 30%、34% 和 38%,如图 7.20(b)所示。图 7.20(d)给出了飞行马赫数为 14 时,相同斜劈角下燃烧室进口温度 T_{ce} 为 650 K 和 900 K 下的燃烧室内流场。当 $T_{ce} = 900$ K 时为斜爆震燃烧模式,气流通过斜爆震波的折转角为 14.5°;当 $T_{ce} = 650$ K 时为激波诱导燃烧,气流通过斜激波的折转角为 9.4°。由于激波诱导燃烧方式存在过长的诱导距离,这使得 ShCRamjet 燃烧室长度约为 ODWE 的两倍。因此从未来空天飞行器和发动机一体化设计角度,在飞行马赫数为 6~20 时,可能采用的是混压式压缩[34,35] SCRamjet+ShCRamjet+ODWE 的组合推进方案,其中驻定斜爆震燃烧的优势不是自增压、燃烧熵增低,而是其极快的反应燃烧速度可以大大缩短燃烧室及发动机尺寸。

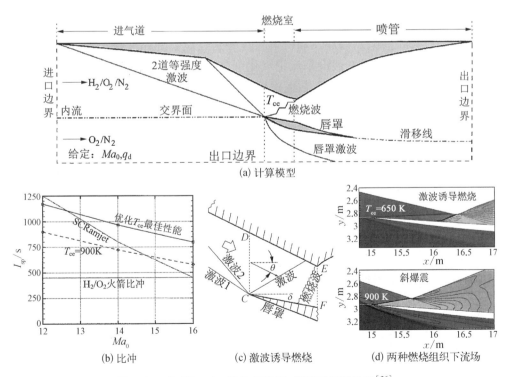

(a) 计算模型

(b) 比冲　　(c) 激波诱导燃烧　　(d) 两种燃烧组织下流场

图 7.20　ShCRamjet 结构示意图、燃烧流场及比冲[36]

7.3　小　结

本章论述了实现爆震燃烧驻定的各种方式及条件,基于传统 Hugoniot 曲线和滞止 Hugoniot 曲线分析了不同波前条件下来流经驻定爆震燃烧后的状态变化,对比了不同驻定燃烧模式下燃烧前后气流状态变化的差异性,给出了各种驻定爆震发动机推进方案及其推进性能,其中驻定斜爆震发动机具有更好的发展潜力。相比脉冲爆震发动机和连续爆震发动机,斜爆震发动机的研究仍处于探索研究阶段,当前研究大都集中在基于数值模拟和高速弹丸试验研究斜爆震燃烧的结构及稳定性等,为实现其在实际中得到应用,还有许多关键技术需要突破和解决。

1) 基于斜爆震发动机的飞发一体化设计技术

斜爆震发动机应用面向的是超高马赫数飞行的飞行器,为提升飞行器性能,这类飞行器都必须采用飞发一体化设计,当前针对斜爆震发动机分析已开展飞发性能一体化的设计研究,考虑到斜爆震发动机应用的飞行马赫数范围,需进一步拓展到发动机多模态下的性能分析,包括涡轮基、传统亚/超燃、激波诱导燃烧模态及斜爆震模态等等,覆盖全飞行器马赫数范围,这也必然需要考虑发动机多模态工作时飞发结构、模态控制及热管理的一体化设计。

2) 低损失短距燃料喷注掺混技术

相比于传统超燃,斜爆震发动机最大优势是爆震燃烧速度快带来的燃烧室短优点。然而这一结论是在假设来流中氧化剂与燃料均匀掺混情况下得出的,当前围绕斜爆震发动机的性能分析、数值模拟以及斜爆震燃烧等也都是以此为前提,实际上如果考虑燃料喷注掺混段,燃烧室将明显变长。一种策略就是将燃料喷注前移置进气道,来流在压缩的同时与喷注燃料掺混,然而在更高速气流中喷注燃料将带来更大的流动损失。如何实现进气道与喷注结构的一体化设计、如何实现来流压缩过程与燃料喷注掺混过程相匹配、如何实现低损失短距需求是斜爆震发动机低损失短距燃料喷注掺混技术需要解决的核心问题。

3) 斜爆震燃烧模式控制

斜爆震发动机燃烧室都应工作在斜爆震波驻定窗口内。来流马赫数、温度及加热量都会影响驻定窗口范围,进而可能使得几何不可调的固定斜劈的斜劈角落于窗口之外。因此实际发动机需要主动调节斜劈角度,如何调节有赖于斜爆震燃烧模式监测及燃烧模式的评估方法。前述驻定窗口针对的是给定方向均匀来流,实际燃烧室进口为湍流,飞行器机动飞行引起的进气攻角变化、来流脉动等都会引起燃烧室进口气流方向及气动状态的变化,斜爆震波在燃烧室壁面的反射及其与边界层相互作用,以上因素都会对斜爆震波驻定造成短时影响,而这些影响必须采用能够进行快速响应的控制方式进行消除。

4）面向推进的斜爆震燃烧试验技术

针对斜爆震燃烧的试验研究，一种是采用高速射弹实验系统，利用高速射弹与静止可燃气体的相对运动在射弹上产生驻定的轴对称斜爆震波，然而其得到的斜爆震驻定规律并不能直接用于爆震推进中常用的平面斜爆震波。更适合的方式是采用高焓超声速风洞实验系统[39]，进一步拓宽模拟飞行马赫数范围及工作时长，采用更加精确的流场观测及测量手段获得斜爆震燃烧流场细节及驻定特性。

参考文献

[1] WINTENBERGER E, SHEPHERD J. The performance of steady detonation engines [R]. AIAA 2003 - 714, 2003.

[2] MURTHY S N B, CURRAN E T. Scramjet propulsion [M]. New York：AIAA, 2001：823 - 889.

[3] NICHOLLS J A, DABORA E K. Recent results on standing detonation waves [J]. Proceedings of the 8th Symposium on Combustion, 1961, 8(1)：644 - 655.

[4] GROSS R A, CHINITZ W. A study of supersonic combustion [J]. Journal of the Aerospace Sciences, 1960, 27(7)：517 - 524.

[5] RUBINS P M, BAUER R C. Review of shock-induced supersonic combustion research and hypersonic applications [J]. Journal of Propulsion and Power, 1994, 10(5)：593 - 601.

[6] LEVIN V A, ZHURAVSKAYA T A. The methods of control of stabilized detonation location in a supersonic gas flow in a plane channel [J]. Combustion Science and Technology, 2019：1 - 13.

[7] KAILASANATH K. Review of propulsion applications of detonation waves [J]. AIAA Journal, 2000, 38(9)：1698 - 1708.

[8] DUNLAP R, BREHM R L, NICHOLLS J A. A preliminary study of the application of steady-state detonative combustion to a reaction engine [J]. Journal of Jet Propulsion, 1958, 28(7)：451 - 456.

[9] CARRIER G F, FENDELL F, MCGREGOR D, et al. Laser-initiated conical detonation wave for supersonic combustion [J]. Journal of Propulsion and Power, 1992, 8(2)：472 - 480.

[10] FENDELL F E, MITCHELL J, MCGREGOR R, et al. Laser-initiated conical detonationwave for supersonic combustion. Ⅱ [J]. Journal of Propulsion and Power, 1993, 9(2)：182 - 190.

[11] CARRIER G F, FENDELL F E, CHOU M S. Laser-initiated conical detonation wave for supersonic combustion. Ⅲ [R]. AIAA 1992 - 3247, 1992.

[12] GROSS R A. Oblique detonation waves [J]. AIAA Journal, 1963, 1(5)：1225 - 1227.

[13] PRATT D T, HUMPHREY J W, GLENN D E. Morphology of standing oblique detonation waves [J]. Journal of Propulsion and Power, 1991, 7(5)：837 - 845.

[14] POWERS J M, GONTHIER K A. Reaction zone structure for strong, weak overdriven, and weak underdriven oblique detonations [J]. Physics of Fluids A, 1992, 4(9)：2082 - 2089.

[15] ASHFORD S A, EMANUEL G. Wave angle for oblique detonation waves [J]. Shock Waves, 1994, 3(4)：327 - 329.

[16] GHORBANIAN K, STERLING J D. Influence of formation processes on oblique detonation

wave stabilization[J]. Journal of Propulsion and Power, 1996, 12(3): 509－517.

[17]　EMANUEL G, TUCKNESS D G. Steady, oblique, detonation waves[J]. Shock Waves, 2004, 13(6): 445－451.

[18]　VERREAULT J, HIGGINS A J. Initiation of detonation by conical projectiles[J]. Proceedings of the Combustion Institute, 2011, 33(2): 2311－2318.

[19]　VERREAULT J, HIGGINS A J, STOWE R A. Formation and structure of steady oblique and conical detonation waves[J]. AIAA Journal, 2012, 50(8): 1766－1772.

[20]　LI C, KAILASANATH K, ORAN E S. Detonation structures behind oblique shocks[J]. Physics of Fluids, 1994, 6(4): 1600－1611.

[21]　苗世坤,周进,刘彧,等.超声速气流中的斜爆震研究进展综述[J].实验流体力学,2019, 33(1): 41－53.

[22]　Ren Z X, Wang B, Xiang G M, et al. Supersonic spray combustion subject to scramjets: Progress and challenges[J]. Progress in Aerospace Sciences, 2019, 105: 40－59.

[23]　滕宏辉,杨鹏飞,张义宁,等.斜爆震发动机的流动与燃烧机理[J].中国科学:物理学力学天文学,2020,50(9): 129－151.

[24]　覃建秀,杨武兵.斜爆震波起爆特性及其波系结构研究进展[J].推进技术,2021,42(4): 851－864.

[25]　TENG H H, ZHANG Y N, JIANG Z L. Numerical investigation on the induction zone structure of the oblique detonation waves[J]. Computers & Fluids, 2014, 95: 127－131.

[26]　MIAO S K, ZHOU J, LIN Z Y, et al. Numerical study on thermodynamic efficiency and stability of oblique detonation waves[J]. AIAA Journal, 2018, 56(8): 3112－3122.

[27]　张义宁,刘振德.磁流体-斜爆震冲压发动机概念研究[J].推进技术 2013, 34(1): 140－144.

[28]　LI H B, LI J L, XIONG C, et al. Investigation of hot jet on active control of oblique detonation waves[J]. Chinese Journal of Aeronautics, 2020, 33(3): 861－869.

[29]　MORRISON R B. Oblique detonation wave ramjet[R]. NASA CR159192, 1980.

[30]　OSTRANDER M J, HYDE J C, YOUNG M F, et al. Standing oblique detonation wave engine performance[R]. AIAA 1987－2002, 1987.

[31]　MENEES G P, ADELMAN H G, CAMBIER J L, et al. Wave combustors for trans-atmospheric vehicles[J]. Journal of Propulsion and Power, 1992, 8(3): 709－713.

[32]　ASHFORD S A, EMANUEL G. Oblique detonation wave engine performance prediction[J]. Journal of Propulsion and Power, 1996, 12(2): 322－327.

[33]　DUDEBOUT R, SISLIAN J P, OPPITZET R. Numerical simulation of hypersonic shock-induced combustion ramjets[J]. Journal of Propulsion and Power, 1998, 14(6): 869－879.

[34]　SISLIAN J P, DUDEBOUT R, SCHUMACHER J, et al. Inviscid propulsive characteristics of hypersonic shcramjets[R]. AIAA 1996－4535, 1996.

[35]　SISLIAN J P, DUDEBOUT R, SCHUMACHER J, et al. Incomplete mixing and off-design effects on shock-induced combustion ramjet performance[J]. Journal of Propulsion and Power, 2000, 16(1): 41－48.

[36]　SISLIAN J P, SCHIRMER H, DUDEBOUT R, et al. Propulsive performance of hypersonic oblique detonation wave and shock-induced combustion ramjets[J]. Journal of Propulsion and

Power, 2001, 17(3): 599-604.

[37] ALEXANDER D C, SISLIAN J P. Computational study of the propulsive characteristics of a shcramjet engine[J]. Journal of Propulsion and Power, 2008, 24(1): 34-44.

[38] CHAN J, SISLIAN J P, ALEXANDER D C. Numerically simulated comparative performance of a scramjet and shcramjet at Mach 11[J]. Journal of Propulsion and Power, 2010, 26(5): 1125-1134.

[39] 张子健,韩信,马凯夫,等.斜爆轰发动机燃烧机理试验研究[J].推进技术,2021,42(4): 786-794.